AF551820

EUL
VERLAG

Reihe: Personal, Organisation und Arbeitsbeziehungen · Band 52
Herausgegeben von Prof. Dr. Fred G. Becker, Bielefeld, und Prof. Dr. Walter A. Oechsler, Mannheim

Dr. Yves Ostrowski

Differentielles Mitarbeiterbindungsmanagement

Entwicklung eines Entscheidungsrahmens

Mit einem Geleitwort von Prof. Dr. Fred G. Becker,
Universität Bielefeld

Bibliografische Information der Deutschen Nationalbibliothek

Die Deutsche Nationalbibliothek verzeichnet diese Publikation in der Deutschen Nationalbibliografie; detaillierte bibliografische Daten sind im Internet über <http://dnb.d-nb.de> abrufbar.

Dissertation, Universität Bielefeld, 2012, unter dem Titel: Differentielles Bindungsmanagement – Entwicklung eines Entscheidungsrahmens

---

Dissertation zur Erlangung des Grades eines Doktors der Wirtschaftswissenschaften der Fakultät für Wirtschaftswissenschaften der Universität Bielefeld

Erstgutachter: Prof. Dr. Fred G. Becker
Zweitgutachter: Prof. Dr. Reinhold Decker

ISBN 978-3-8441-0166-9
1. Auflage Juli 2012

JOSEF EUL VERLAG GmbH
Brandsberg 6
53797 Lohmar
Tel.: 0 22 05 / 90 10 6-6
Fax: 0 22 05 / 90 10 6-88
E-Mail: info@eul-verlag.de
http://www.eul-verlag.de

Bei der Herstellung unserer Bücher möchten wir die Umwelt schonen. Dieses Buch ist daher auf säurefreiem, 100% chlorfrei gebleichtem, alterungsbeständigem Papier nach DIN 6738 gedruckt.

Geleitwort

Herr *Ostrowski* geht mit seiner vorliegenden Dissertation gleich zwei in der personalwirtschaftlichen Forschung vernachlässigte Themenstellungen an.

Zum Ersten beschäftigt er sich grundsätzlich mit einem differenziellen Personalmanagement, einem Konzept, das die ökonomisch und verhaltensbezogen schwierige Gradwanderung zwischen einer nicht umsetzbaren umfassenden Individualisierung und einer problemunangemessenen Generalisierung anstrebt. Er erarbeitet ein theoretisch wie empirisch fundiertes Konzept, welches es gestattet die üblicherweise recht allgemein vorgestellten Personalmanagementmaßnahmen nun spezifischer, auf einigermaßen trennscharf zu bildende Mitarbeitergruppen (bzw.- -segmente) zu erarbeiten, zu diskutieren und auch anzuwenden. Üblicherweise wird eine solche differenzielle Vorgehensweise allenfalls unkommentiert und unsystematisch – zumindest in der Lehrbuchliteratur und der betrieblichen Praxis – umgesetzt. Hier ist sie differenziert einer analytischen wie praxeologischen Diskussion unterzogen worden.

Zum Zweiten fokussiert er sowohl Mitarbeiterbindung (als individueller Zustand) sowie Bindungsmanagement (als betriebliche Tätigkeit), um gerade in der heutigen, für viele Unternehmungen problematischen Arbeitsmarktsituation Leistungsträger(innen) als Arbeitskräfte zu binden. Eine Reduktion der Fluktuation von Leistungsträgern und ein Erhalt der Leistungsmotivation dieser Mitarbeiter(innen) stellt einen nicht nur ökonomisch relevanten Wert für eine Unternehmung dar. Im Rahmen einer umfassenden Analyse erarbeitet Herr *Ostrowski* dazu einen praxeologisch orientierten Entscheidungsrahmen, der es betrieblichen Entscheidungsträgern gestattet, differenziell auf unterschiedliche Mitarbeitersegmente einzugehen, um deren Bleibe- und Leistungsmotivation zu erhalten oder gar zu steigern. Letztlich liegt eine Entscheidungsheuristik im Sinne eines morphologischen Kastens vor, der für die zentralen Stellschrauben eines Bindungsmanagement alternative, situationsbezogene Einstellmöglichkeiten vorstellt.

Mit beiden Arbeitsfeldern befruchtet Herr Ostrowski nicht nur die weitere Personalforschung, sondern auch den Umgang mit Mitarbeiterbindung in der betrieblichen Praxis nachhaltig. Seine kompetente Vorgehensweise bei der systematischen und umfassenden Erarbeitung der unterschiedlichen Inhalte der vorliegenden Dissertation zeigt dies an. Von daher ist der Arbeit eine weite Verbreitung zu wünschen.

Bielefeld, im Juni 2012

Prof. Fred G. Becker

Vorwort

Die vorliegende Arbeit wurde im Februar 2012 von der Fakultät für Wirtschaftswissenschaften der Universität Bielefeld unter dem Titel **„Differentielles Bindungsmanagement: Entwicklung eines Entscheidungsrahmens“** als Dissertation angenommen. Einigen Menschen, die mich auf dem lehrreichen und nicht immer einfachen Weg dahin begleitet haben, möchte ich an dieser Stelle meinen Dank aussprechen.

Mein ganz besonders herzlicher Dank gilt meinem Betreuer Prof. Dr. Fred G. Becker, der mir überhaupt erst die Chance gegeben hat, am Lehrstuhl für Personal, Organisation und Unternehmungsführung zu promovieren und mir stets tatkräftig sowie mit zahlreichen, äußerst wertvollen Anregungen zur Seite stand. Zudem möchte ich Prof. Dr. Reinhold Decker für die Bereitschaft danken, die Aufgabe des Zweitgutachters übernommen zu haben. Schließlich gilt auch dem Drittprüfer Prof. Dr. Günter Maier mein Dank.

Darüber hinaus danke ich meinen Kollegen und Mit-Doktoranden Dipl.-Kffr. Vanessa Friske, Ann Kristin Gosewehr, M.Sc., Dipl.-Kfm. Hendrik Langen, Dr. Dipl.-Kffr. Astrid Meißner, Dr. Dipl.-Kffr. Cornelia Meurer, Erika Mohnhardt, Dipl.-Ök. Sascha Piezonka, Dipl.-Kfm. Wögen Tadsen und Dipl.-Kffr. Ellena Werning für viele Denkanstöße und eine hervorragende Zusammenarbeit. Erika Mohnhardt und Dipl.-Kffr. Ellena Werning möchte ich darüber hinaus für sorgfältiges und intensives Korrekturlesen danken. Ebenfalls ein herzlicher Dank für gründliches und kritisches Gegenlesen gebührt Dipl.-Psych. Ina Beckord, Dipl.-Kfm. Hartmut Ostrowski und Dominik Wilkinson.

Gelungen ist mir diese Arbeit nicht zuletzt durch den Rückhalt meiner Freunde. Sie alle haben durch ihre Geduld, ihre Rücksichtnahme und ihren Zuspruch einen großen Anteil an dieser Arbeit. Ich danke Dennis Oesterwinter, ohne den ich die Arbeit nie begonnen hätte, und ich danke Dominik Wilkinson, der mir in der „heißen Phase“ meiner Arbeit viel Kraft gab und ohne dessen Beistand ich sie wohl nie abgeschlossen hätte.

Schlussendlich bin ich vor allem meinen Eltern, die mich auf diesem Weg stets unterstützt und die mir immer einen sicheren Rückhalt geboten haben, zu tiefsten Dank verpflichtet. Ohne sie wäre ich nie soweit gekommen. Inniger Dank gebührt ebenso meiner Schwester Nastassia – dafür, dass sie da ist und wie sie ist. Ihr möchte ich diese Arbeit widmen.

Bielefeld, im Juni 2012

Yves Ostrowski

Inhaltsübersicht

Seite

Inhaltsverzeichnis

Seite

Abbildungsverzeichnis

Tabellenverzeichnis

Abkürzungsverzeichnis

Abkürzung	Bedeutung[1]
Abs.	Absatz
akt.	aktualisiert
Art.	Artikel
Aufl.	Auflage
bspw.	beispielsweise
bzgl.	bezüglich
bzw.	beziehungsweise
ca.	circa
CRM	Costumer Relationship Management
d. h.	das heißt
DIHK	Deutsche Industrie- und Handelskammer
durchges.	durchgesehen
ebd.	ebenda
erg.	ergänzt
erw.	erweitert
etc.	et cetera
gestalt.	gestaltet
GG	Grundgesetz
ggf.	gegebenenfalls
Hrsg.	Herausgeber
i. e. S.	im engeren Sinne
i. w. S.	im weiteren Sinne
Jg.	Jahrgang
Kap.	Kapitel
LISREL	Linear Structural Relationships
MINT	Mathematik, Informatik, Naturwissen schaft und Technik
neg.	negativ
Nr.	Nummer

[1] Satzspezifische Flexionen sind hier nicht aufgeführt, aber ebenfalls gemeint.

o.	oder
o. ä.	oder ähnliches
OECD	Organisation für wirtschaftliche Zusammenarbeit und Entwicklung
pos.	positiv
S.	Seite
Sp.	Spalte
u.	und
u. a.	unter anderem
u. w.	und weitere
überarb.	überarbeitet
usw.	und so weiter
v.	von
v. a.	vor allem
Vgl.	vergleiche
vollst.	vollständig

1. Einleitung

1.1 Problemstellung und Ziel der Arbeit

Durch den *Demografischen Wandel* sowie den einhergehenden *Fachkräftemangel* geraten Unternehmungen[2] zunehmend unter Druck, ihre Mitarbeiter[3] zu binden.[4] So wird in großer Übereinstimmung von verschiedenen Forschungsinstituten prognostiziert, dass im Jahr 2050 in Deutschland nur noch ca. 70 Millionen Menschen leben werden, derzeit sind es rund 82 Millionen.[5] Der stetige und sich wahrscheinlich in Zukunft noch beschleunigende Geburtenrückgang sorgt für eine abnehmende Bevölkerung und folgerichtig für eine verminderte Anzahl potentieller Arbeitnehmer.[6] Durch den demografischen Wandel ändert sich nicht nur die Zahl der Gesamtbevölkerung, sondern auch deren Altersstruktur: 2050 werden 32 Prozent über 65 Jahre alt sein (2005: 17 Prozent).[7] Außerdem wird die Anzahl der Menschen mit Migrationshintergrund und ihrer Nachkömmlinge bis 2050 auf bundesweit ca. 19 Millionen wachsen.[8] Zwar bezieht sich der Horizont gegenwärtigen Personalmanagements noch nicht auf das Jahr 2050, doch treten die skizzierten Ereignisse nicht abrupt ein. Bereits heute sind Vorläufer spürbar: 2007 fehlten insgesamt 400.000 Fachkräfte, die DIHK rechnet vor, dass dies ein Wertschöpfungsverzicht von 23 Milliarden Euro, bzw. einem Prozentpunkt Wirtschaftswachstums entspricht.[9] Zu Beginn des Jahres 2011 blieben dem INSTITUT DER DEUT-

---

[2] Die Inhalte dieser Arbeit richten sich an Unternehmungen als erwerbswirtschaftlich orientierte Betriebe. Damit ist jedoch nicht prinzipiell ausgeschlossen, dass diese auch für andere Organisationen – verstanden im institutionellen Sinne – wertvolle Anregungen liefern können. „Unternehmung" und „Unternehmen" werden hier synonym verstanden. Vgl. Berthel/Becker, F. G. (2010), S. 4.

[3] Der Terminus „Mitarbeiter" bezieht im Folgenden sowohl auf Mitarbeiter als auch auf Mitarbeiterinnen. Dies hat drei Gründe: Erstens wird so die Lesbarkeit des Textes vereinfacht. Zweitens wird so der Fokus nicht zu sehr auf das Geschlecht als herausragendes Unterscheidungsmerkmal von Individuen gelegt. Vgl. hierzu auch Wiegran (2002), S. 2. Drittens wäre der geschlechtsneutrale Terminus „Mitarbeitendebindung" kaum aussprechbar und wenig einprägsam.

[4] Vgl. bspw. Becker, F. G. (2009), S. 329-330; Meißner/Becker, F. G. (2007), S. 394-395. Fast alle Publikationen zur Bindung von Mitarbeitern beziehen sich (u. a.) auf den demografischen Wandel.

[5] Vgl. Birg (2005), S. 99. Der Prognosefehler in den vergangenen zehn Jahren lag dabei bei 1,5 Promille, es kann folglich von einer hohen Treffsicherheit der Vorhersagen ausgegangen werden. Vgl. Birg (2005), S. 83-96; Dickmann (2005), S. 12-13; v. d. Oelsnitz/Stein/Hahmann (2007), S. 59-60; auch ähnlich (für 2060) Heinze/Naegele/Schneiders (2011), S. 40-43; Sporket (2011), S. 23-44.

[6] Vgl. Birg (2005), S. 10-16; Grumbach/Stein/Weddige (2005), S. 8; Kaufmann (2005), S. 15; v. Eckardstein (2004), S. 128.

[7] Vgl. Institut der deutschen Wirtschaft (2011), S. 7; ähnlich auch Becker, F. G./Bobrichtchev/Henseler (2004), S. 1-2; Becker, F. G./Bobrichtchev/Henseler (2006), S. 71-73; Dickmann (2005), S. 31.

[8] Vgl. Birg (2005), S. 104. 2009 waren es 15,7 Millionen. Vgl. Institut der deutschen Wirtschaft (2011), S. 10. Zum Stand der Migration vgl. Bundesministerium des Inneren (2011). Für quantitative Erkenntnisse zum Ausländeranteil in Deutschland vgl. Statistisches Bundesamt (2011). „Migration" bezeichnet, wenn eine Person ihren Lebensmittelpunkt verlegt. Vgl. Bundesministerium des Inneren (2011), S. 14. „Ausländer" sind indes Personen, die nicht die deutsche Staatsbürgerschaft besitzen. Vgl. Art. 116, Abs. 1 GG.

[9] Vgl. DIHK (2007).

SCHEN WIRTSCHAFTEN (IW) zufolge 117.400 Jobs in den Bereichen Mathematik, Informatik, Naturwissenschaften und Technik offen.[10] Alles in allem wird prognostiziert, dass ab 2015 auf einzelnen Teilmärkten und 2030 flächendeckend Probleme durch Produktionsausfälle und Qualifikationsmängel an den Tag treten.[11] Damit steigen nachweislich auch die Gehälter als „Preise“ solcher Arbeitnehmer, v. a., aber nicht nur, für kleine und mittelständische Betriebe, die keinen hohen Bekanntheitsgrad besitzen und durch ihre geringere Finanzkraft hinsichtlich der Löhne nicht mithalten können.[12]

Die Perspektive zunehmender Heterogenität in der Belegschaft gewinnt umso mehr und hinsichtlich weiterer Merkmale vor dem Hintergrund von Becks Thesen zur *Individualisierung* in der Gesellschaft an Bedeutung.[13] Individuen erstellen ihren Lebenslauf als „Bastelbiografie“ demnach zunehmend im Rahmen der gegebenen Möglichkeiten selber und streben dabei nach einer optimalen Gestaltung. Sie wählen auf Basis eigener Interessen aus, an welche Organisationen – beispielweise Vereine, Arbeitgeber – sie sich binden wollen, wohingegen dies früher durch gesellschaftliche, familiäre und andere Normen nicht zur Wahl stand. Das beinhaltet neben einer Pluralisierung von Lebensläufen auch die optimale Nutzung eigener Fähigkeiten sowie die bestmögliche Selbst-Vermarktung, in der Folge ein Weltbild, welches das „Ich“ in das Zentrum stellt. Zugehörigkeiten zu Gruppen und zu Organisationen können daher zahlreich, aber auch nur kurzfristig werden, je nachdem, ob sie dem Individuum opportun erscheinen.[14]

Auch der gesellschaftliche *Wertewandel* betrifft das Personalmanagement. Ein einheitliches und stimmiges Gesamtergebnis bzgl. aktueller Werthaltung ist allerdings nicht erkennbar. WOLF fasst insgesamt fünf vorherrschende Grundthesen in der einschlägigen Literatur zusammen: Die eines Wandels hin zu postmaterialistischen Werten nach INGLEHART, die eines Werteverlustes nach NOELLE-NEUMANN, die einer Fortführung des Postmaterialismus hin

[10] Vgl. Anger/Erdmann/Plünnecke (2011), S. 17-18; Meißner/Becker, F. G. (2007), S. 394. Weitere Studien kommen zu vergleichbaren Ergebnissen. Vgl. bspw. die Umfrage der Deutschen Industrie- und Handelskammer (DIHK) unter 20.000 Unternehmungen, wonach v. a. im Maschinenbau, in der Medizin- und Elektrotechnik, im Kraftfahrzeugbau und in der Pharmazie zwei Drittel der befragten Unternehmungen Probleme haben, geeignete Mitarbeiter zu finden.

[11] Vgl. Brandenburg/Domschke (2007), S. 17; Richter, A. (2009), S. 64.

[12] Vgl. Berg (2007), S. 30; Anger/Erdmann/Plünnecke (2011), S. 18-19; Meißner/Becker, F. G. (2007), S. 394

[13] Vgl. Beck (1986); Beck (1995); ferner Junge (2002). Als Ursachen nennt Holtrup (2008), S. 41-42, das interdependente Zusammenspiel von gestiegenem Einkommensniveau, der Bildungsexpansion der 1960er und 1970er Jahre mit einer breiteren sozialen Zugänglichkeit zu Bildungseinrichtungen, die Auflösung sozialer Statusse und dem vermehrten kritischen Hinterfragen von Autoritäten.

[14] Vgl. Beck (1986), S. 216-217; Hornberger (2009), S. 488; Morick (2002), S. 19. Über den Gehalt und die Implikationen von Becks (1986) Thesen herrscht jedoch nicht immer Einigkeit; die zentralen Aussagen jedoch sind weitgehend anerkannt. Zur Diskussion innerhalb der Soziologie vgl. u. a. Bonacker (2002); Friedrichs (1998); Green (2004); Honneth (2002); Junge (2002); Kippele (1998); Schroer (2000).

zum Hedonismus, die v. a. von KLAGES vertretene einer zunehmend interindividuellen Unterschiedlichkeit von Werten sowie die These, dass sich prinzipiell nichts geändert hat, der Wertewandel vielmehr „herbeigeredet" ist oder sich lediglich die Bedingungen der Erwerbsarbeit geändert haben.[15]

Zugleich verändern globalisierte Märkte, Dezentralisierung, zunehmender Kundenorientierung und Shareholder-Value-Orientierung die Anforderungen an und die *Nutzung von Arbeitskraft*. Um veränderten Anforderungen und komplexen Aufgaben gerecht zu werden sowie um interdisziplinäre Kompetenzen zu bündeln, werden Projektarbeit, virtuelle Teams, Netzwerke und ähnliche, zum Teil betriebsübergreifende Organisationsformen genutzt. Darin übernimmt der Arbeitnehmer das Transformationsproblem seiner Arbeitskraft in ein Ergebnis eigenverantwortlich auf Basis von Zielvereinbarungen. Die individuellen Potentiale und Leistungen spielen so eine bedeutsame Rolle, es findet eine „Subjektivierung" der Arbeit statt.[16] Damit einher geht eine Tendenz zur Entgrenzung von Arbeit im Sinne struktureller Auflösung betrieblicher Arbeit sowie des Verschwimmens der Grenzen zwischen Erwerbstätigkeit und Privatem, bspw. durch Heim- oder Telearbeit.[17]

Doch bereits ohne Betrachtung unternehmungsexterner Rahmenbedingungen kann *zu geringe Bindung von Mitarbeitern* sich negativ auf die Wirtschaftlichkeit einer Unternehmung auswirken. Häufig genannt werden geringe Zufriedenheit und Leistungsbereitschaft, keine ausgeprägte Treue und Loyalität zur Unternehmung, hohe Fluktuations- und Fehlzeitenraten, Arbeitsniederlegung, unerlaubte Nebenbeschäftigung, Demotivation anderer Beschäftigter und ein schlechtes Betriebsklima, Änderungswiderstände und wenige Verbesserungsvorschläge, fehlendes Interesse an unternehmungsspezifischer Weiterbildung, geringe Loyalität im Kontakt zu Kunden oder Kooperationspartnern sowie kriminelles Verhalten zum Schaden der Unternehmung. Auch das Unternehmungsimage kann darunter leiden. Darüber hinaus besteht die Gefahr, das Wissen und die Fähigkeiten erfolgskritischer Mitarbeiter zu verlieren, ggf. sogar an die direkte Konkurrenz. Zudem ist die Suche nach neuen geeigneten Mitarbeitern und deren Einarbeitung teuer und zeitintensiv, da diese zu Beginn ihrer Tätigkeit noch nicht voll einsetzbar sind und Kapazitäten bereits beschäftigter Mitarbeiter beanspruchen. Der

---

[15] Vgl. Wolf, J. (2011), S. 260-261, welcher sich auf Inglehart (1977), Klages (1985) u. Noelle-Neumann (1978) bezieht.Vgl. auch Schanz (2000), S. 232-236.

[16] Vgl. Felfe (2008), S. 18-20; Holtrup (2008), S. 31-41; Hornberger (2006), S. 245; Moldaschl (1998).Vgl. in diesem Zusammenhang auch den „flexiblen Arbeitskraftunternehmer" bei Kels (2009), S. 73. Für empirische Befunde hierzu vgl. Pongratz/Voß (2004) und den Sammelband von Pongratz/Voß (2004a). Vgl. ähnlich die entsprechenden Abschnitte bei Döhl/Kratzer/Sauer (2000); Faust/Joch/Notz (2000); Green (2004); Manning/Wolf (2005).

[17] Vgl. zur Entgrenzung von Arbeit und den Folgen Döhl/ Kratzer/Sauer (2000); Mields (2009). Mields (2009), S. 60-78, widerspricht dabei der Annahme einer allgemeinen Dichotomie von Bindung und Entgrenzung. Die Wahrnehmung von Entgrenzung geschieht vielmehr inter- und intraindividuell unterschiedlich.

Produktionsausfall oder die verminderte Produktion wird durch versunkene Kosten der Aus- und Weiterbildung verlorener Mitarbeiter nochmals erhöht. Gebundene Mitarbeiter hingegen, die lange im Betrieb verweilen, können gezielt und gemäß den organisationalen Bedürfnissen entwickelt werden. Schließlich stellen die Motivation und das Wissen von Fach- und Führungskräften Schlüsselfaktoren für den Unternehmungserfolg dar, welche Werte und Wettbewerbsvorteile generieren und Kapazitäten für mittel- bis langfristiges Wachstum schaffen.[18]

Studien zur Mitarbeiterbindung verdeutlichen das geringe Ausmaß empfundener Bindung in Deutschland. Gemäß der Untersuchung von GALLUP hat jeder fünfte Mitarbeiter innerlich bereits gekündigt. Das IFAK-ARBEITS-KLIMABAROMETER zeigt an, dass ein hohes Maß an Bindung für weniger Fehltage im Jahr (5,9 statt 9,3) und ein besseres Image sorgt.[19] Seitens der Unternehmung ist jedoch Beharrlichkeit, nichts zu unternehmen, und die Sichtweise von Mitarbeiterbindung als potentiellen Verlust von Flexibilität in Krisensituationen verbreitet – Mitarbeiter stellen demnach eher eine „Manövriermasse in Krisenzeiten“ als eine wertvolle Ressource dar.[20]

Die Konsequenzen dieser aufgeführten Entwicklungen und Erkenntnisse für das Personalmanagement lassen sich in fünf Punkten zusammenfassen:[21]

So ist es erstens mit einem *Fachkräftemangel* aufgrund des demografischen Wandels konfrontiert, welcher es zu Bindungsmaßnahmen drängt. Dabei stehen die Unternehmungen im intensiven und teuren Wettbewerb (dem „War for Talents“[22]) um Fach- und Führungskräfte, wenn sie nicht auf Fachpersonal verzichten wollen.[23] Eine Senkung der Fluktuationsquoten erscheint zwingend notwendig.[24]

---

[18] Vgl. Becker, F. G. (2010), S. 237-238; Felfe (2008), S. 13-14; Grieger/Ortlieb/Pantelmann/Sieben (2010), S. 339; Klimecki/Gmür (2005), S. 50; Müller-Vorbrüggen (2004), S. 40; Stührenberg (2004), S. 38-41; Thom/Friedli (2003), S. 64; Wolf, G. (2008), S. 236-237. Einige Autoren berechnen darauf aufbauend die nominellen Kosten eines neuen Mitarbeiters und kommen je nach dessen Funktion auf bis zu sechsstellige Euro-Beträge. Vgl. Meifert (2008), S. 269-274. Bröckermann (2004), S. 17; Hagman (2001), S. 59; Meirich (2005); Nink (2008), S. 26; Wucknitz (2000), S. 165.

[19] Vgl. Gallup (2011); IFAK (2007); Nink (2008), S. 26.

[20] Vgl. Althauser/Schmitz/Venema (2008), S. 16-18.

[21] Vgl. ähnlich die Ausführungen von Günther, T. (2010), S. 21-39.

[22] Der Ausdruck „War for Talents“ soll den für Unternehmungen härter werdenden Kampf um hochqualifizierte Mitarbeiter beschreiben. Vgl. Michaelis/Handfield-Jones/Axelrod (2006); Tulgan (2001); kritisch zu diesem Verständnis Scholz (2008), der für Bindung und Motivation bereits vorhandener Mitarbeiter statt einem „Krieg“ gegen andere Unternehmungen wirbt.

[23] Vgl. Denison (2009); Flato/Reinbold-Scheible (2008), S. 73-76; Jensen (2004), S. 233; Moser, R./Thom (2008), S. 20-23; v. Rosenstiel (2003), S. 233.

[24] Dass ein Bindungsmanagement notwendig und für die Zukunft hohe Priorität besitzt ist, scheint zwar vielen Personalverantwortlichen bewusst, doch eine Umsetzung in Maßnahmen zur Bindung erfolgt nur selten. Vgl.

Zweitens zwingt der demografische Wandel nicht nur zur Bindung vorhandener Leistungsträger, sondern sorgt auch für eine zunehmende *Heterogenität der Mitarbeiterschaft*, der Anteil des „Homogenen Ideals" oder des „Normalmitarbeiters" sinkt stetig.[25] Diese Heterogenität zugunsten einer vermeintlich einfacheren Handhabung der Mitarbeiter zu umgehen ist v. a. im Bereich der hochqualifizierten Mitarbeiter nicht möglich.

Drittens sieht sich das Personalmanagement veränderten Einstellungen und einer zunehmenden Heterogenität der Mitarbeiter gegenübergestellt. Individualisierung und Wertewandel sorgen für *veränderte Einstellungen und hohe Ansprüche* gegenüber Arbeit und Freizeit, mehr Freiheit in der Lebensgestaltung, veränderte Arbeitsansprüche und pluralisierte Lebensformen.[26] Dies erfordert Organisations- und Management-Formen, welche auf die unterschiedlichen Bedürfnisse der Mitarbeiter eingehen. Sie führen „zwangsläufig zum Postulat der Individualisierung (auch) im Personalmanagement"[27].[28]

Viertens entsteht durch die veränderte Arbeitskraftnutzung ein *verändertes Anforderungsprofil*, welches Flexibilität, Selbstständigkeit, Eigenverantwortung, Teamworkfähigkeit, stetige Weiterbildung, Umgang mit komplexen Aufgaben, Zielorientierung, Belastbarkeit und vieles mehr beinhaltet. Ein zeitgemäßes Personalmanagement muss darauf abgestimmt sein, dass hohe Ansprüche an Mitarbeiter gestellt werden, jedoch auch, dass die sich ihrer Knappheit bewussten Mitarbeiter hohe Ansprüche an ihre Behandlung und Entlohnung stellen.[29]

---

zu entsprechenden Studien Jansen/Huchler (2005), S. 100-104; v. d. Oelsnitz/Stein/Hahmann (2007), S. 81; Weinert, S. (2008).

[25] Vgl. u. a. Marr (1989), S. 40-41; Morick (2002), S. 14-17; Schmal (1993), S. 15-20. Ein extremes Beispiel zum „Normalarbeiter" liefert Mag (1989), S. 123, welcher jugendliche, ältere, weibliche, ausländische und behinderte Mitarbeiter als besonders „schutzbedürftig" markiert. Diese Mitarbeiter können demnach aus nicht selbst verschuldeten Gründen keine „Normalleistung" erbringen. Unter dem „Homogenen Ideal" oder „dem Normalarbeiter" wird indes der deutsche, christliche, heterosexuelle, gesunde, verheiratete sowie zwischen 20 und 50 Jahre alte Mitarbeiter verstanden. Vgl. Krell (1992), S. 53; Marr (1989), S. 41.

[26] Vgl. u. a. Holtrup (2008); Huinink/Wagner (1998), 103-104. Vgl. bspw. zum Dilemma der Vereinbarkeit von Beruf und Familie für Frauen: Geissler/Oechsle (1994); Voss/Warsewa (2005).

[27] Scholz (2000), S. 70.

[28] Vgl. u. a. Holtrup (2008), S. 41-65; Scherm (1997), S. 58; Schirmer (2007), S. 48; Welge/Holtbrügge (1997), S. 166; Wiegran (2002).

[29] In diesen Zusammenhang fällt auch das Phänomen des „Darwiportunismus". Es beschreibt den Konflikt zwischen einerseits darwinistisch handelnden Arbeitgebern, welche ein hohes Maß an Qualifikation und Leistung fordern, ihre Mitarbeiter in Krisenzeiten jedoch (vor)schnell wieder entlassen sowie andererseits opportunistisch handelnden Arbeitnehmern. Diese versuchen durch die Anstellung ihren Berufsweg, ihre Biografie und ihre Karriere zu optimieren, verlassen den Arbeitgeber jedoch, sobald es bessere Angebote gibt und nehmen keine Rücksicht auf die langfristigen Ziele der Arbeitgeber. Vgl. Scholz (2003); Scholz (2003a); Scholz (2003b). Studien zum Darwiportunismus kommen allerdings nicht zu eindeutigen Ergebnissen. Vgl. Becker, F. G. Schmalenberger/Ostrowski (2010); ähnlich auch Holtrup (2008), S. 50-55.

Fünftens sind die Folgen durch zu geringe Bindung vielfach unterschätzt. Bereits ohne Berücksichtigung des demografischen Wandels, von Individualisierung und Wertewandel sowie der veränderten Arbeitskraftnutzung kann ein Management der Mitarbeiterbindung zur Vermeidung *negativer Auswirkungen zu geringer Bindung* beitragen.

Ein auf individuelle Unterschiede eingehendes Management der Mitarbeiterbindung wird für Unternehmungen somit zunehmend und langfristig zur Notwendigkeit. Zugleich muss der Forderung nach ökonomischer Rechtfertigung von Individualisierung im Personalmanagement Rechnung getragen werden: „Es geht nicht um die Frage, ob Individualisierung stattfinden soll, sondern um das Wie bzw. um die betriebliche Optimierung der Individualisierung.“[30] Hier können differentielle Ansätze Abhilfe schaffen.[31]

In der Betriebswirtschaftslehre sind bisher jedoch nur entweder wenig ausgereifte Empfehlungen, interindividuelle Unterschiede stärker in die Bindungsmaßnahmen zu integrieren, oder implizite, oftmals unbewusste Versuche des Eingehens auf Individualität von Mitarbeitern der Unterscheidungen auszumachen.[32] Aufgrund dieser Defizite und der skizzierten Entwicklungen wird eine Auseinandersetzung mit der Steigerung von Mitarbeiterbindung unter Einbezug individueller Unterschiedlichkeit erforderlich.

Das Ziel dieser Arbeit ist daher die Entwicklung eines Entscheidungsrahmens[33] für ein differentielles Mitarbeiterbindungsmanagement. Diese beinhaltet eine Darstellung und kritische Diskussion existierender Ansätze zur Differenzierung sowie zum Bindungsmanagement von Mitarbeitern und führt zum Angebot des Entscheidungsrahmens zum nach Mitarbeitersegmenten ausgerichteten Bindungsmanagement selbst.

1.2 Methodologie

Die Problemstellung sowie das sich ergebende Ziel der Arbeit verdeutlichen den hohen *Praxisbezug* und den damit verbundenen Anspruch an die Aussagen dieser Arbeit. Nach GROCHLA sollen durch Praxisbezug „die zu entwickelnden Aussagen für reale Problemdefinitionen und -lösungsvorschläge eine Unterstützung leisten“[34], wenngleich nicht jede Aussage sofort

---

[30] Hamel (1989), S. 67.

[31] Vgl. Becker, F. G. (2009), S. 334-335; Becker, F. G. (2010), S. 247; Stein (2011), S. 78.

[32] Vgl. Kap. 3. In der Volkswirtschaftslehre existieren einige ältere Untersuchungen zu Bindung, bspw. zur Auswirkungen von Führungskräftefluktuation. Vgl. hierzu Rippe (1974).

[33] Zu Entscheidungsrahmen vgl. Kap. 1.2.

[34] Grochla (1978), S. 53.

praktisch verwendbar sein muss. Letztes Ziel der Forschung bleibt jedoch immer die „Erarbeitung vernünftiger handlungsanleitender Aussagen“[35]. Damit einher geht die Forderung nach „guter Theorie“[36], die durch Kriterien oder Qualitätsstandards – der Grad der Informativität, der empirischen Bestätigung und der entscheidungstechnischen Verwendbarkeit – garantiert wird.[37]

Hinsichtlich der Entwicklung einer solchen Theorie spricht GROCHLA sich gegen die strikte Trennung von theoretischem und pragmatischem Wissenschaftsziel aus und schlägt zur Verknüpfung beider Ziele die Entwicklung gedanklicher Bezugsrahmen vor. Dieser kann zwei verschiedene Formen besitzen: Der *Konzeptionsrahmen* nimmt eher die Züge eines Begriffs- und Hypothesenschemas an und hat das Aufzeigen unerforschter Bereiche und Einordnung einzelner Forschungsresultate in einen größeren Zusammenhang zum Gegenstand. Der *Entscheidungsrahmen* ist stärker auf praktische Handlungszwecke ausgerichtet. Er strebt die Ordnung organisatorischer Problemsituationen und Angabe von Handlungsempfehlungen an und beinhaltet bestimmte (verallgemeinerte) praktische Problemstellungen, Zielgrößen, Aktionsparameter, Bedingungen, Wirkungen sowie Behauptungen über aktionsrelevante Zusammenhänge an. Eine Weiterentwicklung von Konzeptions- zu Entscheidungsrahmen geschieht nicht allein quantitativ, v. a. geht es hierbei um die „Identifikation bestimmter Variablen als Aktionsparameter“[38].[39]

Abhängig davon, welches der drei Forschungsziele im Vordergrund steht, unterscheidet sich die Forschungsstrategie in drei mögliche Orientierungen, von denen in realen Forschungsarbeiten zumeist alle, jedoch unterschiedlich gewichtet, vorkommen. Die *sachlich-analytische Strategie* verfolgt das Durchleuchten komplexer Zusammenhänge und die Erarbeitung von Handlungsgrundlagen, gestützt v. a. durch Plausibilitätsüberlegungen und ggf. durch empirisch ermittelte Teilzusammenhänge. Eine empirische Überprüfung wird nicht angestrebt, es geht vielmehr um gedankliche Simulationen der Realität auf Basis vermuteter oder subjektiv gesehener Zusammenhänge oder eigener Erfahrungen. Bei einer *empirischen Strategie* steht die Überprüfung von Aussagen über die Realität hinsichtlich ihres Geltungsbereichs oder

[35] Grochla (1978), S. 54. Vgl. ähnlich Kieser (1973), S. 1. Kosiol (1966), S. 241, grenzt dagegen die Betriebswirtschaftslehre mit rein theoretischem Wissenschaftsziel ab, wenn sie „unabhängig von konkreten Zwecken wahre Aussagensysteme von möglichst hohem Informationsgehalt zu bilden versucht.“

[36] Grochla (1978), S. 54.

[37] Erstgenannter betrifft den Grad der konzeptionellen Ausarbeitung und präzisen Aufschlüsselung einzelner, einbezogener Variablenkomplexe sowie ihrer Zusammenhänge. Zweitgenannter stellt den Grad der Entwicklung bestätigter Vorstellungen über die Feststellung der Zusammenhänge zwischen den Variablenkategorien dar. Drittgenannter ist der Grad der instrumentellen Verarbeitung für die spätere Verwendung. Die drei Kriterien stellen zugleich die Ziele der Forschung dar. Vgl. Grochla (1978), S. 54-57 u. 66-67.

[38] Grochla (1978), S. 64.

[39] Vgl. Grochla (1978), S. 61-65.

ihres Wahrheitsgehalts im Fokus. Gegenstand der *formal-analytischen Strategie* ist die Vereinfachung und – abhängig von der Problemstellung – mehr oder weniger abstrakten Beschreibung von Problemstrukturen.[40]

Der Entwicklungsprozess einer Theorie durchläuft stets aufeinander aufbauende Aussagestufen. *Begriffliche Aussagen* dienen der Festlegung eines einheitlichen, wissenschaftlichen Sprachgebrauchs und haben die Erarbeitung eines begrifflichen Instrumentariums zum Gegenstand. *Deskriptive Aussagen* beinhalten die Beschreibung der Realität, genauer formuliert des Gegenstandsbereichs, mittels der Begriffe aus der ersten Stufe. *Explanatorische Aussagen* stellen die Beziehungen zwischen den ermittelten Größen her, helfen, Zusammenhänge transparent zu machen, und stellen auf diese Weise eine Systematisierungs- und Ordnungsleistung dar. *Praxeologische*[41] *Aussagen* bieten dem Praktiker abschließend unmittelbare Hilfestellungen und geben an, „unter welcher Zielsetzung welche Maßnahmen für bestimmte Aufgaben unter den jeweils herrschenden Bedingungen bei der Berücksichtigung der Wirkungen ergriffen werden können“[42]. Dabei müssen sie neben inhaltliche auch formale Anforderungen erfüllen und sind in der Konsequenz identisch mit Entscheidungsrahmen.

Entsprechend der Problemstellung scheint für diese Arbeit eine sachlich-analytische Orientierung, in welcher auch Spekulation zum Ausdruck kommen kann, sinnvoll. Nicht angestrebt ist es, der unternehmerischen Praxis eine Aufstellung von Maßnahmen anzubieten, welche direkt umgesetzt werden kann. Vielmehr sollen *Möglichkeiten* angeboten werden, die im konkreten Anwendungsfall präzisiert und hinsichtlich ihrer Verwendbarkeit situationsabhängig überprüft werden müssen.[43]

Dabei wird ein *betriebswirtschaftlich-utopisches Anliegen* verfolgt, d. h. es sollen Entwicklungen angeregt werden, welche zu einer Verbesserung einer als unbefriedigend wahrgenommenen Gegebenheiten führen, ohne dass sie aktuelle Begebenheit aufgreifen und sofort in der Realität anwendbar sind. Solche „konkreten Utopien“[44] besitzen eher den Charakter einer Leitidee oder eines heuristischen Prinzips. Dies beinhaltet die Möglichkeit des – begründeten, transparenten und als solchen gekennzeichneten – Erkenntnisgewinns durch Plausibilität, Analogien, Heuristiken und Hermeneutiken. Ein utopisches Anliegen bedeutet folglich, dass

[40] Vgl. Grochla (1978), S. 68 u. 72-97.

[41] Auch: „Teleologisch-instrumental“. Kosiol (1966), S. 241. Zu den Elementen praxeologischer Aussagen (im Entscheidungsrahmen) – Gestaltungziele, -bedingungen, -maßnahmen und -wirkungen – in der Organisationstheorie vgl. auch Kubicek (1975), S. 15-23.

[42] Grochla (1978), S. 70.

[43] Vgl. Grochla (1978), S. 68-73 u. 96; ähnlich Fallgatter (1996), S. 7; Hertig (1996), S. 304.

[44] Schanz (1977), S. 301. Dies beinhaltet eine Information über Mögliches, nicht jedoch die Formulierung reiner Wunschvorstellungen. Vgl. Stitzel (1985), S. 146.

ggf. (aber nicht zwangsweise) nur eine näherungsweise Verwirklichung möglich und/oder eine Anpassung an die Realität nötig ist.[45] Rechtliche Normen, welche Restriktionen für ein differentielles Bindungsmanagement in der Praxis liefern können, stellen für den zu entwickelnden Entscheidungsrahmen daher bspw. keine Begrenzung dar.[46]

1.3 Gang der Arbeit

Der Aufbau der Arbeit gliedert sich wie folgt:

An die bereits dargestellten Problemstellung und Methodologie schließt sich der Grundlagenteil an. Dieser nennt zuerst das in dieser Arbeit vertretende Begriffsverständnis von differentiellem Personalmanagement und gibt eine entsprechende Definition, ehe der Kontext differentiellen Personalmanagements dargestellt wird, um das differentielle Personalmanagement darin zu verorten. Ähnlich erfolgt im zweiten Unterabschnitt eine Begriffsexplikation von Mitarbeiterbindung sowie Bindungsmanagement, und es wird das in dieser Arbeit vertretende Verständnis schließlich gegenüber alternativen Verständnissen eingegrenzt. Die Grundidee eine differentielles Bindungsmanagements wird in dritten Unterabschnitt der Grundlagen erläutert, ebenso wie die theoretischen Annahmen, auf denen diese Arbeit beruht. Schließlich werden ein erstes Begriffsverständnis von differentiellem Bindungsmanagement und eine Arbeitsdefinition für das weitere Vorgehen gegeben.

Das dritte Kapitel stellt bereits existierende Ansätze im Umfeld eines differentiellen Bindungsmanagements dar, welches in der Form, wie es das Begriffsverständnis auf dem Grundlagenteil auffasst, noch nicht existiert. Nach allgemeinen Erläuterungen zur Vorgehensweise sowie der Erläuterung vom Darstellungsraster und den Kriterien für die Diskussion der Ansätze werden zuerst bestehende Ansätze zu Differenzierungen im Personalmanagement betrachtet. Hierunter fallen Ansätze zur Differenzierung im allgemeinen Personalmanagement sowie unterschiedliche differentielle und individualisierte Ansätze. Im Anschluss werden existierende Ansätze zum Bindungsmanagement untersucht, deren Herkunft entweder im Personalmanagement selbst oder in einer Übertragung von Erkenntnissen des Absatzmarketing zu erkennen sind. Im erstgenannten Fall wird unterschieden in theoretische, praktische und empirische Arbeiten. Als letzte Gruppe untersuchter Ansätze des drittes Kapitels werden solche dargestellt und diskutiert, die Differenzierungen im Bindungsmanagement vorschlagen –

[45] Vgl. Becker, F. G. (1990), S. 115; Schanz (2004), S. 46. Zu einer utopischen Betriebswirtschaftslehre vgl. Sitzel (1985), S. 141-152, v. a. S. 150-151, zur utopischen Funktion der Wissenschaft vgl. Raffée (1974).

[46] Vgl. ähnlich Morick (2002), S. 100-101.

entweder durch Segmentierungen oder für einzelne, ausgesuchte Segmente. Den Abschluss des dritten Kapitels bilden Ausführungen, inwieweit welche Ansätze oder welche Bestandteile Implikationen für den Entscheidungsrahmen liefern können.

Der Entscheidungsrahmen selbst wird dann im vierten Kapitel entworfen. Im ersten Unterabschnitt werden Aufbau und Struktur des Rahmens dargestellt, ehe auf Basis der Erkenntnisse des dritten Kapitels grundlegende Elemente festgelegt werden. Die nachstehenden Ausführungen betreffen dann die inhaltliche Ausgestaltung und den Prozess des Bindungsmanagements, ehe eine kritische Reflexion das fünfte Kapitel abschließt.

Eine Zusammenfassung und ein Ausblick bilden den Schluss der Arbeit.

Abbildung 1 stellt den Aufbau der Arbeit grafisch dar:

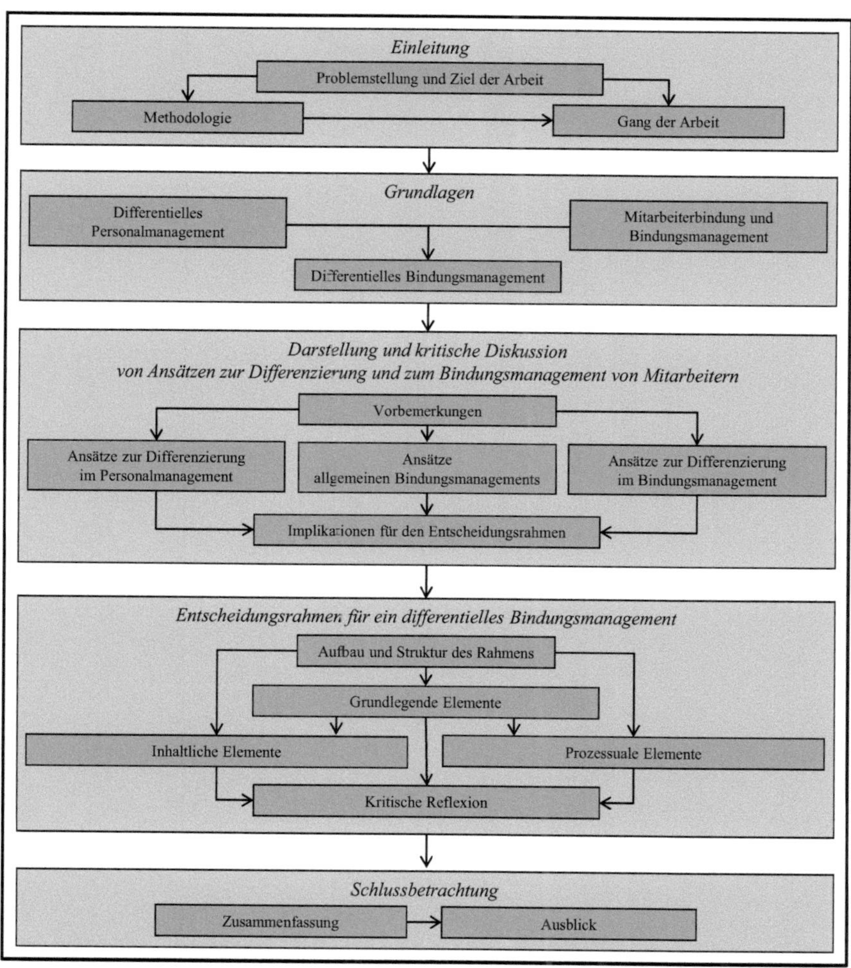

Abbildung 1: Aufbau der Arbeit.[47]

[47] Quelle: Eigene Darstellung.

2. Grundlagen

2.1 Differentielles Personalmanagement

2.1.1 Begriffsverständnis und Definition

Differentielles Personalmanagement stellt einen prinzipiellen Ausgangspunkt des zu entwickelnden differentiellen Mitarbeiterbindungsmanagement dar. Zuerst wird das hier vertretene Verständnis von „Personalmanagement" im Allgemeinen, in einem zweiten Schritt das des „differentiellen Personalmanagement" erläutert und definiert.

Personalmanagement

Das hier zugrunde liegende *Verständnis* und die *Definition von „Personalmanagement"* folgen denen von BERTHEL/BECKER. Demnach wird „Management" als Funktion, nicht als Institution, begriffen, sodass Personalaufgaben nicht mehr ausschließlich eine Aufgabe der Personalabteilung sind, sondern die Unternehmungsleitung und jeder Vorgesetzte Verantwortung für personelle Angelegenheiten tragen. Personalmanagement beinhaltet einerseits die „Gestaltung von Systemen (zur Lenkung) der Verhaltenssteuerung" sowie andererseits die „Steuerung von Verhaltensweisen durch (Führungs-) Prozesse" und bedeutet demnach sowohl Systemgestaltung und Führungstätigkeiten *für* das Personal als auch Verhaltenssteuerung und Führung *des* Personals, welche im Rahmen der geschaffenen Systeme stattfindet. Gegenstand der Systemgestaltung sind nicht mehr klar abgrenzbare Handlungsfelder wie Anreiz- und Vergütungssysteme oder Personalbedarfsdeckung, -entwicklung und -freisetzung, wohingegen die Verhaltenssteuerung auf persönliche Interaktion und direkten Kontakt zu den Vorgesetzten abzielt. Anders ausgedrückt setzt sich Personalmanagement aus der strukturellen (auch: indirekten) und interaktionalen (auch: direkten) Personalführung zusammen, die sich gegenseitig ersetzen, beeinflussen und substituieren. Ansatzpunkte und folglich auch Wirkungsfelder für das Personalmanagement bieten Individuen, Gruppen von Individuen und der Gesamtbetrieb, die es aufgrund ihres von aneinander abhängigem Wirken integrativ zu berücksichtigen gilt.[48] Alles in allem beinhaltet diese Auffassung von Personalmanagement eine verhaltenswissenschaftliche Ausrichtung und berücksichtigt folglich explizit menschliches Verhalten.[49]

---

[48] Vgl. Berthel/Becker, F. G. (2010), S. 13-17; auch Becker, F. G. (2011a), S. 209-213.

[49] Vgl. Berthel/Becker, F. G. (2010), S. 20; Wolf, J. (2011), S. 231. Zur Abgrenzung verhaltenswissenschaftlicher Ansätze zu anderen organisationstheoretischen Ansätzen vgl. Grochla (1975), Sp. 2895-2914.

Personalmanagement wird in dieser Arbeit als strategisch-orientiertes Personalmanagement verstanden.[50] Demnach geht es nicht um eine derivative Ableitung von Unternehmungsstrategien auf das Personalmanagement (und das Bindungsmanagement), sondern um deren interaktives Zusammenspiel. Einem strategisch-orientierten Personalmanagement kommen dabei folgende Aufgaben zu: [51]

a) Klärung des Initiativ- und Unterstützungsbeitrags des Personalmanagements zur Strategieformulierung und -implementierung.
b) Analyse von strategischen Chancen und Probleme des Humanpotentials sowie der Personalarbeit.
c) Feststellung, welche personellen Erfolgsfaktoren kritischer als andere sind und wie sie sich entwickeln.

Während „Personalmanagement“ die „Personalfunktion als Teil des übergreifenden Managementsystems und -prozesses“[52] hervorhebt, betont in *Abgrenzung* dazu die Bezeichnung „Personalwirtschaft“ indes eher wirtschaftliche Kalküle, welche den Bezug zur Betriebswirtschaftslehre deutlicher machen. Ökonomische und personelle Aspekte werden stärker miteinander verbunden, was nicht zwingend zu Lasten einer verhaltenswissenschaftlichen Orientierung führen muss. Die Perspektive der „Personalpolitik“ fokussiert die Ziele und Interessen der Akteure, ohne jedoch wirtschaftliche Aspekte unberücksichtigt zu lassen. Personalpolitische Entscheidungen werden demnach Ergebnisse von Aushandlungsprozessen zwischen den unterschiedlichen individuellen oder kollektiven Akteuren im Unternehmen. Im Folgenden wird der Terminus „Personalmanagement“ bevorzugt sowie mit „Personalwirtschaft“ und „Personalpolitik“ gleich gesetzt, solange nicht ein explizit anderes Begriffsverständnis gegegeben ist.[53]

Allen drei Betrachtungsweisen ist gemeinsam, dass „das Personal“ zumindest terminologisch als ein *Sammelbegriff* entweder für die gesamte Belegschaft mit allen Facetten oder für spezifische, leistungsrelevante Fähigkeiten und/oder Verhaltensweisen des Menschen in Unternehmungen verwendet wird. KRELL unterstellt Unternehmungen, dass diese neutrale und ag-

---

[50] Weitere denkbare Verständnisse sind die eines strategischen Personalmanagements als langfristig ausgerichtete Personalplanung und die des strategieorientierten Personalmanagement als Ableitung der Personalstrategie im Sinne einer Funktionsbereichsstrategie aus der Unternehmungsstrategie. Vgl. Berthel/Becker, F. G. (2010), S. 679-681.

[51] Vgl. hierzu sowie für die folgenden Punkte Becker, F. G. (1988); Becker, F. G. (1988a); Becker, F. G. (2011), S. 177-180; Berthel/Becker, F. G. (2010), S. 680-684.

[52] Berthel/Becker, F. G. (2010), S. 13.

[53] Vgl. Berthel/Becker (2010), S. 18; Krell (1992), S. 50; Wächter (1990), S. 55-56; Wächter (1992), S. 317. Auch Scherm/Süß (2010), S. 4, bemerken, dass die entsprechenden Begriffe oft synonym verwendet werden und selbst in der Lehre Unterschiede nur in Nuancen bestehen.

gregierte Auffassung als „Kollektivsingular“[54] den Wunsch nach reibungslosem Funktionieren widerspiegelt und individuelle Unterschiedlichkeit als störend oder bedrohlich empfunden wird.[55] Diese Unterstellung mag berechtigt sein – es ist jedoch fraglich, ob ein anderer Terminus an einer unternehmerischen Grundhaltung gegenüber dem Personal als Produktionsfaktor etwas ändern würde.[56] Aus diesem Grund wird der Terminus „Personal“ beibehalten, auch mit dem Hinweis von GÖBEL auf dessen Würde.[57]

Differentielles Personalmanagement

Unterschiede zwischen arbeitenden Menschen sind trotz des vermeintlichen Kollektivsingulars existent und haben einen erheblichen Einfluss auf den Erkenntnisgegenstand des Personalmanagements: Das leistungsbezogene Verhalten von arbeitenden Menschen in der Unternehmung. Interindividuell unterschiedliche Erwartungen, Interessen, Motiven und Zielen kommen hierbei eine große Bedeutung zu.[58] Nach MARR besteht „...Konsens darüber, dass [...] menschliche Arbeit grundsätzlich Bestandteil und Ausdruck der Individualität dessen ist, der sie leistet.“[59] Dies gilt umso mehr vor dem Hintergrund von Wertewandel und Individualisierung.[60] Identische Maßnahmen zur Steigerung der Effizienz eines Mitarbeiters führen demnach bei unterschiedlichen Mitarbeitern zu unterschiedlichen Ergebnissen.[61] Im Umkehrschluss bedeutet dies, dass gleiche und effizienzsteigernde Wirkungen bei unterschiedlichen Mitarbeitern nur dann zu erzielen sind, wenn entsprechend unterschiedliche Maßnahmen ergriffen werden.[62] Je individueller ein Mitarbeiter behandelt wird, desto höher ist die Leistung des Mitarbeiters, sind aber auch die Kosten der Behandlung, und vice versa für generelle Regelungen.[63] Die Lösung dieses Problems liegt in einem differentiellen[64] Personalmanagement, welches darauf abzielt, einen *adäquaten Mittelweg zwischen individueller Behandlung und*

[54] Wortschöpfung nach Neuberger (1990), S. 4. Seinem Einwand, man könne aus Personal keine Persönlichkeiten machen und das Personal sei lediglich ein Mittel, wird nicht gefolgt. Treffend formuliert in diesem Sinne Achterhold (1993), S. 52: „Den Mitarbeiter [...], der für alle anderen steht, gibt es nicht [...].“

[55] Vgl. Krell (1992), S. 50.

[56] Vgl. Morick (2002), S. 81.

[57] Vgl. Göbel (2003), S. 190.

[58] Vgl. Marr (1989), S. 38.

[59] Marr (1989), S. 38.

[60] Vgl. Kapitel 1.1.

[61] Vgl. Marr/Friedel-Howe (1989), S. 325. Morick (2002), S. 263, legt im differentiellen Kontext fest, dass „Effizienz [...] gleichbedeutend mit der Geeignetheit eingesetzter Mittel zur Erreichung vorgegebener Ziele“ ist.

[62] Vgl. Marr/Friedel-Howe (1989), S. 325.

[63] Vgl. Morick (2002), S. 35-36, der auf ähnliche Probleme im Rahmen des Marketing (Standardisierung vs. Individualisierung) und der Produktion (Massen- vs. Einzelfertigung) verweist.

[64] “Differentiell“ bedeutet „einen Unterschied begründend o. darstellend“. Kraif/Konopka/Thyen (2010), S. 250.

generellen Regelungen zu finden. So gesehen strebt ein differentielles Personalmanagement nach einem ökonomischen Umgang mit Individualität in der Unternehmung.[65]

Seinen *gedanklichen Ursprung* findet das differentielle Personalmanagement dieser Arbeit in den Beiträgen von MARR und MARR/FRIEDEL-HOWE, die „jene Einflussfaktoren und Wirkungszusammenhänge, welche die im Allgemeinen zutreffenden Zusammenhänge im Einzelfall entweder verstärken oder in ihrer Richtung ändern“[66], fokussieren. Es soll ein hoher Übereinstimmungsgrad zwischen den individuellen Leistungsvoraussetzungen des Mitarbeiters und den situativen Bedingungen in der Organisation geschaffen werden. MARR betont dabei den interaktionalen Prozesscharakter dieser Wirkungszusammenhänge.[67] Als Merkmale zur Differenzierung nennt er:

a) Personenattribute bzw. sozio-demografische Merkmale (bspw. Alter, Geschlecht, Beruf).
b) Personengebundene funktionale Merkmale (bspw. hierarchische, funktionale oder institutionelle Position, funktionale Rolle).
c) Persönlichkeitsmerkmale (bspw. Motive, Werthaltungen, kognitive Orientierungen).
d) Fähigkeitsmerkmale[68] (bspw. fachliche und soziale Kompetenz, Kommunikationsfähigkeit).
e) Merkmale der persönlichen Lebensverhältnisse (bspw. Familiensituation, Dauer der Berufsausübung).

Durch die Identifikation von *homogenen Segmenten*, also Mitarbeitergruppen mit gleichen oder ähnlichen leistungsrelevanten Merkmalsausprägungen, sollen dann segmentspezifisch generelle Regelungen gefunden werden. Eine statische Verkopplung von Personen- und Situations- sowie Erfolgsmerkmalen lehnt er jedoch ab, individuelles Verhalten ist für ihn „die Folge der Interaktion verhaltensbeeinflussender personaler und situativer Charakteristika“.[69] Damit werden explizit individualistische und soziale Verhaltenskonzepte mit situativen Strukturmerkmalen verbunden. Als theoretische Ausgangspunkte einer noch zu entwickelnden Theorie der differentiellen Personalwirtschaft schlägt er – aufbauend auf der Interaktionsana-

[65] Zum Kosten-Nutzen-Verhältnis vgl. auch Marr (1989) im Rahmen der Anwendungsproblematik. So stehen dem Nutzen Kosten durch Koordination, Mehrbedarf an Experten, Konflikten aufgrund empfundener Ungerechtigkeit, Akzeptanzprobleme und soziale Desintegration gegenüber. Vgl. Marr (1989), S. 46.

[66] Vgl. Marr (1989), S. 39.

[67] Vgl. Marr (1989), S. 38-40; Marr/Friedel-Howe (1989), S. 325-326, die beide den Terminus „differentielle Personal<u>wirtschaft</u>“ bevorzugen.

[68] Im Folgenden wird der Begriff „Eignungsmerkmale“ bevorzugt, da er umfassender ist und Fähigkeiten beinhaltet. Vgl. Berthel/Becker, F. G. (2010), S. 245-246.

[69] Marr (1989), S. 43.

lyse – einen konfliktorientierten Bezugsrahmen sowie das Menschenbild des „Complex Men" vor.[70]

Unklar bleibt MARR im Rahmen differentiellen Personalmanagements die adäquate Anzahl von Segmenten, die zielwirksamste Selektion von Segmentierungskriterien, die optimale Gestaltung hinsichtlich der Akzeptanz von differentiellen Aktivitäten sowie das Dilemma zwischen kollektiver Vernunft und individueller Interessenbefriedigung. Bezüglich der Anwendung verweist er darauf, dass die Kosten nicht den Nutzen übersteigen dürfen, und dass die Durchführung der Diagnose und der Implementierung von Maßnahmen unter Berücksichtigung von Situationsbedingungen und betrieblichen Gegebenheiten geschieht.[71]

Mehr als eine „Skizze der Problemlandschaft"[72] wird außerdem nicht vorgenommen, sodass MORICK den Beitrag von MARR und MARR/FRIEDEL-HOWE als einen „Impuls" einordnet, welcher das „Entwurfsstudium letztlich noch nicht verlassen"[73] hat.[74] Auch ELBE attestiert ihr, dass sie zu diesem Zeitpunkt "über die Phase prinzipieller Konzeptionierung noch nicht hinausgelangt"[75] ist.

MARR und MARR/FRIEDEL-HOWE beziehen sich auf die bereits seit Beginn des 20. Jahrhunderts existierende *differentielle Psychologie*[76], deren Erkenntnisse zu Persönlichkeitskonstrukten und der Identifikation leistungsrelevanter Merkmale zu prüfen sind und die im eingeschränkten Maße eine Leitfunktion für ein differentielles Personalmanagement einnehmen kann.[77] In Abgrenzung zur allgemeinen Psychologie, die hinsichtlich des menschlichen Ver-

[70] Vgl. Marr (1989), S. 43, welcher die Kritik von Reber (1978) aufgreift, die verhaltensorientierte BWL sei in rein „individualistische Fahrwasser" geraten. Reber (1978), S. 100-101, fordert eine Relativierung individualpsychologischer Theorien zugunsten anderer Einflussgrößen des Umfelds und richtet sein Hauptaugenmerk dabei auf die Führung von Mitarbeitern, soziale Problem- und Konfliktlösungsprozesse sowie die Unternehmungsverfassung und -strukturen. Vgl. auch Marr/Friedel-Howe (1989), S. 334. Zum „Complex Men" vgl. Kap. 2.3.1.

[71] Vgl. Marr (1989), S. 43-47. Die genannten Aspekte fasst Marr (1989), S. 43-47, als konzeptionelle Problematik, Analyseproblematik, Gestaltungsproblematik und Anwendungsproblematik zusammen. Ähnlich geschieht dies bei Marr/Friedel-Howe (1989), S. 328-333.

[72] Marr (1989), S. 47.

[73] Morick (2002), S. 80.

[74] Vgl. Marr (1989); Marr/Friedel-Howe (1989); Morick (2002), S. 41-42; ferner Sneikus (2006), S. 105-107.

[75] Elbe (1997), S. 104.

[76] Vgl. als Begründer der differentiellen Psychologie v. a. Stern (1911). Vgl. umfassend Amelang/Bartussek/Stemmler/Hagemann (2006); Pawlik (1996); Salewski/Renner (2009); Weber/Rammseyer (2005). Für die inhaltliche Nähe der differentiellen Psychologie zum differentiellen Personalmanagement vgl. Marr (1989); Marr/Friedel-Howe (1989), S. 325; Morick (2002), S. 81-87. „Differentielle Psychologie" und „Persönlichkeitspsychologie" wird im Folgenden synonym verstanden, die Unterschiede haben lediglich akzentuierenden Charakter. Vgl. Amelang/Bartussek/Stemmler/Hagemann (2006), S. 47-48, sowie umfassend zur Persönlichkeitspsychologie Asendorpf (2007).

[77] Vgl. Marr (1989), S. 44; Marr/Friedel-Howe (1989), S. 325; Morick (2002), S. 85-87.

haltens, Erlebens und Bewusstseins auf das Formulieren von Gesetzmäßigkeiten mit Allgemeingültigkeit abzielt, ist das Erkenntnisobjekt der differentiellen Psychologie das von diesen Gesetzmäßigkeiten abweichende unterschiedliche Verhalten von Individuen und Gruppen. Es geht folglich darum, individuelle Unterschiede des Verhaltens bei objektiv gleichen Bedingungen zu beschreiben und eben diese Abweichungen zu erklären sowie zukünftiges Verhalten vor diesem Hintergrund zu prognostizieren. Zu unterscheiden ist dabei zwischen erstens Persönlichkeitsmerkmalen („Traits") als relativ zeitstabile und situationsübergreifende Bereitschaften, oder anders formuliert, Dispositionen zu bestimmten Verhaltensweisen, zweitens Verhaltensgewohnheiten („Habits") als erlernte Reaktionen und drittens situationsspezifisch unterschiedliche Reaktionen („States"). Diesem liegen als theoretische Perspektiven drei Ansätze zugrunde:

a) Dispositionimus: Individuelles Verhalten ist diesem Verständnis zufolge zeitlich relativ stabil. Ansätze des Dispositionismus beinhalten allerdings stets auch situative Elemente in der Form, dass Verhalten an verschiedene Situationen geknüpft ist. Es werden jedoch nur die relevanten Situationen berücksichtigt.[78]
b) Situationismus: Als Gegenstück zum Dispositionismus wird das Verhalten hier als allein abhängig von situativen Einflüssen angenommen.
c) Interaktionismus: Zusammenführung von Dispositionismus und Situationismus – menschliches Verhalten ist abhängig von Disposition und Situation. Nicht jedoch bezieht der Interaktionismus mit ein, dass ein Mensch sich nicht zwingend in verschiedenen Situationen stets gleich verhält, sodass eine statische Verknüpfung von Situation und Persönlichkeitseigenschaft gegeben ist.

Aufgrund der hohen Komplexität interaktionistischer Ansätze und der geringen Aussagekraft situationistischer Ansätze wird zumeist die Perspektive des Dispositionismus eingenommen.[79]

Einen weiteren impulsgebenen Beitrag für das differentielle Personalmanagement im in dieser Arbeit verstandenen Sinne bietet ULICH mit der *„differentiellen Arbeitsgestaltung"*. Dieser betont die Abkehr vom „One-Best-Way" der Erledigung von Aufgaben und die Grenzen der Eignungsdiagnostik, um Menschen bestimmte Arbeitstätigkeiten zuzuordnen. Ausgehend von der Rücksichtnahme auf interindividuelle Differenzen innerhalb eines bestimmten Arbeitssystems („flexible Arbeitsgestaltung") schlägt er verschiedene Arbeitssysteme vor, zwischen denen die Menschen gemäß ihrer interindividuell unterschiedlichen Interessen selbst wählen können („differentielle Arbeitsgestaltung").[80] Da diese sich intraindividuell über die Zeit än-

[78] Amelang/Bartussek/Stemmler/Hagemann (2006), S. 76, nennen als Beispiel Hilfeverhalten am Arbeitsplatz. Hier wäre Hilfsbereitschaft in der Familie nicht Gegenstand der Untersuchung.

[79] Vgl. Amelang/Bartussek/Stemmler/Hagemann (2006), S. 16-77.

[80] Zur Selbstregulation und -selektion nach Ulich (1978) vgl. auch Ulich (2005), S. 283-294.

dern, neue Systeme oder Bedürfnisse nach Wechsel der Systeme entstehen können, empfiehlt er zusätzlich die Möglichkeit von Änderungen im Zeitverlauf („dynamische Arbeitsgestaltung").[81] Diese drei recht praxisnahen und mit Beispielen gespickten Prinzipien betreffen folglich v. a. die Umsetzung eines differentiellen Vorgehens und ergänzen damit die eher konzeptionellen Gedanken von MARR und MARR/FRIEDEL-HOWE, greifen den Moderatorgedanken jedoch nicht auf und beziehen sich daher nicht auf einzelne Segmente von Mitarbeitern. Wertvoll sind daher v. a. die Hinweise zur Selbstwahl sowie zu inter- und intraindividueller Unterschiedlichkeit.

Abgeleitet aus den obigen Ausführungen sind für ein differentielles Personalmanagement *zwei konstituierende Prinzipien* kennzeichnend:

Im Zusammenhang des adäquaten Mittelwegs zwischen einem nomothetischen und idiografischen Extrem[82] formuliert MORICK das *„Substitutionsprinzip der Mitarbeiterbehandlung"*: „Die Tendenz zu generellen Regelungen nimmt mit zunehmend festgestellter Verhaltensvarianz im menschlichen Leistungsverhalten ab; andererseits sind in diesem Fall der Tendenz zu individueller Behandlung durch organisationale Effizienzbedingungen Grenzen gesetzt."[83] Es gibt folglich ein Optimum zwischen ausschließlich generellen Regelungen und kostenintensiver, individueller Behandlung jedes einzelnen Mitarbeiters, in dem die organisationale Effizienz am höchsten ist. Damit spricht er auch den „gemeinhin akzeptierten"[84] Zieldualismus sozialer (Erfüllung von Mitarbeiterbedürfnissen) und ökonomischer (Erfüllung betriebswirtschaftlicher Formalziele) Effizienz an, welche zusammen das angestrebte Ziel der gesteiger-

[81] Vgl. Ulich (1978), S. 566-568; Ulich (2005), S. 282-286. Hornberger (2009) greift Ulichs Beitrag auf und definiert sogar „'differenzielle Personalpolitik' beziehungsweise 'differenzielle[...] Personalwirtschaft'" in seinem Sinne als das Angebot mehrere alternativer Arbeitsstrukturen in Abhängigkeit bestimmter Differenzierungskriterien wie Gruppenmerkmale, Stellung in der Unternehmungshierarchie, Alter, Qualifikation. Zwischen den verschiedenen Arbeitsstrukturen können die Mitarbeiter wählen. Am häufigsten findet das nach Hornberger (2009) im Rahmen von Arbeitszeit und -inhalt Berücksichtigung. Vgl. Hornberger (2009), S. 246. Dieser Definition wird in der vorliegenden Arbeit jedoch nicht gefolgt. Vgl. Kapitel 2.1.1.

[82] Wie jede andere Wissenschaft, die den Menschen als Erkenntnisobjekt hat, muss sich auch die Betriebswirtschaftslehre und mit ihr das Personalmanagement auf einem Kontinuum zwischen „Generalisierung" und „Einzelfall" positionieren. Diese Problematik ist in der Unterscheidung eines „nomothetischen", bzw. eines „idiografischen" Ansatzes erfasst. Der nomothetische Ansatz beschreibt und erklärt menschliches Verhalten durch allgemeingültige Gesetzmäßigkeiten. Der idiografische Ansatz hingegen zielt auf den Einzelfall ab, verzichtet jedoch auf Generalisierungen und kann damit keine übergreifenden Aussagen (über menschliches Verhalten) liefern. Vgl. Marr/Friedel-Howe (1989), S. 325. Zum „nomothetischen" und „idiografischen" Ansatz vgl. Windelband (1911), S. 145.

[83] Morick (2002), S. 78.

[84] Morick (2002), S. 34; ähnlich auch Weibler (1995), S. 119.

ten organisationalen Effizienz darstellen.[85] Beiden Zielen räumt MORICK „prinzipielle Gleichrangigkeit“[86] ein. Abbildung 2 veranschaulicht den beschriebenen Zusammenhang.

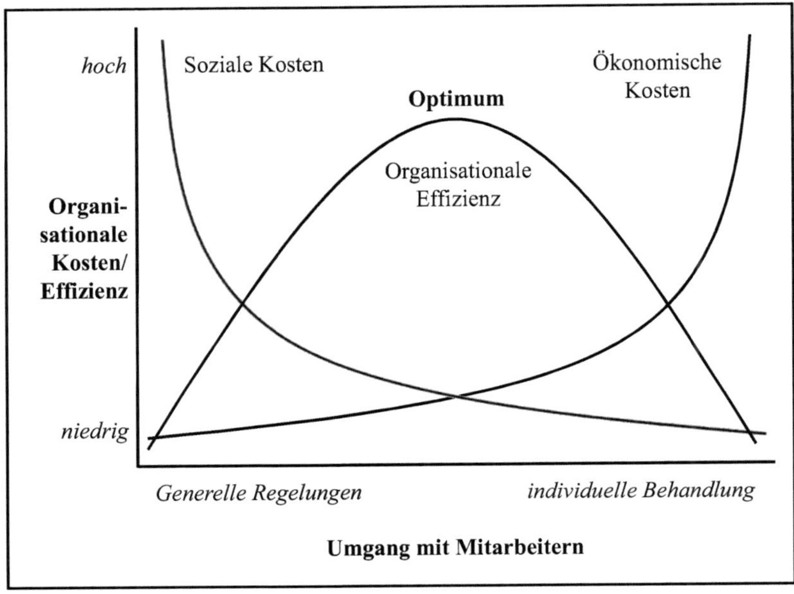

Abbildung 2: Das Substitutionsprinzip der Mitarbeiterbehandlung.[87]

Im Substitutionsprinzip der Mitarbeiterbehandlung ist die Bestimmung homogener, d. h. von Mitarbeitern mit gleichen und abgrenzbaren Merkmalen gebildeten Segmente, in denen bestimmte Aussagen stets zutreffend sind und die einen Anspruch auf differentielle Allgemeingültigkeit fordern, zentral.[88] Dies leitet über zum zweiten Prinzip, dem *Moderatorprinzip*. Dieses ist der differentiellen Psychologie entnommen und besagt, dass die Differenzierungsmerkmale als Moderatorvariablen fungieren, durch das allgemein angenommenes Verhalten und an den Tag gelegtes, menschliches Verhalten sich unterscheiden oder, anders formuliert, moderiert wird.[89] Allgemein angenommenes Verhalten ist dabei das Produkt unreflektierter,

[85] Vgl. Marr (1989), S. 40; Wiegran (2002), S. 9-11; auch Kap. 2.3.1.

[86] Morick (2002), S. 97. Zur Problematik der damit verbundenen Wertung vgl. Weibler (1995), S. 118-119; zur Problematik des Vorrangs einer Effizienzart vgl. Oechsler (2011), S. 13.

[87] Quelle: Eigene Darstellung in enger Anlehnung an Morick (2002), S. 78.

[88] Vgl. Morick (2002), S. 79.

[89] Vgl. Elbe (1997), S. 95-105; Marr (1989),S. 40; Morick (2002), S. 85-86. Vgl. zur Problematik von Gesetzmäßigkeiten im Personalmanagement Becker, F. G. (1993), S. 6. Mit der Zielsetzungstheorie von Locke/Latham (1990) existiert eine weithin bekannte und akzeptierte Motivationstheorie im Personalmanagement, wel-

stereotyper Erklärungsvariablen und dem zu erklärenden menschlichen Verhalten. Abbildung 3 verdeutlicht das Moderatorprinzip.

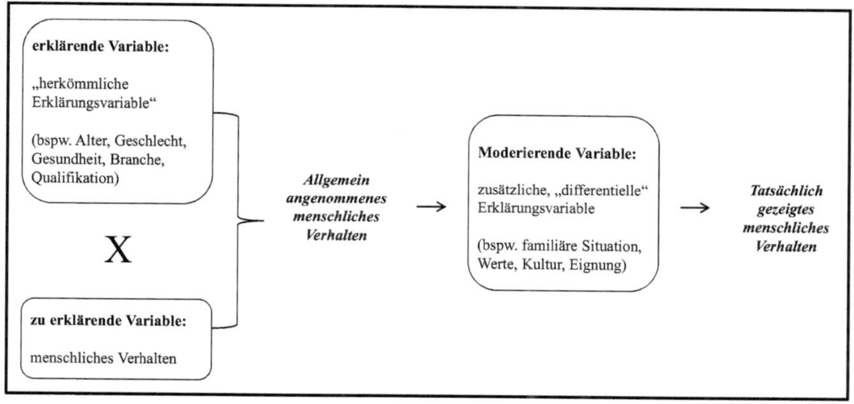

Abbildung 3: Das Moderatorprinzip für personalwirtschaftliche Überlegungen.[90]

Auf Basis dieser Ausführungen ist die *Definition von differentiellem Personalmanagement in dieser Arbeit* **die systematische Berücksichtigung inter- wie intraindividueller Unterschiede aus der Identifikation und Bildung homogener Segmente sowie darauf abgestimmter Maßnahmen im Rahmen von Systemgestaltung und Verhaltenssteuerung.**

„Homogene Segmente" sind im Zuge dessen Gruppierungen von Mitarbeitern, welche über abgrenzbare und die gleichen oder stark ähnelnde, leistungsrelevante Moderatorvariablen verfügen und damit allgemein angenommene Gesetzmäßigkeiten korrigieren, bestätigen oder verstärken sowie die organisationale Effizienz erhöhen.[91] Die Mitglieder eines Segments werden einheitlich behandelt.

Ein Personalmanagement, welches keine Unterschiede macht, sondern generelle Regelungen anregt, wird im Folgenden als „allgemeines Personalmanagement" bezeichnet. Sprachlich ist

che prinzipiell den gleichen Gedanken verfolgt: So wird ein unmittelbarer Zusammenhang zwischen Zielen und Leistung postuliert, welcher durch unterschiedliche Moderatorvariablen – bspw. Fähigkeiten zur Bewältigung der Aufgaben oder Commitment gegenüber dem Ziel – verstärkt oder abgeschwächt wird. Vgl. auch überblicksartig Locke/Latham (1990a).

[90] Quelle: Eigene Darstellung in enger Anlehnung an Morick (2002), S. 86.

[91] Dass hier von „Gruppierungen" die Rede ist, soll nicht bedeuten, dass ein Segment stets eine Mehrzahl von Personen beinhalten muss, wie es der Wortstamm „Gruppe" suggeriert. Es ist nicht ausgeschlossen, dass ein Segment nur einen Mitarbeiter beinhaltet. Vgl. zur Definition von Gruppen v. Rosenstiel (2007), S. 288.

zu beachten, dass „differentiell“ das Adjektiv („einen Unterschied machend/begründend“) zum Verb „differenzieren“ („einen Unterschied machen/begründen“) darstellt. Das Substantiv „Differenzierung“ stellt den Prozess des „Differenzierens“ in den Vordergrund, wohingegen „Differenz“ den Unterschied als solchen beschreibt. Im Rahmen des differentiellen Personalmanagements können „segmentieren“ und „differenzieren“ begrifflich gleichgesetzt verwendet werden, da die Bildung von Mitarbeitersegmenten konstituierender Bestandteil des differentiellen Personalmanagements ist.[92] Führt eine Differenzierung indes zu Benachteiligungen der entsprechenden Gruppe, ist dies Diskriminierung.[93]

2.1.2 Kontext und Verortung

Erste Überlegungen zu einer Abkehr von generellen Regelungen zugunsten einer verstärkten Orientierung am Individuum existieren nicht allein durch die Ansätze von MARR, MARR/FRIEDEL-HOWE und ULICH. In den Kontext differentiellen Personalmanagement fallen auch Ideen und Ansätze zur Individualisierung[94], Flexibilisierung, Mitarbeiterorientierung sowie zu Personalstrukturen. Diese werden im Folgenden dargestellt, ehe das differentielle Personalmanagement verortet wird. Auf diese Weise soll auch der in diesem Kontext teils uneinheitlichen Verwendung von Termini und Begriffen begegnet werden. Auffällig ist, dass es sich bei den im vorherigen Abschnitt genannten sowie den folgenden Ansätzen nicht um geschlossene Konzepte, sondern eher um Ideen, Anregungen für Diskussionen oder „Impulse“ handelt, die in Zeitschriften und Sammelbänden erschienen sind.[95]

Individualisierung

Ansätzen zur Individualisierung im Personalmanagement ist gemein, dass sie aus der individuell unterschiedlichen Behandlung von Mitarbeitern sowie der dynamischen Anpassung von Gestaltungslösungen bestehen, wodurch eine Annäherung an das idiografische Extrem oder sogar eine Positionierung auf eben diesem erfolgt. Dabei werden auf die Spezifität von Situationen und auf die individuelle Selbstbestimmung entsprechend der Bedürfnisse und Interessen der Mitarbeiter Wert gelegt, kollektive und standardisierte Regelungen folgerichtig abgelehnt. Die Destandardisierung der Gestaltungsfelder des Personalmanagements und Delega-

[92] Vgl. Duden (2007).

[93] Vgl. Pfarr/Bertelsmann (1989), S. 65-66.

[94] Der Terminus „Individualisierung“ ist im Kontext zu sehen. So bedeutet er in der Soziologie etwas anderes als im Personalmanagement, wenngleich die Zusammenhänge offensichtlich sind. Scherm (1997) schreibt daher von „gesellschaftlicher“ und „ökonomischer“ Individualisierung. Vgl. Scherm (1997), S. 59, sowie Kap. 1.1.

[95] Vgl. Morick (2002), S. 37-43; Peinelt-Jordan (1996), S. 228 u. 233-237.

tion von Entscheidungen und Verantwortung werden auf diese Weise zu zentralen Aspekten. Individualisierung kann jedoch nur angestoßen werden, wenn sie von den Mitarbeitern gefordert und von der Unternehmungsleitung auch gewährt wird. Veränderten Rahmenbedingungen soll durch individuellere Regelungen gerecht werden und für eine effizientere Organisation aufgrund erhöhter Motivation und Identifikation sorgen. Grundsätzliche Anwendungsbereiche sind die Gestaltung der Arbeitszeit, Vergütung, Personalentwicklung, Karrierewege und Führung. Auch Versuche der Stellenbildung idiosynkratischer Jobs, des Job-Fits von Individuum und Organisation, fallen hierunter.[96] Populär und Ausgangspunkt für die meisten Konzepte individualisierten Personalmanagements sind die Ansätze von SCHANZ und DRUMM.[97] Andere, zum Teil darauf aufbauende Vorarbeiten und Ansätze – wenngleich mit unterschiedlichen Verständnissen und Schwerpunkten – existieren, wurden und werden in der einschlägigen Literatur aber weit weniger häufig aufgegriffen und finden daher im Folgenden keine Berücksichtigung.[98]

Inhaltlich gestützt auf LAWLER[99], theoretisch angelehnt an VROOM[100] und basierend auf dem methodologischen Individualismus[101] bietet SCHANZ mit der *„individualisierten Organisation"* ein Modell an, welches Unterschiede der Arbeitsleistung zwischen Individuen erklären soll. Individuelle Leistung ist für ihn eine Funktion aus dem Produkt der individuellen Fähigkeit und der individuellen Leistungsbereitschaft, der Motivation. Letztgenannte ist abhängig davon, ob und mit welcher Wahrscheinlichkeit die betreffende Person erwartet, durch die Leistung ein Resultat zu erreichen, für die Leistung eine Belohnung zu bekommen und diese Belohnung als attraktiv einschätzt. Um den vielfältigen und schwer einschätzbaren Wechselwirkungen von individuellem Verhalten und Anreizen, Aufgaben sowie zwischenmenschlichen Beziehungen zu entgehen, rät SCHANZ, mehrere Arbeitssituationen anzubieten und dem

[96] Vgl. Hamel (1989), S. 66; Hornberger (2006), S. 42; Hornberger (2006a), S. 85; Hornberger (2009), S. 487-488; Rumpf (1997), S. 29-30; Schanz (2000), S. 191-204; Scherm (1997), S. 57-61.

[97] Vgl. Drumm (1989); Schanz (1977a); Schanz (1977b).

[98] Vgl. u. a. weitere Beiträge im Sammelband von Drumm (1989), die „Humanisierung in der Führungsforschung" nach Reiß (1981), „Individualisierung als Kernkompetenz eines strategischen Personalmanagements" nach Rumpf (1997) oder die „individualisierte Organisation" nach Zink (1977).

[99] Vgl. Lawler (1973); Porter/Lawler/Hackmann (1975). Schanz (1977) greift diese Gedanken auf und überträgt diese auf die Arbeitsstrukturierung, während Porter/Lawler/Hackmann (1975) auch andere Teilbereiche berücksichtigen. Vgl. hierzu Strube (1982), S. 75-78.

[100] Vgl. Vroom (1964).

[101] Der methodologische Individualismus „lässt sich durch die These charakterisieren, dass soziale Prozesse (‚Gesellschaft') mit Hilfe von Gesetzen über individuelles Verhalten – Makroprozesse durch Mikrogesetzmäßigkeiten – erklärt werden können. [...] Alle komplexen Situationen, Institutionen oder Ereignisse sind die Ergebnisse einer bestimmten Konfiguration von Individuen, ihren Neigungen, Situationen, Überzeugungen ihrer physikalischen Hilfsmittel und ihrer Umgebung." Schanz (1977), S. 67-68. Die Gegenposition ist die des methodologischen Kollektivismus, nach dem das Kollektiv – nicht das Individuum – den Ausgangspunkt der Überlegungen und wissenschaftlicher Untersuchungen darstellt. Vgl. Morick (2002), S. 264. Kirsch (1977) betont, dass methologischer Indivdiualismus nicht mit Reduktionismus gleichzusetzen ist.

Mitarbeiter die freie Wahl – „Selbstselektion“ – mit dauerhafter Revisionsmöglichkeit zu lassen. Sein Ideal ist, auf jeden Mitarbeiter individuell eingehen zu können. Er gesteht jedoch ein, dass dies ein „offenkundig kaum zu verwirklichendes Anliegen“[102] ist, sodass er die „Individualisierte Organisation“ als „regulative Idee“[103] begreift, die ein nie vollständig zu erreichendes, jedoch ein anzustrebendes Ziel und wegen sich ändernder Wünsche von Individuen eine Daueraufgabe darstellt.[104]

Ohne tiefe theoretische Fundierung und ohne an SCHANZ anzuknüpfen, bietet der Beitrag *„Individualisierung der Personalwirtschaft“* von DRUMM – acht Jahre später in einer Festschrift von SCHOLZ erneut aufgegriffen – eine Vielzahl von Angeboten, wie Individualisierung für die Motivation der Mitarbeiter und damit für eine Steigerung der Effektivität beitragen kann: Flexible Perioden- und Lebensarbeitszeiten, Potentiallohn und Cafeteria-Prinzip, individuelle Personalentwicklung sowie individuelle Führung. Die Notwendigkeit zur Individualisierung sieht er durch veränderte Arbeitsstrukturen, Qualifikationen, Werthaltungen, Bedürfnissen und Menschenbilder gegeben. Er ist gegen ein einheitliches Führungsverhalten und schlägt eine individuelle Verhaltensbeeinflussung der Mitarbeiter entsprechend ihrer Bedürfnisse und Werthaltungen vor, sodass diese stärker als in bisherigen Ansätzen zum Personalmanagement Berücksichtigung finden. Zugleich formuliert er Grenzen wie bspw. Gleichbehandlung, Gerechtigkeit, Koordinationsbedarf und Überforderung, denen eine individualisierte Ausgestaltung unterliegt. Wie SCHANZ muss auch DRUMM zugeben, dass eine „konsequente Individualisierung [...] ein unerreichbares Leitbild bleiben“[105] wird, jedoch „Abkehr von Einheitslösungen und schematischer Konvention fördert“[106].[107]

Eingeräumt werden muss also, dass eine *vollständige Individualisierung* – im Sinne eines Eingehens auf den Menschen in allen seinen Facetten – nicht realistisch, sondern stets lediglich ein anzustrebendes Ziel oder Leitbild bleiben kann.[108] So bedeutet eine Individualisierung stets auch ein differentielles Vorgehen, da im Umkehrschluss ein hoher Grad an Differenzierung im Endeffekt zu einer – eben doch nicht erreichbaren vollständigen – Individualisierung

[102] Schanz (1977b), S. 351.

[103] Schanz (1977b), S. 351.

[104] Vgl. Schanz (1977a); Schanz (1977b). Damit ist die „Individualisierte Organisation“ auch Ausdruck der utopischen Funktion. Vgl. Schanz (1978), S. 301.

[105] Drumm (1989), S. 13.

[106] Drumm (1989), S. 13.

[107] Vgl. Drumm (1989), S. 1-13; Scholz (1997).

[108] Vgl. Drumm (1989), S. 13; Schanz (1977a), S. 351; Schanz (1977b); Scholz (1997); Strube (1982), S. 78.

führen würde.[109] HAMEL macht Individualisierung deshalb zu „einem graduellen und nicht zu einem absoluten Gestaltansatz“[110]. Nach SCHERM können differentielle Ansätze „als Zwischenstufe interpretiert werden, die die Grenzen einer Individualisierung berücksichtigt und daher gruppenspezifisch zu differenzieren versucht“[111].

Auf diese Weise verlässt Individualisierung die Position einer abstrakten Idealnorm und ist ihr normativer Charakter nur noch in der „klassischen Sichtweise“ zu erkennen. Damit wird auch der Forderung Rechnung getragen, Individualisierung nicht zu dogmatisch zu sehen – es sollen nicht alle Bedürfnisse und Interessen eines jeden Mitarbeiters Berücksichtigung finden, sondern individuelle Maßnahmen dort eingebunden werden, wo es ökonomisch Sinn macht.[112]

Flexibilisierung

Im Kontext des Umgangs mit Individualität im Personalmanagement wird häufig zwischen Individualisierung und Flexibilisierung unterschieden.[113]

Flexibilisierung bezeichnet Regelungen v. a. der Arbeitsgestaltung, welche ausschließlich im Interesse der Organisation – bspw. zur besseren Auslastung von Ressourcen – stattfinden, wohingegen Individualisierung durch die Interessen der Mitarbeiter charakterisiert ist. MORICK erkennt darin Parallelen zu ULICHS flexibler Arbeitsgestaltung einerseits sowie zur differentiellen und dynamischen Arbeitsgestaltung andererseits.[114]

Die Unterscheidung macht deutlich, dass eine Abkehr von generellen Regelungen nicht immer im Sinne der Mitarbeiter geschieht, sondern auch rein ökonomische Ziele haben kann, welche den individuellen Mitarbeiterinteressen zuwiderlaufen. In der Umsetzung zeigt sich jedoch, dass beide Gestaltungsprinzipien interdependent sind: Ohne die unternehmerische

---

[109] Vgl. Peinelt-Jordan (1996), S. 230, welcher zu diesem Zweck „individuelle Personalpolitik“ als Ausdruck für die Positionierung auf dem idiografischen Extrem von „Individualisierter Personalpolitik“ abgrenzt. Vgl. Peinelt-Jordan (1996), S. 229-230.

[110] Hamel (1989), S. 66. Hamel (1989), S. 60, verweist darauf, dass es den aktivistischen Begriff „Individualisierung“ vor dem Hintergrund der eigentlichen Wortbedeutung von „Individuum“ gar nicht geben kann, da diese keinen aktivistischen Begriff ermöglicht. „Individualisierung“ soll deshalb den Gestaltungsbereich zwischen generellen und einzellfallorientierten Regelungen ausdrücken.

[111] Scherm (1997), S. 59.

[112] Vgl. Hornberger (2006), S. 43; Peinelt-Jordan (1997), S. 464-465.

[113] Vgl. bspw. Hornberger (2006), S. 44-48; Peinelt-Jordan (1996), S. 232-233; Schanz (1994), S. 99; Wagner (1995a).

[114] Vgl. Hornberger (2006), S. 44-48; Kolb (1992), S. 41; Morick (2002), S. 40; Schanz (1994), S. 99; Ulich (1978).

Bereitschaft, flexible Arbeitsbedingungen zuzulassen, ist die Verwirklichung von individualisierten Ansätzen nicht möglich, und vice versa. Damit stehen sich Individualisierung und Flexibilisierung weniger konträr und widersprüchlich gegenüber als die jeweiligen Begriffsverständnisse es vermitteln, sondern gehen vielfach miteinander einher.[115] Begreift man Flexibilisierung als „Schaffung von Handlungsspielräumen“[116], so wird Flexibilisierung sogar zur Voraussetzung von Individualisierung und können Individualisierung und Flexibilisierung dann gleichgesetzt werden, wenn durch organisatorische Handlungsspielräume auf Mitarbeiterinteressen eingegangen wird.[117]

HORNBERGER erkennt indes, dass die Flexibilität der Unternehmungen zum Primärzweck der Individualisierung wird und unterscheidet deswegen die „klassische Individualisierung“ im oben genannten, ermöglichenden Verständnis von „neuzeitlicher“ Individualisierung“ – einer erzwungenen Individualisierung, welche ausschließlich dem Primärziel der Steigerung ökonomischer Effizienz unterliegt. „Fremdverordnete Selbstorganisation“[118] und Unterordnung der eigenen Bedürfnisse, stets zu Gunsten unternehmerischer Flexibilität, charakterisieren diese als breitflächige Rationalisierungsmaßnahmen umgesetzten „Flexibilisierungsansätze auf individueller Basis“[119].[120]

Mitarbeiterorientierung

Ein mitarbeiterorientiertes Personalmanagement rückt den Mitarbeiter stärker in das Zentrum der Überlegungen. Ähnlich wie im Rahmen der Kundenorientierung im Absatzmarketing[121] wird versucht, den Mitarbeiter als internen Kunden zu sehen. Dies drückt sich in der stärkeren Berücksichtigung verhaltenswissenschaftlicher Grundlagen, sozialer Ziele sowie in einem Gegengewicht zur Unternehmungsorientierung aus. Als bekannteste Vertreter nennt MORICK BLAKE/MOUTON und ihr „Managerial Grid“, betont jedoch, dass es bei Mitarbeiterorientie-

[115] Vgl. Morick (2002), S. 40; Peinelt-Jordan (1996), S. 232; Schanz (2004), S. 93; Scherm (1997), S. 60; Sneikus (2006), S. 100.

[116] Wagner/Wehling (1991), S. 32.

[117] Vgl. Wagner/Wehling (1991), S. 32; auch Drumm (2008), S. 161.

[118] Hornberger (2006), S. 56.

[119] Hornberger (2006), S. 48.

[120] Vgl. Hornberger (2002); Hornberger (2006), S. 49-54; Hornberger (2006a); Hornberger (2009). Ähnlich fragt sich Scholz (2000) bereits, inwieweit eine Unternehmung überhaupt „gönnerhaft“ sein kann und kommt zu dem Schluss, dass die unternehmerische Konsequenz nur in der Flexibilisierung liegen kann. Vgl. Scholz (2000), S. 71-72.

[121] Es wird im Folgenden der Terminus „Absatzmarketing“ gewählt, um stets klar vom „Personalmarketing“ (und auch vom „Beschaffungsmarketing“ und „Finanzmarketing“) abzugrenzen. Vgl. ähnlich zur Abgrenzung von Markt- gegenüber der Beschaffungs-, Personal-/Arbeits- und Finanzmarktforschung Decker/Wagner (2002), S. 4.

rung nicht allein um den Aspekt der Führung geht. Mehr als eine „prägnante Begrifflichkeit“[122] sei unter Mitarbeiterorientierung jedoch nicht zu verstehen.[123]

Personalstrukturen

SCHOLZ nennt unter „Personalstruktur“ die Bestimmung und Analyse der Personalkonfiguration als Aufgabe der strategischen Personalbestandsanalyse. „Unter der Personalkonfiguration versteht man die zahlenmäßige Verteilung der Gesamtbelegschaft nach mindestens einem Kriterium.“[124] Exemplarisch führt er für solche Kriterien das Alter, die Dienstränge oder Qualifikationsgruppen auf. Ziel ist es, dass die Personalkonfiguration in Einklang mit der Unternehmungsstrategie steht und das eingesetzte Personal bspw. für die Produktion über die dafür notwendigen Merkmale wie eine hinreichende Qualifikation verfügt. Dahingehend besitzt sie drei Funktionen:

a) Diagnosefunktion: Ermittlung der Ausgangsdaten.
b) Projektionsfunktion: Fortschreibung der Daten.
c) Handlungsfunktion: Zweckmäßigkeit der zu erwartenden Personalkonfiguration aus strategischer Sicht.

Hierfür nennt SCHOLZ einfache Simulationen, Markoff-Modelle als Projektion historischer Entwicklungstendenzen in die Zukunft und Simulationen vom Typ „System Dynamics“, welche die Einbeziehung dynamischer Komponenten ermöglicht.[125] DRUMM verweist in diesem Zusammenhang auf „Personalklassen“ und nennt zur Klassifikation Verfahren der Clusteranalyse oder andere der multivariaten Statistik.[126]

Verortung des differentiellen Personalmanagements

Obwohl Differenzierung und *Individualisierung* im Personalmanagement in ihrer Umsetzung identisch sein können, soll v. a. der ursprüngliche Gedanke beider Ansätze im Vordergrund stehen: Individualisierung verfolgt letztendlich das Ziel der Erreichung des idiografischen Extrems auf dem Kontinuum der Mitarbeiterbehandlung. Ein differentielles Personalmanagement hingegen strebt durch das Moderatorprinzip nach dem ökonomischen Mittelweg

[122] Morick (2002), S. 41.

[123] Vgl. Blake/Mouton (1968); für eine Übersicht Morick (2002), S. 40-41. Zur Sichtweise der Mitarbeiter als interne Kunden vgl. auch Kap. 2.2.2, vor dem Hintergrund von Bindung.

[124] Scholz (2000), S. 337.

[125] Vgl. Scholz (2000), S. 336-359; auch Becker, M. (2008), S. 199-200; für Beispiele zu Strukturierungskriterien Hohlbaum/Olesch (2006), S. 210.

[126] Vgl. Drumm (2008), S. 91.

zwischen allgemeinen Regelungen und Einzelfallorientierung.[127] Zudem wird die ausschließliche Orientierung am „methodologischen Individualismus“, wie sie bei vielen individualisierten Ansätzen zu finden ist, zugunsten einer Verbindung von individualistischen und sozialen Verhaltenskonzepten aufgegeben, wenngleich der „Methodologische Individualismus“ überhaupt erst den Ausgangspunkt für die Berücksichtigung individueller Unterschiede darstellt.[128]

Flexibilisierung verfolgt im Grundsatz unternehmerische Interessen, Individualisierung die individuellen Interessen der Mitarbeiter, sodass ein differentielles Personalmanagement durch das Substitutionsprinzip der Mitarbeiterbehandlung sowohl flexibilisierte, ökonomische als auch individualisierte, soziale Ziele verfolgt. *Mitarbeiterorientierung* ist dabei eher einer individuelleren und weniger segmentorientierten Behandlung, als es im differentiellen Personalmanagement der Fall ist, zuzuordnen.[129] *Personalstrukturen* betonen indes den (zukünftigen) Zustand der Verschiedenartigkeit von Mitarbeitern und fokussieren die Zusammensetzung der Belegschaft für einen bestimmten (ökonomischen) Zweck.[130] Dennoch ist nicht auszuschließen, dass auch Arbeiten zu Mitarbeiterorientierung und Personalstrukturen einen Beitrag für das differentielle Bindungsmanagement liefern können, v. a., wenn sich daraus Gestaltungsempfehlungen ableiten lassen.

2.2 Mitarbeiterbindung und Bindungsmanagement

2.2.1 Begriffsexplikation

Im folgenden Abschnitt wird auf die in dieser Arbeit verwendeten Begriffsinhalte von „Mitarbeiterbindung“ und „Bindungsmanagement“ eingegangen, um darauf aufbauend eine Definition geben zu können.[131] Das wird v. a. dadurch erforderlich, dass in der relevanten Litera-

[127] Vgl. Morick (2002), S. 43. Peinelt-Jordan (1996), S. 230, nennt Individualisierung und (willkürfreie) Differenzierung indes explizit als Synonyme.

[128] Vgl. Marr (1989), S. 43. Reber (1978) erscheint das „Prinzipienhafte“ des „Methodologischen Individualismus“ für die Weiterentwicklung einer verhaltensorientierten Betriebswirtschaftslehre hinderlich und plädiert für eine funktionalistische Sichtweise, welche individualistische Konzepte relativiert. Vgl. Reber (1978), S. 93 u. 99 sowie die entsprechenden Ausführungen in Kap. 2.1.1.

[129] Vgl. Morick (2002), S. 41.

[130] Vgl. ähnlich Morick (2002), S. 62.

[131] Eine Begriffsexplikation findet dann Verwendung, wenn Termini und Begriffe sehr uneinheitlich verwendet werden und wenn Termini bisher wenig eindeutig oder wenig operational definiert sind. Vgl. Becker, F. G. (2004b), S. 86-87; Becker, F. G. (2007), S. 22, welcher auf Chmielewicz (1979), S. 51-52, verweist. Vgl. auch Meißner (2012), S. 27. Dies ist bei „Mitarbeiterbindung“ und „Bindungsmanagement“ der Fall, wie die weiteren Ausführungen zeigen werden.

tur weder ein einheitliches Begriffsverständnis, noch eine eindeutige Terminologie oder eine dominierende Definition aufzufinden ist.[132]

Zunächst wird zwischen dem *Zustand empfundener Bindung* des Mitarbeiters und der *Aufgabe der Unternehmung* unterschieden.[133] Unter dem Konstrukt „Mitarbeiterbindung" soll demnach vorerst die individuelle Motivation, in der Unternehmung zu bleiben, verstanden werden. „Bindungsmanagement" ist die Beeinflussung dieses Zustandes mittels adäquater Maßnahmen in eine gewünschte Richtung, „Mitarbeiterbindung" ist dessen letztendliche Zielgröße.[134] Vielfach und v. a., aber nicht nur in der praxisnahen Literatur findet hierfür der Terminus „Retentionmanagement" Verwendung.[135]

Allein auf die Bleibemotivation – also ausschließlich die Verhinderung von vom Mitarbeiter angestrebter Fluktuation – abzuzielen, greift dabei jedoch zu kurz: „Der faktische Verbleib beim Arbeitgeber […] reicht als Ziel nicht aus, die engagierte Mitarbeit eines Leistungsträgers […] muss das Ziel sein; der Erhalt der Bleibe- und Leistungsmotivation ist anzustreben."[136] Ein „nur gebundener" Mitarbeiter trägt nicht positiv zum Unternehmungserfolg bei, es geht folglich auch um das an den Tag gelegte Verhalten am Arbeitsplatz sowie dessen Ergebnis.[137] „Die Bereitschaft, für eine Unternehmung weiter zu arbeiten, ist die notwendige Voraussetzung für eine Unternehmung, von der Mitarbeitertätigkeit zu profitieren, aber keine hinreichende. Die emotionale Bereitschaft, die arbeitsvertraglichen Pflichten zu erfüllen und – gewissermaßen darüber hinaus – engagiert im Unternehmungsinteresse seine Qualifikationen einzusetzen, ist erst die ökonomisch relevante Mitarbeiterbindung. Bei der Mitarbeiterbindung sollte es insofern sowohl um die Förderung der *Bleibe-* als auch um die Förderung der *Leistungsmotivation* gehen."[138] Im Folgenden wird davon ausgegangen, dass Bleibe- und Leistungsmotivation stets auch Bleibe- und Leistungsvolition bedeutet.[139] Die *Teilnahmemo-*

[132] Vgl. zu der Begriffskonfusion bspw. Bauer/Jensen (2004), S. 252; Becker, F. G. (2010), S. 231-232; Bröckermann (2004), S. 18; Szebel-Habig (2004), S. 33.

[133] Vgl. Becker, F. G. (2010), S. 235; Bauer/Jensen (2004), S. 252.

[134] Vgl. Becker, F. G. (2010), S. 231-235; Grieger/Ortlieb/Pantelmann/Sieben (2010), S. 339-340; Merk (2007), S. 53; ähnlich vom Hofe (2005), S. 7.

[135] Vgl. bspw. DGfP (2004); Jochmann (2006); Schirmer (2007).

[136] Becker, F. G. (2009), S. 343. Vgl. ähnlich Gmür/Thommen (2007), S. 215.

[137] Vgl. Becker, F. G. (2010), S. 234-235.

[138] Becker, F. G. (2010), S. 235.

[139] Unter Motivation als Bestandteil von Leistungs- und Bleibemotivation wird die aktivierte Verhaltensbereitschaft eines Individuums bzgl. der Erreichung bestimmter Ziele das Zusammenwirken von endogenen (personalen) und exogenen (situationsbezogenen) Variablen verstanden, welches dem Verhalten zugrunde liegt und dieses bestimmt. Dies lässt jedoch nicht den Umkehrschluss zu, dass jede Motivation auch zu entsprechendem Verhalten führt. Erst die Volition als Übergang der Motivation zur Handlung entspricht dem Ziel des „Motivierens" von Mitarbeitern. Von Motivation abzugrenzen sind nach Berthel/Becker, F. G. (2010), S. 46, Motive als rein personale Größe: „Es handelt sich [… hierbei, d. Verf.] um positiv bewertete und potentiell angestrebte Zielzustände, bezüglich denen entsprechende Verhaltensbereitschaften bestehen.

tivation ist nach BECKER indes die Aufgabe eines externen Personalmarketings, nicht die eines Bindungsmanagements, welches dem internen Personalmarketing zuzuordnen ist.[140] Das Forschungsfeld der Mitarbeiterbindung und dessen Management beginnt demnach, sobald der Mitarbeiter Mitglied der Unternehmung ist.[141]

Das *Ziel* eines Bindungsmanagements ist folgerichtig der Erhalt und die Steigerung der Mitarbeiterbindung als Bleibe- und Leistungsmotivation zum Nutzen der Unternehmung.[142] Damit verbunden können verschiedene, situationsabhängig variierende Unterziele wie bspw. Vermeidung von Absentismus, Erhöhung der Arbeitgeberattraktivität, Vermeidung von Know-how-Abfluss, Steigerung von Produktivität und Arbeitszufriedenheit sowie die Senkung der ungewollten Fluktuation sein.[143]

Hinsichtlich der *Zielgruppen eines Bindungsmanagements* ist es nicht immer sinnvoll, alle Mitarbeiter zu binden. Stattdessen gilt es, Maßnahmen zur Bindung auf die für den Betrieb wichtigen Mitarbeiter auszurichten. Dabei müssen bereits vorab zwei grundsätzliche Unterscheidungen vorgenommen werden:

a) Zum einen kann zwischen Rand- und Stammbelegschaften differenziert werden. Die Relevanz der Bindung Letztgenannter als unbefristet Beschäftigte ist naheliegend, doch auch die Bindung von Zeitarbeitenehmern und befristet Beschäftigter liegt im Interesse des Betriebs, solange, wie Bindung eben die Motivation zur Leistung beinhaltet. Vor dem Hintergrund, dass Randbelegschaften auch wiederholt beschäftigt werden, gewinnt dies umso mehr an Bedeutung. Allerdings unterliegen Maßnahmen zur Bindung von Randbe-

Sie legen fest, was Personen wollen oder wünschen [...]. Sie führen dazu, dass Menschen auf situativ wahrgenommen Merkmale in spezifischer Weise reagieren." Motive sind nicht direkt messbar oder beobachtbar, sondern stellen theoretische Konstrukt dar, mit deren Hilfe menschliches Verhalten erklärt werden soll. Während Motive einen Zielbezug besitzen und auch kognitive Inhalte aufweisen, werden Bedürfnisse in dieser Arbeit nach Berthel/Becker, F. G. (2010), S. 47, „als grundlegender, physiologisch drängend und ohne direktes Zielstreben aufgefasst". Die Autoren weisen zudem darauf hin, dass die Abgrenzung eher selten ist und die meisten Autoren „Bedürfnis" und „Motiv" synonym verstehen. Vgl. Berthel/Becker, F. G. (2010), S. 46-48, welche sich v. a. auf Heckhausen (1989) beziehen, Hentze/Graf (2005), S. 13-17. Ein einheitliches Verständnis von Leistungsmotivation existiert indes nicht. Vgl. grundsätzlich hierzu die theoretischen Ansätze von McClelland (1951); auf McClelland (1951) aufbauend Atkinson (1957); Weiner (1973); Weiner (1975). Vgl. überblicksartig Berthel/Becker, F. G. (2010), S. 65-72.

[140] Vgl. Becker, F. G. (2010), S. 235; Berthel/Becker, F. G. (2010), S. 316; Strutz (2004), Sp. 1594-195. Allerdings liegt hier schon großes Potential für mangelnde Bindung, bspw. wenn dem neuen Mitarbeiter falsche Erwartungen bzgl. der Tätigkeiten vermittelt werden. „Realistischer Rekrutierung" kommt daher eine hohe Bedeutung zu. Vgl. Becker, F. G./Brinkkötter (2005); Breaugh (1983); Weuster (2008), S. 372-383.

[141] Vgl. vom Hofe (2005), S. 8.

[142] Vgl. ähnlich: Bertrand (2004), S. 266; Friedli/Thom (2001), S. 4; Hertig (1996), S. 196. Zur Mitarbeiterbindung als „Zielkonstrukt" vgl. Bauer/Jensen (2004), S. 252; Meifert (2005), S. 35.

[143] Vgl. Jochmann (2006), S. 195; Szebel-Habig (2004), S. 71-82.

legschaften einer zeitlichen Befristung, sodass hier andere Ansätze als bei der Stammbelegschaft gewählt werden.[144]

b) Zum anderen lässt sich nach Leistungsgraden und Potentialen unterscheiden. Neben wenig konkreten Vorschlägen, „Talente", „High Potentials"[145] oder „Leistungsträger" zu binden, existieren genaue Definitionen von und Anforderungen an „Schlüsselkräfte(n)" oder Portfolios, anhand derer die Mitarbeiterschaft segmentiert werden soll.[146] Dabei können erfolgskritische Mitarbeiter auf allen Hierarchieebenen Objekte von Bindungsmaßnahmen sein; denn es müssen nicht immer diejenigen sein, denen ein hohes Potential o. ä. zugeschrieben wird.[147] Auch fleißige, treue und engagierte Mitarbeiter mit Routineaufgaben, die ihre Aufgaben mindestens zufriedenstellend erledigen, sind wertvoll für den Betrieb, sodass ihr Verlust und die damit verbundenen Transaktionskosten Bindungsmaßnahmen rechtfertigt.[148] Erfolgskritisch und zu binden sind schlussendlich alle Mitarbeiter, die nur schwer und/oder zu unverhältnismäßig hohen Kosten ersetzbar sind, d. h. zu wettbewerbskritischen Ressourcen zählen.[149]

Vor dem Hintergrund des Strebens nach beruflicher Abwechslung regt v. a. die Unterscheidung in Rand- und Stammbelegschaft an, dass Mitarbeiterbindung nicht den durchgängigen Verbleib in der Unternehmung bedeuten muss, sondern auch für Lebensabschnitte und mit Unterbrechungen gelten kann.[150] Somit gewinnt die dem Absatzmarketing entnommene Idee des *„Regain Managements"*[151] an Bedeutung: Die Unternehmung bleibt mit ihren ehemaligen Leistungsträgern systematisch in Kontakt, um sie zu einem späteren Zeitpunkt wieder einzustellen.[152] Dies bedeutet im Umkehrschluss, dass Bindung keine Zwang- und Dauerhaftigkeit darstellt, sondern sich auf einen Lebens- und/oder Arbeitsabschnitt beziehen kann und in bei-

---

144 Vgl. Becker, F. G. (2010), S. 236; Weinert, S. (2008), S. 52.

145 Vgl. zur Bindung von „High Potentials" bspw. Butler/Waldroop (2000); Thom/Friedli (2003), S. 64.

146 Zu der Begriffsbestimmung von „Schlüsselkräften" vgl. bspw. Wucknitz/Heyse (2008), S. 10; zu verschiedenen Portfolios vgl. bspw. Brauweiler (2010), S. 94-96; Gmür/Thommen (2007), S. 215-218. Allgemein zur Beurteilung von Leistung vgl. Becker, F. G. (2009a).

147 Vgl. Becker, F. G. (2010), S. 237. Beispielhaft seien Lkw-Fahrer genannt, welche nicht als hochqualifiziert gelten, deren Angebot auf dem Arbeitsmarkt durch den demografischen Wandel knapp wird. Vgl. o. V. (2011).

148 Vgl. Becker, F. G. (2010), S. 236-237; Nagel (2005), S. 25.

149 Vgl. Becker, F. G. (2010), S. 237; Nippa/Petzold (2000), S. 5.

150 Vgl. Becker, F. G. (2010), S. 235-237.

151 Mitarbeiterrückgewinnungsmanagement. Vgl. zu den Termini Stauss (2000), S. 579. Zum Kundenrückgewinnungsmanagement im Absatzmarketing vgl. bspw. Mann (2009); Pick/Krafft (2009); Stauss/Seidel (2009).

152 Vgl. Hirschfeld (2006), S. 25; Ostrowski/Bauer/Feld/Lisson (2011); Schikora (2011), S. 66-68; Stauss (2000), S. 579-582.

derseitigem Einvernehmen eine Beendigung der Arbeitsbeziehung nach einer gewissen Zeit möglich ist.[153]

Die Gründe für die Motivation von Mitarbeitern, in der Unternehmung zu verbleiben, können vielfältig sein und bieten *Ansatzpunkte für ein Bindungsmanagement.*[154] KLIMECKI/GMÜR und GMÜR/THOMMEN nennen hierzu vier Bindungsformen, basierend auf dem Ansatz des „Organizational Commitment" nach MEYER/ALLEN:[155]

a) Zwangsbindung: Die Zugehörigkeit zur Unternehmung wird nur durch Zwang aufrechterhalten, weil ein Ausscheiden unverhältnismäßige hohe Nachteile mit sich bringen würde, bspw. durch Konkurrenzverbote im Arbeitsvertrag.
b) Normative Bindung: Der Mitarbeiter möchte in der Unternehmung verbleiben, weil er sich gegenüber anderen Mitgliedern der Organisation oder der Aufgabe verpflichtet fühlt, sofern dies auf freiwilliger Basis geschieht. Bindung ist damit das Ergebnis eines Sozialisationsprozesses, welcher Rollen und Erwartungen festlegt.
c) Affektive Bindung: Bindung entsteht demnach durch die Identifikation und die emotionale Bindung mit der Unternehmung und dessen Zielen.
d) Kalkulative Bindung: Der Mitarbeiter entscheidet auf einer Kosten-Nutzen-Rechnung, ob er in der Unternehmung verbleiben möchte. Dies betrifft nicht nur materielle, sondern auch soziale und kulturelle Aspekte.

Vor allem affektiver, doch auch normativer Bindung wird dabei die höchste Wirkung hinsichtlich einer Bleibe- und Leistungsmotivation zugesprochen und nachgewiesen, Zwangsbindung die geringste.[156] Dies deckt sich mit den Ausführungen von MÜLLER-VORBRÜGGEN, der eine Bindung in Freiheit postuliert; denn wer unfreiwillig in einer Organisation arbeitet, wird sich in seiner Selbstverwirklichung eingeschränkt und bevormundet fühlen, wodurch sich die Motivation zur Leistung verringert.[157] Dies unterstreicht die Abkehr von der Sichtweise des Personals als Produktionsfaktor „Mensch", denn durch Zwang lässt sich nicht das

[153] Vgl. Becker, F. G. (2009), S. 343.

[154] Bemerkenswert ist in diesem Zusammenhang, dass die meisten Autoren gar nicht in Frage stellen, ob Mitarbeiter überhaupt ein Bedürfnis haben, sich zu binden. Vgl. für solche, die diesen Aspekt mit einbeziehen, Felfe (2008), S. 13-15; Szebel-Habig (2004), S. 11-15. Zur Bindung im Rahmen entgrenzter Arbeit vgl. Mields (2009), S. 230-231.

[155] Vgl. Gmür/Thommen (2007), S. 224; Klimecki /Gmür (2005), S. 337-340; Meyer/Allen (1991); zum „Organizational Commitment" vgl. Kap. 2.2.2.

[156] Vgl. bspw. Berthel/Becker, F. G. (2010), S. 351; Gmür/Thommen (2007), S. 222; Meifert (2005), S. 58; Meifert (2008), S. 16; Westphal/Gmür (2009), S. 207. Einen positiven Einfluss nur auf die Flukuation haben jedoch auch Aspekte einer Zwangsbindung. Vgl. Baillod (1992), S. 219 u. 225.

[157] Vgl. Müller-Vorbrüggen (2004), S. 40.

insgesamt mögliche Leistungsspektrum eines Mitarbeiters aktivieren, wohl aber durch Berücksichtigung seiner Würde und seinen Willens.[158]

Im Idealfall ist der Mitarbeiter so motiviert, dass er freiwillig ein sogenanntes „Extra-Rollenverhalten“ wie in Form eines „Organizational Citizenship Behavior“ zeigt, welches über die formellen Anforderungen an den Arbeitsplatz hinausgeht und positiv zum Erfolg der Unternehmung beiträgt.[159]

Andere Autoren nehmen ähnliche Differenzierungen vor: VOM HOFE unterscheidet den Zustand von Bindung in Ver- und Gebundenheit im Sinne emotionaler bzw. erzwungener Komponenten.[160] SZEBEL-HABIG formuliert eine Hierarchie unterschiedlich wirkender Bindungsgrade von Zwang bis zur moralischen Verpflichtung und emotionalen Verbundenheit.[161]

Als *Bezugsobjekt* nennen KLIMECKI/GMÜR stets die Unternehmung.[162] Woran sich die Mitarbeiter jedoch tatsächlich gebunden fühlen, kann davon zum Teil erheblich abweichen.[163] Speziell in Großunternehmungen, v. a. in stark dezentralisierten Konzernen, dürfte die empfundene Bindung eher dem Team, der Abteilung oder der Einheit als der gesamten Organisation gelten.[164] Weitere, denkbare Foki der Mitarbeiterbindung können Personen (bspw. Vorgesetzte oder Eigentümer), die Tätigkeit als solche, die Karriere, Veränderungsprozesse oder Gewerkschaften sein.[165] Vor allem im Zuge wechselnder Eigentümer und von Fusionen scheint die Bindung an die Gesamtunternehmung erschwert.[166] Woran Mitarbeiter gebunden werden, ist also von Fall zu Fall unterschiedlich. Im Folgenden – in manchen Fällen daher nur stellvertretend – wird die Unternehmung als Bezugsobjekt gesehen.

---

[158] Vgl. Göbel (2003), S. 189-190; Richter, M. (1994), S. 16-17; Kap. 2.1.1.

[159] Vgl. hierzu bspw. Bolino/Turnley (2003); Podsakoff/MacKemzie/Paine/Bachrach (2000); Matiaske/Weller (2003), S. 95-112. Erste Ansätze stammen bereits von Katz (1964). Das „Organizational Citizenship Behaviour" stellt das in der Literatur dominierende Konzept zum Extra-Rollenverhalten dar. Vgl. hierzu grundlegend Smith/Organ/Near (1983); Organ (1988). Weitere Konzepte sind das „Prosocial Orgniaztional Behavior“ nach Brief/Motowidlo (1986) oder das „Citizenship-Performance-Modell“ nach Coleman/Bormann (2000).

[160] Vgl. vom Hofe (2005), S. 8; ähnlich Pepels (2004), S. 52.

[161] Vgl. Szebel-Habig (2004), S. 19-22.

[162] Vgl. Klimecki/Gmür (2005), S. 337-340.

[163] Vgl. Meifert (2005), S. 56; Moser, K. (1996), S. 49. Weitere, wenngleich knappe Ausführungen dazu in Gauger (2000), S. 69; Gmür/Thommen (2007), S. 223-224; Waszak (2007), S. 12-14.

[164] Vgl. Meifert (2005), S. 56-57.

[165] Vgl. Gauger (2000), S. 69; Meifert (2005), S. 57; Waszak (2007), S. 12-14; Weller (2003), S. 84.

[166] Vgl. Becker, F. G. (2010), S. 237.

Gestaltungsperspektive eines Bindungsmanagements ist dabei v. a. der psychologische Vertrag[167], welcher einer empfunden Bindung zugrunde liegt. Im Gegensatz zum Arbeitsvertrag, der für klare Regelungen sorgt, jedoch allenfalls für Zwangsbindung oder kalkulatorische Bindung sorgen kann, ist der psychologische Vertrag nur implizit geschlossen und beruht auf gegenseitigen Erwartungen.[168] Seitens der Mitarbeiter bestehen diese aus Unterstützung, Förderung, Gerechtigkeit, Wertschätzung und Transparenz, seitens der Betriebe aus Bleiben, Leisten und Loyalität.[169] Denkbar ist, dass eine zu hohe Zwangsbindung durch Elemente des Arbeitsvertrags sich kontraproduktiv auf die empfundene Bindung auswirkt, sodass es zweckmäßiger ist, auf die empfundene Bindung einzuwirken.[170] Ein Bruch des psychologischen Vertrags manifestiert sich in innerer Kündigung, einem demotivierten Zustand, der durch Distanzierung, „Dienst nach Vorschrift", Verweigerung von Eigeninitiative, Einsatzbereitschaft und aktivem Problemlösen charakterisiert und für die Unternehmung schwer zu erkennen ist. Innere Kündigung muss nicht zwangsläufig zu einer offenen oder formellen Kündigung führen, v. a., wenn durch die verminderte Leistung keine negativen Konsequenzen resultieren oder private Verpflichtungen keine offene Kündigung zulassen.[171] In diesen Zusammenhang fällt auch die „angestaute Fluktuation"[172]: Ein Mitarbeiter will die Organisation verlassen, kann und/oder möchte den Wechsel des Arbeitgebers jedoch aufgrund mangelnder oder (bspw. finanziell) schlechterer Alternativen nicht realisieren.[173]

Mitarbeiterbindung ist schließlich *kein Selbstzweck*. Erst dann, wenn die Opportunitätskosten höher als die Kosten der Bindung von Mitarbeitern sind, macht ein Bindungsmanagement überhaupt Sinn. Die Kosten, welche durch die Bindung verursacht werden, sind dem Nutzen gegenüberzustellen, unter Berücksichtigung ethisch-moralischer Gesichtspunkte. Diese Relation bestimmt erst die Aufgaben, den Personenkreis, die Situationen und den Umfang eines Bindungsmanagements.[174] Über die direkten Kosten des Bindungsmanagements in diesem Sinne hinaus sind es der Verlust von Flexibilität sowie die Gefahren von Kadavergehorsam, Gruppendenken, Selbstüberschätzung, Konformität, Fanatismus, Übereifer und unethischem Handeln, welchen unter einem erweiterten Kostenverständnis Beachtung geschenkt werden

---

[167] Vgl. zum psychologischen Vertrag Levinson/Price/Munden/Mandl/Solley (1962); Rousseau (1995).

[168] Vgl. Bartscher-Finzer/Martin (2003), S. 53; Levinson/Price/Munden/Mandl/Solley (1962), S. 22; Meifert (2005), S. 35. Ähnlich unterscheidet Marburger (2004) in Vertrag und Kompensation. Für ihren Einsatz erwarten Mitarbeiter formelle (Entgelt) und informelle (bspw. Arbeitsplatzsicherheit, Freiheiten oder Karrierechancen) Gegenleistungen als Kompensation. Vgl. Marburger (2004), S. 290-299.

[169] Vgl. Krenz-Maes (1998), S. 50.

[170] Vgl. Müller-Vorbrüggen (2004), S. 40, sowie die vorangegangene Ausführungen zu den Bindungsformen.

[171] Vgl. Krenz-Maes (1998), S. 48; Wunderer/Küpers (2003), S. 146.

[172] Börner/Maier/Schramm (1996), S. 11.

[173] Vgl. Hirschfeld (2006), S. 7.

[174] Vgl. Becker, F. G. (2010), S. 238.

muss. Zudem kommt auch das Phänomen des in der Sozialpsychologie erforschten Gruppendenkens zum Tragen: Kohärente und homogen zusammengesetzte Gruppen neigen dazu, konform, engstirnig und selbstüberschätzt zu handeln. Damit werden Chancen und Risiken der Umwelt und des Umfelds nicht mehr realitätsgetreu eingeschätzt. Fehler werden nicht eingestanden, die eigene Abteilung oder der eigene Betrieb werden überschätzt und idealisiert. Außerdem können gesundheitliche Schäden durch Überbelastung und zu viel Selbstaufopferung resultieren.[175]

Eine Fluktuationsrate, welche den Wert „null" einnimmt, muss also nicht zwingend das Ziel eines Bindungsmanagements sein, da ein gewisses Maß an Fluktuation durchaus zuträglich sein kann. Fluktuation bietet die Möglichkeit zur Reorganisation und Optimierung, die Senkung von Personalkosten und den Verbliebenden Aufstiegsperspektiven. Positive Effekte können auch durch neue Beschäftigte mit frischem Wissen, Offenheit, belebenden Impulsen und neuen Perspektiven auf die vorhandenen Aufgaben und Strukturen resultieren.[176]

Abschließend sind die dieser Arbeit zugrundeliegenden *Definitionen* folgende: **„Mitarbeiterbindung" ist der Zustand empfundener Bindung des Mitarbeiter an die Unternehmung im Sinne einer Bleibe- und Leistungsmotivation zugunsten der Unternehmungsinteressen. „Bindungsmanagement" bezeichnet die Aktivitäten der Unternehmung, welche darauf abzielen, in einem wirtschaftlichen Maß die Bindung bedeutsamer Mitarbeiter positiv zu beeinflussen.** Situationsspezifisch festzulegen bleiben die Unterziele der Bindung, der Zeithorizont von Bindungsmaßnahmen, das Bezugsobjekt der Bindung sowie ggf. die Notwendigkeit eines Regain-Managements. Bindung über Zwänge wird weitgehend ausgeschlossen.

Im weiteren Verlauf wird eine Differenzierung zwischen Bleibe- und Leistungsmotivation nur noch dort vorgenommen, wo sie erforderlich oder zweckmäßig ist. Ansonsten beinhaltet „Bindung" stets die Annahme, dass Leistung damit einhergeht. Sofern nicht explizit anders formuliert, ist eine zeitliche Befristung nicht vorgesehen und ist das Bezugsobjekt die Gesamtunternehmung.

---

[175] Vgl. Felfe (2008), S. 13-15 u. 237-240; Moser, K. (1996), S. 84-86. Seitens der Mitarbeiter drohen zudem Überlastung, Aufopferung, Stress, Burnout, Stagnation, Rollenkonflikte und Abhängigkeit. Vgl. Felfe (2008), S. 15, sowie die darin zitierten Autoren, ähnlich auch Moser, K. (1996), S. 83-90. Die Studien von Eisenberger/Fasolo/Davis-LaMastro (1990) u. Jones (1986) kommen jedoch zu der Erkenntnis, dass zumindest das innovative Verhalten nicht unter zu starker Bindung leidet. Die genannten Autoren begreifen allerdings Bindung als Commitment, vgl. zu diesem Kap. 2.2.2.

[176] Vgl. Bröckermann (2004), S. 17; Hirschfeld (2006), S. 8; Moser, R./Saxer (2008), S. 15; Schirmer (2007), S. 49.

Im Personalmanagement ist das Management der Mitarbeiterbindung als internes Personalmarketing Bestandteil der Personalbedarfsdeckung und hier der Personalbeschaffung.[177] Dabei ist es naheliegend, Bindungsmanagement als eine Querschnittsaufgabe anzusehen: Sowohl die Systemgestaltung (Arbeitsbedingungen, Personalentwicklung, Anreizsysteme) als auch die Verhaltenssteuerung (Führung des Personals) werden auf den Erhalt und die Steigerung von Bleibe- und Leistungsmotivation ausgerichtet.[178] BERTHEL/BECKER pointieren dahingehend: „Hier [im Rahmen des internen Personalmarketings, Anmerk. d. Verf.] geht es dann darum, v. a. eine erhöhte Bleibemotivation der bereits in dem Betrieb beschäftigten Mitarbeiter zu erreichen. Hier ist die gesamte Palette betrieblicher Anreize bzw. deren Gestaltung angesprochen."[179]

2.2.2 Eingrenzung

Da „Mitarbeiterbindung" und „Bindungsmanagement" in der relevanten Literatur sehr uneinheitlich und vielfältig verwendete Begriffe und Termini sind, erfolgt in diesem Abschnitt eine Eingrenzung der hier verwendeten Verständnisse von „Mitarbeiterbindung" und „Bindungsmanagement".[180] Als Auswahl von in diesem Zusammenhang gebräuchlicher Termini nennt BRÖCKERMANN Identifikation, Integration, Loyalität, Personalbindung und Personalerhaltung sowie die Anglizismen Attraction, Commitment, Relationship, Retainment und Staff Retention.[181] BECKER bemerkt treffend, dass die gewählten Termini, Begriffe und Objekte oftmals nicht zueinander passen.[182]

Die im Folgenden dargestellten Verständnisse müssen jedoch nicht zwangsweise immer als dichotom und/oder konträr verstanden werden. Vielmehr und vielfach überschneiden sie sich und bieten dabei aber lediglich andere Perspektiven auf das prinzipiell gleiche Objekt oder ähnliche Objekte.[183]

---

[177] Vgl. Berthel/Becker, F. G. (2010), S. 316.

[178] Vgl. Berthel/Becker, F. G. (2010), S. 15-16; Meifert (2005), S. 219; Strutz (2004), Sp. 1599.

[179] Berthel/Becker, F. G. (2010), S. 316.

[180] Vgl. Kapitel 2.2.1.

[181] Vgl. Bröckermann (2004), S. 18.

[182] Vgl. Becker, F. G. (2010), S. 231-232.

[183] Vgl. Becker, F. G. (2010), S. 232-237, ähnlich auch die Übersicht der Zusammenhänge von Fluktuation und anderen Konstrukten bei Baillod (1992), S. 45-46.

Verständnisse, welche auf die *emotionale Verbundenheit*[184], die Mitarbeiter ihrem Arbeitgeber gegenüber empfinden abzielen, entsprechend weitgehend dem dieser Arbeit zugrunde liegenden Verständnis von Mitarbeiterbindung.[185] SZEBEL-HABIG versteht „ein besonderes Gefühl der Zugehörigkeit […], das sich in Betriebstreue und damit dem faktischen Verbleib im Unternehmen niederschlägt“[186]. Dabei reichen die Verständnisse dieses Kontextes von einer Empfindung der Verbundenheit bis hin zu Loyalität, die ein Bindungsmanagement durch entsprechende Anreize zum Bleiben und Leisten motiviert.[187]

Das Verständnis von Mitarbeiterbindung im Sinne einer *Nicht-Kündigungsabsicht* bezieht sich lediglich auf die Verhinderung von Fluktuation. Dabei wird unter Fluktuation ein Wechsel des Arbeitsplatzes verstanden, der nicht aufgrund von naturbedingten Anlässen wie bspw. Eintritt ins Rentenalter oder gesundheitlichen Gründen eintritt, der keine betriebsbedingten Entlassungen zur Ursache hat, der aus Fehlverhalten von Arbeitnehmern resultiert und zwischen zwei Unternehmungen stattfindet. Allerdings beginnt Fluktuation erst, wenn der Mitarbeiter seine Kündigung ausspricht. Ein Bindungsmanagement kann diesem Verständnis zufolge nichts an der Einstellung des Mitarbeiters gegenüber der Unternehmung, welche ja zur Kündigung führt, ändern. Zwar kann Fluktuation in einem breiteren Verständnis als das Ergebnis eines Abwägungsprozesses begriffen werden, doch liefert diese Perspektive nur eine finale und binäre Aussage über Verbleib oder Nicht-Verbleib, nicht jedoch darüber, inwieweit ein Mitarbeiter die Absicht zur Fluktuation hegt.[188] Zudem findet der Aspekt der Leistungsbereitschaft keine Berücksichtigung. Folgerichtig stellt Fluktuation eher die Folge mangelnder Bindung dar, vielmehr muss Bindungsmanagement auch einen präventiven Charakter haben.[189]

Vielfach wird Mitarbeiterbindung, v. a. aus arbeits- und organisationspsychologischer Perspektive, mit *Commitment* gleichgesetzt, sowohl im Sinne des Zustand beim Mitarbeiter als der Aktivität eines darauf abgestimmten Managements.[190] Commitment selbst wird von verschiedenen Autoren unterschiedlich verstanden. Minimalkonsens scheint ein „psychologi-

---

[184] Vgl. bspw. Bauer/Jensen (2004), S. 253; Szebel-Habig (2004), S. 33.

[185] Vgl. Becker, F. G. (2010), S. 232.

[186] Szebel-Habig (2004), S. 33.

[187] Vgl. DGfP (2004), S. 33-38; vom Hofe (2005), S. 8.

[188] Vgl. Barth (1998), S. 39; Bertrand (2004), S. 266; Meifert (2005), S. 36-37; Müller-Vorbrüggen (2004a), S. 345; Ott (1975), S. 17-18.

[189] Vgl. Becker, F. G. (2010), S. 232; Meifert (2008), S. 17; Merk (2007), S. 54; vom Hofe (2005), S. 22.

[190] Felfe (2008), S. 25, definiert bspw. Mitarbeiterbindung als „Verbundenheit, Zugehörigkeit und Identifikation“, welche „auch als […] organisationales Commitment bezeichnet wird.“ Vgl. für auf ähnliche Definitionen basierende Arbeiten bspw. Gauger (2000); Meifert (2005) sowie umfassend zum Commitment in Organisationen Moser, K. (1996).

scher Zustand“ oder ein „psychologischer Vertrag“ zu sein, welcher die Beziehung des einzelnen Mitarbeiters zur Unternehmung[191] beschreibt.[192] Grundlegend unterscheiden lassen sich nach SALANCIK Verhaltens- und Einstellungscommitment:[193]

a) Verhaltenscommitment:[194] Commitment wird verstanden als Bindung eines Mitarbeiters an vergangenes Verhalten, v. a. dann, wenn sie für Dritte nicht nachvollziehbar rückgängig gemacht werden können, willentlich und freiwillig geschehen, oft stattfinden, als bedeutsam empfunden werden und eine Einbindung in einen übergeordneten sozialen Kontext stattfindet. Verhalten führt demnach zu Einstellungen.[195]
b) Einstellungscommitment:[196] Commitment wird diesem Verständnis zufolge als Einstellung gegenüber einer Unternehmung, im Allgemeinen der Organisation, verstanden. Es ist gekennzeichnet durch Identifikation, Anstrengungsbereitschaft und geringer Fluktuationsneigung gegenüber der Unternehmung. Die Einstellung ist zeitlich stabil und anhängig von persönlichen Merkmalen, Arbeitsplatz- und Tätigkeitsmerkmalen, Erfahrungen und Merkmalen der Rolle.[197]

Der aktuelle „State of the Art“ der *organisationalen Commitment-Forschung* sowie Grundlage vieler Veröffentlichung zur Mitarbeiterbindung und zum Bindungsmanagement stammt von MEYER/ALLEN und unterscheidet in „affektives Commitment“ („affective Commitment“), „kalkulatives Commitment“ („continuance commitment“) und „normatives Commitment“ („normative commitment“), in inhaltlicher Analogie zu den und als gedanklicher Ausgangspunkt für die beschriebenen Formen der Bindung nach KLIMECKI/GMÜR und GMÜR/THOMMEN.[198] Diese dreidimensionale Unterscheidung von MEYER/ALLEN geschieht unter der Annahme, dass jedes Organisationsmitglied jede dieser drei Kategorien besitzt, wenngleich in unterschiedlich starker Ausprägung.[199] MEIFERT grenzt im Zuge dessen „Engagement“ als aktives Konstrukt – die Bereitschaft, in der Unternehmung zu verbleiben, positiv

[191] Vgl. hierzu analog das Problem der Bezugsobjekte in Kapitel 2.2.1.

[192] Vgl. Meifert (2005), S. 39; Weller (2003), S. 77.

[193] Vgl. Salancik (1977); überblicksartig Weller (2003), S. 77-82.

[194] Dieser verhaltensbezogene Ansatz geht zurück auf Becker, H. S. (1960); Becker, H. S. (1964); Kiesler (1971) und Salancik (1977).

[195] Vgl. Meifert (2005), S. 40-41; Weller (2003), S. 78-80.

[196] Die bekanntesten Vertreter dieser Richtung sind Buchanan (1974); Porter/Steers/Mowday/Boulian (1974) und Etzioni (1975).

[197] Vgl. Mowday/Porter/Steers (1982), S. 20-43, welche nach Moser, K. (1996), S. 40, die “mittlerweile einflussreichste Definition” liefern; Weller (2003), S. 80-81.

[198] Vgl. Meifert (2005), S. 41; Meifert (2008), S. 16; Meyer/Allen (1991); van Dick (2004), S. 3, sowie Kapitel 2.2.1.

[199] Vgl. Meifert (2008), S. 277; Meyer/Allen (1991).

über die Unternehmung zu sprechen und einen Beitrag zum Erfolg zu leisten – zum organisationalem Commitment als passivem Zustand empfundener Bindung ab.[200]

Als nahestehendes Konstrukt des Commitments wird häufig *Arbeitszufriedenheit*[201] genannt, das Verhältnis ist jedoch nicht abschließend eindeutig geklärt.[202] Arbeitszufriedenheit „ist ein emotionaler Zustand, der eintritt, wenn die Konsequenzen (Belohnungen) eines bestimmten, motivierten Verhaltens den gehegten Erwartungen entsprechen oder sie übertreffen. Umgekehrt entsteht Unzufriedenheit [...]“[203]. Folgerichtig hat Arbeitszufriedenheit motivationale, dynamische und relationale Dimensionen.[204] FELFE spricht sich dafür aus, Commitment und Arbeitszufriedenheit getrennt, aber als Korrelate zu betrachten.[205] Dieser Abgrenzung wird auch in der vorliegenden Arbeit gefolgt. Dabei ist anzunehmen, dass Commitment verglichen mit Arbeitszufriedenheit zeitlich stabiler ist.[206]

Einigkeit herrscht ebenso nicht immer hinsichtlich der mit Commitment des Öfteren in Beziehung gesetzten *Involvement* und *Identifikation*. Nach MEYER/ALLEN ist affektives Commitment „the employee´s emotional attachement to, identification with and involvement in the organization“[207] – Involvement und Identifikation sind demnach definitorische Bestandteile von Commitment. ETZIONI begreift Involvement ebenso als Voraussetzung von Commitment; KIDRON setzt indes beide gleich.[208] FELFE nennt eine starke Überschneidung, versteht Involvement jedoch eher als Ausmaß der Identifikation mit der Arbeit. Weiterhin grenzt er die soziale Identifikation – so sind Unternehmungen, Organisationen im Allgemeinen, soziale Gruppen, deren Mitgliedschaft die Identität eines Menschen definiert – als Gruppenperspektive von der Individualperspektive Commitment (hier auch gleichgesetzt mit Mitarbeiterbindung) ab. Organisationale Identität ist indes die Übernahme von Einstellungen gegenüber einer Organisation für die eigene Identität. Da jedoch die theoretischen und empirischen For-

---

[200] Vgl. Meifert (2008a), S. 16.

[201] Im Folgenden sollen Arbeits- und Mitarbeiterzufriedenheit synonym verwendet werden. Vgl. hierzu Bauer/Jensen (2004), S. 251-252.

[202] Vgl. bspw. Felfe (2008), S. 154-162; Felfe/Six (2005); Gauger (2000), S. 8; Meifert (2005), S. 54-56; Moser, K. (1996), S. 4-7; Neuberger (1985); Westphal/Gmür (2009, S. 205-206.

[203] Berthel/Becker, F. G. (2010), S. 97.

[204] Vgl. Berthel/Becker, F. G. (2010), S. 97, die auf Neuberger (1985) verweisen.

[205] Damit ist nicht ausgesagt, dass Arbeitszufriedenheit und verschiedenen Formen des Commitments stets positiv korrelieren. Vgl. Felfe (2008), S. 154-156; ähnlich auch Westphal/Gmür (2009), S. 205-206.

[206] Vgl. Meifert (2005), S. 55.

[207] Meyer/Allen (1991), S. 67. Auch Mowday/Porter/Steers (1982) nennen Identifikation als definitorischen Bestandteil ihres Verständnisses von Commitment. Vgl. Mowday/Porter/Steers (1982), S. 27. Für eine Meta-Analyse von Antezedenzien, Korrelaten und Konsequenzen des organisationalen Commitments vgl. Meyer/Stanley/Herscovitch/Topolnytsky (2002).

[208] Vgl. Etzioni (1975), S. 9-10; Kidron (1978), S. 241. Vgl. zur Involvementforschung auch Conrad (1988).

schungsbefunde bzgl. der Unterschiede nicht immer einheitlich sind und „die Gemeinsamkeiten zwischen den Konzepten […] relativ groß sind“[209], sind die sehr wohl existierenden Unterschiede im Detail und im Zuge dieser Arbeit nicht von zentraler Bedeutung.[210] Wo es nötig ist, wird jedoch auf diese eingegangen.

Die Frage nach Ursachen und Wirkungen oder Antezedenzien, Konsequenzen und Korrelationen der dargestellten Verständnisse soll an dieser Stelle unbeantwortet bleiben. In der theoretischen und empirischen Literatur herrscht wenig Einigkeit, ob bspw. Commitment mit Mitarbeiterbindung gleichzusetzen ist oder eine Vorrausetzung dessen darstellt, und ist dazu abhängig vom zugrundeliegenden Verständnis des jeweiligen Begriffs.[211]

KLIMECKI/GMÜR zeigen mit der Differenzierung in *motivationale Personalbindung und Qualifikationsbindung* ein weiteres mögliches Begriffsverständnis auf. Demnach bezieht sich motivationale Bindung langfristig auf den Verbleib des Mitarbeiters in der Organisation bzw. die Verhinderung dessen Fluktuation, um die Qualifikation und Leistung des Mitarbeiters nutzen zu können. Kurzfristig wird eine Senkung der Fehlzeiten angestrebt. Dieses Verständnis entspricht weitgehend der Mitarbeiterbindung und des Bindungsmanagements im in Kapitel 2.2.1 beschriebenen Sinne. Unter Qualifikationsbindung verstehen KLIMECKI/GMÜR die Übertragung vom Wissen der Organisationsmitglieder in personenunabhängige Wissenssysteme mit dem Ziel, dieses Wissen personenunabhängig in der Unternehmung zu binden.[212] Diese Denkweise macht ökonomisch grundsätzlich Sinn, ist jedoch nicht Bestandteil eines Bindungsmanagements im hier verwendeten Verständnis.[213] Ähnlich fassen GMÜR/THOMMEN Bindungsmanagement als das „Management personalbezogener Risiken auf, [, welche] potentielle Gefahren, die einem Unternehmen drohen, wenn Mitarbeiter ausscheiden oder sich illoyal verhalten und damit die Leistungsfähigkeit beeinträchtigen“[214] darstellen.

Vereinzelt sind auch Verständnisse auszumachen, welche Mitarbeiterbindung im Sinne der *Bindung von Kunden* an die Unternehmung begreifen. Die Mitarbeiter werden als „interne Kunden“ betrachtet, folgerichtig ist die Aufgabe eines Bindungsmanagements die Übertragung von Methoden und Erkenntnissen des Absatzmarketings auf das Personalmanagements. In beiden Fällen – Absatzmarketing und Personalmanagement – geht es schließlich um die

[209] van Dick (2004), S. 4.

[210] Vgl. Felfe (2008), S. 53-54, 69-74 u. 161, der Pratt (1998), S. 172, zitiert. Für weitere Sichtweisen auf die Beziehungen der genannten Konstrukte vgl. Moser, K. (1996), S. 49-58, o. van Dick (2004), S. 4-7.

[211] Vgl. die Ausführungen in Bauer/Jensen (2004), S. 253; Chalupa (2007), S. 57; Felfe (2008), S. 68; Genzwürker (2006), S. 44; Moser, K. (1996), S. 42; van Dick (2004), S. 2; Weller (2003), S. 77.

[212] Vgl. Klimecki/Gmür (2005), S. 331-355; ferner Gmür/Thommen (2007), S. 227.

[213] Vgl. Becker, F. G. (2010), S. 234.

[214] Gmür/Thomen (2007), S. 215. Vgl. auch Kobi (1999); Kobi (2000); Kropp (2004), S. 131-165.

dyadische Beziehung und die stabile wie langfristige Bindung eines Individuums an eine Unternehmung, wenngleich nicht immer aus identischen Gründen und mit der gleichen Bedeutung für beide Seiten.[215]

2.3 Differentielles Bindungsmanagement

2.3.1 Grundidee und -annahmen

Im Folgenden wird auf Basis der Verständnisse von „differentiellem Personalmanagement" und „Bindungsmanagement" die grundlegende Idee eines „differentiellen Bindungsmanagements" dargelegt, ehe auf notwendige Grundannahmen eingegangen wird.

Die *Grundidee* eines differentiellen Bindungsmanagements besteht darin, das Substitutionsprinzip und das Moderatorprinzip auf die Bindung von Mitarbeitern zu übertragen, folglich in einem Bindungsmanagement, welches sich an bestimmte Personengruppen richtet. Damit soll der ökonomische Mittelweg zwischen einzelfallorientierten und allgemeinen Bindungsmaßnahmen eingeschlagen werden, um individuell unterschiedlichen (Bindungs- und Leistungs-) Motiven und Bedürfnissen bestmöglich entgegen zu kommen. Dieser Mittelweg führt folgerichtig zum maximal möglichen Unternehmungserfolg, sofern die Umstände unverändert bleiben. Abbbildung 4 verdeutlicht, dass die Bindung an die Unternehmung dann am höchsten ist, wenn jeder Mitarbeiter eine individualisierte Behandlung erfährt. Ökonomisch sinnvoll ist solch ein Vorgehen jedoch aufgrund der wegen Individualisierung anfallenden Kosten durch Koordination, Überforderung von Vorgesetzten, soziale Desintegration und der passgenauen Zuordnung von situativen Begebenheiten auf individuelle Präferenzen nicht, zumal eine vollkommende, alle Facetten berücksichtigende Individualisierung ohnehin nicht möglich ist.[216]

Dem gegenüber stünde ein allgemeines Bindungsmanagement nach dem „Gießkannenprinzip", welches die Individualität der Mitarbeiter unberücksichtigt lässt.[217] Hier fallen die geringsten Kosten für Bindungsaktivitäten an (stets vorausgesetzt, es finden überhaupt Aktivitäten statt), jedoch dürften die Kosten zu geringer Bindung – Fluktuation, Absentismus, Fehl-

[215] Vgl. Bauer/Jensen (2004); Stotz (2007); Wucknitz (2000); zusammenfassend auch Meifert (2005), S. 59-60. Vgl. ähnlich auch die Ausführungen zur Mitarbeiter-Orientierung in Kapitel 2.1.2. Vgl. zur Kundenbindung als Teil des Beziehungsmarketings u. a. Gerdes (2008), S. 447; Hippner (2006), S. 20; Homburg/Bruhn (2008), S. 8.

[216] Vgl. Drumm (1989), S. 7-13; Schanz (1977b), S. 350, sowie die Ausführungen in Kap. 2.1.2.

[217] Vgl. zum „Gießkannenprinzip" im Bindungsmanagement Kuth (2008), S. 20.

zeiten, geringere Leistungsmotivation, Widerstände ggü. Veränderungen, negatives Image in der Öffentlichkeit – am höchsten sein.[218]

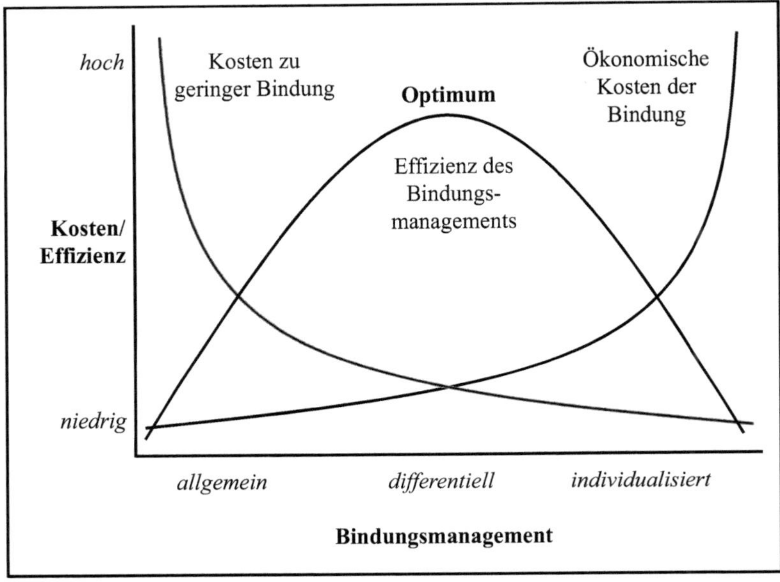

Abbildung 4: Substitutionsprinzip des differentiellen Bindungsmanagements.[219]

Optimal, verstanden als effizientestes Bindungsmanagement, und folglich c.p. mit den höchsten positiven Auswirkungen auf den Unternehmungserfolg ist demnach ein Bindungsmanagement, welches die Kosten der Bindung gering hält und zugleich die Kosten zu geringer Bindung vermeidet. Damit kann auf individuelle Unterschiede und Bedürfnisse von Mitarbeitern eingegangen werden, und es können ökonomische Ziele berücksichtigt bleiben. Aus der Mitarbeiterperspektive werden somit der Forderung nach Individualität entsprochen.[220]

Auf diese Weise wird verschiedenen organisationstheoretischen Erklärungs- und Gestaltungsansätzen Rechnung getragen. Hervorgehoben werden soll in diesem Zusammenhang die *Anreiz-Beitrags-Theorie*, welcher zufolge die Leistungs- und Bleibemotivation eines Mitarbei-

[218] Vgl. Felfe (2008), S. 120-123; Klimecki/Gmür (2005), S. 331; Szebel-Habig (2004), S. 23-33.

[219] Quelle: Eigene Darstellung in Anlehnung an und als Konkretisierung von Morick (2002), S. 78.

[220] Vgl. hierzu auch die Überlegung Meiferts (2008), S. 17, Individualisierung als ein Grundprinzip der Mitarbeiterbindung zu postulieren, sowie die Anregung von Becker, F. G. (2010), S. 247, segmentspezifisch Bindungsdeterminanten zu ermitteln. Vgl. ähnlich Nagel (2005), S. 25; Nippa/Petzold (2000), S. 22-23; Stein (2011), S. 78.

ters individuell dann beibehalten oder gesteigert wird, wenn und solange der Nutzen aus den Anreizen für seine Arbeit den entsprechenden Beiträgen zumindest entspricht. Der Anreiz, in der Organisation zu bleiben, muss also aus Sicht des betroffenen Individuums als mindestens genauso groß wahrgenommen werden wie der Beitrag. Alternative Angebote – bspw. höhere Anreize einer anderen Organisation für gleiche Beiträge – oder intraindividuelle Unterschiede im Zeitablauf können ein bestehendes Gleichgewicht jedoch verändern. Je individualisierter ein Anreizsystem ist, desto eher wird es einen Nutzen für den Mitarbeiter bedeuten. Es ist allerdings anzuzweifeln, ob durch ein vollkommen individualisiertes Anreizsystem die Leistungsmotivation in dem Maß gesteigert wird, dass die steigenden Beiträge der Mitarbeiter die Anreize, d. h. die entstehenden Kosten der Individualisierung, decken können. Ein differentielles Vorgehen verspricht jedoch hohe Beiträge für relativ niedrige Anreize. Fluktuation und Demotivation wird besser entgegengewirkt als durch ein allgemeines Bindungsmanagement.[221]

Differentielles Personalmanagement fußt im hier vertretenden Verständnis auf insgesamt drei *Grundannahmen*: einer Konfliktorientierung im Sinne eines konfliktorientierten Ansatzes, des Menschenbildes eines „Complex Men“ sowie des ressourcenbasierten Ansatzes. Diese werden im Folgenden erläutert.

Konfliktorientierung

Die *Konfliktorientierung* im differentiellen Bindungsmanagement hat ihren konzeptionellen Ursprung im konfliktorientierten Ansatz der Personalwirtschaft nach MARR/STITZEL. Dieser gestaltungsorientierte Ansatz geht von einer Vielzahl unterschiedlicher Ziele in Organisationen aus, die zu Konflikten und Spannungen zwischen den Organisationsmitgliedern und hier v. a. zwischen Mitarbeitern und Organisationsleitung führen können. Prinzipiell können Konflikte in der Organisation jedoch durch jedes einwirkendes Subjekt, demnach auch durch Nicht-Organisationsmitglieder, entstehen.[222]

MARR/STITZEL unterscheiden im Zuge dessen die Ziele der sozialen und der ökonomischen Effizienz, deren teilweise Inkompatibilität durch die Unvereinbarkeit von Verhaltensstrebun-

[221] Vgl. zur Anreiz-Beitrags-Theorie im Allgemeinen und zusammenfassend Berthel/Becker, F. G. (2010), S. 43-45; Schreyögg (2008), S. 44-48. Zur Anreiz-Beitrags-Theorie im Rahmen von Mitarbeiterbindung Becker, F. G. (2010), S. 245-246; Gmür/Thommen (2007), S. 219-220; Stock-Homburg (2010), S. 57-60. Die zentralen Aussagen zur Anreiz-Beitrags-Theorie gehen zurück auf Barnard (1938), Simon (1945) und March/Simon (1958).

[222] Vgl. überblicksartig Klimecki/Gmür (2005), S. 43-44; grundlegend Marr/Stitzel (1979), welche dazu auf die Koalitionstheorie nach Cyert/March (1963) zurückgreifen. Die differentielle Personalwirtschaft nach Marr (1989) und Marr/Friedel-Howe (1989) stellt indes eine Weiterentwicklung des konfliktorientierten Ansatzes dar. Vgl. hierzu Elbe (1997), S. 98-99.

gen verursacht wird, nehmen allerdings an, dass eine „Basiskomplementarität der Interessen der Organisationsmitglieder“[223] bestehen muss, welche auf gemeinsamen, institutionellen Zielen beruht. Diese werden von den Organisationsmitgliedern mithin zumindest akzeptiert. Etwaige existente Konflikte zwischen ökonomischen und sozialen Zielen werden vielfach durch die organisationale Hierarchie gegeben.[224]

Zur Durchsetzung der Ziele und Interessen können Konflikte förderlich (funktional) oder abträglich (dysfunktional) sein. Zur Erreichung möglichst konstruktiver Wirkungen durch die gegebene Existenz von Konflikten sollen diese folglich nicht übersehen oder unterdrückt, sondern bewusst gesteuert und gehandhabt sowie ohne Vorurteile als „Strukturelement von und in Organisationen“[225] gesehen werden. Ein optimaler Konfliktzustand und/oder die endgültige Beseitigung von Konflikten sind jedoch unwahrscheinlich und wegen ihrer auch konstruktiven Wirkungen gar nicht anzustreben.[226] Die Kritik von KLIMECKI/GMÜR, der konfliktorientierte Ansatz ziehe eine fast marxistische Trennlinie der Interessen von Arbeit und Kapitel, wird hier durch die Annahme der (in ihrer Stärke ja nicht festgelegten) Basiskomplementarität nicht weiter verfolgt.[227]

Für ein differentielles Bindungsmanagement ist diese Annahme von Bedeutung, da die veränderten Werte und Einstellungen der Mitarbeiter sowie die zunehmende Diversität der Mitarbeiter mehr denn je ein beachtliches Potential für interpersonelle Konflikte bieten. Kollektive Regelungen werden kaum in der Lage sein, dieses zu entschärfen oder zu einem Interessenausgleich zwischen sozialen und ökonomischen Zielen zu gelangen. Zugleich sind die unternehmerischen Interessen dem Druck sich wandelnder wirtschaftlicher Rahmenbedingungen unterworfen. Ebenso spielen intrapersonelle Konflikte eine Rolle und treten auf, wenn individuelle Einstellungen auf Situationen treffen, in denen diese Einstellung nicht im Verhalten zum Ausdruck gebracht werden kann. Die Folge sowohl intra- als auch interpersoneller Konflikte können eine verminderte Bleibe- und Leistungsmotivation sein, sodass die schnelle Handhabung von Konflikten und die Befriedigung von Mitarbeiterbedürfnissen zur Verminderung von Konfliktpotentialen anzustreben ist.[228]

---

223 Marr/Stitzel (1979), S. 29.

224 Vgl. Morick (2002), S. 91; Marr/Stitzel (1979), S. 29 u. 57. Vgl. ähnlich auch für Zielkonflikte im Rahmen der Erläuterung des grundsätzlichen Verständnisses von Personalmanagement Berthel/Becker, F. G. (2010), S. 5 u. 21.

225 Marr/Stitzel (1979), S. 20.

226 Vgl. Berthel/Becker, F. G. (2010), S. 133; Marr/Stitzel (1979), S. 57-104; Morick (2002), S. 91-93; Staehle (1999), S. 392-394.

227 Vgl. Klimecki/Gmür (2005), S. 44.

228 Vgl. Kapitel 1.1; Kupsch/Marr (1991), S. 757; Morick (2002), S. 91-95; Oechsler (2011), S. 13; Wiegran (2002), S. 16-20.

<u>*Complex Man*</u>

Die zweite zugrundeliegende Annahme der Arbeit betrifft das *Menschenbild*, welches als vereinfachtes und standardisiertes Muster von Verhaltensweisen anderer Menschen auf der Komplexität und Vielfalt von in der Realität existierenden Typen von Individuen beruht. Die menschliche Persönlichkeit wird damit auf wenige Grundformen reduziert.[229] Die bekanntesten Menschenbilder sind die des „Rational-Economic Man", des „Social Man", des „Self-Actualising Man" und des „Complex Man" nach SCHEIN sowie die „Theorien X und Y" nach MCGREGOR.[230]

Aufgrund der Vielfalt und stetigen Zunahme inter- und intraindividueller Unterschiede wird das Bild des *Complex Man* nach SCHEIN verfolgt. Dieses unterliegt der Vorstellung, dass Menschen lern- und wandlungsfähig sind sowie eine komplexe Motivstruktur besitzen, ihr Verhalten auch situativ ausrichten sowie Bedürfnisse nach sozialem Umgang und Selbstverwirklichung haben. Die Führung nach diesem Menschenbild ist situationsabhängig, was hohe Anforderungen der Diagnose an den Vorgesetzten stellt.[231]

Konkrete Gestaltungsempfehlungen sind mit diesem multikausalen Menschenbild zwar nicht möglich, sein Wert liegt jedoch darin, dass es weniger als andere Menschenbilder vereinfacht und damit auf solche Anforderungen an das Bindungsmanagement hinweist, die andere Bilder nicht leisten können.[232] So gesehen kann die Annahme des Complex Man zu einer tatsächlichen Vereinfachung und Standardisierung nur wenig beitragen, zumal NEUBERGER dem Menschen im Sinne des Complex Man attestiert, nicht mehr als ein Produkt seiner Umwelt zu werden: „Er wird, wie er gebraucht wird."[233]

Vor dem Hintergrund der praxisorientierten Zielsetzung erscheint dieses Menschenbild jedoch vorteilhafter als die anderen oben genannten Menschenbilder, um inter- und intraindividuellen Unterschieden von Menschen gerecht zu werden. Damit wird der Feststellung von MARR gefolgt, dass „der arbeitenden Mensch eine Ganzheit ist und sich nicht in einen Pro-

[229] Vgl. Berthel/Becker, F. G. (2010), S. 31.

[230] Der „Rational-Economic Man" wird v. a. durch monetäre Anreize motiviert und handelt rational, der „Social Man" erfährt Motivation durch die Befriedigung sozialer Bedürfnisse und der „Self-Actualizing Man" strebt nach Autonomie, Selbstkontrolle und -motivation. Vgl. Schein (1974); Schein (1980). Gemäß der Theorie X ist der Mensch arbeitsscheu und muss – ggf. durch Sanktionen – gesteuert werden. Die Theorie Y postuliert indes, dass der Mensch gerne und eigenverantwortlich arbeitet. Vgl. McGregor (1960).

[231] Vgl. Schein (1974).

[232] Vgl. Marr (1989), S. 41-42; Morick (2002), S. 36. Zum Zusammenhang der „individualisierten Organisation" nach Schanz (1977a) und Schanz (1977b) und des „Comlex Man" vgl. Becker, F. G. (1990), S. 115.

[233] Neuberger (2002), S. 80.

duktionsfaktor und eine Privatperson zerlegen lässt [...].“[234] Dies bedeutet eine veränderte Annahme über menschliches Bleibe- und Leistungsverhalten in der Unternehmung, welche an Personenmerkmale gebundene, individuelle Unterschiede berücksichtigt und Aufbau- sowie Ablaufstrukturen betreffen und ändern.[235]

Ressourcenorientierter Ansatz

Die dritte Grundannahme des differentiellen Bindungsmanagements ist die des *ressourcenorientierten Ansatzes*, welcher auf SELZNICK und PENROSE zurückgeht und Wettbewerbsvorteile auf die Ressourcen der Unternehmung zurückführt.[236] Im Personalmanagement stellt diese Ressource die Mitarbeiter dar.[237] Damit überhaupt Erfolg aus Personalmanagementstrategien entstehen kann, sind dazu jedoch zwei Voraussetzungen zu erfüllen:[238]

a) Die Qualifikation der Mitarbeiter muss über die Merkmale Einzigartigkeit, geringer Substituierbarkeit, Dauerhaftigkeit und nachhaltiger Beitrag zur Wertschöpfung verfügen, sodass diesem Gedanken folgend die Qualifikation der Mitarbeiter letztlich überhaupt erst Erfolg ermöglicht.
b) Die vorhandenen Qualifikationen der Mitarbeiter sind nutzlos, wenn das Know-how, diese Ressource zu nutzen, nicht vorhanden ist. Es geht folglich auch um die Fähigkeit, Mitarbeiter zu gewinnen, zu halten und zu Leistung zu motivieren, um aus dem Kostenfaktor „Mitarbeiter“ einen Erfolgsfaktor zu machen.

Auf diese Weise verfolgt der ressourcenorientierte Ansatz eine eher aktive Sichtweise, da die einzuschlagende Strategie sich nach den Ressourcen richtet („Inside-Out-Perspektive“). Das Gegenstück zum ressourcenorientierten Ansatz stellt der marktorientierte Ansatz mit seinem reaktiven „Structure-Conduct-Performance“-Paradigma dar. Unternehmungserfolg ist demnach das Resultat der Branche, in welcher die Unternehmung tätig ist, und den Aktionen der Unternehmung, um darin zu Erfolg zu haben oder mittels derer die Geschäftstätigkeit in erfolgsversprechende Branchen verlagert wird („Outside-In-Perspektive“).[239]

---

[234] Marr (1989a), S. 57.

[235] Vgl. Marr/Friedel-Howe (1989), S. 334; auch Jost (2008), S. 63-65.

[236] Vgl. Penrose (1959), Selznick (1957) sowie überblicksartig zusammenfassend Becker, F. G. (2011a), S. 60-63; Oechsler (2011), S. 20-21; Wolf, J. (2011), S. 564-599.

[237] Vgl. Berthel/Becker, F. G. (2010), S. 18. Vgl. hierzu auch das „Ressourcenorientierte Human Ressource Management“ in Ridder (2007), S. 74-81, oder die Ausführungen zum „Human-Ressource-based View“ bei Grunwald (2001), S. 24-26.

[238] Vgl. für die folgenden Punkte Berthel/Becker, F. G. (2010), S. 18-19.

[239] Vgl. überblicksartig zusammenfassend Wolf, J. (2011), S. 466-468. Der marktorientierte Ansatz geht zurück Mason (1939) und Bain (1956) und fand insbesondere durch Porter (1980) und Porter (1985) Verbreitung

Für ein differentielles Bindungsmanagement drückt die Annahme des ressourcenorientierten Ansatzes aus, dass die permanente Aufgabe und die Verantwortung des Personalmanagements in der Gewinnung, Bindung und Motivation erfolgsträchtiger Mitarbeiter als Grundlage unternehmerischen Erfolges besteht. Die Mitarbeiter, ihre Qualifikationen und die bestmögliche Nutzung stehen folglich im Fokus der Überlegungen. Dies entspricht auch dem strategisch-orientierten Verständnis von Personalmanagement.[240]

2.3.2 Begriffsverständnis und Arbeitsdefinition

Das Verständnis des in dieser Arbeit zugrunde liegenden Begriffs differentiellen Bindungsmanagements sowie eine erste Arbeitsdefinition knüpfen an den Ausführungen zum differentiellen Personalmanagement und zum Bindungsmanagement an:

Gemäß der Grundidee strebt das differentielle Bindungsmanagement nach dem ökonomischen Mittelweg zwischen Einzelfallorientierung und generellen Regelungen zur Erhöhung der Bindung von Mitarbeitern als Bleibe- und Leistungsmotivation. Das oberste *Ziel* eines differentiellen Bindungsmanagements ist also ein möglichst hohes, zugleich jedoch wirtschaftliches Maß empfundener Bindung (und ein mindestens angemessenes Leistungsverhalten) gegenüber der Unternehmung. Dies steht im Einklang mit dem Streben nach einem Ausgleich sozialer und ökonomischer Interessen zur Steigerung der organisationalen Effizienz. Soziale und ökonomische Interessen sind beim Management dieser Konflikte prinzipiell gleichrangig, stellen jedoch zugleich die Frage nach der systemerhaltenden Balance zwischen Integration und Differenzierung.[241] Ferner wird auf den psychologischen Vertrag, nicht auf den juristischen Vertrag der Bindung abgehoben.[242]

Zur Erreichung des Ziels und zur praktikablen Handhabung von Individualität in Unternehmungen werden *Segmente von Mitarbeitern* gebildet. Demnach bilden bleibe- und leistungsrelevante Merkmale zur Segmentierung das Erkenntnisinteresse eines differentiellen Bindungsmanagements. Diese sind v. a. interindividueller Natur, jedoch können auch intraindividuelle Unterschiede – bspw. im Zeitablauf oder in verschiedenen Situationen – von Bedeu-

und Anklang. Obwohl der ressourcenorientierte und der marktorientierte Ansatz prinzipiell Widersprüche darstellen, sollten sie gegenseitig als sinnvolle Ergänzung – Binnen- und Außenperspektive – gesehen werden. Vgl. Wolf, J. (2011), S. 597.

[240] Vgl. Berthel/Becker, F. G. (2010), S. 19; Stührenberg (2004), S. 35-36, überblicksartig und zusammenfassend zur Orientierung an Humanressourcen auch Oechsler (2011), S. 21; Ridder (2007), S. 83-86.

[241] Vgl. Marr (1989), S. 45.

[242] Vgl. Kapitel 2.1.1 und 2.3.1.

tung sein. Die Kriterien der Segmentierung können prinzipiell Personenattribute, bzw. soziodemografische Merkmale, personengebundene funktionale Merkmale, Persönlichkeitsmerkmale, Eignungsmerkmale oder Merkmale der persönlichen Lebensverhältnisse darstellen.[243] Die Segmentierung selbst geschieht folglich qualitativ auf Basis a priori bestimmter Merkmale. Die Größe der Unternehmung spielt dabei eine wichtige Rolle: So macht eine differentielle Mitarbeiterbindung nur Sinn, wenn die Unternehmung zu groß für individuelle Personalarbeit ist.[244] Folglich sind v. a. mittlere und große Unternehmungen betroffen.[245]

Per Definition von Mitarbeiterbindung sind nur die für die Unternehmung erfolgskritischen Mitarbeiter betroffen.[246] Eine Differenzierung nach dem bipolaren *Merkmal der Erfolgsträchtigkeit* ist demnach nicht Bestandteil eines differentiellen Bindungsmanagements, vielmehr ist vorausgesetzt, dass der Kreis zu bindender Mitarbeiter bekannt ist.

Da jedes Individuum nicht nur einem Segment zugeordnet sein kann, sind ggf. eine hohe *Anzahl an Segmenten* und Wechselwirkungen durch *Mehrfachzugehörigkeiten* zu erwarten. So würde eine weibliche Führungskraft, welche ein Kind hat, u. a. den Segmenten Personenattribute (weiblich), personengebundene funktionale Merkmale (Führungskraft) und Merkmale der persönlichen Lebensverhältnissen (Familie oder alleinerziehend) angehören. Zugleich wären mit dieser Unterteilung bei dichotomer Abstufung der Merkmale bereits acht Segmente entstanden.[247] Mit diesen Unterscheidungen wäre aber nur ein geringer Teil ihrer Individualität abgedeckt, zumal nicht klar ist, ob dieser überhaupt Relevanz für ihre Bindungs- und Leistungsmotivation besitzt.

Durch die intraindividuelle Verschiedenheit, welche v. a. im individualisierten Personalmanagement betont wird, ist die *situative und zeitliche Unterschiedlichkeit* angesprochen.[248] Zwar wird empfundener Bindung attestiert, eine gewisse zeitliche Stabilität zu besitzen, doch kann sie auch wieder abnehmen, können sich menschliche Bedürfnisse und Interessen der Bindung im Zeitablauf ändern und können sich vom Management getroffene Entscheidungen zur Bindung als falsch erweisen.

---

243 Vgl. Kapitel 2.1.1 sowie Marr (1989), S. 38-40; Marr/Friedel-Howe (1989), S. 325-326; Morick (2002), S. 97.

244 Vgl. Fritsch (1994), S. 6-7.

245 Vgl. Fritsch (1994), S. 6. Auf qualitative und quantitative Kriterien der Unternehmungsgröße soll bewusst verzichtet werden, vielmehr obliegt es der Einschätzung der verantwortlichen Personen, ob die Unternehmungsgröße eine individuelle Behandlung nicht mehr zulässt. Ohnehin wirkt sich die Unternehmungsgröße nicht auf das Fluktuationsverhalten der Mitarbeiter aus. Vgl. hierzu die Studien von Koslowsky/Locke (1989); Mobley (1982).

246 Vgl. Kapitel 2.1.1.

247 Vgl. Marr/Friedel-Howe (1989), S. 329-330.

248 Vgl. Marr (1989), S. 43.

Hinsichtlich der *Entstehung* gestaltet sich ein differentielles Bindungsmanagement derart, dass es zuerst um die Isolierung praktisch sowie bleibe- und leistungsbedeutsamer Moderatoren und dann um die stabile Korrelation dieser Moderatoren bezüglich Effizienzkriterien geht, ehe eine Segmentierung der Mitarbeiter nach Merkmalen stattfindet und darauf unter Berücksichtigung von Wechselwirkungen abgestimmte differentielle Bindungsaktivitäten erfolgen.[249] Die Ermittlung von Effizienzkriterien als operationalisierbare Unterkriterien von sozialer und ökonomischer Effizienz sowie der Merkmale mit der stärksten Wirkung hinsichtlich der verfolgten Ziele sind auf diese Weise zentrale Bestandteile des differentiellen Bindungsmanagements.[250]

Für den weiteren Verlauf soll gemäß den Ausführungen in den vorherigen Kapiteln vorab folgende *Arbeitsdefinition von differentiellem Bindungsmanagement* gelten: **Differentielles Bindungsmanagement bezeichnet die Aktivitäten des Personalmanagements, welche mittels systematischer Berücksichtigung inter- und intraindividueller Unterschiede durch die Identifikation und Bildung homogener Segmente darauf abzielen, das Bleibe- und Leistungsverhalten bedeutsamer Mitarbeiter in einem wirtschaftlichen Maß positiv zu beeinflussen.**

[249] Vgl. Kapitel 2.1.1.

[250] Vgl. Marr/Friedel-Howe (1989), S. 329-330.

3. Darstellung und kritische Diskussion von Ansätzen zur Differenzierung und zum Bindungsmanagement von Mitarbeitern

3.1 Vorbemerkungen

3.1.1 Allgemeine Erläuterungen

In der hier stattfindenden Darstellung und kritischen Diskussion wird Wert darauf gelegt, dass die dargestellten und diskutierten[251] Ansätze[252] konzeptionellen Charakter aufweisen. Folglich sollten Ziele, Maßnahmen, Begründungszusammenhänge sowie ein Kontext erkennbar sein, wenngleich diese Anforderung nicht zu restriktiv und eher als Anhaltspunkt denn als fixe Vorgabe gesehen werden soll. Darüber hinaus kann es in einigen Fällen sinnvoll sein, eine Vielzahl existierender Ansätze aus einem bestimmten Gebiet zusammengefasst und/oder eine Auswahl exemplarisch darzustellen, um deren zentrale Charakteristika im Allgemeinen darzustellen.

Ansätze eines umfassenden differentiellen Bindungsmanagements im hier verstandenen Sinne sind bisher nicht auszumachen.[253] Im Folgenden werden daher solche Ansätze dargestellt und kritisch diskutiert, die eine Differenzierung von Mitarbeitern zum Gegenstand haben oder sich mit der Bindung von Mitarbeitern an die Unternehmung auseinandersetzen. Nur eine überschaubare Anzahl von Publikationen geht bereits explizit auf interindividuelle Unterschiedlichkeit im Bindungsmanagement ein. Die Ansätze werden – sofern keine zusammengefasste Darstellung erfolgt – einzeln diskutiert und am Ende des entsprechenden Abschnitts zudem einer kritischen Gesamtbetrachtung unterzogen. Das Ziel von Darstellung und Diskussion resultiert einerseits aus dem Erkenntnisziel selbst, andererseits soll das dritte Kapitel dazu dienen, bereits Existentes im Umfeld des differentiellen Bindungsmanagements durch allgemeine wissenschaftliche Kriterien zu bewerten.

Die Klassifikation des dritten Kapitels geschieht wie folgt:

Zuerst werden Ansätze des Personalmanagements dargestellt und diskutiert, welche Differenzierungen von Mitarbeitern vornehmen (3.2).[254] Dort ist nach drei Kategorien von Ansätzen

[251] Per Definition ist eine Diskussion ein „Gespräch über ein bestimmtes Thema“ und/oder eine „in der Öffentlichkeit [...] stattfindende Erörterung von bestimmten, die Allgemeinheit od. bestimmte Gruppen betreffenden Fragen“. Duden (2007a).

[252] Der Terminus „Ansatz“ wird gewählt, um unterschiedliche Perspektiven auf die Thematik auszudrücken. Vgl. Wolf, J. (2011), S. 24.

[253] Vgl. Kap. 2.3.2 zum differentiellen Bindungsmanagement im hier verstandenen Sinne.

[254] Morick (2002), S. 45-47, versucht sich an einer Ordnung bestehender „Differenzierender Beiträge“, erkennt jedoch, dass dies problematisch ist, und teilt daher „pragmatisch“ nach Quellenart und nach Differenzie-

zu unterscheiden: Erstens gibt es solche, die im allgemeinen Personalmanagement zu verorten sind, in denen jedoch unbewusst differentiell vorgegangen wird. Zweitens werden explizit differentielle Ansätze aufgegriffen und drittens auch Ansätze individualisierten Personalmanagements, da dieses eine große Nähe zum differentiellen Personalmanagement aufweist.[255] Die Reihenfolge der Darstellung erfolgt chronologisch nach dem Jahr der Erscheinung des entsprechenden Ansatzes.

Im Zuge dieser Ansätze ist die „Genealogie" derjenigen Autoren auffällig, welche sich mit individualisiertem oder differentiellem Personalmanagement oder bestimmten Segmenten auseinandersetzen. Es kristallisieren sich bei genauer Betrachtung einige wenige „wissenschaftliche Familien" heraus, deren „Väter" in den 1970er/1980er Jahren Impulse geliefert haben und deren „Söhne" und „Töchter" diese Denkanstöße seit Mitte der 1990er Jahre konzeptionell umgesetzt haben und zum Teil nach wie vor umsetzen.[256] MORICK attestiert, dass die Diskussion um Individualität im Personalmanagement „also in recht engen Bahnen"[257] verläuft. Abbildung 5 verdeutlicht anhand der Einordnung des Zeitpunkts der Promotion des entsprechenden Autors diese gedankliche Nähe einiger Publikationen zueinander. Die im Fettdruck hervorgehobenen Autoren bieten aufschlussreiche Beiträge unterschiedlichen Umfangs zum Umgang mit Individualität im Personalmanagement, was jedoch nicht bedeutet, dass sie alle in den Kontext eines differentiellen Bindungsmanagements fallen und diskutiert werden.[258]

Nach den Ansätzen einer differentiellen Behandlung von Mitarbeitern folgt die Darstellung und kritische Diskussion allgemeiner[259] Ansätze zum Bindungsmanagement (3.3). Hierbei sind zwei prinzipielle Ursprünge zu erkennen: Einerseits existieren Ansätze, welche „direkt" im Personalmanagement verortet sind, andererseits solche, die Erkenntnisse der Kundenbindung auf die Bindung von Mitarbeitern übertragen, folglich dem Absatzmarketing entstammen.[260] Diese Kategorisierung nach Fachbereichen deckt einerseits die relevante Literatur ab,

rungskriterien ein. Dennoch liefert er auf diese Weise eine wertvolle Systematisierung, welche sich auch in der hier vorgenommen Klassifikation widerspiegelt.

[255] Vgl. dafür, dass individualisiertes Personalmanagement oftmals genau genommen differentielles Personalmanagement darstellt, Kap. 2.1.2.

[256] Vgl. Morick (2002), S. 74.

[257] Morick (2002), S. 74.

[258] Hierzu gehören die Arbeiten von Elbe (1997), Fliaster (2000) und Weinand (2000).

[259] „Allgemeiner" ist hier verstanden im Sinne einer eher nomothetischen Orientierung, im Sinne der Unterscheidung von allgemeinem und individualisiertem Personalmanagement. Vgl. auch Kap. 2.1.1

[260] Vgl. auch Kap. 2.2.2. Ähnlich unterscheidet Becker, F. G. (2010), S. 241-244, in allgemeine personalwirtschaftliche Ansätze und Ansätze, welche Erkenntnisse der Kundenbindung auf Mitarbeiterbindung übertragen.

andererseits erscheinen andere Aufteilungen aufgrund der zahlreichen inhaltlichen Überschneidungen sowie uneinheitlich verwendeten Termini und Begriffe kaum möglich.[261]

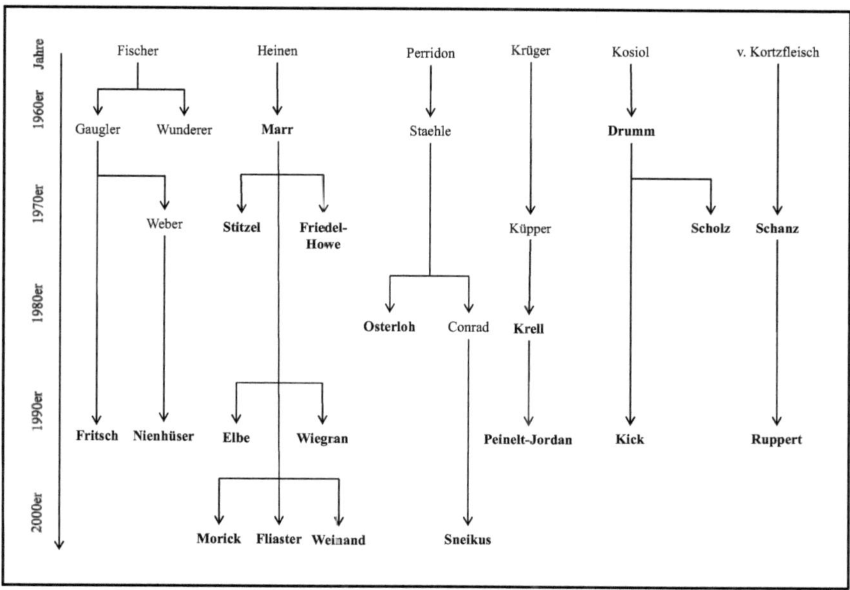

Abbildung 5: Genealogie von Autoren mit aufschlussreichen Beiträgen zum Umgang mit Individualität im Personalmanagement.[262]

Im nächsten Abschnitt folgen solche Ansätze, welche eine Differenzierung von Mitarbeitern im Bindungsmanagement verfolgen (3.4). Dabei werden zunächst Ansätze aufgenommen, welche nach mehreren Merkmalen differenzieren, dementsprechend bereits als Ansätze eines differentiellen Bindungsmanagements erkennbar sind. Es schließen sich solche an, welche Bindungsmaßnahmen nur auf eine bestimmte Ausprägung eines bestimmten Merkmals – also ein Segment von Mitarbeitern – beziehen.

Abschließend erfolgt die begründete Überlegung auf Basis der kritischen Diskussionen, ob und welche Bestandteile der dargestellten Ansätze „Implikationen für den Entscheidungsrahmen" liefern können (3.5).

[261] Vgl. Kap. 2.2.

[262] Quelle: In enger Anlehnung an und als Erweiterung zu Morick (2002), S. 74. Vgl. darüber hinaus Conrad (1988), Vorwort. Der im Kap. 2.1.2 erwähnte Klaus J. Zink promovierte 1975 bei Günter Rühl im Bereich der Arbeitswissenschaften. Vgl. Zink (1975), Vorwort. Der in Kap. 2.1.1 genannte Ulich (1978) ist indes promovierter Psychologe, Hornbergers (2006) Doktorvater (Peter Knauth) promovierter Ingenieur.

3.1.2 Darstellungsraster und Diskussionskriterien

Um ein nachvollziehbares, einheitliches und systematisches Vorgehen zu garantieren, sind ein Raster der Darstellung und Kriterien für die Diskussion der theoretischen Ansätze unumgänglich.[263] So wird im Rahmen der Darstellung eine begriffliche Klärung vorgenommen, welche ggf. auf unterschiedliche Verständnisse und zugrundeliegende Definitionen hinweist.[264] Des Weiteren werden die Ziele und die inhaltlichen Bestandteile erläutert. Ebenso umfasst die Darstellung die theoretische Herkunft oder Ausrichtung und ggf. zugrundliegende Annahmen.

Die sich anschließende kritische Diskussion geschieht entlang allgemeiner wissenschaftlicher Kriterien. Ein vorhandener und weithin akzeptierter Kriterienkatalog für die Güte theoretischer Aussagensysteme ist im Personalmanagement nicht erkennbar.[265] WOLF fasst, basierend auf GROCHLA, SCHANZ, KIESER und ZELEWSKI, neun Mindestanforderungen zusammen, welche an als Theorie bezeichnete Aussagensysteme zu richten sind und aus welchen die Kriterien der Diskussion abgeleitet werden. Hierunter fallen auch die Kriterien, welche nach Grochla für „gute" Theorie stehen.[266] Diese neun Postulate sind die der Ökonomie, der Unabhängigkeit, der Konsistenz, der Vollständigkeit, der Allgemeingültigkeit, der Präzision/Bestimmtheit, des geringen logischen Spielraums, der Falsifizierbarkeit und der Gesetzesartigkeit.[267]

WOLF räumt jedoch ein, dass diese nur für idealtypische Theorien gelten können. Um durch zu hohe wissenschaftliche Anforderungen nicht alle Ansätze zurückweisen oder als minderwertig deklarieren zu müssen ist es zweckmäßig, „bescheiden" und nicht mit „voller Strenge" vorzugehen:[268]

Das Ökonomie- und das Unabhängigkeitspostulat als Forderungen nach sparsamem Gebrauch von Axiomen und Theoremen höheren Niveaus bzw. der inhaltlichen Unabhängigkeit dieser Axiome sollen daher zusammengefasst und abgeschwächt werden. Deswegen wird im Folgenden als Unterscheidungs- und Bewertungsmerkmal die *theoretische Fundierung* v. a. hinsichtlich ihrer Existenz und ihrer Qualität verwendet.

---

[263] Vgl. Becker, F. G. (2009a), S. 167; Fallgatter (1996), S. 90.

[264] Dies ist umso bedeutsamer vor dem Hintergrund der uneinheitlich verwendeten Begriffe und Termini zur Mitarbeiterbindung und zum Bindungsmanagement. Vgl. Kap. 2.2.

[265] Vgl. Morick (2002), S. 32; auch Weibler (1995).

[266] Informativität, empirische Bestätigung und entscheidungstechnische Verwendbarkeit. Vgl. dazu Kap. 1.2; zu den Mindestanforderungen Grochla (1978); Kieser (1995); Schanz (1988); Zelewski (2006).

[267] Vgl. Wolf, J. (2011), S. 13-18.

[268] Vgl. hierzu sowie für die folgenden Ausführungen Wolf, J. (2011), S. 6 u. 13-19.

Die Postulate der Präzision/Bestimmtheit als exakte Spezifikation des Geschehens beim Vorliegen eines bestimmten Sachverhalts sowie der Allgemeingültigkeit als Ausdruck dessen, dass nicht nur wenige Sonderfälle betroffen sind, werden zum *Informationsgehalt* zusammengefasst. Je präziser der Ansatz und je größer die Allgemeingültigkeit, desto höher ist der Informationsgehalt bzgl. der prinzipiellen Aussagekraft des entsprechenden Ansatzes. Auch das Postulat des geringen logischen Spielraums, welches mit dem Präzisions-/Bestimmtheitspostulat eng verbunden ist, soll aus Gründen der Praktikabilität unter das Kriterium des Informationsgehalts fallen.

Das Postulat der Falsifizierbarkeit beinhaltet – vereinfacht ausgedrückt – die Forderung, Aussagen so zu gestalten, dass sie empirisch überprüfbar sind. Das Postulat der Gesetzesartigkeit soll auf universelle Gültigkeit und empirische Bewährung hinweisen und fordert die Zwangsläufigkeit des Eintretens der „Dann"-Komponente beim Vorliegen der „Wenn"-Komponente. Aufgrund der damit verbundenen Probleme sowie den Schwierigkeiten einer Überprüfung von Gesetzmäßigkeiten wird der Anspruch universeller Gültigkeit und Zwangläufigkeit aufgegeben.[269] Vielmehr werden beide Postulate – empirische Überprüfbarkeit einerseits und Bewährung im Sinne einer Übereinstimmung mit der existenten Empirie andererseits – als Kriterium der *empirischen Bestätigung* aufgenommen.

Die Forderungen nach *Vollständigkeit* und *Konsistenz* werden beibehalten, wobei erstgenannte beinhaltet, dass idealerweise alle den Untersuchungsbereich beinflussenden sowie beeinflusste Variablen erfasst werden. Es ist naheliegend, dass eine solche auf den Ansatz selbst bezogene Vollständigkeit aufgrund der Komplexität sozialer Systeme jedoch nur in einem akzeptablen Maß erfüllt werden kann.

Folgende Diskussionskriterien leiten sich somit ab:[270]

a) Theoretische Fundierung
b) (Logische) Konsistenz
c) Vollständigkeit
d) Informationsgehalt
e) Empirische Bestätigung

[269] Zu den Problemen von Gesetzmäßigkeiten vgl. Wolf, J. (2011), S. 6, 18 u. 19.

[270] Vgl. ähnlich auch zu den „notwendigen Merkmalen" von Führungstheorien Wunderer (2009), S. 272, oder die Funktionen einer sozialwissenschaftlichen Theorie Parsons/Shils/Allport/Kluckhohn/Murray/Sears/Sheldon/Stouffer/Tolman (1951).

Mit der „verminderten Strenge“ der Kriterien geht einher, dass auch Ansätze, welche die Kriterien nicht in Gänze erfüllen, Anregungen liefern können.

Ansätze, die das Ergebnis empirischer Forschung des Autors darstellen, unterliegen hinsichtlich dieser zudem den Gütekriterien empirischer Forschung: Objektivität (Unabhängigkeit von externen Rahmenbedingungen), Reliabilität (Zuverlässigkeit der Messmethode, bspw. bei Wiederholungen der Messung) und Validität (Genauigkeit und Tauglichkeit der Methode) als wichtigstem Kriterium.[271] Es wird daher v. a. auf die Validität Wert gelegt, zumal bei qualitativer Forschung das Problem der Objektivität oft als Problem der Validität aufgefasst wird und die Frage nach der Reliabilität ohnehin strittig ist.[272] Die theoretischen Aussagen als solche werden jedoch – soweit dies möglich ist – mit dem oben genannten Schema bewertet.

3.2 Ansätze zur Differenzierung im Personalmanagement

3.2.1 Auswahl der Ansätze

Ansätze zur Differenzierung von Mitarbeitern im Personalmanagement lassen sich bereits in vermeintlich allgemeinem – d. h. nicht explizit individualisiertem oder differentiellem – Personalmanagement erkennen, denn dort ist vielfach ein auf Individualität oder Mitarbeitersegmente abgestimmtes Vorgehen festzustellen.[273] So sind bspw. die fünf Bedürfnisklassen von MASLOW streng genommen Ausdruck intra- und interindividueller Unterschiede und beinhaltet das „Situative Führungsmodell“ nach HERSEY/BLANCHARD eine Differenzierung nach Reifegraden.[274]

Für ein differentielles Bindungsmanagement ist im allgemeinen Personalmanagement einerseits der Bereich der Mitarbeitertypologien von Interesse, in welchen eine differentielle Herangehensweise zwar stattfindet, jedoch nie konsequent als solches aufge- und begriffen sowie thematisiert wurde.[275] Ihnen schreibt SNEIKUS sogar den Charakter von Vorläufern differentieller Ansätze zu, da sie eine stärkere Berücksichtigung individueller Unterschiede vornehmen.[276] Zudem ist hier der Moderatorgedanke erkennbar, da jeder Typus andere Behand-

[271] Vgl. zum Überblick Bortz/Döring (2006), S. 195-202, für quantitative und S. 326-328 für qualitative Forschung. Für die Frage nach Objektivität bei explorativer Forschung vgl. Becker, F. G. (1993), S. 5-6.

[272] Vgl. hierzu Bortz/Döring (2006), S. 326-327.

[273] Für die Unterteilung des Abschnitts 3.2.2 vgl. Morick (2002), S. 47-55.

[274] Vgl. zu diesen Hersey/Blanchard (1969); Maslow (1954).

[275] Vgl. ähnlich Morick (2002), S. 52-55; Sneikus (2006), S. 87-91.

[276] Vgl. Sneikus (2006), S. 87.

lung erfahren soll. Da jedoch nicht ein Konzept der Mitarbeitertypologien, sondern eine fast unüberschaubare Vielfalt existiert, wird in 3.2.2.1 nur eine exemplarische Auswahl verschiedener Ansätze angeführt. [277] Eine verhältnismäßig große Anzahl von Publikationen im allgemeinen Personalmanagement thematisiert andererseits die Behandlung ausgewählter Mitarbeitersegmente. Ähnlich wie bei den Typologien gibt es auch hier nicht ein herausragendes Konzept. Daher erfolgt eine exemplarische Darstellung von Ansätzen, welche sich auf ausgewählte Segmente von Mitarbeitern konzentrieren. Nachfolgend wird auf das v. a. in der unternehmerischen Praxis populäre „Diversity Management" eingegangen.

Im darauf folgenden Unterabschnitt 3.2.3 werden Ansätze des Personalmanagements darstellt und kritisch diskutiert, welche ausdrücklich differentiell vorgehen, also die Bildung von Mitarbeitersegmenten empfehlen. Der Sammelband „Differentielles Personalmarketing" von HUMMEL/WAGNER wird jedoch nicht aufgegriffen.[278] Es ist MORICK zuzustimmen, der dem Zusatz „differentiell" hier den Charakter einer „modischen Ausschmückung" zuschreibt.[279] In der Tat beschäftigen sich die Beiträge des Bandes entweder mit ausgewählten Kontexten, besonderen Gruppen von Mitarbeitern oder speziellen Branchen, nicht jedoch umfassend und konzeptionell mit differentiellem Personalmanagement, und werden daher lediglich zum Teil in 3.2.2 aufgegriffen.

Ebenso ist die Dissertation von SNEIKUS zum „Differentiellen Personalmanagement und Dienstleistungsproduktion" nicht Bestandteil der folgenden Ausführungen. Zwar findet eine umfassende und kritische Darstellung existierender differentieller Ansätze statt, doch vertritt SNEIKUS selbst ein anderes Verständnis: „Das differentielle Moment, das in der hier vorliegenden Arbeit entwickelt wird, hat […] einen anderen Ursprung, der in der Leistungserstellung selbst und in der sich daraus ergebenden Managementnotwendigkeit liegt."[280] Das „Differentielle" bei SNEIKUS bezieht sich also nicht auf den Mitarbeiter und seine individuelle Unterschiedlichkeit, sondern auf die Unterschiedlichkeit des Leistungserstellungsprozesses von Sach- und Dienstleistungen mit den entsprechenden Folgen für das Personalmanagement.[281]

Im Abschnitt 3.2.4 werden Ansätze des individualisierten Personalmanagements aufgegriffen.[282] Der Ansatz der „Individualisierung des Personaleinsatzes" von RÖLLINGHOFF findet

[277] Für einen Überblick vgl. die entsprechenden Passagen in Amelang/Bartussek/Stemmler/Hagemann (2006); Asendorpf (2007); v. Rosenstiel (2007).

[278] Vgl. Hummel/Wagner (1996).

[279] Vgl. Morick (2002), S. 56.

[280] Sneikus (2006), S. 14-15.

[281] Vgl. Sneikus (2006), S. 123.

[282] Vgl. Kap. 2.1.2.

hier keine weitere Berücksichtigung, da er mit der Idee idiosynkratischer Jobs eine Ausnahme darstellt, welche sich „am ‚äußersten Ende' des Individualisierungskontinuums"[283] befindet. Bei dieser rein personenbezogenen Stellenbildung handelt es sich um eine Form vollständiger Individualisierung im Personalmanagement, welche mit einer differentiellen Vorgehensweise unvereinbar ist.[284] Im Unterschied zu ULICHS „Differentieller Arbeitsgestaltung", die den Mitarbeitern die Selbstselektion aus bestehenden Stellen anbietet, wird hier eine „Organisation ad personam" angestrebt.[285]

Aufzufinden sind ferner Monographien und kurze Beiträge, welche sich – zumeist recht praktikabel – mit einer individualisierten Behandlung von Mitarbeitern in einzelnen Teilbereichen des Personalmanagements beschäftigen.[286] Diesem ist gemein, dass sie entweder eher Impulscharakter besitzen oder einen konkreten Maßnahmenkatalog darstellen, jedoch kaum in den näheren Zusammenhang eines differentiellen Bindungsmanagements fallen und/oder keinen geschlossenen konzeptionellen sowie umfassenden Ansatz darstellen. So thematisiert auch die Festschrift von SCHOLZ anlässlich des 60. Geburtstags von DRUMM einzelne vertiefende Aspekte von dessen „Individualisierung in der Personalwirtschaft", bietet jedoch eher eine Zusammenstellung unterschiedlicher und sehr vielfältiger Einzelbeiträge.[287]

3.2.2 Differenzierungen im allgemeinen Personalmanagement

3.2.2.1 Mitarbeitertypologien

Darstellung

Typologien sind in der Sozialforschung das Ergebnis von Gruppierungsprozessen, bei der sich hinsichtlich einer oder mehrerer Merkmalsausprägungen ähnelnde Objekte eines Untersu-

[283] Röllinghoff (1996), S. 337.

[284] Vgl. Röllinghoff (1996).

[285] Vgl. Morick (2002), S. 57, welcher pointiert, dass hiermit „Stellen, die erst vom Stelleninhaber ‚verursacht' werden, d. h. exakt auf dessen Interessen und Fähigkeiten zugeschnitten sind" angesprochen sind. Allgemeinhin wird eine „Organisation ad personam" gegenüber einer „Organisation ad rem" als unterlegen angesehen, wenngleich klar ist, dass personenspezifische Potentiale Berücksichtigung finden sollten. Vgl. Macharzina/Wolf, J. (2010), S. 478-479; zur differentiellen Arbeitsgestaltung Ulich (1978).

[286] Vgl. bspw. für die Berufsausbildung Franke (1982), für die Personalentwicklung Kick/Scherm (1993) oder Struck (1998), für individualisierte und flexibilisierte Arbeitszeitmodelle Wagner (1995) und für die Personalauswahl Laske/Weißkopf (1996).

[287] Vgl. Drumm (1989); Scholz (1997). Dass diese Beiträge zu einer Weiterentwicklung des „Paradigmas des Individualisierung" beitragen können, wie Scholz (1997), S. 5, schreibt, wird damit jedoch nicht bestritten.

chungsbereichs zu Typen zusammengefasst werden. Diese Typen sollten sich durch eine hohe interne Homogenität sowie untereinander eine hohe externe Heterogenität auszeichnen. Typologien von Mitarbeitern tragen im Personalmanagement dazu bei, die Vielseitigkeit menschlicher Persönlichkeit „griffig" in wenigen Merkmalsausprägungen zusammenzufassen, deren Träger aufgrund von entsprechenden Maßnahmen unterschiedliche Behandlungen erfahren.[288]

So unterschiedlich die im Folgenden genannten verschiedenen Typologien sind, ist ihnen gemein, dass sie sich auf die menschliche Persönlichkeit konzentrieren und sich auf anhand empirisch ermittelter Unterschiede von Individuen beziehen. Zentral ist, dass die Unterschiede für das menschliche Verhalten eine Bedeutung haben, überdauernd und nicht pathologisch sind. Das Ziel ist es schließlich wie im differentiellen Personalmanagement, besser auf individuelle Belange – bspw. der Weiterbildung oder der Personalführung – eingehen zu können und zugleich ökonomischen Anforderungen zu entsprechen. Zu erkennen ist damit das menschliche Bestreben, durch Typologisierungen Komplexität zu reduzieren, einen Untersuchungsbereich verständlicher und überschaubarer zu machen sowie entsprechend aus Typologien Heuristiken abzuleiten. Einige bekannte Typologien sind in Tabelle 1 dargestellt.

Tabelle 1: Mitarbeitertypologien.[289]

Ansatz	**Typen**	
Persönlichkeitstypen nach KAHLER.[290]	- Logistiker - Emphatiker - Beharrer	- Rebell - Macher - Träumer
„Berufswahltheorie" nach HOLLAND.[291]	- Realistischer Typ - Forschender Typ - Kreativer Typ	- sozialer Typ - unternehmerischer Typ - konventioneller Typ
„Führungsdrama"-Typologisierung nach PITCHER.[292]	- Künstler - Handwerker	- Technokraten

Ähnlich einzuordnen sind Ansätze oder Testverfahren, anhand derer Persönlichkeitsausprägungen erkennbar werden sollen, ohne dass die Resultate bestimmten Typen zugeordnet werden (Tabelle 2). Äußerst populär sind dabei im Personalmanagement die „Big Five" gewor-

[288] Vgl. Kluge (1999), S. 42-43; Morick (2002), S. 52-53.

[289] Quelle: Eigene Darstellung.

[290] Vgl. Kahler (1992); Kahler (2008), S. 58-60.

[291] Vgl. Holland (1996) sowie grundlegend das „Strong Interest Inventory" von Strong (1943).

[292] Vgl. Pitcher (1997). Für ältere Typologien der Karriereorientierung vgl. Gouldner (1958); Schein (1977).

den.[293] Ihren theoretischen und/oder empirischen Ursprung haben typologisierende Ansätze zumeist in der angewandten Psychologie.[294]

Tabelle 2: Klassifikation von Mitarbeitereigenschaften.[295]

Ansatz	Merkmale	
„Myers-Briggs-Type-Indicator" nach MYERS-BRIGGS/BRIGGS.[296]	- Extraversion vs. Introversion - Sinnliche vs. intuitive Wahrnehmung	- denkende vs. fühlende Entscheidungen - beurteilende vs. wahrnehmende Einstellung zum Leben
„Big Five"-Inventar der Persönlichkeit nach COSTA/MCCRAE.[297]	- Extraversion - Verträglichkeit (mit anderen Menschen)	- Gewissenhaftigkeit - emotionale Stabilität - Offenheit (für neue Erfahrungen)
„Werteorientierte Personalarbeit" nach BIHL.[298]	- Orientierung an ethischen Zielen - Humanität - Liberalität/Toleranz - Gerechtigkeitsstreben - Eigentum/Besitzstreben - Prinzip von Leistung und Gegenleistung - Selbstständigkeit/Individualität	- Selbstverwirklichung - Streben nach sozialem Aufstieg - Information/Kommunikation - Freie Meinungsäußerung - Sicherheitsstreben - sozialer Nutzen der Arbeit - Demokratie
„Bochumer Inventar zur berufsbezogenen Persönlichkeitsbeschreibung" nach HOSSIEP/PASCHEN.[299]	- Berufliche Orientierung - Arbeitsverhalten	- Soziale Kompetenzen - Psychische Konstitution

[293] Vgl. Elke/Wottawa (2004), S. 250-252; Kluge (1999), S. 42 u. 52-55; Morick (2002), S. 52-55; Sneikus (2006), S. 88; Weinert, A. B. (2004), S. 136 u. 146-148.

[294] Vgl. Elke/Wottawa (2004), S. 256.

[295] Quelle: Eigene Darstellung.

[296] Vgl. Myers-Briggs/Briggs (1962).

[297] Vgl. Costa/McCrae (1985). Bei diesem Inventar handelt es sich genaugenommen um einen faktoranalytischen Befund welcher u. a. aus dem lexikalischen Ansatz von Cattell (1943) entstanden ist. Vgl. Asendorpf (2007), S. 155; Elke/Wottawa (2004), S. 256-257; überblicksartig zu den „Big Five" Asendorpf (2007), S. 155-158; Becker, M. (2008), S. 72-74; Weinert, A. B. (2004), S. 149-157. Seit 1992 existiert eine revidierte Fassung des Inventars. Vgl. Costa/McCrae (1992); für die deutsche Übersetzung Ostendorf/Angleitner (2004).

[298] Vgl. Bihl (1995), v. a. S. 49-50; auch v. Rosenstiel (1995), S. 210-214; ähnlich Wollert (2000) und für eine Vielzahl weiterer Werte-Typologien Becker, M. (2008), S. 74-79; Weinert, A. B. (2004), S. 173-176. Darunter fallen bspw. die weit verbreiteten Typologien von Inglehart (1980); Rokeach (1973); Schwartz (1992); im interkulturellen Kontext auch Hofstede (2001).

[299] Vgl. Hossiep/Paschen (2003), die 14 Merkmale zu vier Bereichen zusammenfassen. Auch hierbei handelt es sich nicht um eine Typologie im eigentlichen Sinne. Vgl. Elke/Wottawa (2004), S. 257. Vgl. ähnlich auch das Leistungsmotivationsinventar von Schuler/Prochaska (2001).

Kritische Diskussion

Eine kritische Diskussion kann in diesem Abschnitt nur allgemein erfolgen, da jede einzelne Typologie je nach Bekanntheitsgrad mehr oder weniger viel Kritik erfahren hat. Die *theoretische Fundierung* müsste demnach abhängig vom entsprechenden Ansatz beurteilt werden.[300]

Hinsichtlich *Konsistenz*, *Vollständigkeit* und *Informationsgehalt* ist der vor dem Hintergrund seines differentiellen Ansatzes formulierten Kritik MORICKS zu folgen. Er bemängelt, dass mit solchen Typologien bestimmte Vorstellungen einhergehen und das Individuum in solche gepresst wird, obgleich eine trennscharfe Abgrenzung nicht immer möglich ist. Es besteht die Gefahr, dass sich zu sehr auf die vorgenommene Typologisierung beschränkt wird, wobei zur Abwägung verschiedener Typologien und zur Auswahl der Typologie nur wenig vergleichende Hilfsmittel angeboten werden. Zudem sind die Anwendungsgebiete durch den entsprechenden Anwendungshintergrund eingeschränkt und erfahren die jeweiligen Typologien spezifische Kritik.[301]

Für das Kriterium *empirischer Bestätigung* fasst SNEIKUS zusammen, dass oftmals die Reliabilität nicht ausreichend geklärt ist, sozio-demographische Merkmale vielfach keine klare Ausgrenzung erfahren, die Situationscharakteristika unzureichend kontrolliert sind und es an qualitativen Untersuchungsverfahren mangelt.[302] Auch MORICK erkennt die schwierige Be- und Widerlegbarkeit.[303] Allerdings existieren einige Ansätze, deren Validität vielfach bestätigt wurde, so bspw. der Zusammenhang der „Big Five" und Leistungsmotivation, wie durch die Meta-Analysen von BARRICK/MOUNT/JUDGE und JUDGE/ILIES, oder die große Anzahl an Untersuchungen zum „Myers-Briggs-Type-Indicator".[304]

300 Beispielsweise wirft Eysenck (1992) den „Big Five" vor, kein Modell zu sein, da keine theoretische Basis erkennbar ist, sondern lediglich eine Faktorenanalyse zugrunde liegt, deren Daten nicht alle relevanten Merkmale aufgreifen.

301 Konkret für Ansätze einer werteorientierten Personalarbeit bspw. sieht Morick (2002), S. 55, Probleme im Wertepluralismus der Belegschaft, bspw. zwischen Akademikern und Nicht-Akademikern. Zur Kritik am „Myers-Briggs-Type-Indicator" sowie an den „Big Five" vgl. indes Weinert, A. B. (2004), S. 147-148 u. 154-157.

302 Vgl. Sneikus (2006), S. 91.

303 Vgl. Morick (2002), S. 55 u. 58.

304 Vgl. Barrick/Mount/Judge (2001); Judge/Ilies (2002) sowie zur Diskussion um den „Myers-Briggs-Type-Indicator" Hossiep/Paschen/Mühlhaus (2000).

3.2.2.2 Fokussierung ausgewählter Segmente

Darstellung

Die Fokussierung ausgewählter Segmente hat ihren Ursprung einerseits zumeist in der Feststellung von Ungleichbehandlung, Diskriminierung und Vorurteilen vor dem Hintergrund des Mitarbeiters als homogenes Ideal.[305] Begriffsverständnisse, Definitionen und Ziele der verschiedenen Ansätze sind entsprechend darauf ausgelegt, diese abzubauen und Gleichheit anzustreben. Unter diese Differenzierung nach nur einem Kriterium fallen zahlenmäßig v. a. die Merkmale „Geschlecht", „Familienorientierung" und „Alter" auf. Darüber hinaus existieren vereinzelte Publikationen zum Umgang mit Behinderten, Homosexuellen, Migranten, nichtchristlichen Mitarbeitern und anderen ausgewählten Segmenten.[306] Andererseits werden vielfach einzelne funktionale Merkmale herausgegriffen, um Maßnahmen speziell für die sich ergebenden Segmente anzuleiten.[307] Im Folgenden werden mit „Geschlecht" und „Alter" exemplarisch für die potentielle Vielfalt an Segmentierungen zwei sehr häufig vorgenommene, auf das Leistungsverhalten bezogene und dennoch zum Teil umstrittene Differenzierungen dargestellt, denen als „besondere Mitarbeitergruppen" auch gerade Nähe zum individualisierten oder differentiellen Personalmanagement zugeschrieben wird.[308]

So wird eine Unterscheidung nach dem Geschlecht äußerst häufig thematisiert.[309] KRELL greift das Bild der „Frau als Mängelwesen"[310] auf, welches Sonderbehandlungen wie bspw. durch geschlechterspezifische Personalentwicklung oder Frauenförderpläne erfährt, oder von „Frauen als die ‚bessere Hälfte'"[311], da ein „weiblicher Führungsstil" als überlegen erscheint. Sie kommt jedoch zu dem Schluss, dass die Verwendung dieses Differenzierungskriteriums

[305] Vgl. bspw. die Studien von Domsch/Hadler/Krüger (1994) oder von Faber/Kowol (2003).

[306] Vgl. bspw. Weber (1995a) für die Führung ausländischer Mitarbeiter.

[307] Vgl. bspw. Becker, F. G. (1990) für Anreizsysteme für Führungskräfte im strategischen Management; Becker, F. G. (2011) für strategisch-orientierte Führungskräfteentwicklung oder Fallgatter (1996) für die Beurteilung von Lower-Management-Leistung.

[308] Vgl. Morick (2002), S. 47-48. Bemerkenswerterweise ist dies bei Unterscheidungen bspw. nach der Funktion nicht der Fall.

[309] Vgl. den umfangreichen und viel beachteten Sammelband „Chancengleichheit durch Personalpolitik" von Krell/Ortlieb/Sieben (2011), welcher Praxisbeispiele entsprechende Empfehlungen zu Handlungsfeldern des Personalmanagements beinhaltet. Vgl. auch „Betriebswirtschaftslehre und Gender Studies" von Krell (2005), den Herausgeberband von Peters/Bensel (2000), „Frauen im Management" von Wunderer/Dick (1997). Vgl. für einen Überblick über Programme zur Frauen-Förderung Schneider (2007), S. 34-41. Vgl. auch Asendorpf (2007), S. 423, nach dem in der Persönlichkeitspsychologie kein Kriterium häufiger untersucht wurde als das Geschlecht. Für einen historischen Überblick zur Geschlechterforschung in der Betriebswirtschaftslehre vgl. Krell (2005), S. 17-22. Vgl. auch die umfangreiche, mittlerweile fünfte Studie von Bischoff (2011) zu Männern und Frauen im Management.

[310] Krell (1992), S. 54.

[311] Krell (1992), S. 55.

nur dort sinnvoll ist, wo Benachteiligungen abgebaut werden wie ohnehin das „Merkmal ‚weibliche Führungskraft‘ [...] seine bisherige, praktische Bedeutung als Differenzierungskriterium verlieren muss“[312], auch, damit Arbeitsstrukturen, Anforderungen und Beurteilungskriterien geschlechtsneutral und nicht mehr ausschließlich auf Männer ausgerichtet werden.[313] Kritische und nicht stereotypisierende Auseinandersetzungen mit Geschlechterunterschieden sind schlussendlich jedoch selten.[314] In vielen Veröffentlichungen werden Gestaltungsempfehlungen abgegeben, welche zumeist einen speziellen Zusammenhang wie bspw. weibliche Führungsnachwuchskräfte oder Vereinbarkeit von Mutterschaft und Beruf aufnehmen.[315]

Ein Pendant hierzu bietet PEINELT-JORDAN, welcher familienorientierte Väter als ein Mitarbeitersegment fokussiert.[316] Aus dieser Perspektive – und nicht andersrum wie bspw. FRITSCH für das Segment der „älteren Mitarbeiter“ – entwickelt er ein Konzept, in welchem er eine Individualisierung des Personalmanagements fordert. Hierunter versteht er, dass individuelle Merkmale zwar berücksichtigt werden sollen, die Berechtigung und Angemessenheit vorgenommener Differenzierungen allerdings geprüft werden muss. Abschließend leitet er – auf Basis einer intensiven Auseinandersetzung mit der einschlägigen Literatur – acht Grundzüge individualisierter Personalpolitik ab, welche für alle denkbaren und relevanten Merkmale gelten sollen und unter anderem Forderungen nach Selbstbestimmung, Dynamik, Selektion und Adaption sowie schrittweiser Einführung beinhalten.[317]

Mit der Familienorientierung von Vätern beschäftigt sich auch die HERTIE-STIFTUNG und gibt konkrete Gestaltungsvorschläge für die Bereiche Bedarfsanalyse, Information und Kommunikation, Arbeitszeit, Organisation, Führung, Vergütung sowie flankierende Maßnahmen. Auch wird in diesem Zusammenhang die Pflege von Eltern thematisiert. Ansonsten werden Ansätze zur Familienorientierung zumeist im Rahmen der „Work-Life-Balance“[318] in den Vordergrund gerückt.[319]

---

[312] Hadler (1996), S. 183.

[313] Vgl. Hadler (1996), S. 160-164; Krell (1992), S. 58; ähnlich auch Krell (2011), S. 5-8.

[314] Vgl. Krell (2005), S. 29.

[315] Vgl. bspw. Domsch (2005); Morick (2002), S. 50; Schneider (2007), S. 165-170, oder eben die Beiträge der Herausgeberbände Krell (2005) oder Krell/Ortlieb/Sieben (2011).

[316] Peinelt-Jordan (1996) selbst schreibt von „aktiven Vätern“.

[317] Vgl. Peinelt-Jordan (1996), für dessen Prinzipien S. 251-254, sowie für den Ansatz von Fritsch (1994) Kap. 3.2.3.1.

[318] „Work-Life-Balance“ bedeutet prinzipiell ein ausgewogenen Verhältnis von Freizeit und Beruf, im engeren Sinne wird hierunter jedoch oftmals die Vereinbarkeit von Familie – Kinder und/oder pflegebedürftige Angehörige – und Beruf verstanden. Vgl. Berthel/Becker, F. G. (2010), S. 81.

[319] Vgl. Becker, S./Kienle (2008a), S. 33-36; Becker, S./Kienle/Ludwig/Perrot (2009); Halwachs (2010), S. 80; Schilling (2007), S. 140.

Insbesondere aufgrund der sich ändernden Bevölkerungsstruktur geraten auch ältere Mitarbeiter[320] in den Fokus zahlreicher Veröffentlichungen.[321] Dies geschieht v. a. auf Basis der gedanklichen Abkehr vom Defizitmodell, und es wird betont, dass der Mensch ca. bis zum 80. Lebensjahr in gleichem Maße lernfähig und -willig bleiben kann. Etwaige körperliche Nachteile werden durch Erfahrung wettgemacht. Zudem wird älteren Mitarbeitern zugeschriebene, selbstbewusster, organisierter, loyaler, erfahrener und qualitätsbewusster zu sein als jüngere Kollegen, wenngleich jüngere Menschen oftmals kreativer sind. „Lebenslanges Lernen" und ein Mentalitätswandel werden angestrebt, um das Potential älterer Mitarbeiter auszuschöpfen.[322] Konkret befassen sich verschiedene Ansätze daher v. a. mit Personalentwicklungsmaßnahmen für ältere Mitarbeiter, Personalführung, Gesundheitsmanagement, Wissensmanagement, unternehmungskulturellen Aspekten und Arbeitsgestaltung wie Teilzeitregelungen, dem Übergang in den Ruhestand sowie altersgemischten Teams.[323]

Kritische Diskussion

Die *theoretische Fundierung* der verschiedenen Ansätze ist unterschiedlich zu beurteilen. So existiert eine Bandbreite von praxisnahen Publikationen und Herausgeberbänden, zum Teil mit vermeintlichen Best-Practice-Lösungen, bis hin zu sehr wenigen Veröffentlichungen, welche eine theoretische Verankerung aufweisen.[324]

Die Beurteilung hinsichtlich *Konsistenz, Vollständigkeit* und *Informationsgehalt* von Ansätzen der Fokussierung ausgewählter Mitarbeiter offenbart die Schwächen, wenn nur ein Differenzierungskriterium angewandt wird:

[320] Ältere Arbeitnehmer sind im Folgenden solche, die mindestens 50 Jahre alt sind. Vgl. Becker, F. G./Bobrichtchev/Henseler (2004), S. 3, und Prezewowsky (2007), S. 69, welche damit die Definition der Organisation für wirtschaftliche Zusammenarbeit und Entwicklung (OECD) aufnehmen.

[321] Vgl. bspw. Bäcker/Brussig/Jansen/Knuth/Nordhause-Janz (2009), S. 279-300; Becker, M./Labucay/Kownatka (2008); Berg (2007); Bieling (2011); Brandenburg/Domschke (2007); Deller/Kern/Hausmann/Diederichs (2008); Fasbender (2008); Heinze/Naegele/Schneiders (2011), S. 77-98; Preißing (2010) oder Prezewowsky (2007). Vereinzelt existieren auch ältere Beiträge, so bspw. Feile (1981).

[322] Vgl. Becker, M. (2010), S. 70; Kaufmann (2005), S. 63-94; Kruse (2008), S. 9-20; Rump/Volker (2007), S. 44-45; v. d. Oelsnitz/Stein/Hahmann (2007), S. 77; v. Eckardstein (2004).

[323] Vgl. bspw. Brandenburg/Domschke (2007), S. 109-198; Deller/Kern/Hausmann/Diederichs (2008), S. 121-218; Sporket (2011), S. 115-148.

[324] Vgl. Knapp (2011), S. 72, welche die unzureichende theoretische Diskussion bemängelt und eine „theoretisch reflektierte Praxis" der Gleichstellungspolitik fordert.

Zum einen wird oftmals der Eindruck vermittelt, dass Emanzipationsforderungen, Emotionen und persönliche sowie gesellschaftliche Betroffenheit der Auslöser für die intensive Auseinandersetzung mit diesen Merkmalsausprägungen sind.[325]

Zum anderen ist fraglich, ob eine der vorgenommenen Differenzierungen ausreichend ist, um Unterschiede im (Bleibe- und) Leistungsverhalten zu erklären. Frauen können bspw. – wie Männer auch – sehr unterschiedlich sein, eine weitere Differenzierung ist demnach sinnvoll, zumal auch Gemeinsamkeiten zwischen den Geschlechtern vorhanden sind.[326] In Einzelfällen können Gestaltungsempfehlungen in diese Richtung durchaus berechtigt sein – bspw. zur Vermeidung von Diskriminierung, zur Befolgung juristischer Vorschriften oder aufgrund funktionaler Spezifika –, ihr Beitrag zur Effizienzsteigerung erscheint jedoch nicht stichhaltig begründbar und greift zu kurz.[327] Positiv hervorzuheben ist jedoch, dass fast ausschließlich Kriterien gewählt werden, welche einfach zu ermitteln und oft auch klar abgrenzbar sind.

Empirische Bestätigungen für Gründe von Differenzierungen nach Kriterien „Geschlecht" und „Alter" sind vielfach auffindbar, und sei es zur Vermeidung von Diskriminierung.[328] Andere Kriterien wie funktionale Merkmale oder Eignungen werden weniger häufig empirisch untersucht, da hier die Bedeutung der Unterscheidung offensichtlich erscheint oder ökonomische Gründe eine Sonderbehandlung rechtfertigen zu scheinen.

3.2.2.3 Diversity Management

Darstellung

Eine besondere Stellung in der Diskussion um differentielle Ansätze nimmt das „Diversity Management"[329] ein, das dazu auffordert, individuellen Unterschieden von Mitarbeitern Rechnung zu tragen.[330] WAGNER/SEPEHRI zeigen in diesem Kontext zwei Verständnisse

[325] Vgl. ähnlich auch Morick (2002), S. 48, sowie für Methodik-Beispiele dazu Bortz/Döring (2006), S. 345-346.

[326] Vgl. Krell (1992), S. 58. Im Zuge der Unterscheidung „Frau oder Mann" wird zumeist auf das biologische und nicht das soziale Geschlecht abgestellt, oft eben vor dem Hintergrund von Gender Mainstreaming.

[327] Vgl. Morick (2002), S. 50 u. 75; zur Diskriminierung Schneider (2007), S. 165-170.

[328] Vgl. für das „Geschlecht" bspw. die Publikationen in Bischoff (2011); Krell (2005); Krell (2011) sowie grundlegend die entsprechenden differentialpsychologischen Erkenntnisse bei Amelang/Bartussek/Stemmler/ /Hagemann (2006) oder Asendorpf (2007). Für das „Alter" vgl. bspw. die Erkenntnisse von Brandenburg/Domschke (2007), S. 53-54.

[329] Auch: „Managing Diversity". Vgl. Thomas/Ely (1996).

[330] Vgl. Aretz/Hansen (2002), S. 7; Schanz (2004), Vorwort; Wagner/Sepehri (2000), S. 456. Vgl aus der und für die Vielzahl unterschiedlicher Publikationen in Deutschland bspw. Aretz/Hansen (2002); Becker, M./Seidel

auf:[331] Einerseits kann Diversity sich allein auf die Verschiedenartigkeit von Individuen beziehen, hierbei sind zumindest in der Theorie fast alle erdenklichen Differenzierungsperspektiven auffindbar.[332] Andererseits wird – darauf aufbauend – „Diversity Management“ als ein Konzept des Personalmanagements begriffen, welches die Aufgabe hat, durch entsprechende Instrumente die Unterschiedlichkeit der Mitarbeiter zum unternehmerischen Vorteil zu nutzen sowie etwaige Nachteile zu minimieren.[333] Aufgrund dieser beiden Verständnisse bekommt es sowohl eine sozial-integrative als auch eine ökonomische Dimension.[334] Beim erstgenannten Verständnis sind die Ziele die Verhinderung von Diskriminierung sowie die Herstellung von Chancengleichheit. Vor allem die Nutzung dieser Vielfalt und die Realisierung von Effizienz- und Effektivitätsvorteilen kristallisieren sich indes als Ziele des zweiten Verständnisses heraus.[335]

Inhaltlich sind nach ELY/THOMAS in der Empirie verschiedene Akzentuierungen erkennbar:[336]

a) „Discrimination-and-fairness-paradigm“: Vermeidung von Diskriminierung, Gleichberechtigung und faire Behandlung von Mitarbeitern sind Gegenstand diese Ansatzes.
b) „Access-and-legitimacy-paradigm“: Durch diesen strategischen und kundengruppenspezifischen Ansatz soll Unternehmungen der Zugang zu Märkten (bspw. andere Kultur) und Marktsegmenten (bspw. Menschen mit Migrationshintergrund) erleichtert werden.
c) „Learning-and-effectiveness-paradigm“: Hier wird auf die ökonomischen Vorteile des „Voneinander-Lernens“ interindividueller Unterschiedlichkeit abgestellt.

Auf der präskriptiven Ebene existieren mittlerweile einige Konzepte, welche Maßnahmen für das Diversity Management vorschlagen.[337] Als einer der ersten schlägt COX ein Prozessmodell vor, welches in Einklang mit der strategischen Unternehmungsführung stehen und hin zu einer multikulturellen Organisation führen soll. Die fünf Stufen in diesem Kreislauf sind Unternehmungspolitik und strategische Personalführung, Ermittlung des Status Quo und resultierende Planungen, Entwicklung der Mitarbeiter hin zu mehr Diversity-Kompetenz, die

(2006); Belinszki/Hansen/Müller (2003); Finke (2005); Frohnen (2005); Sepehri (2002); Vedder (2005); Vedder (2006).

331 Vgl. Wagner/Sepehri (2000), S. 457.

332 Vgl. bspw. für solche Unterscheidungen: Digh (1998), S. 118.

333 Vgl. Cox (1993), S. 11-18; Thomas/Ely (1996), S. 79-80.

334 Vgl. Lemmer (2011), S. 61; Sneikus (2006), S. 95, sowie die darin zitierten Quellen.

335 Vgl. Aretz/Hansen (2003), S. 10-13.

336 Vgl. für die folgende Typologie Ely/Thomas (2001), S. 240-247, auch Thomas/Ely (1996).

337 Für weitere Ansätze vgl. bspw. Finke (2005); Vedder (2006).

daraufhin vorzunehmende Abstimmung des Management-Systems (hier: Einstellung, Entlohnung, Personalentwicklung und Arbeitsgestaltung) sowie die Kontrolle des Erfolgs der Maßnahmen.[338]

Die theoretische Herkunft des ursprünglich US-amerikanischen Diversity-Gedankens liegt im soziologischen und im juristischen Bereich. So sind Emanzipation und Bürgerrechtsbewegungen Ausgangspunkt für die Abkehr von Monokulturen in den Unternehmungen, einerseits durch zunehmende Bildung und Akzeptanz von Andersartigkeit, andererseits jedoch auch, um rechtlichen Normen gerecht zu werden.[339] Eine einheitliche theoretische Ausrichtung der verschiedenen Ansätze ist nicht erkennbar, vielfach wird auf eine solche gänzlich verzichtet.[340]

Kritische Diskussion

Bezüglich der *theoretischen Fundierung* ist festzuhalten, dass die Diversity-Forschung weitgehend durch Uneinheitlichkeit und Eklektizismus geprägt ist. Es wird oftmals auf Praxisnähe und einfache Anwendbarkeit Wert gelegt, nicht auf eine geschlossene Konzeptualisierung und theoretische Fundierung. Dem gegenüber stehen jedoch einige Autoren, die sich um eine wissenschaftlichere Betrachtung bemühen.[341] Ein „Standard" ist jedoch nicht zu erkennen, „der State of the Art in der wissenschaftlichen Forschung des Diversity Management ist durch Uneinheitlichkeit gekennzeichnet"[342]. Vielfach beachtet wurde allerdings die Publikation von ELY/THOMAS.[343]

Hinsichtlich *Vollständigkeit* und *Konsistenz* ist zu konstatieren, dass v. a. und dies nicht nur in der unternehmerischen Praxis bestimmte ausgewählte, nicht selten öffentlichkeitswirksame Mitarbeitersegmente – v. a. Frauen, Migranten und ältere Mitarbeiter – Objekte des Diversity Managements sind und Diversity Management daher nicht die gesamte Diversität der Mitarbeiterschaft zum Gegenstand hat.[344] Die meisten Ansätze beinhalten lediglich Gründe für die Berücksichtigung von Vielfalt in Organisationen, Möglichkeiten zur Feststellung des

[338] Vgl. Cox (1991); Cox (2001), v. a. S. 18-22.

[339] Vgl. Aretz (2006), v. a. S. 62-65.

[340] So greifen Cox (2001), S. 23, und Aretz/Hansen (2003), S. 18-28, auf die System-Theorie zurück.

[341] Vgl. Aretz/Hansen (2003); Labucay (2006); Becker, M. (2006).

[342] Becker, M. (2006), S. 5. Vgl. auch Scherm/Süß (2010), S. 167.

[343] Vgl. Ely/Thomas (2001).

[344] Vgl. für solche Ansätze bspw. Nell (2006); Krell (1999); Krell (2000), S. 107-118; Bieling (2011a); Weinmann (2006). Einige der genannten Autoren greifen im Zuge dessen zwar auf, dass mit einem Diversity Management auch andere Segmente berücksichtigt werden (können), die nicht dem homogenen Ideal entsprechen. Ausgangspunkt und Objekt der Veröffentlichungen ist de facto jedoch stets ein ausgewähltes Segment wie Frauen, Ältere, etc. Vgl. in diesem Sinne auch das Forschungsprojekt zum „Age Diversity Management" von Becker, M./Labucay/Kownatka (2008).

Ausmaßes dieser Berücksichtigung, Anleitungen für die Einführungen von entsprechenden Initiativen und Trainingsmethoden zur Sensibilisierung und zum effizienten Umgang mit Diversity.[345] Wenig ausgearbeitet ist jedoch das Problem der Zusammenhänge von Ursache und Wirkung, welches erklärt, warum bestimmten Merkmalen eine höhere Bedeutung zukommt, wie überhaupt die Messung der vermeintlichen ökonomischen Vorteile.[346] GEBERT weist sogar auf dysfunktionale Effekte aufgrund von bspw. Kommunikationsbarrieren hin.[347] Schließlich wird eben auf solche Merkmale abgestellt, die einfach feststellbar sind und denen ein großer Einfluss zugeschrieben wird. Anzumerken ist ferner, dass intraindividuelle Unterschiede nicht Berücksichtigung finden, wohl auch, weil die vorgenommenen Differenzierungen auf Kriterien verzichten, bei denen dies nur äußerst selten eine Rolle spielen würde (bspw. Geschlecht).

Der *Informationsgehalt* einiger Ansätze ist in sich dennoch recht hoch. Schwierig wird im Zuge der Implementierung die Abkehr von Vorurteilen und Diskriminierungen zugunsten einer multikulturellen Organisation und der Akzeptanz individueller Unterschiedlichkeit. Hier kommt unternehmungskulturellen Aspekten eine bedeutende Rolle zu.[348]

Die *empirische Bewährung* des in vielfältiger Weise verfolgten Gedankens des Diversity Managements ist kaum im hier verstandenen Sinne zu überprüfen. Empirische Nachweise über die Notwendigkeit, Bestandsaufnahmen und Status Quo, Voraussetzungen für die erfolgreiche Implementierung und erfolgreiche Maßnahmen von Diversity Management sind jedoch vorhanden. Da die Wirtschaftlichkeit schwer messbar ist, wird im Zuge dessen oft auf soziale Ziele – bspw. Quoten – zurückgegriffen. Inhaltlich kristallisieren sich als ausschlaggebend die Unterstützung durch das Top-Management und das Training der Mitarbeiter hin zu mehr Akzeptanz und Voreingenommenheit als zentrale Aspekte heraus. Bemängelt wird der oftmals zu geringe Bewusstseinsgrad von Unterschiedlichkeit.[349]

[345] Vgl. Morick (2002), S. 52.

[346] Vgl. Morick (2002), S. 51; Süß (2007), S. 171-172.

[347] Vgl. Gebert (2004), S. 415-416.

[348] Vgl. Morick (2002), S. 52.

[349] Vgl. für empirische Erkenntnisse bspw. Belinszki (2003); Hansen (2003); Krell (1999); Pless (2000); Sepehri (2002); Wagner/Sepehri (2000a).

3.2.2.4 Kritische Gesamtbetrachtung

In der Gesamtbetrachtung erster Differenzierungen im (vermeintlich) allgemeinen Personalmanagement fällt auf, dass eine differentielle Vorgehensweise zumindest punktuell bereits länger existiert. Die einzelnen Unterscheidungen – ob nun in Form von Typologien, der Fokussierung einzelner Segmente oder als Diversity Management – wurden nicht in einen differentiellen Gesamtzusammenhang gebracht, sodass es bei einzelnen, jeweils vor einem bestimmten Zusammenhängen formulierten, zwei- oder mehrdimensionalen Unterscheidungen geblieben ist.

Diese Zusammenhänge sind einerseits eine Vereinfachung interindividueller Unterschiedlichkeit, um diese bspw. für die Zusammenstellung von Teams, die Stellenbesetzung oder die Personalentwicklung zu klar abgrenzbaren Typen zu ordnen. Nicht immer steht also die soziale Effizienz dabei im Vordergrund. Andererseits besteht dieser Zusammenhang oft in Emanzipationsforderungen sowie der Einhaltung von Rechtsnormen gegen Diskriminierung, sodass eine hinsichtlich sozialer oder ökonomischer Effizienz stichhaltig begründete Unterscheidung nicht erfolgt. Diese Fokussierung einzelner Segmente wird in der Praxis oft als Diversity Management betitelt, denn dort besteht die „Diversity" lediglich aus einzelnen, ausgewählten Segmenten und nicht aus der gesamten Vielfalt – was eine inhaltlich trennscharfe Unterscheidung der entsprechenden Abschnitte 3.2.2.2 und 3.2.2.3 erschwert.

Davon sowie von den weiteren formulierten Kritikpunkten abgesehen entwickelt sich das Diversity Management parallel – und mit anderen Schwerpunktsetzungen – zum differentiellen Personalmanagement, verfolgt es doch prinzipiell die gleichen Ziele und bietet auch konkrete Handlungsempfehlungen.[350]

3.2.3 Differentielles Personalmanagement

3.2.3.1 Differentielle Personalpolitik nach FRITSCH

<u>*Darstellung*</u>

FRITSCH bietet in seiner Dissertation einen konzeptionellen Ansatz an, welcher auf den Ideen von MARR und MARR/FRIEDEL-HOWE basiert. „Differentielle Personalpolitik" definiert er als „Grundsatzentscheidung über mitarbeitergruppenspezifische Ziele sowie über mitarbeiter-

[350] Vgl. Morick (2002), S. 50-52.

gruppenspezifische Mittel- und Verfahrenswahl im Bereich des betrieblichen Personalwesens…“[351]. Er versteht seinen Ansatz als „graduelle Individualisierung“ und sucht „gruppenbezogene betriebliche und persönliche Merkmale als Moderatoren für personalpolitische Maßnahmen im Betrieb“[352], um homogene Mitarbeitergruppen zu bilden und die Personalpolitik damit auf den einzelnen Mitarbeiter auszurichten.[353]

Das Ziel der „Differentiellen Personalpolitik“ ist demnach – angelehnt bei MARR/FRIEDEL-HOWE – die „Identifikation und Erreichung eines optimales Übereinstimmungsgrades zwischen den personellen Leistungsvorrausetzungen von Mitarbeitern und den jeweiligen betrieblichen Leistungsbedingungen einerseits und den Aktivitäten der betrieblichen Personalpolitik andererseits“[354]. Als Bedingungen führt er die Gleichbehandlung und Akzeptanz der Mitarbeiter sowie Wirtschaftlichkeit auf.[355]

Als Bestandteile des Grundkonzepts differentieller Personalpolitik nennt er das Leitbild, welches eine Steuerungs- und Kontrollfunktion übernimmt, die Gruppenbildung, die Gruppenbehandlung, Koordination sowie Träger und Organe. Die Gruppenbildung erfolgt auf Basis der Anforderungen, dass diese auf betriebsrealen Gegebenheiten beruht, Akzeptanz findet, sich auf objektivierbare Merkmale bezieht und aufgrund eines personalpolitisches Ziels erklärend sowie relevant ist, d. h. die Kriterien leistungsbezogen sind und für die unterschiedliche Behandlung sachliche Gründe vorliegen. Ferner müssen auch kleine und schweigsame Segmente bedacht und die Benachteiligung von Minderheiten vermieden werden. Er sieht Analogien zur Marktsegmentierung im Marketing und betont die Beseitigung der Differenzierung bei einem Wegfall der Differenzierungsgründe. Die Beantwortung der Frage, wie homogen die Segmente sein müssen oder wie heterogen sie sein dürfen, macht FRITSCH abhängig vom personalpolitischen Ziel. Es geht um die optimale Homogenität, welche dann erreicht ist, sobald der Nutzen für einen weiteren Mitarbeiter einer Gruppe gleich der Beeinträchtigung der Zielerreichung bei den anderen Mitarbeitern dieser Gruppe ist. Tabelle 3 listet die von ihm vorgeschlagenen Merkmale zur Gruppenbildung auf, welche er über Clusteranalysen ermittelt und deren Zuordnung er anhand mehrerer Kriterien gleichzeitig vornimmt. Im Rahmen der Gruppenbildung nach psychologischen Kriterien erwartet er allerdings erhebliche Akzeptanzprobleme. Für die Gruppenbehandlung hebt FRITSCH den Grundsatz der Gleichbehandlung der

[351] Fritsch (1994), S. 7.

[352] Fritsch (1994), S. 5, welcher damit den Gedanken Hamels (1989) aufnimmt und mit Marrs (1989) verbindet.

[353] Vgl. Fritsch (1994), v. a. S. 4-7; ferner Fritsch (1993); Marr (1989); Marr/Friedel-Howe (1989).

[354] Fritsch (1994), S. 5, sowie Marr/Friedel-Howe (1989), S. 326.

[355] Vgl. Fritsch (1994), S. 5.

Mitarbeiter – inter- und intragruppal – und die Förderung von Akzeptanz durch Information und Partizipation hervor.[356]

Tabelle 3: Merkmale der Gruppenbildung in der „Differentiellen Personalpolitik" nach FRITSCH.[357]

Merkmale der Gruppenbildung	
betrieblich	*persönlich*
- Betriebszugehörigkeit - Funktion - Innen-/Außendienst - Lohn-/Gehaltsgruppe - Management-/Hierarchieebene - Pendler/Nicht-Pendler - Voll-/Teilzeit	- biologisch - psychologisch - sozio-demografisch

Um die Abstimmung der einzelnen Aktivitäten (auch vor dem Hintergrund von Mehrfachzugehörigkeiten zu verschiedenen Mitarbeitersegmenten), des Leitbildes und der Unternehmungsziele mit- und untereinander zu gewährleisten, schlägt FRITSCH eine Vorauskoordination durch Ziel- und Mittelplanung vor. Als Träger und Organe werden v. a. Personalvorstand, ggf. auch Führungskräfte und der Betriebsrat genannt. Partizipation von Mitarbeitern hält FRITSCH im Bereich der Bildung der Gruppen für nicht angebracht.[358]

Im Anschluss an das Grundkonzept erfolgt die (exemplarische) Anwendung seines Konzepts auf die differentielle Weiterbildung älterer Mitarbeiter. Die Gruppeneinteilung nimmt er anhand der Merkmale „Qualifizierungsbedarf" und „Lernvoraussetzungen" (Lernbereitschaft und -fähigkeit) vor, jeweils unterteilt in „gering/mittel" oder „hoch", sodass vier Gruppen entstehen. Zuerst wird dabei der individuelle Bedarf ermittelt, ehe zu Gruppen zusammenge-

[356] Vgl. Fritsch (1994), S. 14-59. Zur Merkmalsbestimmung greift Fritsch (1994), S. 32, auf Marr (1989), S. 39, und auf Kolb (1992), S. 42, zurück.

[357] Quelle: Fritsch (1994), S. 32.

[358] Vgl. Fritsch (1994), S. 60-89.

fasst wird und Prinzipien für die spezifischen Bildungsbedürfnisse, aber heterogenen Lernvoraussetzungen älterer Mitarbeiter formuliert werden.[359]

Kritische Diskussion

Die Existenz und der Gehalt *theoretischer Fundierung* sind im Ansatz von FRITSCH eher gering. So bemängelt SNEIKUS, dass keine Auseinandersetzung mit „dem ‚Differentiellen'" stattfindet und keine Einbindung in einen theoretischen Bezugsrahmen vorgenommen wird.[360] Damit geht einher, dass kein eindeutiges Menschenbild vorliegt und auch keine Auseinandersetzung mit Alternativen stattfindet, sondern lediglich auf „verschiedene Mitarbeiterbilder"[361] verwiesen wird. Der recht anwendungsorientierte Ansatz von FRITSCH stellt schließlich „nur" eine Ausarbeitung der Ideen von MARR dar.[362]

Hinsichtlich der Forderung nach *Konsistenz* stellt MORICK fest, dass FRITSCH im Rahmen der exemplarischen Anwendung das Segment älterer Mitarbeiter bildet, jedoch selber feststellen muss, dass dieses nicht homogen ist, weil die „Lernvoraussetzungen älterer Mitarbeiter [...] nicht homogen"[363] sind. MORICK stellt daher die berechtigte Frage, warum das Differenzierungsmerkmal „Alter" überhaupt benötigt wird. Hierbei wird deutlich, dass das von FRITSCH verwendete sozio-demografische Differenzierungskriterium „Alter" in dessen Arbeit eine geringe Aussagekraft hat.[364]

Die *Vollständigkeit* bemängelt v. a. PEINELT-JORDAN: Er befürwortet die von SCHANZ und ULICH vorgeschlagene Selbstselektion und Beteiligung der Mitarbeiter im Rahmen der Einflussnahme auf die Arbeitsbedingungen. Zwar ist Partizipation Bestandteil des Ansatzes von FRITSCH, doch beschränkt sich diese auf die segmentspezifischen Aktivitäten, nicht die Segmentierung selbst.[365] Darüber hinaus stellt PEINELT-JORDAN fest, dass die dynamische Komponente fehlt, sich ändernden Bedürfnissen folglich keine Rechnung getragen wird. Auch beim Eintritt neuer, keiner bestehenden Gruppe zuordnungsbarer Mitarbeiter in die Unternehmung kann diese nicht vorhandene Möglichkeiten zur Revision problematisch werden.[366] MORICK verweist zudem auf die Frage nach der Selektion des Merkmals mit der größten Wir-

[359] Vgl. Fritsch (1994), S. 90-195; ferner Fritsch (1996).

[360] Vgl. Sneikus (2006), S. 118.

[361] Frirtsch (1994), S. 17.

[362] Vgl. Marr (1989); Marr/Friedel-Howe (1989); Sneikus (2006), S. 118.

[363] Fritsch (1994), S. 112.

[364] Vgl. Morick (2002), S. 63-64.

[365] Vgl. Fritsch (1994), S. 72-73.

[366] Vgl. Peinelt-Jordan (1996), S. 241-242; Schanz (1977a); Schanz (1977b); Ulich (1978).

kung auf das menschliche Leistungsverhalten. Dieses wird umgangen, indem FRITSCH sich nur auf die Zielabhängigkeit bezieht.[367]

Der *Informationsgehalt* der „differentiellen Personalpolitik" nach FRITSCH ist dennoch relativ hoch, da sie eine breite Allgemeingültigkeit aufweist und zumindest für das exemplarische Beispiel der Weiterbildung älterer Mitarbeiter auch einen hohen Präzisierungsgrad aufdeckt. Es ist anzunehmen, dass das prinzipielle Vorgehen von FRITSCH auch für andere Fälle anwendbar ist.

Die von PEINELT-JORDAN formulierte Aussage, dass es sich bei der „differentiellen Personalpolitik [...] eher um eine Anleitung für eine Umsetzung individueller Personalpolitik"[368] handele, wird hier – anders als bei MORICK oder SNEIKUS – nicht negativ verstanden.[369] Dies beruht einerseits auf unterschiedlichen Begriffsverständnissen, denn für PEINELT-JORDAN ist „differentiell" prinzipiell jede unterschiedliche Behandlung (also auch eine willkürliche), wohingegen für ihn „individuell" bedeutet, dass jeder Mitarbeiter nach seinen spezifischen Bedürfnissen behandelt wird, was einem differentiellen Ansatz durchaus entspricht.[370]

Eine *empirische Bestätigung* nimmt FRITSCH selber nicht vor, er bezieht jedoch an einigen Stellen empirische Kenntnisse in sein Grundkonzept mit ein.

3.2.3.2 Ursachen und Wirkungen betrieblicher Personalstrukturen nach NIENHÜSER

Darstellung

In seiner Habilitation geht NIENHÜSER auf die Personalstruktur ein, welche das Verhalten der Organisationsmitglieder beeinflusst und sich damit auf die Realisierung personalwirtschaftlicher Funktionen auswirkt. Auch wenn NIENHÜSER terminologisch kein differentielles Vorgehen verfolgt, geschieht dies begrifflich durch den Versuch, die „Bevölkerung" – wie NIENHÜSER sie nennt – der Unternehmung in Gruppen zu erfassen. Dem liegt die Annahme zugrunde, dass Sozialsysteme ähnlich wie Gesellschaftssysteme funktionieren, also eine Struktur in der

[367] Vgl. Morick (2002), S. 66.

[368] Peinelt-Jordan (1996), S. 241.

[369] Vgl. Morick (2002), S. 66; Sneikus (2006), S. 118.

[370] Vgl. Peinelt-Jordan (1996), S. 229.

betrieblichen Population vorhanden ist, welche als Personalstruktur oder organisationale Demografie bezeichnet wird.[371]

Die Ziele seiner Arbeit sind die Klärung des Grundes für das Zustandekommen unterschiedlicher Personalstrukturen, die Auswirkung ebendieser auf personalwirtschaftliche relevante Variablen und die Aufdeckung resultierender Möglichkeiten und Grenzen für die Planung und Gestaltung von Personalstrukturen.[372]

NIENHÜSER nimmt eine umfangreiche Diskussion von Konzepten im Umfeld der Organisationsdemografie vor und identifiziert als bedeutsam die Merkmale Betriebszugehörigkeit, Alter, Qualifikation, Geschlecht und Nationalität. Psychologische Merkmale und eine Orientierung an Merkmalen von Minderheiten lehnt er ab. Ihm geht es um die zentralen Merkmale des Personals in seiner Gesamtheit, nicht um individuelle Eigenschaften.[373] Aus den identifizierten Merkmalen führt er die vier Grunddimensionen soziale Heterogenität, Dominanz einiger/weniger Gruppen, Alter der Belegschaft und Qualifikationsniveau herbei, um Erklärungsmodelle bzgl. der Wirkung von Personalstrukturen auf individuelles Verhalten, der Ursachen von Personalstrukturen und der Wirkungen von Personalstrukturen entwerfen zu können. Die daraus abgeleiteten elf Hypothesen überprüft er anhand empirischer Befunde. Aussagen über eine „optimale" Struktur kann er jedoch nicht geben, zumal diese sich bspw. durch Alterungsprozesse selbstständig ändert. Schließlich formuliert er vier Gestaltungs- und Planungsprinzipien als Heuristiken zur Gestaltung des Planungsprozesses, ggf. Veränderung von Personalstrukturen und Aussagen zu konkreten Möglichkeiten der Beeinflussung:[374]

1. Personalstrukturplanung muss in die strategische Personalplanung eingebunden werden, Personal- und Organisationsstruktur müssen abgestimmt werden. Hier weist NIENHÜSER darauf hin, dass durch Neueinstellungen und Umsetzungen Personalstrukturen oft „nebenbei" verändert werden.
2. Zur Vermeidung unkontrollierter Nebenwirkungen werden kleine Schritte anstelle von abrupten Änderungen vorgeschlagen.
3. Bevor Änderungen von einer Personalstruktur mit negativen Auswirkungen angestrebt werden, soll geprüft werden, ob diese negativen Auswirkungen nicht durch eine Neutralisierung begegnet werden soll. Beispielhaft wird hier Weiterbildung genannt.

[371] Vgl. Nienhüser (1998), S. 5.

[372] Vgl. Nienhüser (1998), S. 2.

[373] Für Nienhüser (1998) heißt das jedoch nicht, dass diese nutzlos sind und individualistische Ansätze in seiner Arbeit keine Berücksichtigung finden werden: „Aussagen über Individuen haben Mittelcharakter für die Erklärung des Verhaltens von sozialen Aggregaten." Nienhüser (1998), S. 14.

[374] Vgl. für die folgenden Punkte Nienhüser (1998), S. 513-518.

4. Da die Bedürfnisse der Betroffenen nur schwer erfassbar (und ihnen selbst vielfach unklar) sind, sollen diese beteiligt werden.

Diese Prinzipien hängen jedoch vom Erklärungsmodell ab, denn hier entwirft NIENHÜSER zwei verschiedene Typen von Arbeitskraftsystemen. Besonders negative Wirkungen macht er bei steigender sozialer Homogenität und steigender Gruppendominanz aus, auf welche mit Fluktuation, Unzufriedenheit und Konflikten reagiert wird.[375]

Theoretisch fußt sein Erklärungsmodell auf drei Elementen: „Erstens eine modifizierte Form der Wert-Erwartungs-Theorie als Individualtheorien, zweitens eine Sozialtheorie, die den Austausch zwischen Personen und kollektiven Akteuren einbezieht, die aber um machtheoretische Annahmen ergänzt wurde, und drittens Elemente aus der Transaktionskostentheorie und der Arbeitsmarkttheorie zu Konkretisierung des Austauschverhältnisses und seiner Besonderheiten im Hinblick auf den betrieblich-personalwirtschaftlich relevanten Bereich."[376]

Kritische Diskussion

Den im Rahmen der Existenz und der Qualität seiner *theoretischen Fundierung* sich aufdrängenden Verdacht des Eklektizismus hält NIENHÜSER nicht für gerechtfertigt, da alle Bestandteile auf den gleichen verhaltenstheoretischen Annahmen beruhen.[377] MORICK hebt sogar positiv hervor, dass mehrere Theoriebausteine verwendet werden und individuumsbezogene Merkmale trotz der organisationsbezogenen Perspektive Berücksichtigung finden.[378]

Der Ansatz von NIENHÜSER ist stringent, in sich schlüssig und nachvollziehbar – die Forderungen nach *Konsistenz* und *Vollständigkeit* scheinen demnach in einem akzeptablen Ausmaß erfüllt zu sein. So stellt NIENHÜSER umfassend die theoretischen Vorarbeiten zur Organisationsdemografie dar, analysiert und bewertet diese und prüft seine Hypothesen anhand empirischer Erkenntnisse.

Der *Informationsgehalt* ist ambivalent zu beurteilen, da NIENHÜSER vielfach Modelle entwirft, die ihm einen Orientierungsrahmen bieten oder anhand derer er die Ursachen und Wirkungen der Personalstrukturen zu erklären versucht, die er dann auf elf Hypothesen reduziert und in einem nächsten Schritt anhand empirischer Erkenntnisse prüft. Er gibt jedoch zu, dass keine „echte" Prüfung stattfindet, sondern „eine Diskussion der Hypothesen vor dem Hinter-

[375] Vgl. Niehüser (1998), S. 315-327 u. 531.

[376] Nienhüser (1998), S. 526.

[377] Vgl. Nienhüser (1998), S. 526.

[378] Vgl. Morick (2002), S. 62.

grund von mehr oder weniger aussagekräftigen, empirischen Befunden“[379], durch welche die Hypothesen „recht gut bestätigt werden“[380]. NIENHÜSER gesteht ein, dass ein „großer Handlungsspielraum“[381] bleibt und dass daher „umrisshaft Prinzipien formulier[t]“[382] werden.

Hinsichtlich der *empirischen Bestätigung* weist MORICK jedoch darauf hin, dass die Hypothesen von NIENHÜSER zum Teil nicht falsifizierbar sind und/oder interindividuelle Unterschiede von Mitarbeitersegmenten unberücksichtigt lassen, indem allgemein angenommene Zusammenhänge als Hypothesen formuliert werden.[383] Dies widerspricht dem Moderatorprinzip.

3.2.3.3 Differentielle Personalwirtschaft nach MORICK

Darstellung

Der Ansatz von MORICK stellt eine Fortführung und konzeptionelle Ausgestaltung der Ideen von MARR und MARR/FRIEDEL-HOWE dar. Die Ziele seiner Arbeit sind die Stärkung des theoretischen Fundaments der Personalwirtschaft[384], die Identifikation von Mitarbeitersegmenten, um deren Leistungsverhalten besser zu prognostizieren, die Steigerung der Effizienz der Personalarbeit und damit die der gesamten Organisation. Auf diese Weise greift er den Zieldualismus ökonomischer und sozialer Effizienz auf.[385]

Inhaltlich ist sein zentrales Anliegen, entsprechend des Moderatorprinzips individuelle Unterschiede im menschlichen Leistungsverhalten zu erklären und zu prognostizieren. Diese Unterschiede können sowohl interindividueller als auch intraindividueller (bspw. durch Sozialisationsprozesse) Natur sein. Die Kriterien, nach welchen differenziert werden soll, sind individuumsbezogen und betreffen v. a. weniger offensichtlichere wie motivationale Merkmale und

[379] Nienhüser (1998), S. 529.

[380] Nienhüser (1998), S. 529.

[381] Nienhüser (1998), S. 513.

[382] Nienhüser (1998), S. 513.

[383] Vgl. Morick (2002), S. 61-62, welcher die Hypothesen 4 („Je nach der Struktur des jeweiligen Arbeitskräfteangebots werden die Wirkungen der Rekrutierung auf die Personalstruktur verstärkt oder abgeschwächt.“) und 10 („Mit zunehmenden Lebens- und Dienstalter des Personals reduziert sich die die physische Leistungsfähigkeit des betrieblichen Arbeitsvermögens, während sich der Bestand an Erfahrungswissen erhöht. Die Präferenzen und Erwartungen der Beschäftigten verändern sich, was zu einer abnehmenden Fluktuation und einer steigenden Zufriedenheit führt. Die Ausstattung der Beschäftigtenmit materielle Ressourcen nimmt zu, d. h. die Personalkosten steigen.“) in Nienhüser (1998), S. 283 bzw. 307, anspricht.

[384] Morick (2002) verwendet den Terminus „Personalwirtschaft“.

[385] Vgl. Morick (2002), S. 4 u. 97.

Eignungsmerkmale, denen MORICK hohe Relevanz bzgl. der organisationalen Effizienz zuschreibt. Wie schon MARR sucht auch MORICK die Nähe zur differentiellen Psychologie.[386]

MORICK verfolgt bei der Entwicklung dieses ganzheitlichen Ansatzes eine Modellbau-Strategie „im Sinne einer pluralistischen Vorgehensweise zur Erkenntnisgewinnung"[387]. Zur Bestimmung von Unterschieden im Leistungsverhalten benutzt MORICK in abgewandelter Form die vier interdependenten Determinanten menschlichen Verhaltens nach V. ROSENSTIEL:[388]

a) Das „Soziale Dürfen" (Kultur) erfährt vorstrukturierende Bedeutung, da kulturelles Wissen eigene Wahrnehmungen und Erfahrungen filtert sowie zu kulturspezifischen Verhaltensweisen führt.[389]
b) Das „Persönliche Wollen" (Motivation) beinhaltet Differenzierungskriterien, die sich auf die individuelle Leistungsbereitschaft beziehen.
c) Das „Individuelle Können" (Qualifikation) bezieht sich auf Kriterien der Leistungsfähigkeit eines Mitarbeiters.
d) Die „Situative Ermöglichung" (Struktur) stellt die objektiven Vorrausetzungen dar, welche zur Erbringung der Leistung nötig sind. Dies geschieht vor dem kulturellen Hintergrund und trägt zur Entfaltung der Motivation bei Anwendung der Qualifikation bei. Sie ist die einzige Determinante, auf die kurzfristig Einfluss genommen werden kann.[390]

Darauf basierend bietet MORICK einen „ganzheitlichen Ansatz" an. Aufgrund der Komplexität menschlichen Leistungsverhaltens kann eine umfassende personalwirtschaftliche Theorie jedoch nur Idealziel bleiben.[391]

Als Erklärungsansatz für die Leistungsbereitschaft zieht MORICK die Selbstbestimmungstheorie von DECI/RYAN heran.[392] Unterschieden werden die drei Moderatorvariablen Autonomie-

[386] Vgl. Marr (1989); Morick (2002), S. 81-89 u. 97

[387] Morick (2002), S. 97. Unter einer Modellbau-Strategie wird die Verknüpfung kompatibler und allgemein bewährter Theorien verstanden. Vgl. Morick (2002), S. 31.

[388] Vgl. Morick (2002), S. 99; v. Rosenstiel (2007), S. 56-57; Morick (2002), S. 99.

[389] Hier schlägt Morick (2002) vor, die Kultur bewusst zu gestalten, um Differenzierung zu vereinfachen. Vgl. Morick (2002), S. 135.

[390] Morick (2002), S. 192-193, argumentiert, dass Menschen schwerer veränderbar sind als Strukturen. Um dennoch (kurzfristig) die individuellen Leistungspotentiale effizient zu nutzen, müssen diese an individuelle Bedürfnisse angepasst werden. Langfristig jedoch stehen alle vier Determinanten zur Disposition.

[391] Vgl. Drumm (2008), S. 12 u. 21; Morick (2002), S. 195-196; auch Kap. 3.1.2.

[392] In der Selbstbestimmungstheorie von Deci/Ryan (1993) wird die Qualität von Motivation auf einem Kontinuum zwischen Selbstbestimmung und Fremdbestimmung abgetragen. Je mehr das Verhalten selbstbestimmt ist, desto höher ist die intrinsische Motivation. Extrinsischer Motivation unterstellen Deci/Ryan (1993), dass Menschen diese versuchen, zu internalisieren und in ihren Bestand aufnehmen. Dabei wird – rückgreifend

orientierung, Kontrollorientierung und impersonale Orientierung. Zur Begründung, warum unter gleichen Bedingungen unterschiedliche Mitarbeiter ihre Aufgaben unterschiedlich effizient bewältigen (Leistungsfähigkeit), identifiziert MORICK die Neigung zur Spontanflexibilität oder zur spontanen Verhaltensoptimierung als Moderator individuellen Könnens.[393]

Perspektive von Gestaltungsbemühungen ist schließlich der psychologische Vertrag. Hinsichtlich der Bindung von Mitarbeitern weist MORICK auf die hohe Bedeutung von Personalentwicklungsmaßnahmen hin. Abschließend schildert MORICK praktische Konsequenzen, die es im Rahmen der „Differentiellen Personalwirtschaft" zu berücksichtigen gilt. Diese beinhalten Ideen zur Effizienzbeurteilung durch die Bilanzierung von Humanvermögen, gerechte Differenzierung und die gezielte Veränderung von Merkmalen durch Personalentwicklungsmaßnahmen, der Förderung einer Informations-, Kommunikations- und Vertrauenskultur sowie die Bedeutung von Glaubwürdigkeit im Handeln der Führungskräfte.[394]

Theoretisch übernimmt MORICK den Gedanken von MARR und MARR/FRIEDEL-HOWE und deren theoretische Grundannahmen. So baut auch MORICK auf den konfliktorientierten Bezugsrahmen von MARR/STITZEL auf und nennt als personalwirtschaftliche Konfliktfelder die Mitarbeitergewinnung, -integration, -bindung und -loslösung. Der Arbeit zugrunde liegt ebenfalls das Menschenbild des Complex Men und die Perspektive des methodologischen Individualismus, welche die Aufmerksamkeit auf individuumsbezogene Merkmale lenkt. Ebenso werden Anleihen bei der differentiellen Psychologie gesucht.[395]

<u>Kritische Diskussion</u>

Die *theoretische Fundierung* von MORICK geschieht durch einen Bezugsrahmen und beinhaltet auch ein Menschenbild. Sinn macht die Einbeziehung des methodologischen Individualismus, da MORICK sich in der Tat nur individuelle Merkmale bezieht, gemäß der REBER´schen Kritik weitere Komponenten wie die Struktur (durch Berücksichtigung situativer Ermöglichung) oder die Umwelt (durch die Berücksichtigung der Kultur) allerdings einbezieht.[396]

auf Maslow (1943) – von drei menschlichen Grundbedürfnissen ausgegangen: Kompetenz, Eingebundenheit und Autonomie. Vgl. Deci/Ryan (1985); Deci/Ryan (1993); auch Ridder (2007), S. 298-302.

393 Das Konstrukt der spontanen Verhaltensoptimierung zielt auf die spontane und individuelle Flexibilität ab, effizientere Lösungswege als die bekannten zu suchen. Die Ursachen dafür sind die Reflexion des Bewertungsmaßstabs eigenen Verhaltens, die Bewertung dessen Effizienz, die Entscheidung zugunsten der Suche nach Alternativmethoden zur Erreichung des gewählten Ziels, Prozesse der Problemlösung und die Bewertung der Effizienz der Alternative. Vgl. Schmuck (1996), v. a. S. 194. Morick (2002) erkennt darin einen „theoretisch begründbaren Zugang zur besseren Potentialausnutzung der Mitarbeiter […]". Morick (2002), S. 177.

394 Vgl. Morick (2002), S. 122-123, 199-201 u. 215-250.

395 Vgl. Marr (1989); Marr/Friedel-Howe (1989); Morick (2002), S. 39, 81-88, 91-95, 98 u. 264.

396 Vgl. hierzu die Ausführungen in Kap. 2.1.1.

MORICK geht es um die Schaffung einer theoretischen Fundierung, weniger um die direkte Anwendung oder Umsetzbarkeit und verfolgt dabei wie NIENHÜSER auch eine Modellbau-Strategie. Hinsichtlich *Konsistenz*, *Vollständigkeit* und *Informationsgehalt* bietet dies einige Ansatzpunkte für eine kritische Betrachtung.[397]

So ist festzuhalten, dass eine Abkehr von eher „klassischen" Differenzierungsmerkmalen vorgenommen wird. Im Resultat und unter Einbezug der genannten Theorien ergibt sich ein recht komplexes Bild von hypothetischen Zusammenhängen hinsichtlich des Zusammenspiels menschlichen Leistungsverhaltens.[398] Dieses beruht jedoch ausschließlich auf den beiden psychologischen Erklärungsansätzen der Selbstbestimmungstheorie und dem Konstrukt der spontanen Verhaltensoptimierung. Zwar macht MORICK glaubhaft, dass beide Theorien personalwirtschaftliche Relevanz haben und in diesem Zusammenhand angebracht sind, doch finden andere Ansätze keine Berücksichtigung.[399] SNEIKUS wirft ein, dass „Spontanflexibilität, wenn sie sich denn nicht zielkonform äußert, [...] eigentlich ein Synonym für Nichtvorhersehbarkeit und Nichtplanbarkeit von Handlungen der Organisationsmitglieder"[400] ist. MORICK plädiert daher für Selbstorganisation, mit den entsprechenden Erfordernissen wie bspw. der dafür notwendigen und dahingehenden Entwicklung des Personals.[401] Er gibt jedoch zu, dass Opportunismus ausgeschlossen wird, sodass SNEIKUS diesem Ansatz Realitätsferne attestiert.[402] Alles in allem verbleibt MORICK auf einer sehr theoretischen und, bspw. verglichen mit FRITSCH, wenig praktikablen Ebene.

Die *empirische Bestätigung* kann MORICK für die spontane Verhaltensoptimierung nicht liefern, denn es „befinden sich Untersuchungen zum Konstrukt der spontanen Verhaltensoptimierung erst in einem Anfangsstadium, sodass die Klärung verschiedener Aspekte noch aussteht [...]"[403]. Empirische Studien zur Selbstbestimmungstheorie sind zahlreich, wenngleich

[397] Vgl. Morick (2002); Nienhüser (1998); für die folgenden Ausführungen auch und ähnlich Sneikus (2006), S. 119-120.

[398] Vgl. Morick (2002), S. 195-197.

[399] Vgl. Morick (2002), S. 182-185, welcher selber die Theorien auf die Kriterien „Informationsgehalt", „empirische Bestätigung" sowie „forschungsheuristisches Potential" prüft und beide – das Konstrukt der spontanen Verhaltensoptimierung jedoch eingeschränkt – positiv beurteilt. Darauf, dass die Selbstbestimmungstheorie von Deci/Ryan (1993) auf der oft kritisierten Bedürfnispyramide von Maslow (1943) beruht, geht er jedoch nicht ein. Vgl. zur Kritik an der Bedürfnispyramide von Maslow (1943) zusammenfassend Berthel/Becker, F. G. (2010), S. 52.

[400] Sneikus (2006), S. 119.

[401] Vgl. Morick (2002), S. 241-246.

[402] Vgl. Morick (2002), S. 156; Sneikus (2006), S. 119.

[403] Morick (2002), S. 176.

sich Untersuchungen in Unternehmungen als problematisch herausstellen.[404] Eine empirische Bestätigung seines eigenen Ansatzes nimmt MORICK nicht vor.

3.2.3.4 Differentielle Personalwirtschaft nach WIEGRAN

Darstellung

Ebenso wie MORICK baut auch dessen „wissenschaftliche Schwester“[405] WIEGRAN auf den Ansatz von MARR und MARR/FRIEDEL-HOWE auf.[406] WIEGRAN definiert differentielle Personalwirtschaft als „systematische organisatorische Berücksichtigung interindividueller Unterschiede zwischen Mitarbeitern durch das Angebot unterschiedlicher, bedürfnisgerechter Arbeitssituationen zur Erhöhung der ökonomischen und sozialen Effizienz“[407]. Als Ziele der differentiellen Personalwirtschaft gibt WIEGRAN einerseits das Doppelziel der sozialen und ökonomischen Effizienz nach MARR/STITZEL an. Andererseits äußert sie, dass „die Individualisierung als Ziel der Differenzierung bezeichnet werden kann“[408].[409]

Zur Findung homogener Mitarbeitersegmente sucht WIEGRAN Abhilfe bei der differentiellen Psychologie und findet diese in einem erweiterten Interaktionsmodell des eigenschaftstheoretischen Ansatzes.[410] Als Kriterien der Differenzierung wählt sie schließlich drei Oberkategorien mit verschiedenen Unterkriterien (siehe Tabelle 4). WIEGRANS zentrale Aussage zur Bildung von Mitarbeitersegmenten ist, dass soziodemografische Merkmale zwar einfach zu erheben sind, diese jedoch nur eine recht geringe Relevanz für das Leistungsverhalten haben. Andersrum verhält es sich für psychologische Merkmale.[411] Da die Priorität von WIEGRAN auf dem Zusammenhang zwischen Merkmalen und Leistungsverhalten liegt, ist der „Nachteil der schwierigen empirischen Messbarkeit der psychologischen Merkmale […] von untergeordne-

[404] Vgl. Morick (2002), S. 151.

[405] Vgl. Kap. 3.1.1.

[406] Vgl. Marr (1989); Marr/Friedel-Howe (1989); Morick (2002); Wiegran (2002); auch bereits Wiegran (1996).

[407] Wiegran (2002), S. 9.

[408] Wiegran (2002), S. 13.

[409] Vgl. Wiegran (2002), S. 9-13; zum Zieldualismus von Marr/Stitzel (1979) Kap. 2.3.1.

[410] Vgl. Wiegran (2002), S. 26-32.

[411] Vgl. Wiegran (2002), S. 33-43. Wiegran (2002) nennt beispielhaft, dass je älter Menschen werden, diese immer verschiedener werden – das soziodemografische Kriterium „Alter“ ist demnach nicht geeignet. Auch verweist Wiegran (2002) auf die Gefahr, dass – bspw. beim Kriterium „Geschlecht“ – nach Stereotypen gehandelt wird. Vgl. Wiegran (2002), S. 35-36.

ter Bedeutung“[412]. Ferner betont sie den Aspekt der Gleichberechtigung, welchen sie bei psychologischen Kriterien, verbunden mit Wahlmöglichkeiten, eher als gegeben sieht. Bei soziodemografischen Kriterien befürchtet sie hingegen Diskriminierung.[413] Als Erhebungsinstrumente schlägt sie Selbstbeurteilung und Methoden der Fremdbeurteilung wie Persönlichkeitstests, Assessmentcenter und Vorgesetztenbeurteilung vor.[414]

Tabelle 4: Differenzierungskriterien nach WIEGRAN.[415]

Kognition	Soziale Interaktion	Motivation
- Wissen und Erfahrung - Fähigkeit zum Problemlösen und zur Selbstorganisation - Lernfähigkeit und Lernstil	- Extroversion und Introversion - soziale Kompetenz	- Führungsmotivation - Interesse und Bildungsmotivation - Partizipationsbedürfnis - Autonomie- und Sicherheitsbedürfnis - Werte und Präferenzordnung - Persönliche Situation

Schließlich wendet WIEGRAN ihren Ansatz exemplarisch auf die inhaltliche, zeitliche sowie räumliche Arbeitsorganisation, die Personalführung und die Aus- und Weiterbildung an. Im Rahmen von erstgenannter sollen Wahlmöglichkeiten angeboten werden, die Führung der Mitarbeiter erfolgt je nach Autonomie- und Partizipationsbedürfnis unterschiedlich. Zudem sollen Fachkarrieren ermöglicht werden. Hinsichtlich der Aus- und Weiterbildung regt WIEGRAN Wahlmöglichkeiten bzgl. der Inhalte, die Differenzierung der Mitarbeiter nach unterschiedlichen Lerngruppen und den Einsatz verschiedener Lehrmethoden an. Abschließend werden die Zuordnung von Mitarbeitern zu den Handlungsoptionen, die Auswahl und die Einführung der Gestaltungsoptionen, Akzeptanzprobleme verschiedener Interessengruppen und die Abwägung von Kosten und Nutzen thematisiert. Hier sind v. a. die optimale Passung von Stelle und Mitarbeiter hinsichtlich Leistungsfähigkeit und -bereitschaft und die Analyse der Bedürfnisse der Mitarbeiter von Bedeutung.[416]

412 Wiegran (2002), S. 43.

413 Vgl. Wiegran (2002), S. 15.

414 Vgl. Wiegran (2002), S. 68-84.

415 Quelle: Eigene Darstellung auf Basis der Erkenntnisse von Wiegran (2002), S. 48-67.

416 Vgl. Wiegran (2002), S. 85-215.

Als theoretischen Rahmen der Arbeit wählt WIEGRAN einen erweiterten Eigenschaftsansatz. Dieser zeichnet sich durch den Einbezug der Situation und die Berücksichtigung von Interaktionen aus, da die Reaktionen von Mitarbeitern (bedingt durch ihre Persönlichkeit) auf eine bestimmte Situation auch Auswirkungen auf die Rahmenbindungen der Kollegen haben. Auf diese Weise ist auch der Konfliktorientierte Ansatz von MARR/STITZEL angesprochen, welchen WIEGRAN ihrer Arbeit zugrunde legt.[417]

Kritische Diskussion

Eine *theoretische Fundierung* des Ansatzes von WIEGRAN ist hinsichtlich des situations- und interaktionsorientierten Rahmens, welcher den konfliktorientierten Rahmen von MARR/STITZEL aufgreift, gegeben. Unklar ist jedoch, auf welchen Annahmen – bspw. das Menschenbild – die Arbeit fußt. Der Rückgriff auf MARR und MARR/FRIEDEL-HOWE fällt knapp und wenig deutlich aus. Ohnehin werden Vorarbeiten und verwandte Ansätze kaum intensiv betrachtet.[418]

Auch im Hinblick auf *Konsistenz* und *Vollständigkeit* kann der Ansatz von WIEGRAN nicht in Gänze überzeugen. So wird die persönliche Situation als ein psychologisches Differenzierungskriterium aufgeführt, ist jedoch eindeutig kein solches Merkmal.[419] Ebenso fällt auf, dass Begriffe und Termini nicht eindeutig benutzt werden, was bereits beim Titel der Arbeit „Individuelle Mitarbeiterführung" und dessen Inhaltsverzeichnis und im Inhalt – dort ist nur noch von „Differentieller Personalwirtschaft" die Rede – auffällt.[420]

Der *Informationsgehalt* ist ambivalent zu beurteilen. Zum einen bietet WIEGRAN ein Konzept an, für welches sie klare und nachvollziehbare Hinweise zur Implementierung gibt.[421] Zum anderen geschieht jedoch die Auswahl der Differenzierungskriterien für bestimmte Situationen nur durch Plausibilitätsüberlegungen, und es wird den Mitarbeitern ein hohes Maß an Selbstbeurteilungsfähigkeit unterstellt.[422] Sowieso ist fraglich, wie praktikabel derartige Differenzierungskriterien überhaupt sind. WIEGRAN „löst" dieses Problem für sich, indem sie dem Zusammenhang von Leistungsverhalten und Merkmal eine höhere Priorität einräumt als der Messbarkeit der Merkmale. Dass dieses Vorgehen die ökonomische Effizienz verringert, thematisiert sie nicht. Die Frage, ob bspw. ein äußerst einfach zu ermittelndes Differenzie-

[417] Vgl Wiegran (2002), S. 16-20 u. 26-32; zum konfliktorientierten Ansatz Kap. 2.3.1.

[418] Vgl. Marr (1989); Marr/Friedel-Howe (1989); Marr/Stitzel (1979).

[419] Dies bemängeln auch Morick (2002), S. 67, und Sneikus (2006), S. 118.

[420] Weitere Beispiele gibt Sneikus (2006), S. 119-120.

[421] Vgl. auch Morick (2002), S. 67-68.

[422] Vgl. Morick (2002), S. 68.

rungskriterium wie „Geschlecht“ bereits Unterschiede im Leistungsverhalten erklärt und zu einer höheren organisationalen Effizienz beiträgt als ein Kriterium, welches zwar Leistungsverhalten besser erklärt, durch Persönlichkeitstestes jedoch sehr aufwendig zu ermitteln ist, bleibt so unbeantwortet. Intraindividuelle Unterschiede werden ebenso nicht berücksichtigt.

Eine *empirische Bestätigung* ihrer Aussagen nimmt WIEGRAN nicht vor – wohl aber argumentiert sie anhand empirischer Studien, dass die von ihr vorgeschlagenen psychologischen Differenzierungskriterien für das Leistungsverhalten von größerer Relevanz sind als soziodemografische Merkmale.[423]

3.2.3.5 Kritische Gesamtbetrachtung

Den dargestellten differentiellen Ansätzen ist gemein, dass sie – mit Ausnahme der Habilitation von NIENHÜSER – sich auf die Veröffentlichungen von MARR und MARR/FRIEDEL-HOWE beziehen.[424] Eine intensive Auseinandersetzung mit anderen Vorarbeiten des Personalmanagement, der differentiellen Psychologie oder der Kundensegmentierung des Marketings findet jedoch lediglich und dies nur in Teilen bei MORICK statt.

Ansonsten ist zu konstatieren, dass die differentiellen Ansätze eher uneinheitlich sind. Während die differentielle Personalwirtschaft nach MORICK wenige konkrete Anhaltspunkte bietet und sehr abstrakt bleibt, können die anderen Ansätze nicht klären, welches Differenzierungskriterium die größte Wirkung als Moderatorvariablen auf das menschliche Leistungsverhalten haben. Damit einher geht das Dilemma zwischen einfacher Ermittlung dieser Kriterien und höherer Leistungsrelevanz, oder anders formuliert, zwischen der Verwendung soziodemografischer und psychologischer Kriterien. Die im Zuge dessen aufkommende Problematik von gleichgerechter – nicht gleicher – Behandlung aller Mitarbeiter und der Akzeptanz einer differentiellen Vorgehensweise können die existierenden Ansätze nicht abschließend lösen. Unklar bleibt ferner, wer in welchem Ausmaß an der Segmentierung mitwirken darf.

Positiv ist allerdings festzuhalten, dass die beschriebenen Ansätze sich im Gegensatz zu den Mitarbeitersegmenten des allgemeinen Personalmanagements von Forderung der Emanzipation loslösen und versuchen, dahingehend offen den Mittelweg von sozialer und ökonomischer Effizienz zu beschreiten. Ihnen ist damit gemein, dass sie dem Mitarbeiter eine als individuell empfundene Behandlung zukommen lassen wollen, deren Kosten geringer sein sollen

[423] Vgl. Wiegran (2002), S. 33-43.

[424] Vgl. Marr (1989); Marr/Friedel-Howe (1989); Morick (2002); Nienhüser (1998).

als die Opportunitätskosten ausbleibender Wirkungen auf gesteigertes Leistungsverhalten eines allgemeinen Personalmanagements.

3.2.4 Individualisiertes Personalmanagement

3.2.4.1 Individualisierung von Unternehmen nach Ruppert

Darstellung

Ähnlich wie die Idee von Marr und Marr/Friedel-Howe durch die oben genannten Ansätze aufgegriffen wurde, arbeitet Ruppert die „Individualisierte Organisation" von Schanz aus. Definitorisch und begrifflich lehnt sie sich dabei in Gänze an Schanz an. Ziel des Ansatzes ist die Steigerung der organisationalen Effizienz, welche „maßgeblich vom Ausmaß der individuellen Leistungsmotivation abhängt"[425]. Den dieser zugrundeliegenden Motive schreibt sie zu, dass diese zwar situationsabhängig variieren, zu Beginn der Lebensarbeitszeit jedoch weitgehend festgelegt sind.[426]

Aufbauend auf einer umfassenden Darstellung des (zum damaligen Zeitpunkt) aktuellen Stands der Individualisierungsdiskussion, der Abgrenzung zu Flexibilisierung und Personalisierung sowie der Orientierung am methodologischen Individualismus und einer Begründung individueller Differenzen im Leistungsverhalten, formt sie die Individualisierung als „humanadäquate Gestaltungsstrategie" aus. Konstituierend sind hierfür drei Programmpunkte:[427]

1. Mit der Variationsstrategie ist die strukturelle Gestaltung angesprochen, welche durch eine Vielzahl von Angeboten v. a. das individuelle Wollen und ferner das individuelle Können fördern soll.
2. Die (Selbst-) Selektionsstrategie soll der situationsspezifischen Leistungsbereitschaft der Mitarbeiter Rechnung tragen.
3. Durch die Adaptionsstrategie und den damit verbundenen wiederholten Angeboten zur Revision der Wahlentscheidung wird intraindividuellen Differenzen im Zeitablauf entsprochen.

[425] Ruppert (1995), S. 65.

[426] Vgl. Ruppert (1995), S. 46-47; Schanz (1977a); Schanz (1977b).

[427] Vgl. Ruppert (1995), S. 13-52, sowie für die folgenden Ausführungen S. 67-72.

Individualisierung ist demnach eine dauerhafte Aufgabe und beinhaltet ein dynamisches Gestaltungsprinzip. Die Gestaltung der Organisation geschieht folglich iterativ und unter Einbindung der Mitarbeiter, doch stellt sie zugleich hohe Anforderungen an die hierfür benötigten Fähigkeiten der Organisationsmitglieder.[428]

Im Anschluss gibt sie einen Überblick über Möglichkeiten zur Verwirklichung der individualisierten Organisation und führt Arbeitszeitgestaltung, Aufgabengestaltung, Arbeitsort, Entgelt- und Sozialleistungen, Personalentwicklung sowie Mitarbeiterführung, Personalbeurteilung und -freisetzung auf. Auch nennt sie Beispiele aus der Praxis, nimmt Stellung zur konzeptionellen Kritik an der Individualisierung und stellt Implementierungsprobleme dar. [429]

Bemerkenswert ist in diesem Zusammenhang, dass sich RUPPERT mit dem Dilemma möglicher abnehmender Identifikation mit der Unternehmung und sinkendem Commitment aufgrund zahlreicher Einzelregelungen auseinandersetzt. Diese Gefahr sieht sie jedoch nicht gegeben – vielmehr wird vermutet, dass die bedürfnisgerechte Anreizgestaltung positive Auswirkungen auf die Mitarbeiterbindung hat.[430]

Theoretisch bezieht sich RUPPERT auf die Grundlagen von SCHANZ: den methodologischen Individualismus als übergeordneten Rahmen sowie die Valenz-Instrumentalitäts-Erwartungs-(VIE)-Theorie von VROOM und den Ansatz der „Individualized Organization" von LAWLER. Zudem verfolgt sie einen konkret-utopischen Gestaltungsentwurf.[431]

<u>*Kritische Diskussion*</u>

Die *theoretische Fundierung* des Ansatzes von RUPPERT geschieht über den Rückgriff auf SCHANZ. Aus der Grundannahme des methodologischen Individualismus und einer verhaltenswissenschaftlichen Orientierung, aufgrund derer sie auf inhalts- wie prozesstheoretische motivationale Unterschiede von Individuen eingeht, leitet sie ab, dass durch eine weitgehende Individualisierung von Anreizsystemen positive Auswirkungen auf die Leistungsmotivation zu erwarten sind.[432]

---

428 Vgl. Ruppert (1995), S. 7-13 u. 72-77.

429 Vgl. Ruppert (1995), S. 80-173 u. 174-294.

430 Vgl. Ruppert (1995), S. 236-237.

431 Vgl. Ruppert (1995), S. 7-13 u. S. 77-79; auch Kap. 2.1.2. Vgl. zur konkreten Utopie Kap. 1.2.

432 Hier führt sie die Lewin´sche Feldtheorie an. Vgl. Lewin (1963); Ruppert (1995), S. 24-53; Schanz (1977a); Schanz (1977b).

Die Arbeit von RUPPERT ist weitgehend *konsistent* und *vollständig*, auffällig ist jedoch, dass einige der Maßnahmenfelder zur Umsetzung flexibilisierten und differentiellen Charakter haben. Beispielweise ist für sie die Arbeitszeit stets abhängig von den betrieblichen Erfordernissen. Sie verweist auf sechs Typen von Karriereorientierungen, was eher einem differentiellen Vorgehen entspricht.[433] Zugleich wird der mögliche Grad an Individualisierung in Abhängigkeit der Handlungsfelder eines Personalmanagements deutlich – individualisierte Mitarbeiterführung durch den jeweiligen Vorgesetzten dürfte einfacher zu realisieren und zweckmäßiger sein als ein individualisierter Arbeitsplatz.

Der *Informationsgehalt* ist als recht hoch einzuschätzen, da RUPPERT eine breite Anwendbarkeit anstrebt. Auch thematisiert sie die Problematiken von Akzeptanz durch die Mitarbeiter sowie die potentielle Verletzung des Gleichheitsgrundsatzes, welche sie mit Information und Partizipation zu verbessern versucht bzw. durch Individualisierung ja nicht gerade gegeben sieht. Kritik an der Ermittlung und Messung individueller Präferenzen entgegnet sie damit, dass der Mitarbeiter selbst am besten entscheiden kann, welche Arbeitssituation am besten zu ihm passt.[434] Opportunistisches Verhalten wird damit jedoch begünstigt. Auch dürfte nicht jedem Mitarbeiter klar sein, was „gut" für ihn ist. Bei der Formulierung von Grenzen der Selektions- und Adaptionsstrategie gesteht RUPPERT folglich ein, dass „ dem Gestaltungskonzept der individualisierten Organisation eine solche völlig freie Wahl oder Selbstbestimmung [...] auch nicht inhärent, sondern ‚lediglich' eine mehr oder weniger gelungene Annäherung an diese [ist]".[435]

Eine *empirische Bestätigung* nimmt RUPPERT lediglich dahingehend vor, als dass sie für einige der von ihr vorgeschlagenen Anwendungsfelder existente Beispiele aus der Praxis gibt. Hierbei handelt es sich allerdings eher um Insellösungen für einzelne Handlungsfelder.[436]

3.2.4.2 Das individualisierte Unternehmen nach SCHANZ

Darstellung

Basierend auf den Publikationen von 1977 treibt SCHANZ selber seine Idee voran. Er legt jedoch Wert darauf, dass dies als „Zwischenfazit, nicht als ‚letztes Wort' zu verstehen ist"[437]

[433] Vgl. Ruppert (1995), S. 84-98 u. 155.

[434] Vgl. Ruppert (1995), S. 233-236, 255-258 u. 262-266.

[435] Ruppert (1995), S. 239, die sich auf Niederfeichtner (1982) bezieht. In diesem Zusammenhang wird darauf verwiesen, dass es bei der individualisierten Organisation eher um den Gestaltungsraum zwischen den Extremen der totalen Fremd- oder Selbstbestimmung geht. Vgl. Ruppert (1995), S. 239. Vgl. auch Kap. 2.1.2.

[436] Vgl. Ruppert (1995), S. 174-196.

[437] Schanz (2004), Vorwort.

und dass sich seine Ausführungen an den Praktiker richten.[438] Begrifflich und definitorisch nimmt er seine Vorarbeiten auf. Sein Ziel ist es, bei der Gestaltung von Organisationen die menschliche Individualität systematisch mit einzubeziehen: „[...] das anzustrebende Ergebnis lässt sich als ‚individualisiertes Unternehmen bezeichnen [...]"[439].

Grundbausteine seines Konzepts sind – wie schon bei seinen ersten Veröffentlichungen – das Angebot alternativer institutioneller Arrangements und die Möglichkeit der Selbstselektion für die Mitglieder der Organisation (als Daueroption). Auf die strukturelle Flankierung geht er ebenso ein wie auf (landes) kulturspezifische Ausprägungen, ehe Fragen der Unternehmungsethik thematisiert werden. Hier sieht SCHANZ den Individualisierungsgedanken dadurch gerechtfertigt, dass auf diese Weise die Freiheit gesichert wird.[440]

Anschließend führt er – unter der Prämisse der Individualisierung als personalpolitischer Leitlinie – Gestaltungsbereiche und Handlungsfelder mit recht konkreten Empfehlungen auf: Personalselektion, Arbeitszeit, Ruhestands-/Outplacementregelungen, Zufriedenheitsmanagement, Personalentwicklung und Laufbahnplanung, Arbeitsgestaltung, Vergütung und Führungshandeln.[441] Für die Implementierung nimmt er als besonders wichtig Information, Partizipation und Koordination an. Zudem betont er die Relevanz der Personalentwicklung für Vorgesetzte und Mitarbeiter, damit die Kompetenzen zum Umgang mit den Grundbausteinen – „richtige" Angebote bzw. „richtige" Selbstselektion – entsprechend der Bedürfnisse geschehen. Anstelle einer Schlussbemerkung werden Merkformeln aufgestellt:[442]

1. Individualisierung ist eine kalkulierbare Gratwanderung.
2. Individualisierung ist als schrittweiser Prozess zu gestalten.
3. Individualisierung ist kein Selbstläufer.
4. Individualisierung kann nicht am Betriebsrat vorbei betrieben werden.
5. Individualisierung ist Chefsache.
6. Individualisierung: Stringent im Konzept – variabel in der Anwendung.

Im Rahmen theoretischer Fundierung fällt auf, dass SCHANZ um eine tiefe Betrachtung von Individualität bemüht ist: Ausgehend von neurobiologischen Erkenntnissen nimmt er eine konsequent verhaltenswissenschaftliche Perspektive ein. Er greift zurück auf den ressourcen-

[438] Vgl. Schanz (2004) sowie in Teilen bereits Schanz (1994a); Schanz (2000), S. 183-204.

[439] Schanz (2004), S. 1.

[440] Vgl. Schanz (2004), S. 46-80.

[441] Vgl. Schanz (2004), S. 81-180.

[442] Vgl. hierzu sowie zu den Merkformeln Schanz (2004), S. 181-194. Vgl. ähnlich auch Schanz (1994a), S. 304-309.

orientierten Ansatz[443] und sieht die Motivation in der Unternehmung als wichtige Humanressource an. Ferner wird auf „ein realistisches, der Vielfalt und Verschiedenartigkeit individueller Bedürfnisse und Motive Rechnung tragendes Menschenbild“[444] abgestellt. Zudem verfolgt SCHANZ ein „bodenständig-utopisches“[445] Anliegen.[446]

Kritische Diskussion

Die *theoretische Fundierung* entspricht der seiner früheren Publikationen, bereichert um neurobiologische Erkenntnisse zur Entstehung von Individualität. Keine Berücksichtigung finden jedoch die Inhalte anderer Ansätze zur Individualisierung oder „angrenzender“ Gebiete wie des differentiellen Personalmanagements. Vielmehr beschränkt sich SCHANZ dahingehend fast ausschließlich auf seinen Impuls von 1977. Ebenso weist der Ansatz von SCHANZ prinzipiell ein hohes Maß an *Vollständigkeit* auf. SCHANZ betont allerdings, dass das Individualisierungspotential in der Praxis weitaus größer ist als in seinen Ausführungen beschrieben.[447] Die *Konsistenz* im inhaltlichen Sinne ist gegeben. SCHANZ präsentiert einen recht geschlossenen Ansatz. Auffällig ist abermals die Schwierigkeit der Abgrenzung zum differentiellen Personalmanagement: Ökonomischen Zielen widmet sich SCHANZ weniger, hierzu wird allein auf die gesteigerte Leistungsbereitschaft durch Individualisierung und „aufgeklärtes Unternehmensinteresse“[448] abgestellt. Zwar ist ihm zuzustimmen, dass eine Diskussion über die exakte Anzahl von Alternativen nicht sinnvoll wäre und dass die Größe der Unternehmung, Technologien oder die Ertragskraft eine situationsabhängig begrenzende Rolle spielen, doch die Frage, wie und nach welchen Regeln Individualisierung wirtschaftlich nutzbar gemacht werden kann, bleibt (abgesehen von der anzunehmenden gesteigerten Leistungsbereitschaft) weitgehend unbeantwortet. Dass Flexibilisierung in Individualisierung eingebettet ist, impliziert sogar die Priorität sozialer Ziele.[449]

Der *Informationsgehalt* ist dennoch als hoch einzuschätzen, denn der Ansatz von SCHANZ kann ähnlich dem von RUPERT einen Beitrag dahingehend liefern, dass individualisierte Maßnahmen – bspw. im Rahmen der Vergütung – durchaus möglich oder – im Rahmen von direk-

[443] Vgl. Kap. 2.3.1.

[444] Schanz (2004), S. 63.

[445] Vgl. zum utopischen Anliegen Kap. 1.2. Schanz (2004), S. 54-55, bevorzugt terminologisch offensichtlich eine „bodenständige Utopie“, begrifflich ist hier jedoch kein Unterschied zu einer konkreten Utopie erkennbar.

[446] Vgl. Schanz (2004), S. 1-63.

[447] Vgl. Schanz (2004), S. 195.

[448] Schanz (2004), S. 2.

[449] Vgl. Schanz (2004), S. 37-50 u. 195.

ter Personalführung – nötig sind. Seinem Anspruch hoher Praktikabilität und Anwendbarkeit wird SCHANZ gerecht.[450]

Empirische Bestätigung findet der Beitrag von SCHANZ nicht, die empirische Fundierung mit Studien hätte umfangreicher geschehen können. Vielfach argumentiert er mit Plausibilitäten.

3.2.4.3 Individualisierung in der Arbeitswelt nach HORNBERGER

Darstellung

Aus arbeitswissenschaftlicher Sicht beschäftigt sich HORNBERGER in ihrer Habilitation mit der Individualisierung in der Arbeitswelt vor dem Hintergrund gesundheitlicher Aspekte, welche sie durch die Anforderungen an die flexible und in Eigenverantwortung zu leistende Arbeit im Rahmen neuzeitlicher Individualisierung und den resultierenden Gesundheitsrisiken als notwendig erachtet.[451]

Begrifflich und definitorisch aufbauend auf SCHANZ versteht sie Individualisierung in einem engeren Sinne als verbunden mit dem Aspekt der Selbstbestimmung. Individuen sind demnach nicht Objekte von individuumsbezogenen Lösungen, sondern Subjekte, die selbst zu Gestaltern werden.[452] Ihr Verständnis von Gesundheit geht zurück auf eine Erweiterung des Konzepts der Salutogenese[453]: „Zusammenfassend lässt sich festhalten, dass Gesundheit in dieser Arbeit als ein bio-psycho-soziales Konstrukt verstanden wird, dessen dynamisches Gleichgewicht innerhalb des Gesundheits-/Krankheits-Koordinatensystems durch Abbau von Gesundheitsrisiken und Aufbau von nachhaltigen Gesundheitsressourcen angestrebt wird."[454]

Ihr Ziel ist die „Durchleuchtung der zu beobachtenden Individualisierungstendenzen in der Arbeitswelt unter arbeitswissenschaftlichen Gesichtspunkten und Entwicklung einer Grundkonzeption der arbeitswissenschaftlichen Analyse, Bewertung und Gestaltung individualisierter Arbeitsbedingungen"[455]. Als weitere Zielsetzung formuliert sie die Integration eines um-

---

[450] Dies entspricht auch der Forderung nach praktischer Orientierung Grochlas (1978), S. 53.

[451] Vgl. Hornberger (2006) sowie ferner Hornberger (2006a) und Hornberger (2002).

[452] Vgl. Hornberger (2006), S. 42 u. 57-58; Schanz (1977a); Schanz (1977b).

[453] Nach dem Verständnis der Salutogenese ist Gesundheit ein Prozess des Menschens mit dem ständigen Streben hin zu einem Idealzustand und kein fixer Zustand (wie bei der Pathogenese). Die dichotome Unterscheidung zwischen „krank" und „gesund" wird zugunsten eines Kontinuums aufgegeben. Vgl. umfassend hierzu Antonovsky (1997) sowie überblickartig zu Patho- und Salutogenese Hafen (2009) oder Rückert/Ondracek/Romanenkova (2006).

[454] Hornberger (2006), S. 105.

[455] Hornberger (2006), S. 3.

fassenden Verständnisses von Gesundheit in die arbeitswissenschaftlichen Konzepte.[456] Zu der Bedeutung gesunder Mitarbeiter formuliert sie: „Die Gesundheit der Beschäftigten gehört nicht zu den primären betrieblichen Zielen, sondern ist eine der Grundvoraussetzungen, um diese zu erreichen."[457]

Nach einer Analyse der Individualisierung von Arbeitsbedingungen und der Darstellung der Folgen – ermöglichende und erzwingende Individualisierung – stellt sie drei Konzepte vor:[458]

a) Das „Integrative Belastungs-Beanspruchungs-Konzept für individualisierte Arbeitsbedingungen" soll der Analyse von Zusammenhängen zwischen der Gesundheit der Mitarbeiter und den Arbeitsbedingungen dienen.[459]
b) Darauf aufbauend folgt das „Integrative System der Bewertung von Gesundheitsförderlichkeit individualisierter Arbeitsbedingungen". Dieses soll die „Menschengerechtigkeit von individualisierten Arbeitsbedingungen"[460] zu bewerten helfen.[461]
c) Zur Gestaltung der Arbeitsbedingungen wird schließlich ein betriebliches „Gesundheitsmanagement für individualisierte Arbeitsbedingungen" vorgeschlagen, zu welchem sie begleitend Gesundheitszirkel, -netzwerke und -beratung/-coaching vorschlägt. Ferner thematisiert sie Probleme bei der Umsetzung, die Problematik der Gleichbehandlung und Unternehmungskulturen sowie die Vielfältigkeit von Mitarbeitern. HORNBERGER betont, dass ihr Verständnis von Gesundheitsmanagement mehr umfasst als nur Gesundheitsdienstleistungen, u. a. formuliert sie ein Leitbild der „gesunden Organisation".[462]

In ihrer theoretischen Basis ist HORNBERGER bei den Arbeitswissenschaften zu verorten, welche eine interdisziplinäre und angewandte Wissenschaft darstellen. Hier wird auf die Einflüsse der Arbeit auf den Arbeitnehmer sowie die Bedingungen abgestellt, welche die Art und Güte menschlicher Arbeitsleistung ausmachen. Der Fokus wird damit auf die Arbeitsleistung und -prozesse sowie deren technische, organisatorische und soziale Bedingungen gelegt.[463]

---

456 Vgl. Hornberger (2006), S. 4.

457 Hornberger (2006), S. 209.

458 Vgl. Hornberger (2006), S. 41-118.

459 Vgl. Hornberger (2006), S. 147-172. Grundlegend zum Belastungs-Beanspruchungs-Konzept auch Luczak (1998), S. 31-33.

460 Hornberger (2006), S. 7.

461 Vgl. Hornberger (2006), S. 182-206. Grundlegend zu arbeitswissenschaftlichen Bewertungskonzepten auch Luczak (1998), S. 35-40.

462 Vgl. Hornberger (2006), S. 209-226.

463 Vgl. zu Arbeitswissenschaften zusammenfassend Luczak (1998), S. 4-7, der Humanisierung und Rationalisierung als dessen zwei wesentlichen Zielsetzungen nennt. Vgl. auch Schlick/Bruder/Luczak (2010).

Darüber hinaus greift sie auf Ansätze der Gesundheitswissenschaften zurück und integriert diese.

Kritische Diskussion

HORNBERGER verfolgt im Rahmen ihrer intensiven *theoretischen Fundierung* eine verhaltenswissenschaftliche Ausrichtung und nimmt – wie der Titel es bereits beinhaltet – die Betrachtung aus arbeitswissenschaftlicher Sicht vor. Damit wird grundsätzlich ein anderer Schwerpunkt als der des Personalmanagements gesetzt.[464] Die von HORNBERGER vorgestellten Konzepte fußen indes auf der erläuterten Annahme der Salutogenese, welches – und das betont ANTONOVSKY – komplementär, nicht jedoch als Gegensatz, zur Pathogenese gesehen werden soll. Sonst würde die Definition von Gesundheit als subjektiv empfunden werden, ebenso wie der Zeitpunkt und die Dauer der Heilung vom Individuum entschieden werden müsste.[465]

Hinsichtlich *Vollständigkeit*, *Konsistenz* und *Informationsgehalt* ist festzuhalten, dass diese drei von HORNBERGER vorgestellten Konzepte kompatibel sind und für die Praxis einen zu präzisierenden Rahmen darstellen. Analyse, Bewertung und Gestaltung geschehen stets vor dem Hintergrund des Gedankens einer „gesunden Organisation", welcher zusammen mit der „Nachhaltigkeit der Arbeitssysteme" das Leitbild darstellt. Für HORNBERGER muss die gesamte Organisation daher um die Dimension der Gesundheit erweitertet WERDEN.[466] Da Hornberger ausschließlich diese betrachtet, kann ihr Ansatz nur als Ergänzung gesehen werden, nicht als umfassender Ansatz eines individualisierten Personalmanagements.

Eine empirische Bestätigung findet nicht statt, vielmehr weist HORNBERGER auf die Notwendigkeit empirischer Untersuchungen zur Operationalisierung ihrer drei Teilkonzepte hin.[467]

3.2.4.4 Kritische Gesamtbetrachtung

Alle aufgeführten Ansätze eines individualisierten Personalmanagements basieren auf der „Individualisierten Organisation" von SCHANZ und beziehen daher auch die Selbstbestimmung der Mitarbeiter in ihre Überlegungen mit ein, nicht zuletzt auch zur Schaffung von Ak-

---

[464] Vgl. Schlick/Bruder/Luczak (2010), S. 15-16.

[465] Vgl. Antonovsky (1993); Hafen (2009), S. 51-59; Hornberger (2006), S. 101-103.

[466] Vgl. Hornberger (2006), S. 210-214.

[467] Vgl. Hornberger (2006), S. 249.

zeptanz.[468] Ebenso wird stets davon ausgegangen, dass durch Personalentwicklungsmaßnahmen der Mitarbeiter dahingehend gebildet wird, dass er weiß, was überhaupt „gut“ und „richtig“ für ihn ist.

Während sich die Veröffentlichung von RUPPERT und SCHANZ ähneln, indem sie recht konkrete Vorschläge für ein individualisiertes Personalmanagement machen, nimmt HORNBERGER eine arbeitswissenschaftliche Perspektive ein, um eine Konzept zur Schaffung individualisierter Arbeitsbedingungen vorzuschlagen, welches die Gesundheit der Mitarbeiter – als Voraussetzung für Leistung – garantiert. Sie erarbeitet zwar „nur“ einen in der Praxis zu präzisierenden Rahmen; es gelingt ihr im Zuge dessen jedoch, den utopischen Charakter von Individualisierung abzulegen. Ob diese Präzisierung allerdings wirtschaftlich sein kann, bleibt offen. Anders als RUPPERT und SCHANZ sieht sie zudem Individualisierung als Mittel zum Zweck der Flexibilisierung.

RUPPERT und SCHANZ behalten den utopischen Charakter als letztendlich anzustrebendes Ziel bei, sehen in der Praxis jedoch (momentan) durchaus selbst Probleme bei der Umsetzung eines rein individualisierten Personalmanagements und formulieren daher in Teilen sogar differentielle Gestaltungsempfehlungen. Sie können dabei jedoch nicht abschließend klären, wann welches Ausmaß an Individualisierung an seine Grenzen stößt. Nicht thematisiert werden mögliche Grenzen des Motivationszuwachses durch individualisiertes Personalmanagement, v. a. vor dem Hintergrund der dadurch gestiegenen Kosten. Schließlich wird hier quasi ein linearer Zusammenhang zwischen Ausmaß der Individualisierung und Motivation als den scheinbar einzig wirklichem Einflussfaktor auf unternehmerischen Erfolg unterstellt.

3.3 Ansätze allgemeinen Bindungsmanagements

3.3.1 Auswahl der Ansätze

Die im Folgenden dargestellten Ansätze beziehen sich auf das allgemeine Bindungsmanagement, d. h. das Bindungsmanagement, welches nicht für unterschiedliche Mitarbeitersegmente unterschiedliche Maßnahmen vorschlägt oder ein Segment fokussiert. Ein klare Abgrenzung ist jedoch nicht immer möglich, so sind im Zusammenhang des vermeintlich rein allgemeinen Bindungsmanagements Ansätze zu erkennen, die eine verstärkte Rücksichtnahme auf Individualität und/oder bestimmte Segmente fordern, ohne dies jedoch umfassend auszuführen oder

[468] Vgl. Schanz (1977a); Schanz (1977b).

zu fundieren.[469] Es bleibt somit stets bei Anregungen und Vorschlägen, anders als bei den im Kapitel 3.4 aufgeführten Ansätzen.

Im ersten Unterabschnitt sollen zusammengefasst solche Ansätze dargestellt und diskutiert werden, die ihre Ursprünge im Personalmanagement haben:

Hier kann unterschieden werden in erstens theoretische Ansätze, welche sich eher gedanklich und abstrakt mit dem Konstrukt der Mitarbeiterbindung auseinandersetzen und daraus Gestaltungsempfehlungen ableiten, die aber durchaus die unternehmerische Praxis ansprechen.

Zweitens finden sich eher praxisorientierte Ansätze, die sich direkt an die unternehmerische Praxis richten und entsprechende Vorschläge zur Lösung von Bindungsproblemen anbieten. Die Grenzen zu den theoretischen Ansätzen sind dabei fließend. Orientierung zur Unterscheidung bieten vielfach die Autoren – bspw. Universitätsprofessoren einerseits und Unternehmungsberatungen andererseits – und die angesprochenen Adressaten, wenngleich fast alle Ansätze des Bindungsmanagements unabhängig von ihrer Einordnung letztendlich stets praxisorientiert sind. Vor allem in Fachzeitschriften finden sich dazu viele Ansätze, die jedoch einem konzeptionellen Charakter nicht entsprechen können. Eher werden dort einzelne und zusammenhangslose Vorschläge geäußert.[470] Darüber hinaus existiert auch eine Vielzahl umfassenderer Vorschläge in der managerialen Ratgeberliteratur, die allerdings konzeptionellen Ansprüchen nicht genügen können.[471] Damit verbleiben v. a. die Ansätze von SZEBEL-HABIG und WUCKNITZ/HEYSE sowie das Bindungsmodell der DEUTSCHEN GESELLSCHAFT FÜR PERSONALFÜHRUNG (DGFP) und das KIENBAUM-Retention-Modell.[472]

Drittens werden Ansätze mit Gestaltungsempfehlungen zum Bindungsmanagement untersucht, die aus empirischer Forschung entstanden sind.[473] Implikationen zum Bindungsmanagement sollen Ziel der empirischen begründeten Ansätze darstellen, nicht jedoch ausschließlich die Formulierung von Determinanten, wie es bei den meisten empirischen Arbeiten zur Mitarbeiterbindung der Fall ist.[474]

[469] Vgl. v. a. Kap. 3.3.2.

[470] Vgl. für solche Ansätze bspw. Krenz-Maes (1998); Schiedt (2000); Weinert, S. (2008); Worrach (2001).

[471] Vgl. zu solchen Ansätzen bspw. Brauner/Wacha (2001); Flato/Reinbold-Scheible (2008); Gertz (2004); Karst/Segler/Gruber (2000); Saaman (2005).

[472] Vgl. Kap. 3.3.2.2.

[473] Die Arbeit von Merk (2007) wird hier nicht weiter betrachtet, da sie nur Bindungsmanagement für Krankenhäuser thematisiert und auf eine Verlängerung der Verweildauer von Mitarbeitern abzielt. Zudem begreift Merk (2007) empfundene Bindung scheinbar lediglich als Arbeits- und Mitarbeiterzufriedenheit. Vgl. Merk (2007), v. a. S. 56 u. 62-63.

[474] Vgl. für eine Übersicht des allgemeinen Forschungsstands in der Empirie Becker, F. G. (2010), S. 239-241.

Bereits in den Grundlagen wurde auf die Perspektive des Bindungsmanagements in Analogie zur Kundenbindung eingegangen.[475] Die aus diesem Verständnis heraus entstandenen Konzepte werden im zweiten Unterabschnitt ebenfalls zusammengefasst dargestellt und kritisch diskutiert. Es werden allerdings nur solche Ansätze betrachtet, die sich auf die Bindung von Mitarbeitern beziehen und den Gedanken der Kundenbindung auf die Mitarbeiterbindung übertragen. Ausgeschlossen werden somit Ansätze, die sich mit den Determinanten von Kundenbindung befassen und dabei auf Mitarbeiterbindung als einen Einflussfaktor stoßen. Ansätze, welche den Gedanken und die Erkenntnisse der Kundenbindung auf die Bindung von Mitarbeitern übertragen, sind hinsichtlich ihrer Anzahl noch verhältnismäßig gering.[476] Die dargestellten und kritisch diskutierten Ansätze sind damit „Mitarbeitermarketing" nach WUCKNITZ, „Strategien und Maßnahmen für ein erfolgreiches Management der Mitarbeiterbindung" nach VOM HOFE und das „Employee Relationship Management" nach STOTZ. Auch der Herausgeberband zum „Internen Marketing" von BRUHN wird berücksichtigt.[477]

Die unter den praxisorientierten Ansätzen aufgeführte Anleitung zur Bindung der Schlüsselkräfte nach WUCKNITZ/HEYSE besitzt ebenfalls einige Marketing-Elemente, leitet sich jedoch nicht aus der Kundenbindung ab, sondern sucht dort eher Hilfestellungen.[478]

3.3.2 Personalmanagement-orientierte Ansätze

3.3.2.1 Theoretische Ansätze

Darstellung

In der Literatur existiert eine Vielzahl von theoretischen Ansätzen, die das Mitarbeiterbindungsmanagement thematisieren. Die diesen zugrunde liegenden Verständnisse sind dabei zwar recht heterogen, drehen sich zumeist jedoch um Aktivitäten des Personalmanagements, welche anstreben, das Bleibe- und das Leistungsverhalten positiv zu beeinflussen.[479] Einige Autoren heben hervor, dass es die Gefühle der Ver- und Gebundenheit seitens der Mitarbeiter sind, oft verstanden im Sinne des Commitment-Ansatzes von MEYER/ALLEN, welche ange-

[475] Vgl. Kap. 2.2.2.

[476] Vgl. Meifert (2005), S. 70.

[477] Vgl. Kap. 3.3.3.

[478] Vgl. Wucknitz/Heyse (2008), v. a. S. 8, zur Zuordnung zu den praxisorientierten Ansätzen.

[479] Nicht so bspw. Friedli/Thom (2001), S. 3-4, welche per Definition nur die personelle Leistungsmotivation und nicht den Mitarbeiter als solchen erhalten wollen.

sprochen werden sollen, da Zwangsbindung oder kalkulatorische Bindung alleine nicht ausreicht.[480] GMÜR/THOMMEN fassen Bindungsmanagement indes als das „Management personalbezogener Risiken“ auf.[481]

Ebenso dreht sich das Ziel dieser Ansätze stets um das Angebot oder die Empfehlung von Maßnahmen zur positiven Beeinflussung von Bleibe- und Leistungsverhalten. Auch hier existieren unterschiedliche Schwerpunkte: SCHIRMER betont, dass es um ein adäquates Maß an Fluktuation geht, BRÖCKERMANN fokussiert die Intensivierung und Verlängerung der Verweildauer von Mitarbeitern, und GMÜR/THOMMEN beziehen gemäß ihres Verständnisses die Erhaltung von Kompetenzen mit ein.[482]

Inhaltlich gehen die unterschiedlichen Autoren auf verschiedene Weise vor:

FRIEDLI/THOM heben als ausgewählte Instrumente Personalgewinnung und -Marketing, Personalentwicklung – hier v. a. die betriebliche Karriereplanung und deren Kommunikation –, die Entlohnung von Fach- und Führungskräften und das Arbeitszeitmanagement hervor. Im Rahmen des Controllings werden qualitative und ergebnis- wie prozessorientierte quantitative Instrumente aufgeführt. Methodologisch orientieren sich FRIEDLI/THOM dabei an GROCHLA und erschaffen – als einziger theoretischer Ansatz des Bindungsmanagements – einen entsprechenden Bezugsrahmen. Dieser enthält außerbetriebliche, innerbetriebliche und personelle Einflussgrößen, wobei letztgenannte nach demographischen Merkmalen, Dauer der Betriebszugehörigkeit, Qualifikationsstand, Machtstrukturen, Verhalten der Vorgesetzten, persönlichen Zielen und Erwartungen sowie Motivation differenziert werden. Ebenso enthält er ein Zielsystem, welches vom Oberziel einer langfristig angemessenen Fluktuation ausgeht und durch ein entsprechendes Controlling ergänzt werden soll. Hinsichtlich der Aktionsparameter als dritten Bestandteil des Rahmens wird auf das Zusammenspiel personalwirtschaftlicher Instrumente und deren Schnittstellen zum gesamten Personalmanagement Wert gelegt. Als konzeptionelle Grundlagen werden Arbeitsmotivation und Mitarbeiterzufriedenheit, welche positiv mit der Leistung korrelieren, genannt.[483]

Einen etwas anderen Blickwinkel nehmen WUNDERER/KÜPERS ein, indem sie Demotivation zur Leistung betrachten und Empfehlungen zu dessen Verhinderung vorschlagen. Sie unter-

[480] Vgl. Bröckermann (2004), S. 19; Gmür/Thommen (2007), S. 219-224; Meyer/Allen (1991); Pepels (2002), S. 132-138. Schirmer (2007), S. 49, wählt sogar den Terminus „Personalerhaltung“, weil dieser – verglichen mit „Bindung“ – seiner Meinung nach nicht die Zwangskomponente beinhaltet.

[481] Gmür/Thomen (2007), S. 215. Vgl. zu dieser Sichtweise auch Klimecki/Gmür (2005), S. 332-349, oder der knappe und sehr praxisnahe Abschnitt zum Retentionmanagement bei Kobi (1999).

[482] Vgl. Bröckermann (2004), S. 28; Gmür/Thommen (2007), S. 215; Schirmer (2007), S. 50-57.

[483] Vgl. Friedli/Thom (2001), S. 7-37.

scheiden in präventive Maßnahmen wie Frühwarnsysteme, demotivationsberücksichtigende Personalauswahl, -einsatz und -beurteilung, soziale Unterstützung und präventive Führung, bspw. durch Steigerung des Selbstwertgefühls, einerseits und andererseits in Gestaltungsstrategien zur Überwindung von Demotivation. Die Steigerung von Remotivation, Identifikation und Commitment, unter anderem durch Empowerment, unterschiedliche materielle wie immaterielle Anreize, Personalentwicklung, Coaching, oder transaktionaler und transformationaler Führung sowie „Mit-Unternehmertum" sind hier zentral.[484]

GMÜR/THOMMEN akzentuieren zur gezielten Bindung von Mitarbeiter die drei Personalfunktionen der Personaleinsatz- und Arbeitsorganisation, der Fort- und Weiterbildung und der Anreizgestaltung. Vor allem der Teamorganisation, Personalentwicklung, zukunftsbezogenen Bestandteilen der Vergütung und Kapitalbeteiligungen wird hohes Potential zugeschrieben. Ebenso streben die Autoren ein Wissensmanagement zur Vermeidung des Verlusts von Wissen und Fähigkeiten abwandernder Mitarbeiter an.[485] KLIMECKI/GMÜR nennen Anwesenheitsprämien, Arbeitsplatzgestaltung und -sicherheit, arbeitsmedizinische und -psychologische Betreuung, Flexibilisierung der Arbeitszeit und unterschiedliche Karrieremuster zur Erhaltung der Work-Life-Balance.[486] NIPPA/PETZOLD stellen auf leistungsorientierte Entlohnung, Unternehmungsanteile, Aktienoptionen, Arbeits- und Zeitsouveränität, Herausforderungen und Selbstverwirklichung sowie Gewährung von Wahlmöglichkeiten – bspw. durch ein Cafeteria-System – ab.[487] Sie betonen dabei die gerechte Behandlung aller Mitarbeiter und die Möglichkeit zur Partizipation.[488] SCHIRMER differenziert in eine prozessuale, eine mentale, eine instrumentelle, eine organisatorisch-strukturelle sowie kulturelle und eine führungsbezogene Ebene. Zur permanenten Überwachung und Optimierung der Effizienz und Effektivität wird ein Retentioncontrolling – zweigeteilt in Erhaltungs- und ökonomisches Controlling – vorgeschlagen. Abschließend wird eine weitergehende Individualisierung empfohlen, um auf interindividuell unterschiedliche Bedürfnisse eingehen zu können, jedoch nicht weiter vertieft.[489]

[484] Vgl. Wunderer/Küpers (2003), v. a. S. 32-43. Demotivation ist Wunderer/Küpers (2003), S. 60, zufolge mehr als bloß die Umkehrung von Motivation oder Gleichgültigkeit, sondern kann auch kontraproduktive und „organisationsfeindliche" Folgen haben. Vgl. ähnlich auch Sprenger (2007), S. 205-259.

[485] Vgl. Gmür/Thommen (2007), S. 215-217 u. 226-227.

[486] Vgl. Klimecki/Gmür (2005), S. 332-349.

[487] Durch Cafeteria-Systeme können Vergütungsbestandteile flexibilisiert und individualisiert werden, indem ein Mitarbeiter – ähnlich wie in einer Cafeteria – die Zusammensetzung verschiedener Bestandteile seiner Vergütung im Rahmen eines festgesetzten Budgets frei wählen kann. Vgl. Berthel/Becker, F. G. (2010), S. 583; umfassend Wagner (2004).

[488] Vgl. Nippa/Petzold (2000), S. 14-23. Die von Nippa/Petzold (2000) vorgenommene Fokussierung von Mitarbeitern in der IT-Industrie entspricht jedoch nicht der differentiellen Idee dieser Arbeit.

[489] Vgl. Schirmer (2007), S. 51-58.

Weitere, manches Mal ähnliche Vorschläge für Prozesse und Maßnahmen finden sich im Herausgeberband von BRÖCKERMANN/PEPELS.[490]

Theoretisch bauen einige Ansätze auf die Motivationstheorien wie denen von MASLOW, HERZBERG, PORTER/LAWLER, V. ROSENSTIEL oder BRUGGEMANN/GROSKURTH/ULICH auf.[491] Auch stellen die Anreiz-Beitrags-Theorie von MARCH/SIMON und der Transaktionskostenansatz nach WILLIAMSON theoretische Ausgangspunkte.[492] Überdies wird vielfach eine ressourcenorientierte Perspektive eingenommen.[493] Die meisten der aufgeführten Ansätze jedoch belassen es bei einer begrifflichen wie terminologischen Orientierung am Ansatz von MEYER/ALLEN.[494]

Kritische Diskussion

Anders als bei den differentiellen oder individualisierten Ansätzen ist bei den allgemeinen theoretischen Ansätzen zur Bindung von Mitarbeitern im Personalmanagement ist kein dominanter Autor zu erkennen, wie es MARR und MARR/FRIEDEL-HOWE für das differentielle oder SCHANZ für das individualisierte Personalmanagement darstellt. Vielfach wird auf MEYER/ALLEN abgestellt. Die Existenz und Qualität *theoretischer Fundierung* ist schließlich ambivalent zu beurteilen, da sich nicht alle Autoren intensiv mit den unterschiedlichen theoretischen Ausgangspunkten und grundlegenden Erkenntnissen auseinandersetzen.

Die *Vollständigkeit* ist vor dem Hintergrund durchaus gegeben, sofern nicht explizit ausgewählte Instrumente wie bei FRIEDLI/THOM dargestellt werden oder die Kürze der Darstellung wie bei SCHIRMER einschränkend wirkt.[495] BRÖCKERMANN und PEPELS berücksichtigen anscheinend nur Bleibe-, nicht jedoch Leistungsmotivation.[496] In der Veröffentlichung von GMÜR/THOMMEN werden explizit lediglich Nachwuchskräfte, Leistungskräfte und Neuein-

[490] Vgl. Bröckermann/Pepels (2004), v. a. S. 101-264.

[491] Vgl. Friedli/Thom (2001), S. 7-15; Knoblauch (2004), S. 103-112; ferner Maslow (1954); Herzberg (1966); Porter/Lawler (1968); v. Rosenstiel (1972) oder Bruggemann/Groskurth/Ulich (1975).

[492] Vgl. Nippa/Petzold (2000); ferner March/Simon (1958); Williamson (1975).

[493] Vgl. bspw. Nippa/Petzold (2000), S. 5.

[494] Vgl. Meyer/Allen (1991).

[495] Vgl. Friedli/Thom (2001), S. 31-37; Schirmer (2007).

[496] Vgl. Bröckermann (2004), S. 18; Pepels (2002), S. 130, auch Armutat (2003), S. 96. Bröckermann (2004), S. 18, versteht unter „Personalbindung“, dass „Arbeitgeber die Verweildauer der geschätzten Beschäftigten im Unternehmen intensivieren und verlängern, sie also zu Leistung und Treue anspornen möchten.“ Damit wird offensichtlich nicht die Steigerung von Bleibe- und Leistungsmotivation angestrebt, sondern soll die Erhöhung der Bleibemotivation zu mehr Leistung führen. Diese Unterstellung dürfte jedoch nicht immer zutreffend sein.

steiger betrachtet.[497] Die Vollständigkeit von Bindungsmaßnahmen ist in Gänze allerdings kaum überprüfbar.

Ansatzpunkte für Kritik bietet häufig die *Konsistenz*. Widersprüche sind bei FRIEDLI/THOM dahingehend erkennbar, dass der „Bezugsrahmen zur nachhaltigen Personalerhaltung" eine andere Zielsetzung als das dem zugrundeliegende Begriffsverständnis von Personalerhaltung als solche verfolgt. Der Rahmen soll „nur" eine langfristig angemessen Fluktuation garantieren, Personalerhaltung beinhaltet allerdings auch die Leistungsmotivation.[498] BRÖCKERMANN will einen „stimmigen Orientierungsrahmen"[499] anbieten, ohne auf einen solchen einzugehen. Die in diesem nicht immer stimmigen Herausgeberband darauf aufbauend vorgeschlagenen fünf Kategorien von Bindungsfaktoren von KNOBLAUCH werden scheinbar willkürlich postuliert, wie auch BECKER schreibt.[500] Ähnlich willkürlich stellen GMÜR/THOMMEN Portfolios zur Leistungsbeurteilung als Grundlage für Bindungsaktivitäten auf.[501]

Dennoch ist *Informationsgehalt* gegeben, denn die Ansätze bieten wertvolle und plausible Anregungen für Maßnahmen zur Bindung, v. a., wenn man sie in ihrer Gesamtheit betrachtet und unter Berücksichtigung der formulierten Kritik angeht. Vor allem ist ein hoher Anwendungsbezug erkennbar.[502] Festzustellen sind schließlich gewisse Grundschemata. Der Prozess beinhaltet stets eine Analyse, die Durchführung der Maßnahmen und deren Bewertung; die Maßnahmen selbst drehen sich vielfach um Vergütung, Personalentwicklung, ansprechende Arbeitsbedingungen wie flexible Arbeitszeiten oder verantwortungsvolle Aufgaben und um die Führung der Mitarbeiter durch die Vorgesetzten. Der auf GROCHLA basierende „Bezugsrahmen der nachhaltigen Personalerhaltung" von FRIEDLI/THOM kann indes den Erwartungen als Anregung für den in dieser Arbeit zu entwickelnden Entscheidungsrahmen nicht gerecht werden, da er äußerst knapp gerät.

Da es sich um rein theoretische Ansätze handelt, findet eine *empirische Bestätigung* von den Autoren selber nicht statt, existierende Erkenntnisse werden mal mehr und mal weniger stark mit einbezogen.

---

[497] Vgl. Gmür Thommen (2007), S. 219-221, sowie zu den Objekten von Bindungsmaßnahmen Kap. 2.2.1.

[498] Vgl. Friedli/Thom (2001), S. 4 u. 7.

[499] Bröckermann (2004), S. 27.

[500] Vgl. Becker, F. G. (2010), S. 242; Knoblauch (2004), S. 113-129.

[501] Vgl. Gmür/Thommen (2007), S. 332.349.

[502] Die genannten Aspekte dürften auch der Grund sein, warum sich v. a. die Herausgeberbände von Bröckermann/Pepels (2004) und Bröckermann/Pepels (2002) als einschlägige Literatur zum Bindungsmanagement bzw. zum Personalmarketing heraustellen.

3.3.2.2 Praxisorientierte Ansätze

<u>*Darstellung*</u>

SZEBEL-HABIG präsentiert ein Prozessmodell der Bindung, welches sie nach den einzelnen Bestandteilen desselbigen „*PRISMA*" nennt.[503] Sie verwendet den Terminus „Mitarbeiterbindung" auch für Maßnahmen, welche an dem Gefühl der Zugehörigkeit anknüpfen. „Commitment" begreift sie im Zuge dessen als eine Selbstverpflichtung und eine Bereitschaft, sich uneingeschränkt und eigenverantwortlich für ein Ziel einzubringen.[504] Als Oberziel von Mitarbeiterbindung – aufgeteilt in diverse qualitative und quantitative Unterziele – nennt SZEBEL-HABIG: „Unternehmenswert steigern durch wertvolle Mitarbeiter, die loyal sind"[505]

Sie nennt verschiedene Kennzahlen der Bindung – u. a. Fluktuation, Fehlzeiten oder diverse Indices – und identifiziert dann aus der Analyse theoretischer und empirischer Quellen als maßgeblich zur Bindung von Mitarbeitern eine Vielzahl von Aktivitäten, welche die Unternehmungspolitik, das Image, Aufgabengestaltung, Führung, Arbeitsgestaltung, Personalentwicklung, Aspekte der Vergütung und Controlling betreffen.[506] Kern der Publikation ist das Mitarbeiterbindungsmodell „PRISMA", ein Apronym der Prozessbestandteile Planen, Rekrutieren, Integrieren, Segmentieren, Motivieren und Auswerten.[507] Schließlich schlägt SZEBEL-HABIG auch eine individualisierte Mitarbeiterbindung in Form eines Cafeteria-Ansatzes und eine differentielle Vorgehensweise – kundenorientierte Mitarbeiter, passionierter Kosteneinsparer oder kreativer Wissensträger – mit darauf abgestimmten Maßnahmen vor.[508]

Das *Retentionmanagement nach der DGFP* versteht „Bindung" im Sinne des Commitment nach MEYER/ALLEN. Inhaltlich stehen auf strategischer Ebene die Einbindung in das Personalmanagement, die Schaffung der notwendigen Voraussetzungen für ein Bindungsmanagement sowie die Gestaltung der Unternehmungskultur als Vorrausetzung und Erfolgsfaktor an. Im operativen Bindungsmanagement erfolgt dann zuerst die Identifikation der unternehmensspezifischen Zielgruppen, je nachdem, ob sie erfolgskritische Positionen besetzen und ob auf dem Arbeitsmarkt leicht Ersatz gefunden werden kann. Nach der Erkennung und Überwin-

---

[503] Vgl. Szebel-Habig (2004).

[504] Vgl. Szebel-Habig (2004), S. 33-34 u. 47. Vgl. auch Kap. 2.2.2.

[505] Szebel-Habig (2004), S. 71.

[506] Vgl. Szebel-Habig (2004), S. 88-127.

[507] Vgl. Szebel-Habig (2004), S. 127-142. „Segmentieren" versteht Szebel-Habig (2004) als die nach Bedeutung für die Unternehmung vorgenommene Auswahl der zu bindenden Mitarbeiter.

[508] Vgl. Szebel-Habig (2004), S. 1145-149. Da die Thematisierung individualisierter und differentieller Mitarbeiterbindung sehr knapp und untergeordnet ausfällt, wird der Ansatz von Szebel-Habig (2004) als allgemeines Konzept aufgenommen.

dung von motivationalen Barrieren werden von der DGFP unterschiedliche Maßnahmen in den Handlungsfeldern „Führung", „Anreizsysteme", „Personalauswahl und -entwicklung" und „Arbeitsgestaltung" aufgeführt. Diese bauen v. a. auf affektivem Commitment auf, da diesem die höchste Wirkung auf Bleibe- und Leistungsverhalten zugeschrieben wird. Schließlich werden auch ein Retentionmarketing, um die Wirkungen der Maßnahmen zu unterstützen, und ein kontinuierliches Retentioncontrolling vorgeschlagen, ehe auf Praxisbeispiele erfolgreichen Bindungsmanagements eingegangen wird. Theoretisch baut dieser Ansatz auf dem Commitment-Modell von MEYER/ALLEN sowie der explizit formulierten Vorstellung der Schließung eines psychologischen Vertrags zwischen Unternehmung und Mitarbeiter auf.[509]

Als Versuch einer Operationalisierung des Bindungsmanagements im Rahmen eines Managementprozesses ist das *KIENBAUM-Retention-Modell* zu verorten.[510] JOCHMANN betont, dass ein Verständnis von Bindung als Fluktuationssenkung zu kurz greift: „Zu berücksichtigen sind die derzeitige Qualität, der Wertschöpfungsbeitrag und die strategische Relevanz der jeweiligen Positionsgruppe, auch der Vergleich von Investitionen und Output von möglichen Bindungsprogrammen."[511] Als Ziele des Retention-Managements werden daher Aspekte wie die Reduktion der Recruitment-Kosten, die Minimierung von vakanten Stellen, Erhöhung der Arbeitgeberattraktivität und die Vermeidung von Wissensabfluss genannt. Dabei bezieht sich JOCHMANN jedoch fast ausschließlich auf High-Potentials und schlägt Instrumente zu deren Identifikation und Potentialeinschätzung vor.[512]

Das „KIENBAUM Retention-Modell" als solches soll ein umfassendes Konzept darstellen. Dazu werden drei Handlungsebenen unterschieden: In der obersten Ebene erfolgt eine strategische Orientierung, welche Image und internen sowie externen Unternehmensbrand berücksichtigt. Diese lässt sich an Aktivitätsmerkmalen wie Branchenrankings, Anzahl freier Bewerbungen oder Annahmequoten von Arbeitsverträgen messen. Die zweite Ebene entspricht dem Personalmanagement. Als Stellhebel werden hier Führungsqualität, Motivation, Karriereplanung und innovative Vergütung genannt. Die dritte Ebene beinhaltet klassische Personalentwicklung – mit hohem Maß an Selbstverantwortung – und die Work-Life-Balance. Dem Personalbereich kommt dabei nicht nur eine moderierende, sondern auch eine beratende Rolle als interner Dienstleister von Personalleistungen und -prozessen zu. Hohe Bedeutung erfahren zudem das Unternehmungsleitbild und das Personalmarketing, welche „die andere Seite der

[509] Vgl. DGfP (2004). Für an die Publikation der DGfP anknüpfende (Kurz-) Beiträge vgl. Nagel (2005); Weitbrecht (2005) u. auch Hirschfeld (2006).

[510] Vgl. Becker, F. G. (2010), S. 242, sowie zum Modell Jochmann (2006), die Studie der Kienbaum GmbH (2001) und auch Hunziger/Biele (2002) u. Meifert (2008). Die Kienbaum GmbH ist eine deutsche Personal-, Unternehmungs- und Kommunikationsberatung. Vgl. www.kienbaum.de.

[511] Jochmann (2006), S. 177.

[512] Vgl. Jochmann (2006), S. 177-179.

Medaille“ von Bindungsmanagement darstellen. Abschließend werden Mess- und Qualitätskriterien guter Führungsqualität als wichtiger Faktor für Bindung angeführt.[513]

WUCKNITZ/HEYSE bieten unter dem Namen *Retention-Management – Schlüsselkräfte entwickeln und binden* auch ein Bindungsmanagement-Modell, welches als Teil eines fortschrittlichen Kompetenzmanagements gesehen wird. [514]

„Schlüsselkräfte“ haben für die Autoren u. a. einen mittleren bis hohen Einfluss auf den Unternehmungserfolg, tragen Verantwortung und sind insbesondere, aber nicht nur, Projektmanager, Fach- und Führungskräfte. Bindungsmanagement beinhaltet auch nach WUCKNITZ/HEYSE nicht nur Bindung und Senkung von Fluktuation, sondern ebenfalls eine Erhöhung der Arbeitszufriedenheit und Leistungsmotivation. Ziel des Ansatzes ist die konkrete Unterstützung von Praktikern für die Entwicklung und Bindung von Schlüsselkräften.

Ihren Ansatz eines Bindungsmanagements verstehen WUCKNITZ/HEYSE als dreistufigen Prozesskreislauf, an dessen Ende und Beginn ein Controlling steht:[515]

1. Identifikation und Analyse der Schlüsselkräfte.
2. Erkennen und Messen des Handlungsbedarfs.
3. (Strategische) Planung und Durchführung der Retention-Maßnahmen.

Auf Basis empirischer Erkenntnisse ermitteln die Autoren die Mitarbeiterführung als wichtigsten Einflussfaktor auf Bindung. Zugleich wird betont, dass es nicht um Bestmarken, sondern um ein wettbewerbsgerechtes Niveau geht.

Kritische Diskussion

Im Allgemeinen sind die *theoretischen Fundierungen* der dargestellten Ansätze als eher schwach einzustufen. So werden bei SZEBEL-HABIG zwar Definitionen gegeben und Begriffsverständnisse erläutert, doch ist weder ein Bezugsrahmen noch eine umfassende und intensive Auseinandersetzung mit Grundlagen und Verortungen der Thematik erkennbar. Die DGfP bezieht sich lediglich auf den Commitment-Ansatz von MEYER/ALLEN, JOCHMANN und WUCKNITZ/HEYSE lassen eine theoretische Fundierung gänzlich vermissen. Eine Auseinandersetzung mit bereits Existentem geschieht am ehesten bei SZEBEL-HABIG.

---

[513] Vgl. Jochmann (2006), S. 180-185.

[514] Vgl. Wucknitz/Heyse (2008).

[515] Vgl. ähnlich Brauweiler (2010), S. 83.

Die *Konsistenz* ist unterschiedlich zu beurteilen: Während die Ansätze von WUCKNITZ/HEYSE, JOCHMANN und SZEBEL-HABIG weitgehend durchaus schlüssig und widerspruchsfrei sind, wird bei der DGFP Commitment zuerst als „Identifikation" verstanden, an späterer Stelle jedoch als „Bindung oder als psychologischen Vertrag [...] zwischen einem Individuum und einem Bezugsobjekt"[516] aufgefasst.

Das Kriterium der *Vollständigkeit* können die Ansätze dahingehend erfüllen, dass sie unterschiedliche, wenngleich nicht immer alle Bereiche des Personalmanagements ansprechen und für diese Empfehlungen geben. Dennoch ist der *Informationsgehalt* zumeist hoch, da logische und praktikable Anregungen geliefert werden. Es fehlen jedoch nachvollziehbare Herleitungen und Begründungen, vielfach wird einfach postuliert. Der Ansatz von WUCKNITZ/HEYSE sticht v. a. durch die Hervorhebung der Rolle der Personalabteilung, des Personalmarketings als Pendant des Bindungsmanagements und der als sehr praktikabel erscheinenden Maßnahmen positiv hervor. Darüber hinaus kristallisiert sich – wie schon bei den theoretischen Ansätzen – eine Unterscheidung nach Prozessen und Inhalten heraus.

Hinsichtlich der *empirischen Bestätigung* bindet SZEBEL-HABIG in Teilen empirische Erkenntnisse ein und kann somit einige Zusammenhänge untermauern. Ebenso nennt sie Fallbeispiele aus der unternehmerischen Praxis. Ähnlich verhält es sich bei der DGFP, jedoch ohne dass die dort aufgeführten Fallstudien eine Einbindung erfahren. JOCHMANN zeigt lediglich die Anwendbarkeit des Kienbaum-Retention-Modells anhand eines Beispiels aus der Praxis auf, bezieht aber keine empirischen Erkenntnisse mit ein. WUCKNITZ/HEYSE greifen im Rahmen der Ermittlung und Ableitung von Einflussfaktoren zur Mitarbeiterbindung zahlreiche Studien auf. Eine empirische Bestätigung des Konzepts wird nicht vorgenommen, wohl aber werden zu einzelnen Instrumenten Best-Practice-Beispiele genannt.[517]

3.3.2.3 Ansätze auf Basis empirischer Erkenntnisse

Darstellung

Empfehlungen zum Bindungsmanagement, die auf Basis empirischer Forschung geäußert werden, gehen von unterschiedlichen Verständnissen aus. V. ROSENSTIEL setzt (empfundene) Bindung mit „Organizational Commitment" nach BUCHANAN und PORTER/MOWDAY/STEERS/ MOWDAY/BOULIAN gleich. GENZWÜRKER versteht Bindung ebenso als Commitment und de-

[516] DGfP (2004), S. 19.

[517] Vgl. DGfP (2004), S. 81-106; Jochmann (2006), S. 185-189; Szebel-Habig (2004); Wucknitz-Heyse (2008).

finiert dieses als Identifikation und Einbindung in eine Organisation, mit Leistungsbereitschaft und einem Verbleibewunsch einhergehend.[518] Bei MOSER/SAXER ist kein Verständnis von empfundener Bindung erkennbar, wohl aber wird die unternehmerische Aktivität definiert: „Unter Personalerhaltung im engeren Sinne werden hier die verschiedenen Instrumente zusammengefasst, welche eingesetzt werden, um eine möglichst langfristig ‚Bindung' zwischen der Unternehmung und dem Mitarbeitenden zu garantieren."[519] Leistungsmotivation ist demnach nicht Bestandteil vom Bindungsmanagement, anders als bei HERTIG.[520] GRIEGER/ORTLIEB/PANTELMANN/SIEBEN begreifen „Bindungsstrategien" als „grundlegende Ausrichtung verschiedener Maßnahmen und Maßnahmenbündel, die dazu dienen, den Zufluss und den Erhalt von Ressourcen und Organisationen sicherzustellen"[521]. Allen Ansätzen ist jedoch gemein, dass sie – bei unterschiedlichen Begriffsverständnissen, methodischen Vorgehensweisen und thematischen Schwerpunktsetzungen – das Ziel verfolgen, praktische Handlungsempfehlungen für die Praxis abzugeben oder bereits existierende Aktivitäten zu bewerten.[522]

HERTIG behandelt unter dem Titel „Personalentwicklung und Personalerhaltung in der Unternehmungskrise" und kommt nach einer explorativen Studie zu dem Schluss, dass die Glaubwürdigkeit der Unternehmungsführung, vertrauensbildende Maßnahmen wie Information und Kommunikation, der kombinierte Einsatz materieller und immaterieller Anreizinstrumente, ein kooperativer Führungsstil und die Beachtung von existierenden Grenzen zentral sind.[523]

Auf Basis einer Längsschnittstudie zu erfolgreicher Integration, Kündigungswünschen und faktischen Kündigungen von Wirtschafts-, Ingenieur- und Naturwissenschaftlern und ausgehend von Erkenntnissen aus der Werteforschung regt V. ROSENSTIEL an, mitarbeiterorientiert und/oder individuell vorzugehen. Als „einstellungsbezogene Haltungen des Einzelnen dem eigenen Arbeitsplatz und der Organisation gegenüber"[524] nennt er Arbeitszufriedenheit und Commitment. Arbeitszufriedenheit solle durch organisationale Maßnahmen wie Qualifikationen, soziale Unterstützung und Wertschätzung gesteigert werden. Commitment werde durch Verantwortungsübertragung und Transparenz erreicht. Vor allem jedoch ist es wichtig, dass die Unternehmungen solche Mitarbeiter auswählen, deren persönliche Ziele sich nicht

[518] Vgl. Genzwürker (2006), S. 33; v. Rosenstiel (2003), S. 235; ferner Buchanan (1974); Mowday/Porter/Steers (1982); Porter/Mowday/Steers/Mowday/Boulian (1974); auch Kap. 2.2.2.

[519] Moser, R./Saxer (2008), S. 23.

[520] Vgl. Hertig (1996), S. 196.

[521] Grieger/Ortlieb/Pantelmann/Sieben (2010), S. 340-341.

[522] Vgl. bspw. Hertig (1996), S. 8-9; Moser, R./Saxer (2008), S. 9; bzw. Grieger/Ortlieb/Pantelmann/Sieben (2010), S. 338.

[523] Vgl. Hertig (1996), v. a. S. 307-310.

[524] V. Rosenstiel (2003), S. 249.

mit denen der Organisationen widersprechen, also eine realistische Tätigkeitsvorschau gegeben wird; denn zur Verringerung der Kündigungsabsicht trägt ein möglichst hoher Grad der Erfüllung persönlicher beruflicher Ziele bei.[525]

Eine ähnliche Thematik wie HERTIG greift GENZWÜRKER mit Commitment in Umbruchsituationen aus ressourcenorientierter Sicht auf. Sie ermittelt über einen Fragebogen mit quantitativen und qualitativen Inhalten vier zentrale Handlungsfelder, die zwingend von einer Unternehmungsphilosophie der Fairness und Wertschätzung begleitet werden müssen:[526]

a) Das Management zur Umsetzung der Vision und der Informationspolitik.
b) Die Arbeitsgestaltung, welche unter Partizipation der Betroffenen und abgestimmt auf Humankriterien die Funktion eines Anreizsystems übernimmt.
c) Die Personalauswahl, um Mitarbeiter nach ihren Vorlieben und Fähigkeiten zu beschäftigen und zu befördern.
d) Personalentwicklung.

MOSER/SAXER greifen in ihrer Studie auf den Bezugsrahmen von FRIEDLI/THOM zurück. Aus der Analyse von (qualitativen) Interviews und (quantitativen) Fragebögen im Rahmen von zwei Fallstudien ermitteln MOSER/SAXER Gestaltungsempfehlungen für Schweizer Unternehmungen. Diese betreffen Aufstiegs- und Entwicklungsmöglichkeiten, das Verhältnis zum Vorgesetzten, Transparenz in der Informations- und Kommunikationspolitik, Partizipation und Maßnahmen zur Identifikation mit der Unternehmung. Die Gestaltung der Aufgaben sollte Sinn und Identifikation stiften, um dadurch Wertschätzung und Anerkennung zu vermitteln. Ferner sind eine selbstständige Zielsetzung, große Handlungsspielräume und vielfältige Tätigkeiten wichtig.[527]

GRIEGER/ORTLIEB/PANTELMANN/SIEBEN wählen einen ressourcenorientierten Bezugsrahmen und führten 159 leitfadengestütze Interviews durch. Als mögliche Bindungsstrategien liegen diesen Zwang, Anreize, Normen, Gewinnung neuer Fach- und Führungskräfte sowie ein Wissensmanagement – bspw. Sicherung von Know-how – zugrunde.[528] Bindung durch Normen wird schließlich als bestgeeignetste Strategie identifiziert, gefolgt von einer durch Anreizen.

525 Vgl. v. Rosenstiel (2003). Zur damit angesprochenen „realistischen Rekruitierung" vgl. Berthel/Becker, F. G. (2010), S. 318.

526 Vgl. auch für die folgenden Punkte Genzwürker (2006), v. a. S. 218-219.

527 Vgl. Moser, R./Saxer (2008), zu den Gestaltungempfehlungen S. 173-175. Unklar bleibt, ob diese die gleichen Fallstudien sind wie von Thom/Friedli (2003). Zum Bezugsrahmen von Friedli/Thom (2001) vgl. Kap. 3.3.2.1.

528 Die Autoren greifen dabei auf die Unterteilung von Etzioni (1975) zurück.

Die Bindung vorhandenen Wissens anstelle der Personen und die Gewinnung neuer Mitarbeiter werden ebenso als geeignet bewertet.[529]

Theoretische Ausgangspunkte stellen zumeist die Commitment-Forschung einerseits und – mal mehr, mal weniger deutlich – eine ressourcenorientierte Sichtweise andererseits dar.[530]

Kritische Diskussion

Die *theoretische Fundierung* ist prinzipiell positiv zu beurteilen, da sich alle Autoren bemühen, existierende Erkenntnisse zu integrieren. Hervorzuheben ist die Einordnung der Mitarbeiter als Humanressource im Zuge einer ressourcenorientierten Sichtweise. Methodologisch bieten MOSER/SAXER Anhaltspunkte, denn auch sie formulieren einen Bezugsrahmen.

Die *Konsistenz* und die *Vollständigkeit* der Aussagen scheinen in einem adäquaten Maß erfüllt, soweit es im Zuge von durch empirische Forschung ermittelten Handlungsempfehlungen möglich ist. Widersprüche in sich sind nicht zu erkennen, außer bei MOSER/SAXER im Zuge der Erläuterung von Definitionen.[531] Der *Informationsgehalt* ist entsprechend hoch, eingeschränkt durch die Qualität der empirischen Forschung und zum Teil recht enge Forschungsfelder.[532] Die strategische Perspektive von GRIEGER/ORTLIEB/PANTELMANN/SIEBEN und die Werteorientierung bei V. ROSENSTIEL bieten zudem andere Perspektiven als die sonst üblichen Untersuchungen zur Steigerung von Bleibe- und Leistungsmotivation.

Kritisch ist die *empirische Bestätigung* hinsichtlich *Objektivität*, *Reliabilität* und *Validität* zu beurteilen. Die Längsschnittstudie von V. ROSENSTIEL erfüllt – soweit die Dokumentation eine Überprüfung ermöglicht – die Kriterien.[533] Im quantitativen Teil der Studie von GENZWÜR-

[529] Vgl. Grieger/Ortlieb/Pantelmann/Sieben (2010).

[530] Für commitmentorientierte Ansätze vgl. v. Rosenstiel (2003). Die ressourcenorientierte Sichtweise ist bspw. bei Genzwürker (2006) explizit und sogar im Titel verankert, bei Grieger/Ortlieb/Pantelmann/Sieben (2010), S. 341-342, Bestandteil des Bezugsrahmen und bei Hertig (1996), S. 3-5, zwar nicht deutlich formuliert, aber erkennbar.

[531] So werden Retention-Management und Personalerhaltung i. w. S. gleichgesetzt, letztgenannte allerdings über die Leistung – nicht über die Bindung – definiert. Zwar wird im Folgenden deutlich, dass die Autorinnen auch Bindung oder Erhaltung darunter fassen, doch ist diese explizit erst Bestandteil der Definition von Personalerhaltung i. e. S. – nicht allerdings Leistung. Personalerhaltung i. e. S. zielt also nur auf eine möglichst lange Bindung ab, wenngleich diese ein Element im Konzeptionsrahmen von Personalerhaltung i. w. S. darstellt. Vgl. Moser, R./Saxer (2008), S. 3-23.

[532] So bspw. das Bindungsmanagement in Krisenzeiten bei Hertig (1996) und Genzwürker (2006).

[533] So sind unterschiedliche Teile der Dokumentation in verschiedenen Veröffentlichungen zu erkennen. Vgl. bspw. im Herausgeberband von v. Rosenstiel/Nerdinger/Spieß (1998) zu der zu diesem Zeitpunkt noch laufenden Studie oder das Resümee hierzu von v. Rosenstiel/Nerdinger (2000).

KER wurde lediglich eine Unternehmung untersucht.[534] GRIEGER/ORTLIEB/PANTELMANN/SIEBEN ermitteln zufriedenstellende Ergebnisse hinsichtlich Reliabilität und Objektivität.[535]

Der qualitative Teil der Studie von MOSER/SAXER ist aufgrund ihres Designs – nur ein Interview pro untersuchter Unternehmung – zu kritisieren. Das erste Interview dauerte zudem 45, das zweite jedoch 150 Minuten, obwohl einheitliche Leitfäden Anwendung fanden. Die Autorinnen gestehen selbst ein: „Die Vergleichbarkeit der Expertenaussagen ist [...] nur punktuell möglich und die Verallgemeinerung der Ergebnisse basierend auf zwei Interviews ist wissenschaftlich nicht vertretbar."[536] Die quantitative Studie der Autorinnen wurde einmal postalisch und einmal elektronisch durchgeführt, was ebenfalls zu Verzerrungen führen könnte.[537] MOSER/SAXER kommen zu dem treffenden Schluss: „Die Autorinnen sind sich der eingeschränkten Verallgemeinerung der Resultate bewusst [...]"[538] Ähnliches gilt für die Arbeit von HERTIG, zudem bieten die Aussagen hier nur wenige inhaltliche Anhaltspunkte zur Gestaltung. Die Validität beider Studien ist im Detail jedoch kaum überprüfbar, scheint über die bereits geäußerte Kritik hinaus erfüllt. Losgelöst von dieser bieten beide Studien jedoch akzeptable Vorschläge zur Bindung von Mitarbeitern.

Abschließend ist in weiten Teilen BECKER zuzustimmen, welcher den existierenden empirischen Studien den repräsentativen Charakter abspricht: „Diesen [den repräsentativen Charakter, d. Verf.] haben sie aus verschiedenen Gründen (Sample, Vorgehen, Dokumentation) nicht. Empirisch ermittelte Indizien liegen vor, mehr nicht."[539]

3.3.2.4 Kritische Gesamtbetrachtung

Insgesamt ist bei den personalmanagement-orientierten Ansätzen auffällig, dass vielfach nicht umfassend auf theoretisches Vorwissen zurückgegriffen wird, was auch die theoretischen Ansätze betrifft. Oft, aber nicht immer, dient die Commitment-Forschung und im Speziellen das „Organisationale Commitment" nach MEYER/ALLEN als Ausgangspunkt, ohne dass andere

---

534 Vgl. Genzwürker (2006), S. 116-124.

535 Vgl. Grieger/Ortlieb/Pantelmann/Sieben (2010), S. 350-351.

536 Moser, R./Saxer (2008), S. 168. Fraglich ist im Zuge dessen, warum die Autorinnen im Rahmen einer qualitativen Studie von Verallgemeinerung schreiben.

537 Vgl. Moser, R./Saxer (2008), S. 169.

538 Moser, R./Saxer (2008), S. 173.

539 Becker, F. G. (2010), S. 241.

theoretische Vorarbeiten Berücksichtigung finden.[540] Zu erkennen ist außerdem häufig eine humanressourcenorientierte Sichtweise.[541]

Darüber hinaus fällt die Verschiedenartigkeit der Bindungsverständnisse – bspw. nur als Bleibemotivation[542] oder im Sinne des Commitments[543] – auf und bestätigt, dass eine Vielzahl unterschiedlicher Termini und Verständnisse in der einschlägigen Literatur zu erkennen sind.[544] Gemein ist ihnen darin jedoch, dass es fast immer besonders wertvolle Mitarbeiter wie „High Potentials“ oder „Führungskräfte“ sind, die gebunden werden sollen, und nur selten explizit auch „die ‚ganz normalen‘ Mitarbeiter, die ihre Arbeitsaufgaben zufriedenstellend bis gut erledigen“[545]. Solche Ansätze, die empirisch vorgehen, können dahingehend nicht immer überzeugen und bestätigen, dass die Empirie zur Mitarbeiterbindung bisher lediglich Indizien liefert.[546]

Dennoch leisten die genannten Ansätze einen wertvollen Beitrag, als dass sie Anregungen zur inhaltlichen und prozessualen Gestaltung eines Bindungsmanagement im Allgemeinen liefern.

3.3.3 Absatzmarketing-orientierte Ansätze

Darstellung

Absatzmarketing-orientierte Ansätze versuchen in recht vielfältiger Weise, Erkenntnisse der Kundenbindungsforschung auf das Management der Mitarbeiterbindung zu übertragen. BRUHN fasst dies im ersten Beitrag seines Herausgeberbandes als „internes Marketing“ auf, von ihm verstanden als „die systematische Optimierung unternehmensinterner Prozesse mit Instrumenten des Marketing- und Personalmanagements, um durch eine konsequente und gleichzeitige Kunden- und Mitarbeiterorientierung das Marketing als interne Denkhaltung durchzusetzen, damit die marktgerichteten Unternehmensziele effizient erreicht werden“[547].

[540] Für solche Ansätze vgl. bspw. DGfP (2004), Felfe (2008), van Dick (2004) o. v. Rosenstiel (2003).

[541] Vgl. bspw. Genzwürker (2006); Grieger/Ortlieb/Pantelmann/Sieben (2010), S. 341-342; Nippa/Petzold (2000), S. 5.

[542] Vgl. bspw. Bröckermann (2004), S. 18; Pepels (2002), S. 130.

[543] Vgl. bspw. DGfP (2004), S. 35-38; Genzwürker (2006), S. 33; v. Rosenstiel (2003), S. 235.

[544] Vgl. auch Kap. 2.2.2.

[545] Becker, F. G. (2010), S. 237.

[546] Vgl. Becker, F. G. (2010), S. 241.

[547] Bruhn (1999), S. 20.

Ähnlich versteht WUCKNITZ unter „Mitarbeiter-Marketing“, dass das Instrumentarium des Produktmarketings vollständig auf das unternehmungsinterne Personalmanagement übertragen wird.[548] STOTZ überträgt den Gedanken eines Customer Relationship Managements (CRM) auf das Personalmanagement und entwickelt daraus ein Employee Relationship Managament (ERM). In Anlehnung an das CRM definiert er das ERM als „eine Strategie, um die für ein Unternehmen wertvollsten Mitarbeiter auszuwählen und dem Unternehmen zu erhalten“[549]. VOM HOFE nimmt indes eine empirische Überprüfung eines von ihr erarbeiteten Modells zur Mitarbeiterbindung vor, welches sie aus Erkenntnissen der Kundenbindung ableitet.[550] Ihr Verständnis von Mitarbeiterbindung beinhaltet „die vom Mitarbeiter empfundene Verbundenheit sowie seine Gebundenheit an ein Unternehmen und umfasst alle Maßnahmen eines Unternehmens, die darauf abzielen, die Mitarbeiter darin zu beeinflussen, beim Unternehmen zu verbleiben und die Beziehung zu stabilisieren bzw. zu festigen“[551].

Als Ziele internen Marketings werden von BRUHN u. a. Mitarbeiterbindung, Vertrauen, Zufriedenheit und Kenntnis der Kundenerwartungen genannt.[552] WUCKNITZ nennt die Personalmarktführerschaft der Unternehmung, welche sich durch „Spitzenattraktivität für internes und externes Personal“[553] kennzeichnet und die Begeisterung der Mitarbeiter für die eigene Unternehmung.[554] STOTZ strebt eine möglichst hohe Anzahl engagierter und loyaler Mitarbeiter – von ihm als „Kunden“ betrachtet – durch den Aufbau leistungsfördernder Beziehungen an.[555] Ziel der Arbeit von VOM HOFE ist die „Erstellung eines Gesamtmodells zur Beschreibung der Treiber der Mitarbeiterbindung“[556], deren Erkenntnisse sie für die Entwicklung eines nachhaltigen Mitarbeiterbindungsmanagements – eines „Employee Retention Managements“ – nutzen möchte.[557]

Auch inhaltlich nehmen die Ansätze unterschiedliche Schwerpunktsetzungen vor:

Als geeignete Instrumente nennt BRUHN grundsätzlich eine optimale Personalauswahl, den Fit von Stelle und Mitarbeiter, eine ansprechende Vision und individuell abgestimmte Karriere-

[548] Vgl. Wucknitz (2000), S. 11-12; auch Wucknitz (2003).

[549] Stotz (2007), S. 22.

[550] Vgl. vom Hofe (2005), S. 8-9.

[551] Vom Hofe (2005), S. 8.

[552] Vgl. Bruhn (1999), S. 26-27.

[553] Wucknitz (2000), S. 11.

[554] Wucknitz (2000), S. 11.

[555] Vgl. Stotz (2007), S. 22.

[556] Vom Hofe (2005), S. 9.

[557] Vgl. vom Hofe (2005), S. 8-9.

pfade. Zur Implementierung setzt er auf die Verpflichtung von Mitarbeitern und des Managements sowie auf Kommunikation und auch der Vermittlung notwendiger Techniken und Methoden zur Umsetzung des internen Marketings. Ebenfalls geht er auf potentielle Barrieren der Implementierung ein. Instrumenten des personalorientierten Marketingmanagements und marketingorientierten Personalmanagements räumt er Gleichrangigkeit ein. Während erstgenannte eher eine Mittel-Zweck-Beziehung zur Erreichung von Marketingzielen besitzen, betreffen die marketingorientierten Instrumente des Personalmanagements das Bindungsmanagement.[558] Im weiteren Verlauf des Bandes widmen sich dann verschiedene Autoren unterschiedlichen Schwerpunkten wie bspw. Führung oder Personalentwicklung.[559]

Der Ansatz von WUCKNITZ betrachtet Mitarbeiter als Partner und Kunden und gibt konkrete Empfehlungen zu entsprechenden Instrumenten.[560] So entwirft WUCKNITZ das „Mitarbeiter-Marketing-Modell“, welches sich aus sieben Prozesskomponenten mit jeweils einer unterschiedlichen Anzahl von Methoden zusammensetzt. Das Modell beinhaltet u. a. eine Marktanalyse, die Gestaltung des Angebots, Kommunikation, Verkauf, die Distribution über interne Absatzkanäle und After-Sales-Services zur langfristigen Bindung. Der Autor betont, dass sich das System dynamisch an die betreffende Unternehmung und sich verändernde Rahmenbedingungen anpasst.[561]

VOM HOFE greift auf das Modell der Kundenbindung nach PETER zurück, welches eine „nahe vollständige Erklärung des Konstrukts Kundenbindung“[562] bietet. Mittels organisationstheoretischer Ansätze identifiziert sie schließlich Bestimmungsfaktoren (Determinanten).[563] Abbildung 6 gibt die Ergebnisse wieder.

Das daraus entwickelte Hypothesensystem prüft sie kausalanalytisch mit einem linearen Strukturgleichungsmodell (LISREL-Verfahren[564]) für anhand von 173 Fragebögen aus zwei Unternehmungen. Verbundenheit wird v. a. durch Arbeitszufriedenheit, Vertrauen in das Unternehmen und soziale Wechselbarrieren, Gebundenheit hauptsächlich durch ökonomische

[558] Vgl. Bruhn (1999), S. 26-40.

[559] Vgl. Nerdinger/v. Rosenstiel (1999); bzw. Becker, F. G. (1999).

[560] Vgl. Wucknitz (2000), S. 12; überblicksartig Wucknitz (2003).

[561] Vgl. Wucknitz (2000), S. 18, sowie ausführlich zu den einzelnen Bestandteilen des Modells S. 21-188.

[562] Vom Hofe (2005), S. 46. Vgl. ferner Peter (1997).

[563] Vgl. für sehr ähnliche Ergebnisse (d. h. ohne Berücksichtigung der Equity Theorie) die Ausführungen bei Bauer/Jensen (2004).

[564] LISREL ist ein Akronym für „Linear Structural Relationships“. Dieses Programm wurde von Jöreskog/Sörbom (1989) entwickelt und hat sich zu einem der etabliertesten Verfahren entwickelt. Vgl. für ein ähnliches Vorgehen bei einer empirischen Untersuchung zur Bindung Haase (1997).

Wechselbarrieren, psychische Wechselbarrieren und Attraktivität der Alternativen erklärt.[565] Aus ihren Ergebnissen entwickelt sie ein Kreislauf-Modell zur Bindung, welches die Analyse des Ist-Zustands, die Planung eines Soll-Konzepts, das Aufdecken der Widerständen, die Umsetzung des Soll-Konzepts sowie die Kontrolle des Soll-Zustands zum Gegenstand hat, welches wieder in der Analyse des Ist-Zustands mündet. Konkret vorgeschlagene Maßnahmen orientieren sich an der angestrebten Wirkung im Sinne der Bestimmungsfaktoren.[566]

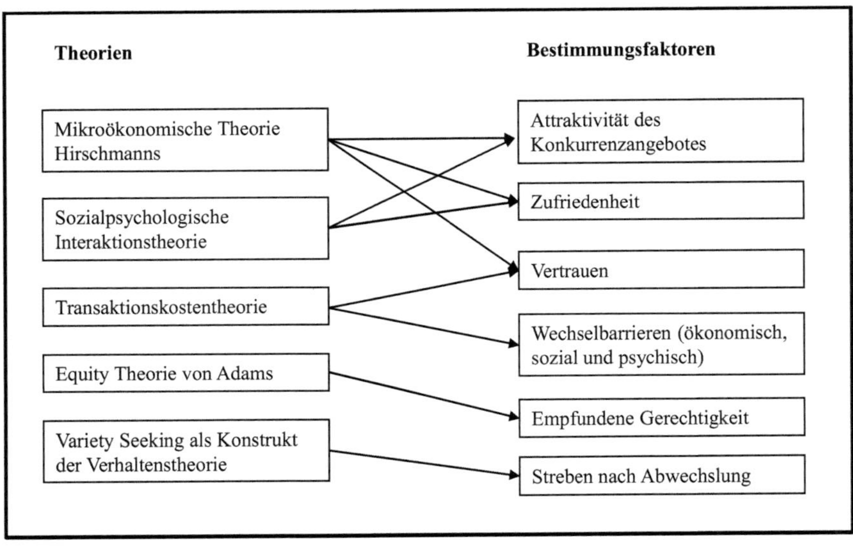

Abbildung 6: Bestimmungsfaktoren der Mitarbeiterbindung nach VOM HOFE.[567]

STOTZ empfiehlt Maßnahmen der Bezahlung, Sicherheit am Arbeitsplatz, Unterstützung bei Problemen, Information und Interaktion sowie emotionale Elemente und hebt v. a. höhere Anforderungen an Führungskräfte hinsichtlich Kommunikation und Authentizität sowie eine Mitarbeiterauswahl durch adäquate Anforderungsprofile hervor. Der Aufbau seines ERM gerät vierstufig und beinhaltet die Identifikation der internen Kunden, deren Differenzierung[568], die Interaktion und schließlich die Gestaltung der Produkte für diese. Die Implemen-

[565] Zur Methodik sowie zur Begründung des Einsatzes des LISREL-Verfahren vgl. vom Hofe (2005), S. 91-133.

[566] Vgl. zum Modell vom Hofe (2005), S. 183-206. Sie führt im Zuge dessen jedoch nur „Beispiele für mögliche Maßnahmen", nicht konkrete Empfehlungen, auf.

[567] Quelle: Vom Hofe (2005), S. 71.

[568] Differenzierung der internen Kunden erfolgt hier einerseits nach individuellen Wünschen und Bedürfnissen und Erwartungen, andererseits in drei Klassen nach dem Wert für die Unternehmung.

tierung eines ERM erfolgt dann durch die Definition der Strategie, einer Situationsanalyse, der Vorbereitung der Organisation, entsprechenden Trainings für Manager und der Erweiterung des Aufgabenbereichs von Personalverantwortlichen zum Relationsmanager, um die Implementierung eines ERM zu unterstützen. Als Basis-Elemente zur Umsetzung eines ERM nennt STOTZ u. a. ein Cafeteria-System, Personalentwicklung und den Führungsstil. Vielfach wird versucht, auf die Individualität der Mitarbeiter – bspw. durch ein Cafeteria-System oder im Rahmen der Personalentwicklung – einzugehen. STOTZ betont, dass dabei keine zusätzlichen Kosten anfallen. Zuletzt führt er auch die Notwendigkeit einer Evaluation an.[569]

Der Herausgeberband von BRUHN verfolgt eine marktorientierte Perspektive, ohne den marktorientierten Ansatz jedoch intensive zu thematisieren. WUCKNITZ beschreibt den Mitarbeiter als wertvollste Ressource in der Unternehmung, welche entscheidend für den Erfolg ist und entsprechende Behandlung erfahren muss, was (nicht weiter vertiefte) Parallelen zum ressourcenorientierten Ansatz offenbart.[570] Das ERM nach STOTZ baut indes auf dem „Peppers & Rogers CRM Modell" auf.[571] VOM HOFE bezieht sich auf die von ihr aufgegriffenen Theorien.

Kritische Diskussion

Die Ansätze von BRUHN, WUCKNITZ und STOTZ verzichten auf eine *theoretischen Fundierung* weitgehend. Die Ansätze sind ohnehin eher als praxisorientiert einzustufen. VOM HOFE zieht indes organisationstheoretische Erklärungsansätze heran, wenngleich kein Bezug zu den sehr ähnlichen Ausführungen bei BAUER/JENSEN – und vice versa – hergestellt wird.

Neben der für Herausgeberbände nicht selten charakteristischen Zusammenhangslosigkeit der einzelnen Beiträge bleibt hinsichtlich *Vollständigkeit* und *Konsistenz* festzuhalten, dass während BRUHN selbst noch ein Gleichgewicht von marktorientiertem Personalmanagement und personalorientiertem Marketingmanagement anstrebt, die anderen Autoren in diesem Band „internes Marketing" zumeist als kundenorientiertes Personalmanagement begreifen.[572] Dahingehend ist der *Informationsgehalt* zwar hoch, eine Übertragung der Erkenntnisse aus dem

---

[569] Vgl. Stotz (2007).

[570] Vgl. Wucknitz (2000), S. 18, sowie zum ressourcenorientierten Ansatz Kap. 2.3.1.

[571] Vgl. Stotz (2007), S. 108-111.

[572] Vgl. hierzu bspw. aus dem Abschnitt „Internes Marketing aus Sicht des Marketingmanagement" die Aussage von Müller (1999), S. 343: „Die Maxime ‚Mitarbeiterorientierung' soll helfen, das Formalziel ‚Kundenorientierung' zu erreichen; sie ist unter Wissenschaftlern und Praxisvertretern weitgehend unbestritten." Im Pendant „Internes Marketing aus Sicht der Personalmanagements" thematisieren bspw. Nerdinger/v. Rosenstiel (1999), S. 177, die „Kundenorientierte Organisation durch Internes Marketing". Das von Bruhn (1999), S. 26, formulierte Ziel der Mitarbeiterbindung wird von den weiteren Autoren somit nicht weiter verfolgt.

Absatzmarketing und der Kundenbindung auf das Personalmanagement mit dem Ziel der Mitarbeiterbindung findet jedoch so gut wie nicht statt.

Das „Mitarbeiter-Marketing-Modell“ von WUCKNITZ kann den Kriterien der *Vollständigkeit* und *Konsistenz* durchaus gerecht werden, wenngleich die Herleitung vieler vorgeschlagener Maßnahmen lediglich aufgrund von Plausibilitäten erfolgt. Hinsichtlich des *Informationsgehalts* ist BECKER zuzustimmen: „Der Autor versucht, die Methode des Produktmarketing komplett auf das Personalmanagement zu übertragen. Manches wirkt überzogen, aber dennoch ist der Versuch inspirierend.“[573] Zudem beschränkt sich WUCKNITZ nicht ausschließlich auf Bindung, da er einerseits vom Ziel der „Begeisterung“ schreibt und andererseits auch das externe Personalmarketing mit einbezieht.[574] Folglich ist dieser Ansatz umfassender als solche Konzepte, die sich nur auf Bindungsmanagement beschränken.

Hinsichtlich der *Konsistenz* und *Vollständigkeit* kann das ERM von STOTZ nicht immer überzeugen. So bezeichnet er bspw. die Basis-Elemente auch als Instrumente, wenngleich der Mitarbeiterzufriedenheitsindex wohl kein Instrument zur Umsetzung darstellt, wie STOTZ es jedoch formuliert. Auch die Gleichung „Loyaler Mitarbeiter = Wert des Humankapitals“ hinkt, da Loyalität noch nicht die Leistungs- und Einsatzbereitschaft im Sinne der arbeitgebenden Unternehmung beinhaltet. Die Begründung der Übertragung der Idee des CRM auf das Personalmanagement ist ebenfalls zu hinterfragen, da argumentiert wird, dass das CRM im Rahmen der Kundenorientierung erfolgreich angewendet wurde. Inwieweit Kunden und Mitarbeiter sich allerdings überhaupt genügend ähneln oder gleichen, um zur Annahme zu kommen, dass die Adaption im Rahmen des Personalmanagements genauso zu Erfolg führen wird, wird bei STOTZ nur unzureichend thematisiert.[575]

Der *Informationsgehalt* ist ambivalent einzustufen, da der Autor im Grunde lediglich eine Übertragung auf das Personalmanagement vornimmt, ohne sich mit diesem oder – genauer – mit dessen Beziehungs- und Bindungsmanagements intensiver auseinanderzusetzen. Dabei bietet STOTZ dahingehend erstaunlich wenig neue Inhalte und Methoden. So sind bspw. die Basis-Elemente in ähnlicher Form auch oftmals Gegenstand von Gestaltungsempfehlungen des Bindungsmanagements und bietet auch die Evaluierung – abgesehen von der hier etwas deplaziert wirkenden Messung der Kundenzufriedenheit – bereits Bekanntes. Im Endeffekt scheint die Sichtweise des Mitarbeiters als „interner Kunde“ eher eine mentale Einstellung zu sein. Anzumerken ist ferner, dass STOTZ' Forderung nach individueller Berücksichtigung der

[573] Becker, F. G. (2010), S. 244.

[574] Vgl. Wucknitz (2000), S. 11 u. 18.

[575] Vgl. Stotz (2007), S. 20-23 u.136-137.

Mitarbeiterbedürfnisse nicht konsequent durchgehalten wird, sondern Rücksichtnahme auf Individualität nur Bestandteil einzelner Instrumente ist.

VOM HOFE bezieht zahlreiche empirische Erkenntnisse sowohl der Mitarbeiterbindungs- und Fluktuations- als auch der Kundenbindungsforschung im Zuge der Ermittlung des Stands der Forschung mit ein.[576] Diese beinhalten neben Typologien und „dem“ Diversity Management“ auch solche Ansätze, die ihren Fokus ausschließlich auf einzelne, besondere Merkmale der Differenzierung legen. VOM HOFE wählt schließlich ein lineares Strukturgleichungsmodell mit dem LISREL-Verfahren, da klassische Verfahren kausale Beziehungen latenter Variablen, Messfehler in exogenen Variablen und die Möglichkeit zur simultanen Prüfung aller Hypothesen nicht zulassen.[577] Von neueren Verfahren zur kausalanalytischen Messung gilt das LISREL-Verfahren als das populärste und ausgereifteste, v. a. bietet es die Überprüfung der Beziehungen latenter Variablen.[578] Die Gütekriterien der *Objektivität*, *Reliabilität* und *Validität* sind soweit erfüllt, wie auch VOM HOFE selbst mit diversen Verfahren ihre Untersuchung prüft.[579] Zu bemängeln ist dennoch, dass lediglich nur Mitarbeiter von zwei Unternehmungen befragt wurden, was der Validität abträglich sein kann. Die darauf aufbauenden Aussagen erfüllen die Anforderungen an *Vollständigkeit*, *Konsistenz* und *Informationsgehalt* weitgehend.

3.4 Ansätze zur Differenzierung im Bindungsmanagement

3.4.1 Auswahl der Ansätze

Obwohl bereits die vorherigen Kapitel Ansätze beinhalteten, welche die Idee einer auf die Individualität der Mitarbeiter bezogenen Vorgehensweise aufgeworfen haben, sind diese nicht als solche Ansätze aufzufassen, welche explizit ein individualisiertes oder differentielles Bindungsmanagement empfehlen.[580] In 3.4.1 werden daher zuerst konzeptionelle Ansätze Gegenstand von Darstellung und kritischer Diskussion, die sich dieser Gedanken umfassend über

[576] Vgl. hierzu die Übersichten in vom Hofe (2005), S. 17-19, 24-27 bzw. 42-44.

[577] Vgl. vom Hofe (2005), S. 94.

[578] Vgl. vom Hofe (2005), S. 96-97. Für Kritik an linearen Strukturgleichungsmodellen im Allgemeinen sowie „LISREL“ im Speziellen vgl. Bortz/Döring (2006), S. 521-522.

[579] Vom Hofe (2005), S. 134-155.

[580] Vgl. bspw. Szebel-Habig (2004), S. 145-149, oder die Forderung von Stotz (2007) im Rahmen der „Basis-Elemente“.

eine Idee hinausgehend annehmen und als Ansätze differentiellen und individualisierten Bindungsmanagements gelten können.[581]

Im sich anschließenden Abschnitt 3.4.2 werden Ansätze dargestellt und kritisch diskutiert, die ein Bindungsmanagement für ausgewählte Mitarbeitersegmente vorschlagen. Diese beziehen sich bisher allerdings ausschließlich auf funktionale Merkmale wie die hierarchische Position oder Funktion.[582] Dennoch nehmen die Autoren auf diese Weise eine eindimensionale Differenzierung im Bindungsmanagement vor.

Die empirische Studie „Motivation und Bindung von Mitarbeitern im Darwiportunismus" von CHALUPA findet allerdings keine Berücksichtigung. Zwar differenziert sie im Rahmen von Gestaltungsempfehlungen Mitarbeiter binär nach Opportunisten und Nicht-Opportunisten sowie die Unternehmungen analog nach Darwinisten sowie Nicht-Darwinisten und bietet basierend auf einer Fallstudie für die resultierende Matrix von Opportunismus und Darwinismus Gestaltungsempfehlungen an. Diese Unterscheidung jedoch entspricht nicht einzelnen Mitarbeitersegmenten im hier verstandenen Sinne, sondern ist unternehmungs- oder zumindest abteilungsweit zu sehen.[583]

Die von WASZAK thematisierte Bindung von Führungsnachwuchskräften durch Fairness in der Personalentwicklung liefert zwar Handlungsempfehlungen als praktische Implikationen auf Basis ihrer empirischen Studie, wird aber aufgrund ihrer sehr spezifischen Themenstellung im Folgenden nicht dargestellt und diskutiert.[584] Die Veröffentlichung von THOM/FRIEDLI zur Gewinnung, Förderung und Erhaltung von Hochschulabsolventen beinhaltet nur einige wenige sowie kaum ausgearbeitete Gestaltungsempfehlungen und wird daher ebenso nicht aufgegriffen.[585] Dies gilt analog für die Studie zu Zeitarbeitern von FELFE/SCHMOOK/SIX/WEILAND.[586]

---

[581] Zu Begründung, warum auch individualisierte Ansätze Berücksichtigung finden, vgl. Kap. 3.1.1.

[582] Wie in 3.1 erläutert, sollen nur Ansätze mit konzeptionellem Charakter berücksichtigt werden. Weitere, knappe, jedoch durchaus impulsgebende Veröffentlichungen existieren bspw. von Scheiwiller (2007) zum Retention durch individuellen Arbeitspartnerschaft, von Olesch (2000) zum Personalmarketing zur Gewinnung und Bindung von Ingenieuren oder von Brauweiler (2010), S. 98, mit einer tabellarischen Auflistung und Zusammenfassung von Bindungsmaßnahmen für ältere Mitarbeiter. Ebenfalls existiert eine Vielzahl von Publikationen zur demografieorientierten Personalarbeit im Allgemeinen. Vgl. Kap. 3.2.2.2.

[583] Vgl. Chalupa (2007), S. 203, bzw. S. 21-25. Für die angesprochene „Darwiportunismus-Matrix" vgl. Scholz (2003), S. 89, zum Darwiportunismus vgl. Kap. 1.1.

[584] Vgl. Waszak (2007), für die Handlungsempfehlungen S. 197-203. Ohnehin ist bereits der Titel ihrer Dissertation „Bindung von Führungsnachwuchskräften an Organisationen durch Fairness in der Personalentwicklung" eine Handlungsempfehlung in sich.

[585] Vgl. Friedli/Thom (2008), S. 85-87. Friedli/Thom (2008), S. 61, beziehen sich dabei hinsichtlich des Bindungsmanagements auf die Studie von Moser, R./Saxer (2002).

[586] Vgl. Felfe/Schmook/Six/Weiland (2005).

3.4.2 Ansätze differentiellen und individualisierten Bindungsmanagements

3.4.2.1 Unternehmen im Wertewandel nach BARTH

Darstellung

In seinem Ansatz „Unternehmen im Wertewandel – Zur Bindung der Mitarbeiter durch die Unternehmenskultur" nimmt BARTH eine Differenzierung nach Wertetypen vor. Bindung begreift er dabei als Zustand im Sinne des dreidimensionalen Commitment-Verständnisses nach MEYER/ALLEN: „Im folgenden wird ‚Organizational Commitment' [...] als eine Einstellung bezüglich der Bindung an die Organisation – als ein Bindungsmuster – verwendet."[587] Das Ziel seiner Arbeit ist es, „die Auswirkungen des Wertewandels auf die Bindungsmuster zwischen Unternehmen und ihren Mitgliedern zu untersuchen."[588] Die Bindung der Mitarbeiter geschieht jedoch stets ausschließlich durch die Unternehmungskultur, deren Beeinflussbarkeit nur partiell gegeben ist. BARTH geht davon aus, dass durch die Unternehmungskultur Bindung und Motivation erhöht werden, was sich positiv auf den Unternehmungserfolg auswirkt.[589]

Als erklärende (unabhängige) Variable für unterschiedliche Bindungsmuster greift er den Wertewandel auf. Daher untersucht er zuerst Werte und den Wertewandel, ehe die fünf Typen der Speyerer Werteforschung (Konventionalist, Idealist, Hedomat, Realist und Resignierter) gewählt werden, welche auf mit faktoranalytischen Methoden ausgewertete Daten des sozioökonomischen Panels basiert.[590] Den fünf resultierenden Wertetypen entlang der drei Dimensionen „Konventionalismus", „Selbstentfaltung" und „Hedonismus-Materialismus" können empirisch ermittelte soziodemografische Merkmale sowie verschiedene Berufs- und Arbeitseinstellungen zugeschrieben werden.[591]

Parallel ordnet BARTH der dreidimensionalen Typologisierung von Berufsorientierungen nach V. ROSENSTIEL jeweils eine Commitmentdimension zu und führt diese auf Basis von empiri-

[587] Barth (1998), S. 39. „Mitarbeiterbindung" als empfundenen Zustand des Mitarbeiters nennt er „normative Bindung". Vgl. Barth (1998), S. 1-4 u. 58-59.

[588] Barth (1998), S. 80. Vgl. zu diesem Commitment-Verständnis Kap. 2.2.2.

[589] Vgl. Barth (1998), S. 4 (sowie ausführlich 9-18) u. 80.

[590] Vgl. Barth (1998), S. 25 u. 81, der die eindimensionalen Thesen von Noelle-Neumann (1978) und Inglehart (1977) ablehnt und sich stattdessen an der von Helmut Klages geleiteten Speyerer Werteforschung orientiert. Die inhaltliche Nähe zum zweidimensionalen Werteansatz von Klages (1985) ist dabei offensichtlich. Vgl. zur Speyerer Werteforschung Herbert (1991); Herbert (1991a); auch Schanz (2000), S. 237-240.

[591] Vgl. hierzu die Ausführungen bei Barth (1998), S. 31-34 u. 86, sowie die entsprechenden Verweise, auch auf v. Rosenstiel (1992). Die Daten beziehen sich jedoch auf den Zeitraum von 1987-1993 und nur auf Westdeutschland. Vgl. Barth (1998), S. 86.

schen Erkenntnissen zur Wertetypologisierung, Commitmentdimensionen und Berufsorientierung sowie aufgrund von Plausibilitätsüberlegungen mit den Wertetypen zusammen:[592]

a) Konventionalist: Normatives Commitment, Karriereorientierung.
b) Idealist: Affektives Commitment, alternatives Engagement.
c) Hedomat: Kalkulatives Commitment, freizeitorientierte Schonhaltung.
d) Realist: Normatives, affektives und kalkulatives Commitment.
e) Resignierter: Geringes Commitment.

BARTH erkennt damit eine Pluralisierung der Bindungswünsche der Mitarbeiter sowie eine Zunahme der Bedeutung kalkulativen Commitments, wohingegen mit der Unternehmungskultur nur affektivem Commitment entsprochen werden könne. Daher schlägt BARTH eine „Individualisierung personalwirtschaftlicher Aktionsfelder hinsichtlich der verschiedenen Wertetypen und der von ihnen präferierten Bindungsmuster“[593] vor und verweist auf andere Handlungsfelder des Personalmanagements wie Personalentwicklung oder Entlohnung, um den anderen Commitmentdimensionen gerecht zu werden.[594]

Theoretisch geht die Arbeit von einem entscheidungsorientierten Ansatz der Unternehmungskultur aus, welcher die funktionalistische und interpretative Sichtweise zusammenführt. Auf diese Weise sollen unternehmerische und gesellschaftliche Werte eingebunden werden.[595]

Kritische Diskussion

Im Zuge der *theoretischen Fundierung* wählt BARTH die Unternehmungskultur, d. h. einen entscheidungsorientierten Kulturansatz als Bezugsrahmen, ohne allerdings weiter und umfassend zu klären, was er unter einem Bezugsrahmen versteht. Darüber hinaus weist der Ansatz einen Modellbau-Charakter auf, da verschiedene Aussagensysteme – in diesem Fall der Commitment-Ansatz nach MEYER/ALLEN , die Typologie der Berufsorientierung nach V. ROSENSTIEL und die Typologie der Speyerer Werteforschung – miteinander kombiniert werden.

Der Ansatz erfüllt die Kriterien der *Konsistenz* und der *Vollständigkeit* nicht durchgehend: So verwirrt BARTH damit, dass er „Mitarbeiterbindung“ als „normative Bindung“ bezeichnet und

---

[592] Vgl. Barth (1998), S. 51. Als grundsätzliche Berufsorientierung identifiziert v. Rosenstiel (1987), S. 45, u. Rosenstiel (1992), S. 336-338, „Karriereorientierung“, „alternatives Engagement“ und „Freizeitorientierte Schonhaltung“. Bemerkenswert sind in diesem Zusammenhang auch die von Haase (1997), S. 327-328, identifizierten vier Typen der Bindungsbereitschaften, die eine gewisse Ähnlichkeit aufweisen.

[593] Barth (1998), S. 83.

[594] Vgl. Barth (1998), S. 65-79.

[595] Vgl. Barth (1998), S. 18, sowie die entsprechenden Verweise, v. a. auf Heinen (1987).

diese an späterer Stelle mit affektivem Commitment gleichsetzt. Ebenso wird nicht trennscharf zwischen „Bindung“ als Managementaktivität und Zustand differenziert.[596] Ferner ist die „Individualisierung [...] hinsichtlich der verschiedenen Wertetypen“[597] keine Individualisierung, sondern eine Differenzierung. Bereits die Überschrift „Individualisierung und Wertetypen“[598] deutet auf ein differentielles Vorgehen hin, welches im Text durch die Zuordnung „individualisierter“ Maßnahmen zu Wertetypen bestätigt wird.[599] Daran knüpft Kritik an, dass BARTH lediglich DRUMM und den sich daran anschließenden SCHOLZ im Rahmen von Ansatzpunkten zur Individualisierung nennt. SCHANZ und MARR finden bspw. keine Berücksichtigung, obwohl v. a. MARR hier zu nennen gewesen wäre.[600] Zudem bleibt unzureichend geklärt, wie ein Mitarbeiter einem Wertetypen zugeordnet werden kann.

Der *Informationsgehalt* ist ambivalent einzustufen. Positiv fällt auf, dass eine Bindungstypologie erschaffen wird, die eine zielgerichtete Differenzierung ermöglicht und nicht nur für die Gestaltung der Unternehmungskultur anwendbar sein könnte.[601] Zu bedenken sind jedoch allgemeine Risiken von Typologien wie die Reduzierung interindividueller Unterschiedlichkeit. Außerdem ist die schlussendliche Aussage seiner Arbeit lediglich, dass die Gestaltung der Unternehmungskultur affektives Commitment steigert, dies jedoch für ein Bindungsmanagement allein nicht ausreicht.

Eine *empirische Bestätigung* seiner Vorschläge zur Bindung der fünf Wertetypen nimmt BARTH nicht vor, allerdings beruht die Entstehung dieser Typen auf empirischen Erkenntnissen zum Commitment, zur Berufsorientierung und zur Werteforschung.

3.4.2.2 Erhaltung und Bindung – Wege zur zukunftsfähigen Organisation nach SCHMITZ

Darstellung

Ebenfalls eine differentielle Vorgehensweise schlägt SCHMITZ in der Veröffentlichung zum demografischen Wandel im Personalmanagement von ALTHAUSER/SCHMITZ/VENEMA vor,

[596] Vgl. bspw. Barth (1998), S. 58-59 bzw. 82.

[597] Barth (1998), S. 83.

[598] Barth (1998), S. 73.

[599] Vgl. Barth (1998), S. 70-76.

[600] Vgl. Drumm (1989); Marr (1989); Schanz (1977a); Schanz (1977b).

[601] Vgl. hierzu Barth (1998), S. 69-79.

indem er unterschiedliche Gestaltungsvorschläge zu Bindung und Erhaltung für verschiedene Mitarbeitergruppen macht.[602]

Eine klare Definition von Bindung gibt der Autor nicht, begrifflich liefert ALTHAUSER im vorangehenden Kapitel ein Verständnis, welches neben der Bindung auch „Aktivierung und Lenkung der Mitarbeiterpotentiale“[603] beinhaltet. Bindungsmanagement, so wird betont, darf sich nicht nur auf jüngere High-Potentials konzentrieren und muss auch nach anderen Zielgruppen differenziert angegangen werden. Als Ziele kristallisieren sich der Umgang mit den Herausforderungen demografischen Wandels und entsprechende Gestaltungsempfehlungen für Unternehmungen heraus. SCHMITZ nennt neun Handlungsfelder – u. a. Personalentwicklung und Führung – des Personalmanagements, die alle auf „Erhaltung und Bindung“ ausgerichtet werden sollen, wobei er ein Handlungsfeld explizit „Bindung und Aktivierung“ nennt. Speziell für dieses wird ein Prozess vorgeschlagen:[604]

1. Ermittlung der für den Unternehmungserfolg relevanten Mitarbeitergruppen[605].
2. Ermittlung des Fluktuationsrisikos dieser Gruppen.
3. Ermittlung von Bindungsdeterminanten und entsprechenden Maßnahmen für diese Gruppen.
4. Ermittlung der Wirksamkeit der und des Spielraums für die Maßnahmen.
5. Implementierung der Maßnahmen.
6. Ergebnisevaluation.

Im Folgenden werden differenziert nach drei Kriterien – individuelle Lebenssituation[606], Alter und Geschlecht als „Gender Mainstreaming“[607] – diese Handlungsfelder dargestellt und konkrete Empfehlungen zur Gestaltung in der unternehmerischen Praxis abgegeben.[608]

[602] Vgl. den Beitrag von Schmitz (2008) in der Gemeinschaftspublikation von Althauser/Schmitz/Venema (2008). Die beiden anderen Beiträge von Althauser (2008) und Venema (2008) befassen sich mit der „Bearbeitung menschlicher Ressourcen“ bzw. der demografischen Entwicklung.

[603] Althauser (2008), S. 75.

[604] Vgl. Althauser (2008), S. 58-87; Althauser/Schmitz/Venema (2008), S. 5.

[605] Althauser (2008) nutzt hier den Terminus „Gruppen“. Dieser dürfte aber dem in dieser Arbeit vertretenden Verständnis von „Segment“ entsprechen.

[606] Unter der individuellen Lebenssituation wird hier die Familienorientierung verstanden. Vgl. Schmitz (2008), S. 92-98.

[607] „Gender Mainstreaming“ wird hier verwendet, um die durch die Sozialisation bedingte Unterschiedlichkeit von Mann und Frau bestmöglich nutzen zu können sowie um den beiderseitigen Ausgleich von Benachteiligungen zu verringern. Vgl. Schmitz (2008), S. 157-159.

[608] Althauser/Schmitz/Venema (2008), S. 178-179, geben abschließend eine tabellarische Übersicht der Empfehlungen für die entsprechenden Segmente, unterschieden nach den Handlungsfeldern.

Theoretische Grundannahmen und Ausrichtungen sind explizit nicht erwähnt, allerdings wird deutlich, dass der Mitarbeiter als zentrale Ressource in der Unternehmung wahrgenommen wird. Ausgangspunkt und impliziter Bezugsrahmen dafür bildet der demografische Wandel.

Kritische Diskussion

Die *theoretische Fundierung* dieser Arbeit ist als eher schwach zu beurteilen. Nur sehr vereinzelt werden theoretische Vorarbeiten aufgegriffen, ebenso mangelt es an klaren Grundlagen und -annahmen. Die Handlungsfelder sind nicht klar voneinander abgegrenzt. Genauso wenig kann die Arbeit hinsichtlich der *Vollständigkeit* und *Konsistenz* überzeugen, da selbst vor dem Hintergrund demografischen Wandels die vorgenommene Differenzierung unzureichend sein dürfte, um die gesamte Bandbreite der Mitarbeiter abzudecken. Ungeklärt bleiben auch Mehrfachzugehörigkeiten zu Segmenten. Die nicht eindeutige Terminologie – bspw. „Bindung und Aktivierung“ als Handlungsfeld von „Erhaltung und Bindung“ – ist ebenso auffällig wie die nicht umfassend begründete Wahl der Differenzierungskriterien.

Der *Informationsgehalt* ist nicht zuletzt aufgrund der mangelnden theoretischen Fundierung ambivalent einzustufen, jedoch sind die meisten Vorschläge logisch, präzise formuliert und plausibel. Der Exkurs zum evolutionstheoretischen Ansatz zur Erklärung geschlechterspezifischer Unterschiede lässt jedoch keine allgemeingültigen Schlüsse zu – es werden nur Erkenntnisse westlicher Kulturen zum aktuellen Status Quo aufgegriffen. Fragen der Sozialisation und der Kultur werden nicht thematisiert. Auch die Beschreibung der weiblichen Motorik als „anmutig“ und der weiblichen Kommunikation mit einer „Antenne für soziale Nuancen“ – Männer würden sich indes weniger „anmutig“ bewegen und seien „stumpf f. [für, d. Verf.] soziale Nuancen“ – fördert eher Sexismus und Stereotype als dass Unterschiedlichkeit von Männern und Frauen zum Unternehmungserfolg beitragen könnte.[609] Schlussendlich wird jedoch im Resultat ein – nicht als solches bezeichnetes und nicht immer überzeugendes – differentielles Bindungsmanagement abgebildet, da Bindungsaktivitäten segmentspezifisch ausgerichtet werden.

Eine *empirische Bestätigung* der Empfehlungen wird nicht vorgenommen, wohl aber werden an einigen Stellen Praxisbeispiele und empirische Studien – oftmals Befragungen von Unternehmungsberatungen – mit einbezogen.

---

[609] Vgl. für diese und weitere „Erkenntnisse“ Schmitz (2008), S. 162-165. Zur Problematik evolutionspsychologischer Ansätze zur Erklärung von Geschlechterunterschieden vgl. Asendorpf (2007), S. 419-420.

3.4.2.3 Kritische Gesamtbetrachtung

Viel haben die Ansätze von BARTH und SCHMITZ nicht gemeinsam. Während BARTH verschiedene Theorien und Erkenntnisse zusammenführt und auf dessen Basis Gestaltungsempfehlungen zur Bindung von Mitarbeitern – differenziert nach unterschiedlichen Wertetypen – gibt, unterscheidet SCHMITZ nach individuelle Lebenssituation, Alter und Geschlecht, ohne einen fundierten Bezug zum Leistungsverhalten dieser Kriterien herzustellen. BARTH führt indes die Arbeits- und Berufseinstellungen der von ihm ermittelten fünf Typen auf.

Beide Ansätze einigt jedoch, dass ihre Differenzierung nicht allen Dimensionen an ein Bindungsmanagement gerecht werden kann. BARTH strebt lediglich eine Instrumentalisierung der Unternehmungskultur an, um Mitarbeiter nach Werten zu binden. Abgesehen von seiner Erkenntnis, dass die Unternehmungskultur nicht alle Commitmentdimensionen anspricht und für seine Typologisierung daher ungeeignet ist, kann er keine fundierte Aussage darüber treffen, ob diese Differenzierung auch in anderen Handlungsfeldern sinnvoll wäre. Er verweist jedoch auf die prinzipielle Möglichkeit dessen.

SCHMITZ nimmt weitere Handlungsfelder auf, belässt es jedoch bei drei Differenzierungsmerkmalen. Damit wird zwar einem differentiellen Bindungsmanagement – von den bereits aufgeführten Mängeln abgesehen – entsprochen, jedoch bleibt der Absatz von SCHMITZ dahingehend zu oberflächlich.

Ein differentielles Bindungsmanagement, welches umfassend alle Handlungsfelder abdeckt und zugleich geeignete Moderatorvariablen beinhaltet, welche das Leistungs- und Bleibeverhalten beeinflussen, ist in diesen beiden Ansätzen nicht auszumachen.

3.4.2 Fokussierung ausgewählter Segmente

3.4.3.1 Commitment-Management am Beispiel des mittleren Managements nach GAUGER

Darstellung

In ihrer Dissertation behandelt GAUGER das Management des Commitments von Mitarbeitern im mittleren Management. Dabei definiert sie Commitment „als psychologische Ausrichtung und Festlegung auf ein Bezugsobjekt im Sinne einer Selbstbindung [...], das mit einer erhöhten Einsatzbereitschaft und Bindung von Individuen einhergeht."[610] Zur besseren Generierung von Gestaltungsmöglichkeiten unterscheidet sie Commitment nach den drei Bestandteilen von MEYER/ALLEN: affektiv, normativ und kalkulativ.[611] Commitment-Management wird als „Aufbau einer selbstbindenden Disposition"[612] begriffen. Commitment stellt daher eine Vorbedingung von Motivation dar und weist einen zeitstabilen Charakter auf, d. h. Commitment bekommt eine verhaltensstabilisierende Wirkung.[613] Die Eingrenzung des mittleren Managements nimmt sie aus einer organisatorischen Binnenperspektive eher qualitativ anhand der Kriterien „Stellung in der hierarchischen Struktur", „Entscheidungsautonomie" und „Autarkie" vor.[614] Als das Ziel ihrer Arbeit sieht sie „eine Annäherung an die Möglichkeiten eines Commitment-Managements zur Nutzung der Potentiale insbesondere von Mittelmanagern."[615]

Erklärungsvariablen von Commitment in Unternehmungen ermittelt sie aus empirischen Erkenntnissen und wählt für ihre weiteren Ausführungen solche aus, die sie als unmittelbar durch das Management beeinflussbar und in einem unmittelbaren Bezug zu den Humanressourcen sieht. Diese teilt sie in vier Kategorien auf:[616]

a) Humanressourcenbezogene Grundsätze und Richtlinien: Zuverlässigkeit und Gerechtigkeit, Bereitschaft zur Fürsorge und Unterstützung sowie Einbeziehung in Entscheidungsprozesse.
b) Tätigkeit und Rolle: Einflüsse der Tätigkeit sowie Einflüsse der individuellen Rolle.
c) Sozialer organisatorischer Kontext: Einflüsse durch Vorgesetzte sowie durch Kollegen.
d) Vergütung: Gerechtigkeit, Höhe sowie Aufschiebung in die Zukunft.

Diese Erklärungsvariablen unterscheidet sie schließlich dreistufig hinsichtlich ihrer Wirksamkeit auf affektives, normatives und kalkulatives Commitment.[617]

Darauf aufbauend wird das Commitment-Management in den Bezugsrahmen eines instrumentell verstandenen Human-Ressourcen-Managements eingeordnet. Aus den Erklärungsvariablen leitet sie dann als Stellhebel des Commitment-Managements Führung und Vergütung

---

[610] Gauger (2000), S. 55.

[611] Vgl. Gauger (2000), S. 55-100; zu diesem Verständnis von Commitment vgl. Kap. 2.2.2.

[612] Gauger (2000), S. 10.

[613] Vgl. Gauger (2000), S. 9-10.

[614] Vgl. Gauger (2000), S. 18-24, welche die Kriterien nach Ringlstetter (1995) erweitert und gängige Kriterien wie Gehaltshöhe, Qualifikationsniveau und formaljuristische Aspekte ablehnt.

[615] Gauger (2000), S. 12.

[616] Vgl. hierzu und zu den vier Kategorien Gauger (2000), S. 101-124.

[617] Vgl. Gauger (2000), S. 139.

mit den Instrumenten „Humanorientierte Unternehmungsgrundsätze" bzw. „Bonusvergütung" zur Steigerung des affektiven Commitments, „Feedback-Gespräche" bzw. „High Wage" zur Steigerung des normativen Commitments, und „Coaching" bzw. „Aktienoptionen" zur Steigerung des kalkulativen Commitments ab.[618]

Den theoretischen Zugang zur Bindung sucht GAUGER explizit über die psychologische Commitment-Forschung sowie über die Managementforschung, welche ihr jedoch keine befriedigenden Ergebnisse liefert.[619] Ihre Empfehlungen hinsichtlich der Instrumente eines Commitment-Managements bettet sie in einen abgewandelten Bezugsrahmen eines Humanressourcen-Managements nach RINGLSTETTER/GAUGER ein.[620]

Kritische Diskussion

Die *theoretische Fundierung* des Ansatzes von GAUGER ist positiv zu beurteilen, da sie sich intensiv mit den Thematiken des Commitments und des mittleren Managements auseinandersetzt und sich um einen Bezugsrahmen bemüht.

Konsistenz, *Vollständigkeit* und *Informationsgehalt* fallen jedoch ambivalent aus. So bietet GAUGER schlussendlich „nur" – wenngleich plausibel hergeleitet und „exemplarisch [...] herangezogen"[621] – sechs Instrumente aus den Bereichen „Führung" und „Vergütung" als „Gestaltungspotentiale"[622] an. Nicht jedoch wird ein umfassender Entscheidungsrahmen mit den entsprechenden und weiteren Bestandteilen angeboten.[623] Die vorgeschlagenen Instrumente sind überdies zwar zumeist nachvollziehbar auf das mittlere Management bezogen, doch auch für andere hierarchisch unterschiedene Mitarbeitersegmente denkbar. Des Weiteren betont GAUGER, dass „die Gruppe der mittleren Manager äußerst heterogen ist"[624]. Aus einer differentiellen Perspektive ist also fraglich, ob mittlere Manager dennoch homogen genug sind, um ein Segment darzustellen. Ferner erweckt sie durch die Berücksichtigung aller Commitment-Komponenten in gleichem Maß den Anschein, dass alle drei, also auch kalkulatives Commitment, gleichbedeutet für die Bindungs- und Leistungsmotivation von Mitarbeitern sind. Dies

[618] Vgl. Gauger (2000), S. 141-249. Unter „High Wage" ist die Gewährung eines überdurchschnittlich hohen Fixgehalts zu verstehen, um dem mittleren Management Vertrauen und Wertschätzung zu vermitteln.

[619] Vgl. Gauger (2000), S. 3 bzw. 16.

[620] Vgl. Gauger (2000), S. 145; Ringlstetter/Gauger (1999), S. 130.

[621] Gauger (2000), S. 147.

[622] Gauger (2000), S. 147.

[623] Dies ist nicht zu verwechselnden mit dem Bezugsrahmen des Humanressourcen-Managements, in welchen Gauger (2000) ihre Instrumente einordnet. Vgl. Gauger (2000), S. 145.

[624] Gauger (2000), S. 17.

ist jedoch nicht der Fall.[625] Allerdings ist die von ihr gewählte Vorgehensweise zur Bestimmung der Bindungsinstrumente für das mittlere Management schlüssig und plausibel.

Eine *empirische Bestätigung* ihres Ansatzes nimmt GAUGER nicht vor, jedoch lässt sie an vielen Stellen und v. a. im Rahmen der Herleitung von Erklärungsvariablen von Commitment in Unternehmungen empirische Erkenntnisse mit einfließen.

3.4.3.2 Personalerhaltung im oberen Management nach GRUNWALD

Darstellung

GRUNWALD thematisiert in ihrer Dissertation auf Basis empirischer Erkenntnisse Maßnahmen und Strategien, um ungewollte Fluktuation im oberen Management zu vermeiden.[626] Unter „Fluktuation“ versteht sie das von der Unternehmung ungewollte Verlassen von Mitarbeitern. Daran setzt die „Personalerhaltungspolitik“ an, welche im Personalmarketing zu verorten ist und intendiert, „vorhandene Mitarbeiter für Unternehmen zu halten und in ihrem Leistungsbild zu beeinflussen.“[627] Bewusst wählt sie den Begriff „Politik“, um geplantes, zielgerichtetes Handeln und Willensdurchsetzung hervorzuheben. Als das obere Management begreift sie indes ausschließlich die Hierarchiestufen, welche unterhalb des obersten Leitungsorgans einer Unternehmung angesiedelt sind.[628] Zentrales Ziel ihrer Arbeit ist es „erstens [...], die wichtigsten Fluktuationsgründe in Abhängigkeit bestimmter Randbedingungen herauszufiltern, um zweitens hieraus solche Ableitungen vornehmen zu können, die Unternehmen in die Lage versetzen, [...] eine aktive Rolle bei der Personalbindung an der Unternehmen zu übernehmen.“[629]

Nach einer Betrachtung existierender Untersuchungen, Ermittlung von Einflussfaktoren der Führungskräftefluktuation und der Darstellung von Fluktuationsvermeidung nimmt GRUNWALD eine explorative Studie in Form von direkten, offenen und nicht standardisierten Interviews vor. Dazu generiert sie acht Hypothesen, welche durch Befragungen von Personalverantwortlichen geprüft werden sollen, u. a. da diese die Fluktuationsgründe besser einschätzen können und die „Fluktuierenden“ als solche kaum ermittelbar sind. Schließlich wurden 18

[625] Vor allem affektivem Commitment wird die größte Wirkung zugeschrieben. Vgl. Kap. 2.2.2.

[626] Vgl. Grunwald (2001).

[627] Grunwald (2001), S. 14.

[628] Vgl. Grunwald (2001), S. 12-17.

[629] Grunwald (2001), S. 2.

Interviews in unterschiedlichen Großunternehmungen geführt, anhand deren Ergebnisse sie ihre Hypothesen prüft.[630]

Aus den Erkenntnissen der Interviews leitet sie schließlich Maßnahmen zur Erhaltung von Führungskräften ab, um den Großteil der unerwünschten Fluktuation – welcher durch unternehmungsseitige Gründe bedingt sei – zu vermeiden. So identifiziert sie freie und gleichberechtigte Mitbestimmung und Willensbildung sowie die Berücksichtigung individueller Wünsche von Führungskräften als zentrale Prinzipien. Zudem sollten Führungskräfte Transparenz in der Organisationsstruktur erkennen und – v. a. vor dem Hintergrund flacher Hierarchien – ihren individuellen Erfolgsbeitrag feststellen können. Ebenfalls muss es einen Ersatz für eine folglich weniger gut mögliche Karriere durch Aufstiegsmöglichkeiten in der Hierarchie geben. Als konkrete Handlungsanweisungen nennt sie:[631]

- die sorgfältige Auswahl von Führungskräften im Rahmen der Personalgewinnung,
- die frühzeitige Aufdeckung von Warnsignalen,
- die Einschätzung des Marktwerts einer Führungskraft nicht erst dann, wenn die Fluktuationsabsicht zu erkennen ist,
- Transparenz über individuelle Entwicklungsmöglichkeiten,
- die Förderung geeigneter Führungskräfte,
- die konzernweite Nutzung des Potentials einer Führungskraft,
- die erfolgsrelevante Strukturierung und Bewertung von Individualleistung,
- das Unternehmungs- und Produktimage sowie den Standort.

Theoretisch verortet GRUNWALD ihre Überlegungen im ressourcenbasierten Ansatz, welchen sie als humanressourcenorientierten Ansatz spezifiziert. Dieser dient ihr als theoretischer Bezugsrahmen der Arbeit, wenngleich sie ihn nicht als Gegensatz, sondern als Komplement zum marktorientierten Ansatz verstanden wissen möchte.[632]

Kritische Diskussion

Eine *theoretische Fundierung* ist in der Dissertation von GRUNWALD durch den Rückgriff auf den ressourcenorientierten Ansatz soweit gegeben. Auch berücksichtigt sie Vorarbeiten zum Thema.

---

[630] Vgl. Grunwald (2001), S. 99-117 bzw. 212-218.

[631] Vgl. hierzu und zu den folgenden Punkten Grunwald (2001), S. 218-227.

[632] Vgl. Grunwald (2001), S. 20-28. Vgl. zum ressourcenorientieren Ansatz vgl. Kap. 2.3.1.

Die von ihr vorgeschlagenen Empfehlungen sind auch hinsichtlich der *Konsistenz* und *Vollständigkeit* positiv zu beurteilen, zumindest vor dem Hintergrund, dass sie auf Basis der empirischen Studie geschehen sind. Damit ist der *Informationsgehalt* insofern beschränkt, als dass die Aussagen nur für Führungskräfte gelten und dass GRUNWALD nicht über prinzipielle Vorschläge für Maßnahmen hinausgeht. Davon abgesehen bieten die Empfehlungen jedoch nachvollziehbare und plausible Anhaltspunkte.

Bezüglich der *empirischen Bestätigung* ist festzuhalten, dass GRUNWALD durchaus existierende Untersuchungen einbezieht und diese auch kritisch hinterfragt.[633] Ihre eigene Studie ist jedoch hypothesenprüfend, was für eine explorative Vorgehensweise zumindest ungewöhnlich ist.[634] Da die Interviews zudem offen und nicht-standardisiert, wenngleich mit Leitfaden, durchgeführt wurden sowie deren Transkription mit einer „synoptischen Vorgehensweise"[635] ausgewertet wurde, ist fraglich, warum überhaupt Hypothesen generiert werden.[636] Zu den zentralen Ergebnissen kommt GRUNWALD auch ohne die Hypothesen. Hinzu kommt, dass ein gemeinhin akzeptiertes Auswertungsverfahren nicht erkennbar ist. GRUNWALD äußert lediglich, dass in „einem ersten Auswahlschritt [...] alle Interviews jeweils gesondert durchgearbeitet und nach unternehmensspezifischen Besonderheiten untersucht"[637] wurden und verweist auf eine vertieft auswertende Querschnittsanalyse, ohne diese weiter zu erläutern.[638] Zudem bedient sich GRUNWALD trotz der 18 geführten Interviews (wovon sie 17 für ihre Fragestellung verwerten konnte) deskriptiver Statistik.[639] Dennoch ist die *Validität* als wichtigstes Kriterium und Aussage, inwieweit die Methodik geeignet ist, gegeben und auch die *Objektivität*, jedoch eingeschränkt dadurch, dass die Interviews offen und nicht standardisiert geführt wurden.[640] Die Erfüllung der Anforderung von *Reliabilität* ist indes kaum zu beurteilen.

---

[633] Vgl. Grunwald (2001), S. 49-52.

[634] Vgl. Becker, F. G. (2006a), S. 286.

[635] Grunwald (2001), S. 125. Dieses Vorgehen soll unternehmungsübergreifende Erklärungsmuster aufdecken und nachweisen.

[636] Vgl. Grunwald (2001), S. 104-109 u. S. 120.

[637] Grunwald (2001), S. 125.

[638] Vgl. Grunwald (2001), S. 125.

[639] Vgl. bspw. Grunwald (2001), S. 142.

[640] Vgl. Bortz/Döring (2006), S. 327, die Objektivität bei qualitativer Forschung eher als Bestandteil der Validität sehen.

3.4.3.3 Mitarbeiterbindung für Weiterbildner nach MEIFERT

Darstellung

Auf Basis einer empirischen Studie in deutschen Großunternehmungen entwickelt MEIFERT ein Modell zur Gestaltung der Bindung von Weiterbildnern.[641]

Ausgehend von der „Mitarbeiterbindung als Zielkonstrukt“[642] versteht er unter Mitarbeiterbindung einen Begriff, der neben der reinen Verbleibeabsicht auch die Einstellung des Mitarbeiters beinhaltet, zu dessen Erklärung er im Folgenden die organisationspsychologische Commitmentforschung heranzieht. Als „eine von der Forschungsgemeinschaft akzeptierte integrierte Lösung“ identifiziert er schließlich das dreidimensionale Commitment-Konzept von MEYER/ALLEN , an welches er sich im Rahmen der Studie orientiert. Weiterbildner fasst er indes als festangestellte Mitarbeiter mit Weiterbildungsaufgaben auf. Darüber hinaus untersucht er die aus der Kundenbindung bekannte soziale Austauschtheorie, mikroökonomische Theorie HIRSCHMANNS, Theorie der Bankloyalität und das Variety Seeking[643], wonach er zu dem Schluss kommt, dass neue Impulse nur vom Variety Seeking ausgehen und die anderen Theorien nur bestimmte Aspekte des dreidimensionalen Commitment-Modells akzentuieren.[644]

Der Grund, warum ausgerechnet die Bindung von Weiterbildnern untersucht wird, besteht darin, dass deren Verlust neben Kosten der Fluktuation auch einen Wissensverlust darstellt, der das gesamte Weiterbildungssystem in seiner Funktionsfähigkeit in Frage stellen kann. Das Ziel seiner Arbeit ist es damit schlussendlich aus den empirischen Erkenntnissen Gestaltungsempfehlungen zur Bindung von Weiterbildnern abzuleiten.[645]

Das Modell zur empirischen Studie besteht schließlich aus 26 Hypothesen, welche sich auf den Commitment-Ansatz von MEYER/ALLEN und das Variety-Seeking beziehen.[646] MEIFERT wählt eine schriftlichen Online-Befragung, deren 106 Antworten er mit bivariater und der

[641] Vgl. Meifert (2005).

[642] Meifert (2005), S. 35.

[643] Dieses verhaltenswissenschaftliche Konstrukt entstammt dem Konsumgüterbereich und beschreibt das Bedürfnis nach Abwechslung zur Erhaltung eines individuellen Stimulationsniveaus, obwohl grundsätzliche Zufriedenheit mit dem Produkt herrscht. Die Übertragung des Variety Seeking auf die Lebensführung erklärt häufige Arbeitgeberwechsel, da mit diesen neue berufliche Herausforderungen und zusätzliche Nutzen wie erhöhte Anerkennung einhergehen. Vgl. Bauer/Jensen (2004), S. 260; Bröckermann (2004), S. 23; Peter (1997), S. 100; Wilkens (2004), S. 180-185.

[644] Vgl. Meifert (2005), S. 22-23, 37, 58 u. 60-70.

[645] Vgl. Meifert (2005), S. 1-4.

[646] Vgl. Meifert (2005), S. 93-106.

multivariater Inferenzstatistik[647] analysiert, um Zusammenhänge und Unterschiede zwischen den Variablen aufzudecken.[648] Zusätzlich wendet er eine Clusteranalyse an und identifiziert vier unterschiedliche Prototypen des Bindungsverhaltens von Weiterbildnern:

a) der Entwurzelte,
b) der Überzeugte,
c) der Unabhängige,
d) der Emotionale.

Im Folgenden präsentiert er die Möglichkeiten zur Bindung von betrieblichem Weiterbildungspersonal. Zentral sind dabei die drei Leitprinzipien der Individualisierung, Prävention und Effektivität, wobei der Autor im Zuge der erstgenannten ein individualisiertes und differentielles Bindungsmanagement anspricht, in dem er auf weiteren Forschungsbedarf dies bzgl. verweist. Als konkrete Gestaltungsempfehlungen für Weiterbildner nennt er unter anderem Bonusvergütungen, Aktienoptionen, humanressourcenorientierte Führungsgrundsätze, Coaching, Kommunikation, Feedback und Abwechslung im Job.[649]

Theoretisch strebt MEIFERT eine interdisziplinäre Perspektive an und orientiert sich daher sowohl an der Arbeits- und Organisationspsychologie als auch an der Kundenbindungsforschung. Dieser Perspektive liegt ein Wissenschaftsverständnis der angewandten Wissenschaft zugrunde.[650]

<u>*Kritische Diskussion*</u>

Durch den Einbezug des Commitment-Ansatzes nach MEYER/ALLEN und deren Grundlagen sowie die Übertragung von Erklärungsansätzen der Kunden- auf die Mitarbeiterbindung ist die *theoretische Fundierung* der Arbeit von MEIFERT als positiv zu beurteilen. Die dazu grundlegende Methodologie wird jedoch als „Methodik" bezeichnet.[651]

Hinsichtlich der *Vollständigkeit* ist die Arbeit von MEIFERT ebenso wie hinsichtlich der *Konsistenz* positiv zu beurteilen, wenngleich im Rahmen der Anwendungsmöglichkeiten keine Einbindung in bestehende Personalmanagement-Systeme stattfindet. Dafür bilden die Grund-

[647] „Inferenzstatistik" hat den Rückschluss von einer Stichprobe auf die Grundgesamtheit zum Gegenstand, bi- und multivariat drückt indes die Dimensionalität der Messgröße (zwei- bzw. mehrdimensional) aus. Vgl. Fahrmeir/Künstler/Pigeot/Tutz (2010), S. 13 u. 109.

[648] Vgl. Meifert (2005), S. 132.

[649] Vgl. Meifert (2005), S. 203-218.

[650] Vgl. Meifert (2005), S. 4, sowie zur angewandten Wissenschaft Ulrich (1981).

[651] Vgl. Meifert (2005), S. 4 u. 39-69.

prinzipien der Mitarbeiterbindung durchaus einen wertvollen Ansatzpunkt, und kann der Autor – gestützt auf empirische Erkenntnisse – konkrete Gestaltungsvorschläge anbieten, sodass der *Informationsgehalt* als verhältnismäßig hoch eingeschätzt wird. Da sich der Autor jedoch nur auf das Mitarbeitersegment der Weiterbildner beschränkt, ist auch die Anwendbarkeit darauf beschränkt. Auffällig ist, dass MEIFERT drei Jahre später in einem allgemeineren Ansatz zum Bindungsmanagement einige dieser Erkenntnisse zu Weiterbildnern für alle Mitarbeiter aufgreift, anbietet und sie in ein Konzept der strategischen Personalentwicklung einbettet, ohne dass deutlich wird, wieso diese (wenngleich auf Anhieb plausible) Übertragung vorgenommen werden kann.[652] Im Gegensatz dazu steht, dass MEIFERT das nach funktionalen Kriterien gebildete Segment der Weiterbildner noch einmal nach Persönlichkeitseigenschaften unterteilt.[653] Da diese Typologie aus den empirischen Daten zu Weiterbildnern ermittelt wurde, ist sie auch nur auf dieses Segment anwendbar, was jedoch die Frage aufwirft, ob solch eine tiefe und spezielle Differenzierung ökonomisch überhaupt Sinn macht.

Im Rahmen der *empirischen Bestätigung* bezieht MEIFERT unterschiedliche empirische Erkenntnisse mit ein. Die Güte seiner eigenen Studie prüft er nachvollziehbar auf *Objektivität*, *Reliabilität* sowie *Validität* und kommt dabei zu akzeptablen Ergebnissen. Der Bindungstypologie von Weiterbildnern ist jedoch statistisch nicht ohne Vorbehalte zuzustimmen, da bspw. die ermittelten Korrelationen nicht signifikant sind.[654]

3.2.3.4 Kritische Gesamtbetrachtung

Wie schon im Zuge der Auswahl der Ansätze erwähnt, beinhalten solche Ansätze, welche auf die Bindung einzelner Mitarbeitersegmente abzielen, eine funktionale Differenzierung. GAUGER und GRUNWALD zielen auf die hierarchische Position ab, indes auf die Funktion. Während GAUGER dabei ein ähnliches Vorgehen wie BARTH wählt und existierende Erkenntnisse zusammenführt, basieren die Vorschläge von GRUNWALD und MEIFERT auf eigener Empirie. Unabhängig von im Einzelnen bereits dargestellten Unzulänglichkeiten bemühen sich die Autoren damit um eine fundierte Herleitung von Bindungsmaßnahmen für die von ihnen untersuchten Segmente.

Es stellt sich jedoch die Frage, ob die untersuchten Segmente in der Tat derart homogen sind, wie die Autoren unterstellen, damit sich eine segmentspezifische Untersuchung und Behand-

[652] Vgl. Meifert (2008), 279-282; Meifert (2008a).

[653] Vgl. Meifert (2005), S. 187-199.

[654] Vgl. Meifert (2005), S. 152-154 u. 199.

lung lohnen. MEIFERT selbst gibt einen Hinweis darauf, indem er vier unterschiedliche Typen von Weiterbildner identifiziert und schließlich sogar auf Individualisierung als ein Grundprinzip vorschlägt. GRUNWALDS Aussagen zur Bindung von Führungskräften im oberen Management sind indes sehr allgemein gehalten und dürften auch für das mittlere Management oder Nachwuchsführungskräfte zutreffen.

Alle drei dargestellten und diskutierten Ansätze bieten folglich Insellösungen an, welche ein Segment besonders hervorheben. Dies dürfte einerseits zu einem Missverhältnis der Mitarbeiterbehandlung in der gesamten Belegschaft führen, wenn man den Vorschlägen der Autoren folgt. Vielmehr müssten diese Vorschläge in ein umfassendes differentielles Bindungsmanagement integriert werden. Andererseits ist v. a. bei MEIFERT die Praktikabilität dahingehend in Frage zu stellen, als dass er für das Segment der Weiterbildner noch eine Typologie vorschlägt. Um Insellösungen zu vermeiden, müsste eine derartige Subsegmentierung für alle funktional unterschiedenen Segmente in der Unternehmung eingerichtet werden, was mit einem erheblichen und kaum zu bewältigen Koordinationsaufwand einher ginge.

3.5 Implikationen für den Entscheidungsrahmen

Es wird deutlich, dass zwar Ansätze zur Differenzierung von Mitarbeitern und zum Bindungsmanagement sowie auch solche, die sich an Typologien und einzelnen Segmenten orientieren, existieren. Ein konzeptionell ausgearbeitetes und umfassendes differentielles Bindungsmanagement ist jedoch noch nicht erkennbar. Dennoch können die dargestellten und diskutierten Ansätze durchaus Implikationen für den Entscheidungsrahmen liefern:

So können *Mitarbeitertypologien* als die „differentiellste" Form des allgemeinen Personalmanagements trotz oder gerade wegen der formulierten Kritik für ausgewählte Anwendungsbereiche Anwendung finden, sind aber in einen differentiellen Zusammenhang zu bringen. Konkret scheinen v. a. die „Big-Five" aufgrund zahlreicher empirischer Bestätigungen dafür geeignet, eine Möglichkeit zur Differenzierungen darzustellen. Die formulierten Grenzen des Einsatzes von Typologien gelten zum Teil auch für ein differentielles Personalmanagement. MORICK schreibt Typologien daher heuristisches Potential für differentielle Ansätze zu, warnt aber vor vereinfachenden „Rezepten".[655] Auch Ansätze, die *ausgewählte Segmente* fokussieren, können wichtige Impulse bieten, ihre Aussagen und Segmentierungsvorschläge müssen jedoch hinsichtlich ihrer Verwendbarkeit geprüft werden. Vor allem kann Vermeidung von Diskriminierung nicht ausschlaggebender Faktor für eine Differenzierung zur Bleibe- und

[655] Vgl. Morick (2002), S. 52-55.

Leistungsmotivation sein.[656] Veröffentlichungen, die sich mit *Diversity Management* auseinandersetzen, können punktuell Implikationen liefern, denn „das Ziel von Managing Diversity gleicht [...] dem der differentiellen Personalwirtschaft: eben die Berücksichtigung individueller Differenzen bei Mitarbeitern, um das sich wandelnde Mitarbeiterpotential sowohl ökonomisch als auch sozial effizienter für Organisationen nutzbar zu machen."[657]

Der Ansatz von *FRITSCH* bietet neben konkreten, wenngleich auch kritisierbaren, Segmenten methodische Anhaltspunkte: Die von ihm angewendete Clusteranalyse sowie die Selektion von Merkmalen in Abhängigkeit von den verfolgten Zielen könnten auch im Folgenden Berücksichtigung finden. Auch sollte dem Hinweis von FRITSCHS, beim Marketing Anleihen zu suchen, nachgegangen werden.

Auch *NIENHÜSERS* Ansatz bietet konkrete Differenzierungsmerkmale. Alles in allem müssen Personalstrukturen jedoch eher als Ergebnis von Differenzierungen mit den entsprechenden strategischen Implikationen gesehen werden, können aber dessen ungeachtet Beiträge liefern.[658] Dazu gehören bspw. die Erkenntnis, dass diese durch Neueinstellungen oder Alterungsprozess einem stetigen Wandel unterlaufen und damit Revisionsmöglichkeiten nötig sind, oder dass Partizipation und Weiterbildung negative Auswirkungen von Personalstrukturen neutralisieren können.

MORICKS Ausarbeitung von MARRS Ideen ist indes recht abstrakt und kann für den Entscheidungsrahmen eher wenig beisteuern. Seine Moderatoren sind nur wenig greifbar. Die Berücksichtigung intraindividueller Unterschiede und von Kultur, Motivation, Qualifikation und Struktur als interdependenten Determinanten menschlichen Verhaltens könnte jedoch explizit bzw. implizit mit einfließen. Außerdem bietet MORICK psychologische Kriterien und Diagnosen, deren Praktikabilität allerdings überprüft werden müsste.

Ebenso spricht sich *WIEGRAN* für psychologische Kriterien aus und bietet hierfür konkrete Unterscheidungen. Sie lenkt den Blick auf das Dilemma von der einfacheren Ermittelbarkeit sozio-demografischer Kriterien und der höheren Leistungsrelevanz psychologischer Kriterien. Sie stellt ein geschlossenes und implementierbares Konzept vor – ein differentielles Bindungsmanagement kann sich an ihrer Vorgehensweise orientieren. Zudem verweist auch WIEGRAN auf das Marketing als in diesem Zusammenhand bedeutsame Nachbardisziplin.

---

[656] Dies soll nicht bedeuten, dass Diskriminierung nicht bekämpft werden muss – ganz im Gegenteil. Es ist nur nicht Aufgabe eines differentiellen Bindungsmanagements.

[657] Morick (2002), S. 52, welcher den Begriff der „Personalwirtschaft" bevorzugt.

[658] Vgl. ähnlich Morick (2002), S. 62; Nienhüser (1998), S. 14.

Die Ansätze individualisierten Personalmanagements von *RUPPERT*, *SCHANZ* und *HORNBERGER* machen auf die Möglichkeit der Selbstselektion, die Notwendigkeit der Revision getätigter Entscheidungen betroffener Mitarbeiter, auf Anforderungen von Gerechtigkeit und Akzeptanz sowie auf Fragen der gesundheitlichen Überforderung aufmerksam. Zudem bietet v. a. SCHANZ eine Vielzahl von Handlungsfeldern, deren Aktivitäten in differentieller Form auch den Entscheidungsrahmen bereichern können.

Die *theoretischen* wie auch die *praxisorientierten Ansätze zum Bindungsmanagement* können Hinweise zu allgemeinen Handlungsfeldern, zu konkreten Maßnahmen und zum Prozess des Bindungsmanagements bieten, allerdings stets vor dem Hintergrund der entsprechend formulierten Kritik. Dennoch erscheint es sinnvoll, auch ein differentielles Bindungsmanagement an diesen Handlungsfeldern zu orientieren und den Prozess von Analyse, Maßnahmenplanung/-implementierung sowie die Bewertung dieser Maßnahmen darauf zu übertragen. Dies gilt auch für die *empirischen Ansätze*, wenngleich hier die empirische Grundlage einerseits einschränkend wirkt, andererseits jedoch auch scheinbar besonders bedeutsame Aspekte hervorhebt. Aus den *absatzmarketing-orientierten Ansätzen* kann die mentale Einstellung des Mitarbeiters als interner Kunde einen Beitrag für den Entscheidungsrahmen liefern.

Gerade vor dem Hintergrund eines differentiellen Bindungsmanagements sind die individualisierten und differentiellen Elemente von SZEBEL-HABIG hervorzuheben. Zwar bleibt es im Zuge dessen bei einigen Anregungen, ohne dass konkrete Vorschläge zur Mitarbeitersegmentierung geäußert werden. Konsequent weitergeführt und in einen „echten" differentiellen Zusammenhang gebracht, könnten die Ansätze aber erste Impulse liefern.

Die von *BARTH* vorgenommene Differenzierung nach Wertetypen und die entsprechende Zuordnung von Commitment-Formen bieten inhaltlich und methodisch Ansatzpunkte für die folgenden Ausführungen im Entscheidungsrahmen. Eine „gängigere" Differenzierung nimmt *SCHMITZ* vor. Hier mangelt es zwar an theoretischer Fundierung und der Begründung bzgl. der Zuordnung von Maßnahmen zu den entsprechenden Segmenten, jedoch werden schließlich der Prozess des Bindungsmanagements sowie ein konkreter Maßnahmenkatalog für das jeweilige Segmente vorgeschlagen. Eine weitere Anregung liefert sein Baukasten-Charakter von Empfehlungen, wonach ein gewisser Pool möglicher Aktivitäten gegeben ist und diese für unterschiedliche Segmente anders zusammengesetzt werden.[659]

Die Ansätze von *GAUGER*, *GRUNWALD* und *MEIFERT*, welche ein Bindungsmanagement für ausgewählte, funktional unterschiedene Segmente vorschlagen, greift inhaltlich für den Entscheidungsrahmen dieser Arbeit zu kurz. MEIFERTS Typologisierung von Weiterbildnern gerät

[659] Vgl. für den Baukastencharakter Althauser/Schmitz/Venema (2008), S. 178-179.

hierbei außerdem zu spezifisch, da – solange nicht einzelne Segmente bevorzugt behandelt werden sollen – bei konsequenter Fortführung dieses Gedankens prinzipiell jedes Segment eine solche Untersegmentierung erfahren müsste. Dies wäre wohl kaum praktikabel. Dennoch könnte eine Differenzierung nach funktionalen Kriterien im Folgenden weiter bedacht werden. Methodisch bietet der Ansatz von GAUGER Anregungen für die weiteren Ausführungen, zumal sie sich um einen Bezugsrahmen bemüht.

Grundsätzliche Anregungen können zudem auch solche Veröffentlichungen bieten, die von den bisherigen Ausführungen aufgrund ihres nicht-konzeptionellen Charakters ausgeschlossen waren.

4. Entscheidungsrahmen für ein differentielles Bindungsmanagement

4.1 Aufbau und Struktur des Rahmens

Der im Folgenden zu entwickelnde Entscheidungsrahmen soll Handlungsempfehlungen geben und ist daher auf praktische Handlungszwecke ausgerichtet, ohne dabei jedoch so detailliert zu werden, dass er für die meisten Anwendungsfälle bereits zu spezifiziert und inoperational ist.[660] Vielmehr „besteht die äußerst wichtige und dabei keineswegs leicht zu lösende Aufgabe, begriffliche, beschreibende und erklärende theoretische Aussagen im Hinblick auf ein praktisches Problem auszuwerten und damit ihre vorerst nur implizite praktische Fruchtbarkeit auszuschöpfen“[661]. Ein so verstandener Entscheidungsrahmen soll daher den Handlungsspielraum für die Lösung eines praktischen Problems darstellen. Jeder Anwender kann ihn schließlich nach seinen Bedürfnissen konkretisieren.

Ein Entscheidungsrahmen besteht aus den bereits erläuterten Bestandteilen, wobei v. a. den Aktionsparametern eine hohe Bedeutung zukommt. Er resultiert aus theoretischen und empirischen Erkenntnissen, beinhaltet plausible sowie spekulative Bestandteile und ist prinzipiell pluralistisch angelegt.[662] So können auch empirisch ermittelte „Indizien“ einen Beitrag liefern.[663] Ein einheitliches Schema zur Strukturierung eines Entscheidungsrahmens ist jedoch nicht auszumachen.[664]

Der im Folgenden ausgeführte Entscheidungsrahmen besteht aus *drei Hauptelementen*. Die Benennung als „Elemente“ verdeutlicht den systemischen Charakter dieser Arbeit, wonach ein System eine ganzheitliche und geordnete Perspektive darstellt, die auf verschiedene situationsspezifische Sachverhalte bezogen und Inhalte angewendet werden kann.[665] Die (nicht immer klar) abgrenzbaren, jedoch interdependenten Einzelelemente werden so in einen größe-

[660] Vgl. Grochla (1978), S. 62-65; Kap. 1.2.

[661] Grochla (1978), S. 63.

[662] Vgl. Kap. 1.2. Grochla (1978), S. 72, verweist explizit auf die Möglichkeit von Spekulationen und „dass bestimmte grundlegende, vermutete oder subjektiv gesehene Zusammenhänge als evident oder aufgrund von Erfahrungen als existent betrachtet“ werden.

[663] Vgl. zu „empirisch ermittelten Indizien“ Becker, F. G. (2010), S. 241.

[664] Für unterschiedliche Umsetzungen von Grochlas (1978) Entscheidungsrahmen vgl. bspw. Becker, F. G. (1990); Fallgatter (1996), S. 5-6; Friedli/Thom (2001), S. 7-9; Hertig (1996), S. 9-11; Kienzle (2000); S. 19-22; Krieg (2003), S. 1-6; Thom (1976), S. 18-30. Der von Friedli/Thom (2001) entworfene „Bezugsrahmen der nachhaltigen Personalerhaltung“ kann hier aufgrund der formulierten Kritik keine Anregungen liefern.

[665] Vgl. zur Ganzheitlichkeit und Ordnung des Systembegriffs Wolf, J. (2011), S. 157-158, welcher auf Lehmann (1992) zurückgreift. Dies steht auch im Einklang mit Grochlas (1978), S. 8, Verständnis, wonach Unternehmungen ein sozio-technisches System darstellen.

ren Zusammenhang gebracht und bestimmen daher Verhaltensweisen und Zustände des gesamten Systems mit. Auch mögliche Probleme resultieren folgerichtig nicht (nur) aus einem Element allein, sondern aus dem Zusammenspiel im System.[666] Dies bedeutet auch, dass eine Entscheidung eine Kette von unterschiedlichen Wirkungen auslösen kann, deren Komplexität zwar nicht vollständig abgebildet werden kann, jedoch angedeutet werden soll.[667]

Grundlegende Elemente haben die Konkretisierung der Grundidee, Ziele und Anforderungen zum Gegenstand. Die *Konkretisierung des Begriffsverständnisses* beinhaltet die sich an das im Grundlagenteil formulierte Begriffsverständnis anschließende Festlegung zentraler Aspekte bleibe- und leistungsrelevanter Segmentierung, sodass am Ende dieses Abschnitts eine verfestigte Basis für die weiteren Ausführungen des Entscheidungsrahmens steht. Die Ausführungen der *Ziele eines differentiellen Bindungsmanagements* schließen sich darauf aufbauend an, aus welchen sich dann *Anforderungen an ein differentielles Bindungsmanagement*, d. h. für dessen konkrete Ausgestaltung sowohl im Allgemeinen als auch in der Umsetzung in der betrieblichen Praxis, ableiten lassen. Auf diese Weise werden die von GROCHLA als obligatorisches inhaltliches Element von Entscheidungsrahmen (und mittelbar disponiblen) betrachteten Zielgrößen berücksichtigt.[668] Anforderungen, verstanden als notwendige Beschaffenheit des Gegenstands, an den sie gerichtet sind, dienen schließlich dazu, diese Ziele zu erreichen und legen fest, was der Entscheidungsrahmen wie leisten soll.[669]

Als unmittelbar disponible Größen werden schließlich die Aktionsparameter eines differentiellen Bindungsmanagements unter *inhaltlichen Elementen* dargestellt.[670] Dies betrifft einerseits *Merkmale der Segmentierung*, also die prinzipiell ökonomisch und sozial effizienten Möglichkeiten, im Bindungsmanagement differentiell vorzugehen. Die Gliederung entspricht der von MARR.[671] Im Anschluss werden als weitere Aktionsparameter *differentielle Bindungsaktivitäten* aufgeführt. Bereits im dritten Kapitel wurde deutlich, dass je nach Handlungsfeld des Personalmanagements und Bindungsaktivität mehr oder weniger Rücksicht auf intra- und interindividuelle Unterschiedlichkeit genommen werden kann und/oder muss sowie dass mit unterschiedlichen Handlungsfeldern der Bindung unterschiedliche Schwerpunkte

[666] Vgl. Becker, F. G. (2011a), S. 45-46; Wolf, J. (2011), S. 158-159; auch Grochla (1978), S. 203-204; sowie grundlegend zur Systemtheorie v. Bertalanffy (1972).

[667] Vgl. Wolf, J. (2011), S. 15, der deutlich macht, dass soziale und v. a. wirtschaftliche Organisationen zu komplex sind, als dass man sie vollständig unter Berücksichtigung aller beeinflussenden und beeinflussten Variablen abbilden könnte. Vgl. auch Kap. 3.1. Vgl. für eine ähnliche Vorgehensweise Fallgatter (1996), S. 159-163.

[668] Vgl. Grochla (1978), S. 63.

[669] Ähnlich auch Fallgatter (1996), S. 34.

[670] Vgl. Grochla (1978), S. 63.

[671] Vgl. Kap. 2.1.1.

verbunden sind. Auch auf diese Aspekte wird eingegangen. Die Wahl und Eingrenzung der Handlungsfelder geschieht nach dem Verständnis des Personalmanagements nach BERTHEL/BECKER und beinhaltet solche Elemente der Systemgestaltung und Verhaltenssteuerung, die in den Bereich des Bindungsmanagements fallen.[672] Neben den Aktionsparametern werden folglich auch die Bedingungen als nicht disponible Einflussgrößen, unter denen die Parameter einsetzbar sind und die die Handlungs- sowie Entscheidungsfreiheit der Aktionsträger bereits im Voraus einschränken sowie als Resultat die Wirkungen von Aktionsparametern unter den entsprechenden Bedingungen ebenso wie Behauptungen über aktionsrelevante Zusammenhänge zwischen den einzelnen Größen, aufgeführt.[673]

Um die einzelnen inhaltlichen Elemente in den Ablauf eines Bindungsmanagements zu integrieren, werden die *prozessualen Elemente* angeführt. Dabei wird sich an dem im dritten Kapitel aufgedeckten Grundschema der Analyse, der Planung, der Implementierung und des Controllings orientiert, welches dann auf die differentielle Vorgehensweise bezogen und entsprechend angepasst wird.

Abschließend soll eine *kritische Reflexion* die Grenzen eines differentiellen Bindungsmanagements aufzeigen, selbiges würdigen und abschätzen, ob und wann sich eine differentielle Vorgehensweise überhaupt als vorteilhaft herausstellt.

Abbildung 7 verdeutlicht den Aufbau des Entscheidungsrahmens.[674]

Grundsätzliche Hilfestellungen zur Konkretisierung der Grundidee, zur Findung geeigneter Segmente und Aktivitäten sowie auch zur Gestaltung des Prozesses können dabei neben Erkenntnissen des Personalmanagements dessen Nachbardisziplinen bieten. Bereits MARR nennt mit der differentiellen Psychologie und der Organisationspsychologie grundsätzliche Quellen, die dazu geeignet sind, relevante Differenzierungsmerkmale zu identifizieren.[675]

[672] Vgl. Berthel/Becker, F. G. (2010), S. 14-17. Vgl. auch Kap. 2.2.1 zur Querschnittsfunktion des Bindungsmanagements und zur Bleibe- sowie Leistungs-, nicht jedoch Teilnahmemotivation als dessen Gegenstand. Differentielles Bindungsmanagement betrifft folglich nicht die Personalbedarfsdeckung und -freisetzung. Vgl. zu diesen Berthel/Becker, F. G. (2010), S. 301-385.

[673] Vgl. Kap. 1.2; speziell zu den Bedingungen Grochla (1978), S. 18.

[674] Quelle: Eigene Darstellung.

[675] Vgl. Marr (1989), S. 44.

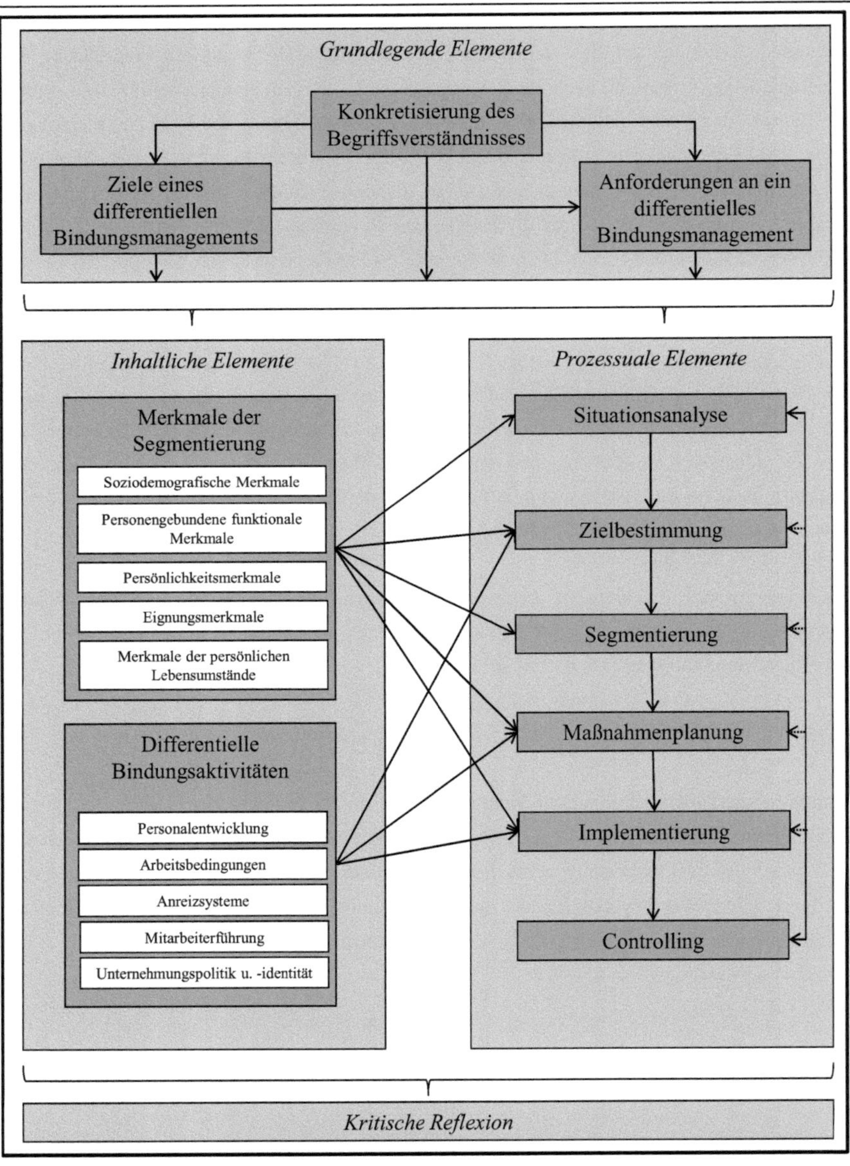

Abbildung 7: Aufbau des Entscheidungsrahmens.[676]

[676] Quelle: Eigene Darstellung.

Für das Bindungsmanagement scheint es daher fruchtbar, auf *Anregungen aus der differentiellen Psychologie und aus der Arbeits- und Organisationspsychologie* wie bspw. Erkenntnissen zum Commitment, zurückzugreifen, sowohl was die Segmentierung bzw. Bindung einzelner Mitarbeiter als auch unterschiedliche Ausmaße der Bindung aufgrund bestimmter Individualmerkmale betrifft.[677] Das bisher weitgehende Fehlen einer „differentiellen Organisationspsychologie" schreiben ELKE/WOTTAWA dem Streben nach Komplexreduktion, behavioristischen Vorstellungen über die Einpassung in Organisationen sowie den Realitätsvorstellungen der Unternehmungsführung zu.[678]

Vor allem FRITSCH und WIEGRAN laden zudem dazu ein, bei der Entwicklung eines differentiellen Ansatzes *Anregungen beim Absatzmarketing* zu suchen.[679] Parallelen sind naheliegend: Dort werden Märkte segmentiert und entsprechend differenziert bearbeitet, um Kundenbedürfnisse besser bedienen zu können; im differentiellen Personal- und Bindungsmanagement werden Mitarbeitersegmente gebildet, um bleibe- und leistungsrelevante Bedürfnisse besser erfüllen zu können und ein höheres Bleibe- und Leistungsverhalten zu erreichen.[680] Im Absatzmarketing ist es folglich einerseits die Marktsegmentierung, welche Ansatzpunkte bietet.[681] Andererseits bietet auch die Sichtweise des Mitarbeiters als „interner Kunde", d. h. die Kundenbindungsforschung, Anregungen.[682]

Auf diese Weise können Psychologie und Absatzmarketing jeweils zur Segmentierung und zur Bindung der Mitarbeiter beitragen, wenngleich es offensichtlich ist, dass diese Beiträge aufgrund der Unterschiedlichkeit der grundsätzlichen Zielsetzungen der differentiellen Psychologie, des Absatzmarketing und des Bindungsmanagements ihre Grenzen haben. Etwaigen Anregungen steht dieser Entscheidungsrahmen prinzipiell offen gegenüber, greift sie jedoch nur dort auf, wo sie zur Zielerreichung des Mitarbeiterbindungsmanagements hilfreich sind.

---

[677] Vgl. Kap. 2.2.2, 3.3 u. 3.4.

[678] Vgl. Elke /Wottawa (2004), S. 250.

[679] Vgl. Fritsch (1994), S. 30; Wiegran (2002), S. 12.

[680] Vgl. Kotler/Bliemel (2001), S. 416-505. Die Segmentierung im Absatzmarketing geht zurück auf Smith (1956); ferner Bauer, E. (1976); Bauer, E. (1977); Böhler (1977); Freter (1983); Frank/Massy/Wind (1972); Kaiser (1978).

[681] Freter (2008), S. 55-57, unterscheidet hier Markt- und Kundensegmentierung. Demnach bezieht erstgenannte sich auf die Einführung neuer Produkte, zweitgenannte jedoch auf bestehende, individuell bekannte Kunden, sodass die Nähe zum Mitarbeiterbindungsmanagement eher bei der Kundensegmentierung gegeben scheint. Allerdings gehen die dort angewandten Kriterien auf die Ermittlung des Kundenwerts zurück und entsprechen auf diese Weise nicht dem differentiellen Bindungsmanagement, welches den „Wert" des Mitarbeiters als grundlegende Aussage, ob ein Mitarbeiter zu binden ist, voraussetzt (vgl. Kap. 2.2.1). Die Segmentierungskriterien differentiellen Bindungsmanagements entsprechen vielmehr denen der Marktsegmentierung, sodass diese in den folgenden Ausführungen Berücksichtigung findet.

[682] Vgl. Kap. 2.2.2. u. Kap. 3.3.3, hinsichtlich der Implikationen für diesen Entscheidungsrahmen auch Kap. 3.5.

4.2 Grundlegende Elemente

4.2.1 Konkretisierung des Begriffsverständnisses

Das vorangegangene dritte Kapitel hat einige zu klärende Aspekte aufgeworfen, welche im ersten Begriffsverständnis noch nicht berücksichtigt oder abschließend geklärt werden konnten. Im Folgenden wird daher das erste Begriffsverständnis für den Entscheidungsrahmen weiter ausgearbeitet und konkretisiert, während die differentielle Grundidee der Arbeit sowie die Grundannahmen unverändert bleiben.

Das *Verständnis von differentiellem Bindungsmanagement* wird wie folgt konkretisiert:

Die *optimalen Merkmale der Segmentierung* hängen von den mit der Gruppenbildung verfolgten personalpolitischen Zielen und den betriebs- und arbeitnehmerspezifischen Bedingungen ab: „Die grundsätzliche Möglichkeit, persönliche und betriebliche Merkmale zur Gruppenbildung heranzuziehen, bedeutet nicht, dass die Merkmale jeweils gleich gut geeignet sind.“[683] Umso bleibe- und leistungsbezogener Kriterien im Anwendungsfall sind, desto eher können sie folglich Merkmale zur Differenzierung im Bindungsmanagement darstellen. Je nach Handlungsfeld, zum Teil je nach Aktivität, können also andere Merkmale angebracht sein.[684] Damit offenbaren sich zwei differentielle Momente: Erstens das der Handlungsfelder und zweites das der individuellen Unterschiedlichkeit von Mitarbeitern, wonach sich dann die konkreten Aktivitäten richten. Die optimale Anzahl von Segmentierungsmerkmalen resultiert entsprechend aus den als optimal erachteten Merkmalen. Die grundsätzliche personalpolitische Zielsetzung – im differentiellen Bindungsmanagement die des Erhalts oder der Steigerung der Bleibe- und Leistungsmotivation – ist demnach mit den Kriterien der Differenzierung in einen inhaltlichen Zusammenhang zu bringen.[685]

Zur Sicherstellung einer segmentspezifischen Vorgehensweise wird im Absatzmarketing die Forderung nach hoher interner Homogenität und hoher externer Heterogenität aufgestellt, d. h., das Segment soll für sich möglichst gleichartig sein, verglichen mit anderen Segmenten jedoch möglichst unähnlich. Damit soll ein hohes Maß an Identität zwischen den Mitgliedern eines Segments und dem entsprechenden Produkt erreicht werden.[686] Allerdings können

[683] Fritsch (1994), S. 33.

[684] Dies löst in Teilen auch die von Wiegran (2002), S. 33-44, und Morick (2002), S. 97, aufgeworfene Problematik, ob psychologische oder soziodemografische Merkmale besser geeignet sind, menschliches Leistungsverhalten zu erklären.

[685] Vgl. Fritsch (1994), S. 33-34. Im Absatzmarketing wird die optimale Anzahl an Segmenten vom absolut höchsten Zielerreichungsgrad abhängig gemacht. Vgl. Meffert /Burmann/Kirchgeorg (2010), S. 210, die sich auf Dichtl (1974) und Resnik/Turney/Mason (1979) beziehen.

[686] Vgl. Becker, J. (2009), S. 248, sowie die darin zitierten Quellen.

Unterscheidungsmerkmale im Personalmanagement aufgrund der Vielschichtigkeit menschlichen Bleibe- und Leistungsverhaltens kaum absolut homogene Mitarbeitersegmente garantieren, vielmehr ist eine *optimale Homogenität* der Segmente anzustreben. Diese ist erreicht, wenn der persönliche Nutzen eines weiteren Mitarbeiters im Segment gleich der Beeinträchtigung der Mitarbeiter dieses Segments ist. Sind die Kosten durch ein weiteres Mitglied im Segment für die Mitglieder höher als dessen individuellen Nutzen, ist das Segment indes zu heterogen.[687]

Durch die Abhängigkeit der Differenzierung von den jeweiligen Handlungsfeldern werden die Wechselwirkungen durch *Mehrfachzugehörigkeiten* an verschiedenen Segmenten minimiert. Ein solches Vorgehen wählt bspw. WIEGRAN, indem sie unterschiedliche Persönlichkeitsmerkmale verschiedenen Handlungsfeldern zuordnet.[688] Wenn unterschiedliche Bestandteile einer Persönlichkeit für jeweils andere Handlungsfelder bedeutsam sind, ist dies unproblematisch. Problematisch könnte aber eine Mehrfachzugehörigkeit innerhalb eines Handlungsfelds sein, sodass ein Mitarbeiter zwei Segmenten angehört und Ansprüche auf zwei segment- und handlungsfeldspezifische Aktivitätenbündel hätte. Prinzipielle Lösungsmöglichkeiten bestünden hier in einer fixen Zuordnung zu einem Segment, entweder in Form einer Selbstwahl des Mitarbeiters oder mittels Fremdbestimmung durch die Vorgesetzten oder Personalverantwortlichen. Denkbar ist ferner, dass beide Bündel zusammengeführt werden und das resultierende Bündel entweder alle oder nur einige der Aktivitäten beider Bündel bekäme. Im Absatzmarketing kommen bei der Betrachtung mehrerer Dimensionen Aggregationen verschiedener Differenzierungsmerkmale zum Einsatz.[689] Welcher Lösungsweg eingeschlagen wird, bestimmen schlussendlich die Bedingungen im Anwendungsfall.

Für das differentielle Bindungsmanagement werden folglich zuerst Handlungsfelder des Personalmanagements betrachtet, welche für die Querschnittsfunktion des Bindungsmanagements von Bedeutung sind, ehe dann Differenzierungskriterien für dieses Handlungsfeld ermittelt werden. Im nächsten Schritt werden für die sich ergebenden Segmente (ggf. auch Untersegmente) adäquate Aktivitäten identifiziert. Dies bedeutet entsprechend der bisherigen Ausführungen nicht, dass pro Handlungsfeld nur ein Kriterium existiert. Es ist ferner keine Festlegung getroffen, dass es per se keine individualisierten oder generalisierten Aktivitäten geben darf. Im Gegenteil ist auf diese Weise die Möglichkeit gegeben, nach Abwägung der Kosten und des Nutzens, sogar eine individualisierte(re) Vorgehensweise einzuschlagen oder

[687] Vgl. Fritsch (1994), S. 36.

[688] Vgl. Wiegran (2002), S. 86-87.

[689] So bspw. „soziale Schichten“ und „Millieus“ als Ausdruck von bspw. Einkommen, Beruf und Bildung oder der Familien-Lebenszyklus, welcher Kriterien wie Alter und Familienstand aufgreift. Vgl. zusammenfassend u. überblicksartig Becker, J. (2009), S. 254-255; Freter (2008), S. 101-104 u. 118-126. Denkbar ist bei drei Dimensionen auch die Segmentierung in Form eines Würfels. Vgl. Kotler (1982), S. 208.

als in der Tat allgemeingültig identifizierten Gesetzmäßigkeiten – also einem Aktivitäten eines generalisierten Bindungsmanagements – zu folgen.[690] Zwingend erforderlich ist jedoch, dass durch etwaig gewählte Segmente keine Mitarbeiter ausgeschlossen werden.[691] Allerdings muss es nicht immer zu einem identifizierten Segment auch ein Gegensegment geben, bspw. „Familienorientierung" bzw. „Nicht-Familienorientierung", denn greift man das Moderatorprinzip auf, gelten schließlich für alle anderen Mitarbeiter, für die diese Moderatorvariable (hier „Familienorientierung") nicht gilt, generalisierte Gesetzmäßigkeiten weiterhin.

Abbildung 8 verdeutlicht dies exemplarisch an einem Handlungsfeld X.

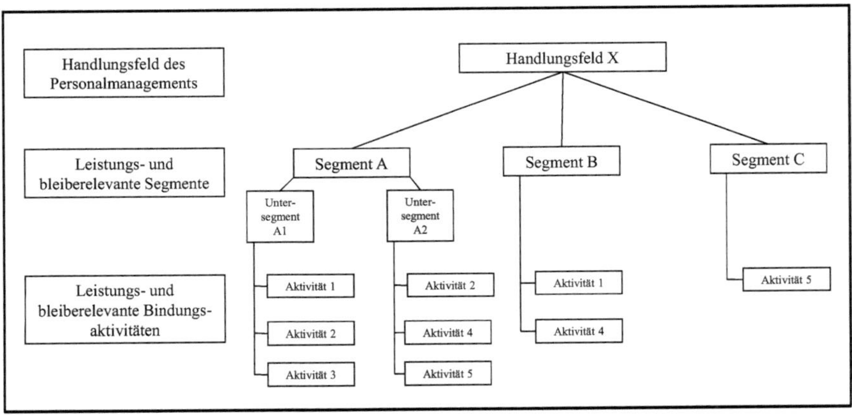

Abbildung 8: Handlungsfeldspezifische Segmentierung.[692]

Nach Abbildung 8 könnte eine Unternehmung also ihre Mitarbeiter für ein Handlungsfeld X in die drei Segmente A, B oder C aufteilen. Für Segment C bietet sich nur eine Aktivität (Aktivität 5) an, Segmente B wird mit zwei Aktivitäten (1 und 4) bedient, und Segment A wird ein weiteres Mal unterteilt, da sich hier die Untersegmente A1 und A2 anbieten, auf welche jeweils drei Aktivitäten (1, 2 und 3, bzw. 2, 4 und 5) angewandt werden. Gehört ein Mitarbei-

[690] Vgl. ähnlich Nippa/Petzold (2000), S. 23. Peinelt-Jordan (1996), S. 247, formuliert in diesem Zusammenhang: „[...] die Personalpolitik einer Organisation [ist] nicht entweder (strikt) individuell oder (strikt) generell. Vielmehr stellen diese beiden Punkte die extremen Ausprägungen einer kontinuierlichen Variablen dar. Diese Variable kann im Einzelfall einen näher bei ‚individuell' oder näher bei ‚generell' liegenden Wert annehmen." Dies lässt sich auf den Mittelweg „differentiell" erweitern.

[691] Das erklärt sich jedoch von selbst – alle als erfolgskritisch identifizierten Mitarbeiter müssen durch die Segmentierung schließlich berücksichtigt und aufgenommen werden. Vgl. auch Kap. 2.2.1.

[692] Quelle: Eigene Darstellung.

ter den Segmenten A und B an, so könnte er Ansprüche auf bestimmte Aktivitäten haben oder aber auch selbst wählen.

Zur Förderung der Effizienz differentiellen Vorgehens ist es notwendig, dass die *Koordination* der identifizierten Segmente und Bindungsaktivitäten gewährleistet ist. Grundsätzlich stellt Koordination die Abstimmung unterschiedlicher Einzelaktivitäten hinsichtlich übergeordneter Ziele dar.[693] Als dazu geeignete Instrumente nennt LEAVITT in seiner bis heute prominenten Typologie strukturelle wie Arbeitsgruppen, Ausschüsse, Projekte oder Matrixorganisationen und prozessuale Instrumente, die sich wiederum in technokratische – bspw. Budget-, Kontroll- oder Berichtssysteme – und personenorientierte Instrumente – bspw. Partizipation oder Qualifizierung des Personals – aufteilen.[694] Für ein differentielles Bindungsmanagement ergibt sich der Koordinationsbedarf daraus, dass erstens die segmentspezifischen Aktivitäten konform mit den (theoretisch wie auch im Anwendungsfall) spezifischen Bedürfnissen des entsprechenden Segments sind, zweitens alle Handlungsfelder und Aktivitäten untereinander in der Form abgestimmt und verzahnt werden, dass die organisationale Effizienz mindestens gewahrt wird und Synergieeffekte erzielt werden können, drittens alle Segmente in einem Handlungsfeld mit ihren unterschiedlichen Bedürfnissen und Voraussetzungen berücksichtigt werden, um alle Mitarbeiter mit den Aktivitäten optimal zu erreichen, und viertens, dass alle Bindungsaktivitäten und alle Segmente auf das Gesamtziel der Unternehmung auszurichten sind.[695]

Weiterhin nicht Gegenstand des *Verständnisses von differentiellem Bindungsmanagement* ist die Personalauswahl. Gleichwohl sollte eine Unternehmung stets bedenken, dass Bindung bereits dort ihren Ursprung hat, und bspw. eine möglichst optimale Passung von den Anforderungen einer neu zu besetzenden Stelle mit den Bedürfnissen eines potentiellen neuen Mitarbeiters anzustreben ist. Dadurch lassen sich bereits viele Probleme zukünftiger Bleibe- und Leistungsdemotivation vermeiden.[696] Die weiteren Ausführungen des Grundlagenteils behal-

[693] Spezialisierung und Koordination stellen die Kernaktivitäten der Organisationsgestaltung dar. Je detaillierter die Arbeitsteilung, desto höher ist der Koordinationsbedarf, sodass die Organisation auch als aufgrund von Spezialisierung zielgerichtete Strukturierung und Koordination von Personen, Sachmitteln und Informationen verstanden werden kann. Vgl. Frese (1975), Sp. 2263-2264; Kosiol (1962); überblicksartig Macharzina/Wolf, J. (2010), S. 467-469.

[694] Vgl. Leavitt (1964), S. 55-71; Macharzina/Wolf, J. (2010), S. 471-472.

[695] Vgl. ähnlich Fritsch (1994), S. 60-62.

[696] Vgl. bspw. Brauweiler (2010), S. 99-101; DGfP (2004), S. 66-68; Friedli/Thom (2001), S. 17; Grunwald (2001), S. 222-223.

ten Gültigkeit. Die formulierte Arbeitsdefinition ist weiter zweckmäßig und kann daher als Definition für den Entscheidungsrahmen bestehen bleiben.[697]

4.2.2 Ziele eines differentiellen Bindungsmanagements

Ziele stellen im Entscheidungsrahmen diejenigen Größen dar, auf die das Gestaltungshandeln ausgerichtet ist und bestehen aus einem oder mehreren Sach- und Formalzielen.[698] Sachziele geben an, *was* eine Institution hervorbringen möchte (bspw. Dienstleistungen oder bestimmte Güter). Formalziele beziehen sich indes darauf, *wie* die Leistung erstellt wird und stellen die Struktur dar, „anhand derer die Unternehmung ihre zur Erstellung der marktorientierten Leistungen notwendigen Aktivitäten bewertet und auswählt […]“[699].[700] GROCHLA differenziert die Formalziele für Bezugsrahmen in technisch-ökonomische, individual-soziale und Flexibilitätsziele.[701] Im Folgenden, den bisherigen Ausführungen entsprechend und für den Zweck dieser Arbeit soll die Zielgliederung nach SCHWEITZER auf das Bindungsmanagement angewandt werden, wenngleich technische und ökologische Ziele für diese Arbeit keine Rolle spielen werden. Abbildung 9 gibt diese Gliederung wieder.

Bezogen auf das Bindungsmanagement formulieren HENTZE/GRAF: „Das Sachziel der Personalerhaltung und Leistungsstimulation wird also einerseits durch die Teilnahmemotivation und andererseits durch die Leistungsmotivation bestimmt.“[702] Übertragen auf das in dieser Arbeit vertretene Verständnis, ist das oberste *Sachziel* eines differentiellen Bindungsmanagements die Bereitstellung von Bleibe- und Leistungsmotivation.[703]

[697] Die Arbeitsdefinition in Kap. 2.3.2 lautet: „Differentielles Bindungsmanagement bezeichnet die Aktivitäten des Personalmanagements, welche mittels systematischer Berücksichtigung inter- und intraindividueller Unterschiede durch die Identifikation und Bildung homogener Segmente darauf abzielen, das Bleibe- und Leistungsverhalten bedeutsamer Mitarbeiter in einem wirtschaftlichen Maß positiv zu beeinflussen.“

[698] Vgl. Grochla (1982), S. 14-16. Ein Ziel stellt per Definition (und Minimalkonsens verschiedener Autoren) einen angestrebten Zustand dar. Vgl. Macharzina/Wolf, J. (2010), S. 208.

[699] Grochla (1978), S. 18.

[700] Vgl. Berthel/Becker, F. G. (2010), S. 5.

[701] Vgl. Grochla (1982), S. 16; andere wie Scherm/Süß (2010), S. 6, differenzieren nur in wirtschaftliche und soziale Ziele. Marr/Stitzel (1979), S. 57, fassen unter dem Formalziel der ökonomischen Effizienz im Personalbereich „die Erfüllung von sachlichen Organisationszwecken“ sowie Arbeitsproduktivität und -wirtschaftlichkeit zusammen. Soziale Effizienz hat die Erwartungen, Bedürfnisse und Interessen der Mitarbeiter zum Gegenstand. Vgl. auch Kap. 2.3.1.

[702] Hentze/Graf (2005), S. 3.

[703] Vgl. Kap. 2.2.1.

Die *Formalziele* eines (differentiellen) Bindungsmanagements haben die Steigerung der organisationalen Effizienz zum Gegenstand und werden durch den Zieldualismus ökonomischer und sozialer Effizienz ausgedrückt, wobei beiden Bestandteilen prinzipielle Gleichrangigkeit einräumt wird.[704]

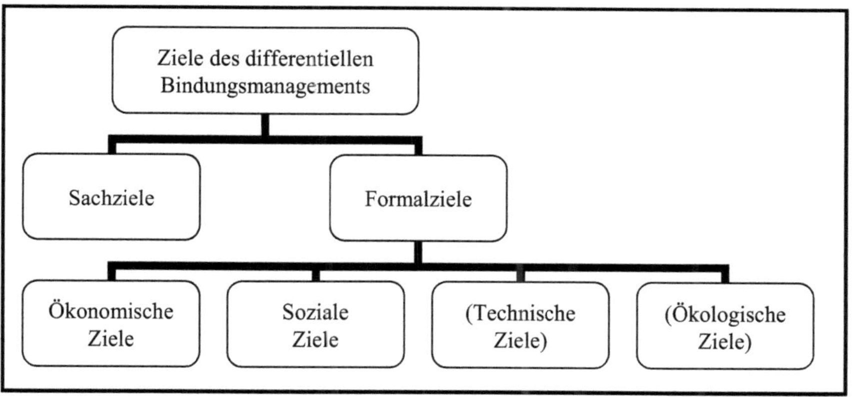

Abbildung 9: Prinzipielle Zielgliederung des differentiellen Bindungsmanagement.[705]

Ökonomische Effizienz betrifft Kennzahlen der Produktivität und Wirtschaftlichkeit.[706] Der Erhalt der *Bleibemotivation* wird damit v. a. durch eine Fluktuationsrate, welche langfristig angemessen und gewollt ist, die Vermeidung von Absentismus, die Reduktion der Kosten der Personalbeschaffung, die Vermeidung von Mitarbeitertransfers zum direkten Wettbewerb sowie der Verlust erfolgskritischer Mitarbeiter im Allgemeinen und die Erhöhung der Arbeitgeberattraktivität ausgedrückt. In der Literatur darüber hinaus geäußerte Ziele wie bspw. die Minimierung der Zeitspanne der Vakanz einer Stelle bei JOCHMANN werden durch den aufgeführten Kanon berücksichtigt.[707] Die *Leistungsmotivation* wird im Kontext des Bindungsmanagements häufig durch den Erhalt und die Erhöhung von Produktivität und Rentabilität eines einzelnen Mitarbeiters sowie die Sicherstellung der Kundenbeziehungen konkretisiert.[708]

[704] Vgl. Hentze/Graf (2005), S. 3; Morick (2002), S. 97 u. 263; Moser, R./Saxer (2008), S. 15. Zu den Zielen ökonomischer und sozialer Effizienz vgl. den konfliktorientierten Ansatz in Kap. 2.3.1.

[705] Quelle: In Anlehnung an Schweitzer (2010), S. 52.

[706] Vgl. Morick (2002), S. 264.

[707] Vgl. hierzu bereits die Ausführungen in Kap. 2.2.1 sowie Friedli/Thom (2001), S. 7-8; Jochmann (2006), S. 177; Szebel-Habig (2004), S. 71-82. Das lässt jedoch nicht den Umkehrschluss zu, dass Bindungsmanagement „nur" Fluktuationsbeeinflussung darstellt! Vgl. Kap. 2.2.1.

[708] Vgl. Jochmann (2006), S. 177; Szebel-Habig (2004), S. 71-82.

Soziale Effizienz im differentiellen Bindungsmanagement ist bestimmt durch das Ausmaß der Erfüllung der Ziele auf Basis von Erwartungen, Bedürfnissen und Interessen der Mitarbeiter hinsichtlich deren Bleibe- und Leistungsmotivation.[709] Diverse Studien haben sich mit diesen Erwartungen, Bedürfnissen und Interessen auseinandergesetzt und kamen dabei zum Teil zu unterschiedlichen Ergebnissen, deren Quintessenzen sich jedoch zumeist ähneln. Repräsentativ sind die Studien allerdings nicht, sodass lediglich Indizien für Einflussfaktoren auf den Zustand von Mitarbeiterbindung vorliegen.[710] Zusammenfassend drücken deren Ergebnisse die bleibe- und leistungsrelevanten Ziele von Mitarbeitern aus. Diese stammen v. a. aus den Bereichen Entwicklung, Unternehmungskultur, Arbeitsinhalte und -umfeld sowie guter Führung durch den Vorgesetzten und beinhalten eine nachvollziehbare und angemessene Vergütung, gerechte, faire und motivierende Führung durch den Vorgesetzten, ein vertrauenserweckendes Top-Management, Möglichkeiten zur Weiterbildung/-entwicklung, Möglichkeiten zum beruflichen Aufstieg, ein positives Betriebsklima und produktives Arbeitsumfeld, ein gutes Unternehmungsimage, zeitliche Flexibilität, interessante Aufgaben und Entscheidungsspielräume sowie Lob und Anerkennung. Work-Life-Balance als solche scheint den Mitarbeitern kein großes Bedürfnis zu sein, jedoch existieren auch Studien, wonach Eltern oder Pflegende sich mehr zeitliche Flexibilität zugunsten der Familie wünschen.[711]

Eine abschließende Auflistung der Unterziele ökonomischer und sozialer Effizienz ist jedoch kaum möglich, zumal im praktischen Anwendungsfall jede Unternehmung die Ziele selber bestimmen bzw. ermitteln muss. Auch zeigt sich, dass eine klare Abgrenzung beider Zielkategorien nicht möglich ist. *Interdependenzen zwischen ökonomischer und sozialer Effizienz* sind naheliegend und können komplementäre, neutrale oder konfliktäre Wirkungen haben. So kann sich die Erhöhung sozialer Effizienz, bspw. aufgrund von gesteigerter Motivation, positiv auf die ökonomische Effizienz in Form von Produktivität auswirken. Ebenso können Absentismus und Fluktuationsrate Ausdruck sozialer Effizienz sein, bspw. in der Form, dass ein positives Betriebsklima für wenig Absentismus oder Fluktuation sorgt.[712]

An die Formalzielsetzung schließt sich die *Ableitung von Effizienzkriterien* an.[713] Diese Kriterien spielen bei der Bestimmung von Differenzierungsmerkmalen und den sich anschließenden Aktivitäten eine bedeutsame Rolle, da es um die „Aufdeckung praktisch bedeutsamer

[709] Vgl. allgemein zur sozialen Effizienz Morick (2002), S. 266.

[710] Vgl. Becker, F. G. (2010), S. 241, welcher als Gründe für den nicht repräsentativen Charakter Mängel bei Sample, Vorgehen und Dokumentation nennt.

[711] Vgl. Gallup (2011); Hay Group (2001); Hewitt (2007); IFAK (2007); IGS (2006); IGS (2007); ISR (2002); Kienbaum (2001); Monster (2001); Nagel (2005); Schiedt (2000); TowersWatson (2010). Vgl. für eine zusammenfassende Darstellung für die Ziele von Mitarbeitern auch Bröckermann (2004), S. 20-22.

[712] Vgl. Kap. 2.3.1.

[713] Vgl. Grochla (1978), S. 24.

(also nicht nur statistisch signifikanter) und stabiler Korrelationen zwischen Moderator und (Effizienz-) Kriterium“[714] geht. Demnach gilt es Kriterien zu folgen, die effiziente von nicht-effizienten Segmentierungen und Aktivitäten unterscheiden. Eine Moderatorvariable oder eine Aktivität, die keinen Einfluss auf ein für das Bleibe- und Leitungsverhalten relevantes Effizienzkriterium nimmt, ist für ein differentielles Bindungsmanagement nicht brauchbar. Die Kriterien selbst lassen sich direkt aus den Zielen ableiten. Dabei bestimmen die sozialen Kriterien schließlich die Segmentierung, denn sie drücken die individuellen Bedürfnisse der Mitarbeiter und damit die „soziale Seite“ des konfliktorientierten Zieldualismus aus. Die ökonomischen Effizienzkriterien stehen für das Verhältnis von Kosten zu Leistung und wirken eher reglementierend – bspw. wenn eine sozial effiziente Segmentierung (d. h. Verfolgung von Mitarbeiterzielen) einen zu großen negativen Einfluss auf die ökonomische Effizienz hat. Deren Bedeutung für die Segmentierung ist der der sozialen Effizienz zwar nicht untergeordnet, zeigt sich aber erst in zweiter Instanz.[715] Welche Kriterien im jeweiligen Anwendungsfall angelegt werden, ist von diesem abhängig; als „Basiskriterien“[716] fungieren stets die soziale und ökonomische Effizienz, als erste Anhaltspunkte dienen die identifizierten Effizienzziele.

4.2.3 Anforderungen an ein differentielles Bindungsmanagement

4.2.3.1 Auswahl der Anforderungen

Die im Folgenden dargestellten Anforderungen machen Aussagen über die notwendige Beschaffenheit eines differentiellen Bindungsmanagements und stellen Richtlinien zu dessen Entwicklung und Umsetzung in der Praxis dar.[717] „Eine sinnvolle Beurteilung von Methoden und Systemkonzeptionen [...] ist nur bei Vorhandensein und Kenntnis der Anforderungen möglich.“[718] Anforderungen legen demnach fest, was ein differentielles Bindungsmanagement zu leisten hat, wirken als Erwartungen sowie Beschränkungen und liefern dessen Auflagen, müssen jedoch nicht allein aus den Zielen abgeleitet werden – auch induktive Einflüsse aufgrund von Plausibilitäten oder Interessenlagen sind möglich.[719] Anforderungen an ein differentielles Bindungsmanagement sind in der Literatur noch nicht erkennbar. Daher wird vor-

[714] Marr/Friedel-Howe (1989). S. 329. Analog auch Berthel/Becker, F. G. (2010), S. 160, für Effizienzkriterien der Führung.

[715] Vgl. Morick (2002), S. 263-267.

[716] Marr/Friedel-Howe (1989), S. 330.

[717] Vgl. Fallgatter (1996), S. 34.

[718] Becker, F. G. (1985), S. 60, der Kirsch (1977) aufgreift.

[719] Vgl. Becker, F. G. (1985), S. 60-61 sowie die darin zitierten Quellen; Becker, F. G. (1990), S. 18.

ab ein Blick in das „nähere Umfeld“ oder Nachbardisziplinen des differentiellen Bindungsmanagements geworfen.

Für das *differentielle Personalmanagement* nennt FRITSCH als Anforderungen an die Gruppenbildung, dass diese

a) auf betriebsrealen Begebenheiten ruhen soll,
b) auf sachlich relevanten Gründen für die Gruppeneinteilung beruht,
c) durch objektivierbare Merkmale erfolgt ist,
d) von den Mitarbeitern akzeptiert wird,
e) kleine und schweigsame Segmente bedenkt sowie Minderheiten nicht benachteiligt.[720]

Auch im *individualisierten Personalmanagement* sind diverse Anforderungen auffindbar. So sieht HAMEL als Voraussetzungen, welche für ein individualisiertes Personalmanagement erfüllt sein müssen, die unternehmungspolitische Befürwortung, die Akzeptanz der Belegschaft und die verwaltungstechnische Umsetzbarkeit.[721] KICK/SCHERM formulieren für eine individualisierte Personalentwicklung – abgeleitet aus der Arbeiten von SCHANZ, ULICH, REIß, FRANKE, DRUMM, HAMEL und MARR – sieben Anforderungen, deren Einhaltung eine hohe soziale und ökonomische Effizienz gewährleisten soll:[722]

a) Flexibilisierung: Es muss variable Gestaltungsspielräume innerhalb einer Handlungsalternative für Mitarbeiter geben.
b) Differenzierung: Jedem Mitarbeiter müssen gleichzeitig verschiedene Handlungsalternativen angeboten werden.
c) Dynamisierung: Intraindividueller Unterschiedlichkeit muss durch die Veränderbarkeit von handlungsalternativen im Zeitablauf gerecht werden.
d) Autonomisierung: Jeder Mitarbeiter muss aktive Mitwirkungsmöglichkeiten bekommen.
e) Handlungsorientierung: Die rationale Erfüllung der Stelle muss gewährleistet sein.
f) Kohärenz: Konsistenz und Eindeutigkeit der Handlungsalternativen müssen gewährleistet sein.
g) Ganzheitlichkeit: Alle Einflussfaktoren sowie der Kontext müssen berücksichtigt werden.

---

[720] Vgl. Fritsch (1994), S. 28-37.

[721] Vgl. Hamel (1989), S. 64-66.

[722] Vgl. hierzu sowie für die folgenden Ausführungen Kick/Scherm (1993), S. 38-39; ferner Drumm (1989); Franke (1982); Hamel (1989); Marr (1989); Reiß (1981); Schanz (1977); Ulich (1978).

KICK führt darüber hinaus als achte Anforderung „Prävention" auf. Die Anforderungen dienen auch als Analysekriterien für verschiedene Handlungsalternativen.[723]

Die genannten Autoren beziehen sich allerdings auf Individualisierung, wenngleich KICK/SCHERM MARR zumindest namentlich aufführen. Unklar bleibt, welchen Einfluss differentielle Anforderungen nehmen. Alles in allem ist zu prüfen, inwieweit die Anforderungen an individualisierte Vorgehensweise auch für ein differentielles Bindungsmanagement zutreffend sind.

STRUBES Anforderungen an eine *Mitarbeiterorientierung* in der Personalentwicklungsplanung haben v. a. Partizipation, Integration aller Mitarbeiter und die Einbindung in übergeordnete Pläne und Strategien zum Gegenstand. Langfristigkeit und ein exakt formulierter Informationsbedarf sind weitere Anforderungen.[724]

Im *Bindungsmanagement* sind explizit formulierte Anforderungen sehr selten zu finden. So bietet GONSCHORREK im Herausgeberband von BRÖCKERMANN/PEPELS ein „Dreieck der Anforderungen", welches aus den Bestandteilen der Transparenz, individuell empfundener Gerechtigkeit und der Rücksichtnahme auf Individualität besteht. Diese leitet er aus Anforderungen an Kundenzufriedenheit nach HOMBURG ab.[725]

Vielversprechend scheint der Blick in die *Marktsegmentierung des Absatzmarketings* und eine Übertragung auf das Bindungsmanagement von Mitarbeitern. Vor allem, wenn der Mitarbeiter zum „internen Kunden"[726] wird, erscheint es plausibel, die Anforderungen an die Kundensegmentierung in die Überlegungen mit einzubeziehen:[727]

a) Relevanz der Segmentierung für das Kaufverhalten
b) Aussagefähigkeit für den Einsatz von Marketinginstrumenten
c) Zugänglichkeit der Segmente
d) Messbarkeit der Ausprägung der segmentspezifischen Merkmale
e) Zeitliche Stabilität der Segmente
f) Wirtschaftlichkeit
g) Trennschärfe der Kriterien zur klaren Abgrenzung der Segmente

---

[723] Vgl. (1992), S. 52-58 u. 215.

[724] Vgl. Strube (1982), S. 40.

[725] Vgl. Gonschorrek (2004), S. 209; Homburg (2001), S. 206-207.

[726] Vgl. Kap. 3.3.3.

[727] Vgl. die Übersichten in Decker/Bornemeyer (2009), S. 201; Freter (2008), S. 90-92; Meffert/Burmann/Kirchgeorg (2008), S. 190-191; Pepels (2007), S. 14-15; Schweiger/Schrattenecker (2009), S. 49-50.

In den folgenden Abschnitten werden aufbauend auf den bereits existierenden und ergänzt durch weitere Aspekte nun *Anforderungen für ein differentielles Bindungsmanagement* angeführt.[728] Die Gliederung des Entscheidungsrahmens gibt die Kategorisierung vor. So existieren erstens *allgemeine Anforderungen*, welche ein differentielles Bindungsmanagement im Ganzen betreffen. Sie betreffen sowohl die inhaltlichen Elemente als auch den Prozess. Zweitens sind *inhaltliche Anforderungen* auszumachen, welche sich auf die inhaltlichen Elemente beziehen. Sie betreffen einerseits Anforderungen an die differentiellen Bindungsaktivitäten und andererseits Anforderungen an die Gruppenbildung. Drittens soll es *prozessuale Anforderungen* geben, welche sich auf den Prozess, also auf den Ablauf eines differentiellen Bindungsmanagements beziehen.

4.2.3.2 Allgemeine Anforderungen

Wirtschaftlichkeit

Mit der Anforderung der Wirtschaftlichkeit soll dem Hauptanliegen des differentiellen Personalmanagements – dem ökonomischen Mittelweg zwischen Generalisierung und Individualisierung zur Erzielung höchstmöglicher organisationaler Effizienz – gerecht werden, indem das Formalziel ökonomischer Effizienz entsprochen wird.[729]

Wirtschaftlichkeit kann sich grundsätzlich in zwei Weisen ausdrücken:[730]

a) Erreichung eines maximalen Ergebnisses bei gegebenem Gütereinsatz (Maximumprinzip).
b) Erreichung eines gegebenen Ergebnisses bei minimalem Gütereinsatz (Minimumprinzip).

Wirtschaftlichkeit ist ein Maß für Effizienz, diese wiederum bildet die ökonomische Ergiebigkeit ab. Das Verhältnis von Ergebnis und Einsatz muss größer als 1 sein, um effizient zu sein. Folgende Gleichung verdeutlicht dies:[731]

$$\text{Effizienz} = \text{Ergebnis}/\text{Einsatz} = \text{Output}/\text{Input} > 1$$

---

[728] Dabei werden grundlegende Problematiken eines differentiellen Vorgehens nach Marr (1989) und Marr/Friedel-Howe (1989) mit berücksichtigt.

[729] Vgl. Kap. 2.1.1. Der von Hamel (1989), S. 64-65, aufgeführten unternehmenspolitischen Befürwortung als Voraussetzung individualisierten Vorgehens wird vorerst unterstellt, dass die gegeben ist, solange mit dem differentiellen Bindungsmanagement eine gestiegene organisationale Effizienz einhergeht.

[730] Vgl. hierzu und für die folgenden Punkte Schweitzer (2010), S. 60.

[731] Vgl. hierzu sowie für die Gleichung Töpfer (2007), S. 75-77.

Davon abzugrenzen ist *Effektivität* als Maß der Leistungswirksamkeit. Sie ist der Gradmesser der Zielerreichung und hat die Relation von Ergebnis und Ziel zum Gegenstand:[732]

Effektivität = Ergebnis/Ziel = Ist/Soll = 1

Effektivität kennzeichnet das angestrebte Ziel betriebswirtschaftlicher Planung und Gestaltung. Bekannt geworden ist die Unterscheidung der beiden Begriffe nach DRUCKER, demzufolge Effektivität bedeutet, „die richtigen Dinge zu tun". Effizienz gibt indes wider, die „Dinge richtig zu tun". Auf diese Weise wird deutlich, dass Effektivität eher aus der strategischen Planung und Effizienz eher aus dessen operativen Umsetzung resultiert.[733]

Als Anforderungen für ein differentielles Bindungsmanagement hat „Wirtschaftlichkeit" zur Konsequenz, dass die Kosten der Segmentierung, der differentiellen Aktivitäten und des Prozesses im Verhältnis zum erhöhten Nutzen durch die gestiegene soziale Effizienz stehen müssen. Denn trotz der prinzipiellen Gleichrangigkeit von ökonomischer und sozialer Effizienz ist der Fortbestand einer Unternehmung nicht zu gewährleisten, wenn nicht hinreichend wirtschaftlich gehandelt wird. Dass die Kosten – verglichen mit einem allgemeinen Bindungsmanagement – steigen werden, ist unbestreitbar und naheliegend. Bereits MARR und MARR/FRIEDEL-HOWE identifizieren schließlich Kosten durch einen Mehrbedarf an Personal und Expertenwissen, Ausstattung und Koordination, den Folgen empfundener Ungerechtigkeit und Ablehnung seitens der Mitarbeiter sowie der potentiellen sozialen Desintegration aufgrund erhöhter Individualisierung.[734]

Als Gleichung lässt sich diese Anforderung der Wirtschaftlichkeit schließlich wie folgt formulieren:

Organisationale Effizienz = erhöhte Leistungs- und Bleibemotivation/erhöhte Kosten > 1

<u>*Akzeptanz*</u>

Während die Anforderung der Wirtschaftlichkeit das Ziel der ökonomischen Effizienz ausdrückt, ist die Akzeptanz Grundvoraussetzung zum Erreichen des Ziels sozialer Effizienz,

[732] Vgl. hierzu sowie für die Gleichung Töpfer (2007), S. 76. Das ein Soll- und ein Ist-Zustand sich entsprechen, ist zwar das Ideal, in der betriebswirtschaftlichen Praxis jedoch äußerst selten möglich. Eine Effektivität > 1 kann bspw. aus einer effizienten Leistungserstellung oder aus zu niedrig gesetzten Zielen resultieren. Vgl. Töpfer (2007), S. 76-77.

[733] Vgl. Berthel/Becker, F. G. (2010), S. 9; Drucker (1967), S. 11; Töpfer (2007), S. 76-77.

[734] Vgl. Marr (1989), S. 46; Marr/Friedel-Howe (1989), S. 331-332; auch Fritsch (1993), S. 304. Ob diese lediglich plausibel hergeleiteten Aspekte sich tatsächlich als Kostentreiber herausstellen werden, ist noch zu prüfen.

denn die je nach Segment unterschiedlichen Aktivitäten müssen von den Mitarbeitern akzeptiert werden.[735] Der Grad der Akzeptanz entscheidet zwischen Ablehnung, Duldung oder Befürwortung seitens der Mitarbeiter.[736] Allgemein für das Personalmanagement definiert DRUMM Akzeptanz als „die Zustimmung des Nutzers zur und die sich ergebende Verwendung der neuen Konzeption oder Methode [...]. Man muss daher einerseits die erfolgreiche Implementierung einer Konzeption oder Methode als Voraussetzung zu deren Akzeptanz bezeichnen. Andererseits hängen Implementation und Akzeptanz so eng miteinander zusammen, dass man die Wahl von Strategien zu ihrer Realisation auch als einheitlichen Problem sehen kann."[737] Die Akzeptanz eines differentiellen Vorgehens setzt dabei stets die Akzeptanz von anderen Werte- und Bedürfnisstrukturen voraus, d. h. ein differentielles Personalmanagement ist also stets werteorientiert.[738]

In der konsumgüter- und/oder technologisch innovationsorientierten Akzeptanzforschung existieren drei prinzipielle Modellarten, um die Entstehung von Bediener-/Nutzenakzeptanz gegenüber Neuem – in diesem Sinne übertragen auf das Personalmanagement – zu erklären:[739]

a) *Input-Modelle* wie von ALLERBECK/HELMREICH oder SCHÖNECKER beinhalten lediglich Einflussfaktoren wie die Aufgabe, die Technik und den Menschen, bzw. das soziale Umfeld, die Einführung, organisatorische Einsatzbedingungen, die Gestaltung der Technik, Schulung und Betreuung.[740]
b) *Input-/Output-Modelle* wie die von HELMREICH oder HILBIG haben zusätzlich die Ergebnisgrößen (bspw. Leistung oder Arbeitszufriedenheit) zum Gegenstand. HILBIG bezieht darüber hinaus technische, personale und organisatorische Merkmale als Akzeptanzbedingungen der Anwendungssituation mit.[741]
c) Bei *Rückkopplungsmodellen* wie dem von REICHWALD fließt das Ergebnis der Akzeptanzbildung wieder als Einflussgröße auf die Akzeptanz ein. Eine Erweiterung von Rückkopplungsmodellen stellt KOLLMANN vor, indem er den Prozesscharakter und mit der Einstel-

[735] Vgl. Hamel (1989), S. 65; Nippa/Petzold (2000), S. 23; Peinelt-Jordan (1997), S. 465. Es sei bemerkt, dass die Differenzierung als solche wohl keine Akzeptanzprobleme mit sich bringen wird. Erst, wenn durch darauf aufbauende Aktivitäten eine Ungleichbehandlung von Mitarbeitern einhergeht, ist Akzeptanz seitens der Mitarbeiter nötig.

[736] Vgl. Fritsch (1994), S. 47.

[737] Drumm (2008), S. 367.

[738] Vgl. Marr (1989), S. 45.

[739] Vgl. Fritsch (1994), S. 46-47; Schnell (2009), S. 4-5. Dies entspricht einer absatztheoretischen Sichtweise, wonach „Akzeptanz" durch die Annahme von Produkten durch den Markt bestimmt wird. Vgl. Weiber/Kollmann/Pohl (2006), S. 167.

[740] Vgl. Allerbeck/Helmreich (1984); Schönecker (1985).

[741] Vgl. Helmreich (1980); Hilbig (1984).

lungs-, Verhaltens- und Nutzungsakzeptanz drei Ebenen der Akzeptanz mit einbezieht. Weite Verbreitung gefunden hat das vergleichsweise wenig komplexe Modell von DAVIS, wonach der wahrgenommene Nutzen und die wahrgenommene einfache Bedienbarkeit ausschlaggebend für die Einstellung und damit für die tatsächliche Nutzung sind.[742]

Einflussfaktoren für Akzeptanz sind in folgenden Bereichen zu finden:[743]

a) Organisatorisches Umfeld: Organisationsstruktur, soziales Umfeld (Vorgesetzte, Kollegen, weitere Bezugsgruppen), räumliche und technische Ausstattung.
b) Merkmalen der Neuerung: Aufgabenbezogenheit, Bedienerfreundlichkeit.
c) Individuum: Physiologische (bspw. Belastbarkeit), psychologische (bspw. Motivation, Einstellungen, Werte) und weitere Faktoren (bspw. Qualifikation).

Als Konsequenz bleibt festzuhalten: Das organisationale Umfeld und die Neuerung selbst sind akzeptanzfördernd zu gestalten, der Mitarbeiter könnte durch Fortbildungen, Einbindung in den Gestaltungsprozess, Transparenz, Information und Kommunikation für ein differentielles Vorgehen gewonnen werden.[744] Ebenso ist dafür zu sorgen, dass ein Nutzen der Neuerung wahrgenommen und die Neuerung als einfach zu handhaben empfunden wird.[745]

4.2.3.3 Inhaltliche Anforderungen

Gerechtigkeit

Die Forderung nach einer gerechten Gestaltung differentiellen Bindungsmanagements ist Bestandteil in einigen Publikationen.[746] Begründet wird dies zum einen damit, dass Gerechtigkeit (oder Gleichberechtigung)[747] zu Akzeptanz beitragen kann, zum anderen jedoch ist bereits aus humanistischen Gründen ein ungerechtes System abzulehnen. Auch weist wahrgenommene Gerechtigkeit einen starken Einfluss auf das affektive Commitment auf.[748] Eben-

---

[742] Vgl. Davis (1989); Kollmann (1998), v. a. S. 132-139; Weiber/Kollmann/Pohl (2006), S. 167-170; Reichwald (1978).

[743] Vgl. hierfür sowie für die folgenden Punkt Hilbig (1984); Reichwald (1978), S. 32.

[744] Vgl. auch 4.2.3.1

[745] Vgl. Davis (1989), S. 333-334.

[746] Vgl. bspw. Morick (2002), S. 233-237; Wiegran (2002), S. 14-15.

[747] Gleichberechtigung soll im Folgenden synonym zu Gerechtigkeit verstanden werden. Für weitere Ausführungen diesbzgl. vgl. Morick (2002), S. 234.

falls dürften aus Ungerechtigkeit negative Effekte, bspw. auf das Unternehmungsimage und das soziale Klima resultieren.

Nach der Equity-Theorie[749] von ADAMS, die im Bereich der Arbeitsorganisation weite Verbreitung gefunden hat, resultiert empfundene Gerechtigkeit aus dem Vergleich der eigenen Bemühungen mit den erhaltenen Belohnungen sowie der Belohnung, die andere Personen in einer vergleichbaren Situation erhalten.[750] Davon abzugrenzen ist Gleichheit: „Für eine Person am Arbeitsplatz ist das Gleichheitsprinzip gewahrt, wenn sie erkennen kann, dass das Verhältnis zwischen ihren Bemühungen [...] und den dafür erhaltenen Belohnungen [...] dem Verhältnis bei anderen Personen in der gleichen Arbeitssituation gleich ist."[751] Bei einem allgemeinen Bindungsmanagement müssten Gleichheit und Gerechtigkeit also identisch sein, damit innere Spannungszustände abgebaut werden und individuelle Zufriedenheit empfunden wird.[752]

Ein differentielles Bindungsmanagement jedoch, welches davon ausgeht, dass unterschiedliche Menschen unterschiedliche Bedürfnisse haben, kann Gleichheit nicht garantieren, vielmehr ist mit ihr unvermeidlich Ungleichheit verbunden.[753] Die resultierende Ungleichbehandlung darf jedoch nicht den Eindruck erwecken, dass sie ungerecht ist. Der Abbau von aus Ungerechtigkeit resultierender innerer Spannung geschieht auf zwei Wegen: Zum einen – je nach Empfindung der Belohnung als zu niedrig oder zu hoch – tritt ein Abbau bzw. eine Erhöhung der Bemühungen seitens des sich ungerecht behandelt fühlenden Individuums ein. Zum anderen kann eine Erhöhung der Belohnungen verlangt werden, was in die Beendigung der Beziehung münden kann.[754] Erstgenannter Fall ginge ggf. mit dem Verlust der Leistungs-, zweitgenannter mit dem Verlust der Bleibemotivation einher – beides widerspräche dem Sachziel des differentiellen Bindungsmanagements.

[748] Vgl. hierzu bspw. die Studien von Simons/Roberson (2003); Siegel/Brockner/Fishman (2005) u. Ramamoorthy/Flood (2004).

[749] Der Terminus „Equity-Theorie" wird im Folgenden beibehalten, da deutsche Übersetzungen nicht treffend sind. Vgl. Müller/Crott (1978), S. 219.

[750] Vgl. Adams (1963); Adams (1965); überblicksartig zusammenfassend Berthel/Becker, F. G. (2000), S. 62-63; Nerdinger (2001), S. 365-366; Weinert, A. B. (2004), S. 211.

[751] Weinert, A. B. (2004), S. 212.

[752] Vgl. vom Hofe (2005), S. 68.

[753] Vgl. Morick (2002), S. 7.

[754] Vgl. vom Hofe (2005), S. 66-67. Bemerkenswert ist in diesem Zusammenhang, dass sachlich nicht begründete Ungleichbehandlung trotzdem zu Empfinden von Gerechtigkeit führen kann. Vgl. bspw. die Studien von Liebig/Sauer/Schupp (2011) und Liebig/Valet/Schupp (2010), welche offenlegen, dass Frauen – verglichen mit Männern – durchschnittlich ein geringeres Einkommen als gerecht ansehen.

Ungerechtigkeit in der differentiellen Behandlung mag zwar für die bevorteilte Gruppe positive Effekte haben, bei den anderen Mitarbeitern, die ihre eigene Situation mit der von Mitgliedern des bevorzugten Segments vergleichen, jedoch zu kontraproduktiven Effekten führen. Dies ist v. a. dann der Fall, wenn bestimmte Segmente begünstigt werden, um Diskriminierung abzubauen, die allerdings gar nicht oder nicht in dem Ausmaß vorhanden ist oder von unterschiedlichen Organisationsmitgliedern jeweils anders empfunden wird. Die Anforderung der Gerechtigkeit beinhaltet somit einen sachlichen Grund für die Differenzierung, damit andere Segmente sich nicht benachteiligt fühlen. Dabei betont FRITSCH, dass (bei einem bestimmten verfolgten Ziel) intragruppal einheitlich, intergruppal jedoch unterschiedlich vorzugehen ist. Kleine und schweigsame Minderheiten dürfen nicht übergangen werden.[755]

Die Anforderung der Gerechtigkeit ist folglich keine Anforderung der Gleichheit, ganz im Gegenteil: „Wer also von Gleichberechtigung auf Gleichbehandlung schließt, unterstellt damit implizit, dass zwischen den einzelnen Mitarbeitern kein sachlicher Differenzierungsgrund vorliegt."[756] RUMPF erkennt im individualisierten Personalmanagement sogar die gerechteste Form der Mitarbeiterbehandlung. „Es geht dabei [bei einem ausgewogenen Verhältnis von Anreizen und Beiträgen, d. Verf.] aber nicht um ein objektives, von Außenstehenden nachprüfbares Gleichgewicht, sondern um ein jeweils subjektives: In der persönlichen Vorteils-Nachteils-Bewertung des Mitarbeiters müssen gegebene Leistungen und gewährte Belohnung als Gegenleistung im Gleichgewicht sein. Empfindet der Mitarbeiter Leistung und Gegenleistung im Gleichgewicht, fühlt er sich gerecht behandelt – und mit dem Mitarbeiter gleichbehandelt, der in seiner subjektiven, möglicherweise anderen Kosten-Nutzen-Betrachtung ebenfalls zur Feststellung eines Gleichgewichts kommt."[757]

Relevanz der Segmentierungskriterien

Unabdingbar ist, dass die Kriterien der Segmentierung überhaupt von Bedeutung sind. So nennt FRITSCH als Anforderungen an die Segmentierung für sein Konzept der differentiellen Personalpolitik: „Eine mitarbeitergruppenspezifische Personalpolitik, die die betriebsspezifischen und mitarbeiterorientierten Erfordernisse besser als eine generalisierte oder individualisierte Personalarbeit berücksichtigt, verlangt bei der Gruppenbildung zum einen, dass sie auf betriebsrealen Gegebenheiten beruht. Zum anderen soll die Gruppenbildung aufgrund eines personalpolitischen Ziels relevant und erklärend sein."[758] Ebenso legt MARR fest, dass „Korre-

[755] Vgl. Fritsch (1994), S. 28-31 u. 46; Nippa/Petzold (2000), S. 23; Wiegran (2002), S. 14-15.

[756] Wiegran (2002), S. 14. Ähnlich Drumm (2008), S. 544: „Gerechtigkeit durch Gleichbehandlung statt durch Beachtung von individuellen Unterschieden der Mitarbeiter kann nur als ideologischen Argument gewertet werden."

[757] Rumpf (1997), S. 31.

[758] Fritsch (1994), S. 28-29.

lationen zwischen Personenmerkmalen und Effizienzkriterium [...] auch praktisch bedeutsam"[759] sind. MARR/FRIEDEL-HOWE stellen im Rahmen des zu berücksichtigen Merkmalsspektrums die Fragen, welche Effizienzkriterien angelegt werden sollen und welche Moderatorvariablen bezüglich der gesetzten Ziele die stärkste Wirkung haben.[760]

Damit setzt sich die Anforderung, dass die Kriterien der Segmentierung relevant sind, aus der Anforderung der praktischen Bedeutsamkeit und der Anforderung der Bindungs- und Leistungswirksamkeit zusammen:

Die *Anforderung der praktischen Bedeutsamkeit* besagt, dass ein identifiziertes und klar abgrenzbares Segment in der betroffenen Unternehmung auch als solches existieren muss. So mag es bspw. sein, dass eine Unternehmung als besonders bindungs- und leistungswirksam ein bestimmtes finanzielles Anreizsystem für einen Wertetypus im Rahmen einer Unterscheidung nach Werten identifiziert. Wenn jedoch in dieser Unternehmung kein Mitarbeiter diesen Typus bestimmendes Merkmal in sich trägt, besitzen dieser Wertetypus und alle entsprechenden Maßnahmen keine reale Relevanz für diese Unternehmung.[761] Es gilt folglich sowohl für den Entscheidungsrahmen als auch im konkreten Anwendungsfall nicht nur zu prüfen, ob ein Unterscheidungsmerkmal identifizierbar und klar abgrenzbar ist, sondern auch, ob es in der Praxis und im konkreten Anwendungsfall überhaupt relevant ist.

Die *Anforderung der Bleibe- und Leistungswirksamkeit* entspricht indes dem Sachziel differentiellen Bindungsmanagements.[762] Die Differenzierungen sollen vor dem Hintergrund des jeweiligen Handlungsfeldes, in dem sie eingesetzt werden, für das Bleibe- und Leistungsverhalten von Bedeutung sein. Demnach müssen differentielle Aktivitäten des Bindungsmanagements – segmentspezifisch – solche Bedürfnisse der Mitarbeiter ansprechen, welche zu einer erhöhten Bereitschaft des Verbleibens und des Leistens in der Unternehmung führen.[763]

Hier zieht FRITSCH einen Vergleich zur Marktsegmentierung im Absatzmarketing: „Vergleichbar der ‚Käufersegmentierung' im Marketing, die dem effektiveren Einsatz des absatzpolitischen Instrumentariums und der gezielteren Bedürfnisbefriedigung von Abnehmergruppen dient, bezweckt auch die ‚Mitarbeitersegmentierung' bei differentieller Personalpolitik

[759] Marr (1989), S. 44. Ähnlich auch Marr/Friedel-Howe (1989), S. 329.

[760] Vgl. Marr/Friedel-Howe (1989), S. 329-330.

[761] Vgl. Fritsch (1994), S. 28-30.

[762] Vgl. Kap. 4.2.2.

[763] Vgl. Kap. 2.2.1.

einen wirkungsvolleren Einsatz des personalpolitischen Instrumentariums sowie eine zielgenauere Bedürfnisbefriedigung von Mitarbeitergruppen […].“[764]

Als keine Anforderung wird im Folgenden betrachtet, dass Korrelationen zwischen Effizienzkriterium und Personenmerkmal zwingend statistisch signifikant sein müssen.[765] Empirisch eindeutig bestätigte Korrelationen können schließlich nicht immer ermittelt werden, zumal die Methodologie die Verwendung von plausiblen und logischen Zusammenhängen ermöglicht.[766]

Stabilität der Segmentierungskriterien

Bereits MARR verweist auf den interaktionistischen Charakter differentiellen Vorgehens, wonach individuelles Verhalten eine Folge der Interaktion verhaltensbeeinflussender Persönlichkeitsmerkmale und Charakteristika der Situation darstellt.[767] Zugleich wird v. a. in den individualisierten Ansätzen des Personalmanagements, welche auf den Ausführungen von SCHANZ basieren, deutlich, dass zu unterschiedlichen Zeitpunkten oder im Zeitablauf ein Individuum unterschiedliche Bedürfnisse haben kann.[768]

Aus diesem Aspekt, welcher die intraindividuelle Unterschiedlichkeit von Menschen ausdrückt, ergeben sich prinzipiell zwei Teilanforderungen. Diese betreffen einerseits die *Zeitstabilität* der gewählten Merkmale und andererseits die *situative Stabilität* der Merkmale, denn „als solche [Moderatorvariablen, d. Verf.] kommen individuelle Merkmale in Frage, die verhältnismäßig zeitunabhängig und übersituativ, d. h. relativ stabil sind und deshalb einen Anhalt für die Unterteilung einer Gesamtstichprobe in möglichst homogene Subgruppen liefern.“[769] Damit werden die grundsätzlichen Perspektiven der differentiellen Psychologie angesprochen, wobei sich der Dispositionismus als geeignetster Ansatz herausgestellt hat.[770]

[764] Fritsch (1994), S. 30. Für entsprechende Definitionen von „Marktsegmentierung“ im Absatzmarketing vgl. bspw. Kotler/Bliemel (2001), S. 416; Meffert/Burmann/Kirchgeorg (2008), S. 182. Die Quintessenz dieser Definitionen ist nach Böcker/Ziemen/Butt (2004), S. 9, dass „ein heterogener Gesamtmarkt gemäß der Unterschiedlichkeit der Ansprüche der Konsumenten in möglichst homogene Teilmärkte aufzuspalten ist und dass eben diese in sich homogenen Segmente mit einem speziellen, auf die Bedürfnisse und Anforderungen des Konsumenten abgestimmten Marketingprogramms als Zielgruppe angesprochen werden.“

[765] Vgl. Marr (1989; S. 44; Marr/Friedel-Howe (1989), S. 329.

[766] Vgl. Kap. 1.2.

[767] Vgl. Marr (1989), S. 43. Ähnlich Marr/Friedel-Howe (1989), S. 330.

[768] Vgl. Schanz (1977b), S. 350-351; Ruppert (1995), S. 71; Schanz (2004), S. 195.

[769] Morick (2002), S. 85.

[770] Vgl. Kap. 2.1.1. Marr (1989), S. 43.

In der differentiellen Psychologie werden diese Merkmale als „Traits“ oder Dispositionseigenschaften bezeichnet.[771] Sie beschreiben psychische Eigenarten wie „intelligent“ oder „faul“. Ihnen wird zugeschrieben, interindividuell unterschiedlich, in weitgehend identischen Situationen stabil und in verschiedenartigen Situationen konsistent zu sein. Damit geht die Erwartung an Personen einher, dass sich das betroffene Individuum auch in zukünftigen, ggf. sogar bisher unbekannten oder nicht untersuchten Situationen, entsprechend der ihm zugeschriebenen Eigenschaft verhalten wird, ohne aber dass diese dahinterliegende Handlungsdisposition als solche erkennbar wird. Die Ausprägung eines Merkmales an einem bestimmten Merkmalsträger – also die Eigenschaft selbst – wird schließlich als „Dispositionsprädikat“[772] bezeichnet. MARR betont jedoch, dass das Kriterium der Stabilität „als nicht zu rigide gesehen werden darf. Es kann nur um relative Stabilität gehen.“[773]

4.2.3.4 Prozessuale Anforderungen

Dauerhafte Revisionsmöglichkeit

Zwar drückt die Anforderung der Stabilität der Segmentierung aus, dass die gewählten Merkmale zeitlich und situativ relativ stabil sein sollen, doch ist anzunehmen, dass sich unternehmerische Bedingungen, Lebensumstände, individuelle Lernprozesse, gesellschaftliche Werte und weitere Einflussfaktoren auf menschliche Bedürfnisse und Einstellungen ändern, sodass gebildete Segmente und/oder die entsprechenden Aktivitäten sich nicht mehr als zweckmäßig erweisen können.[774] Das ändert prinzipiell nichts an den Dispositionseigenschaften der Mitarbeiter, wohl aber an den bleibe- und leistungsrelevanten Motiven und Bedürfnissen.[775] Übertragen auf das Absatzmarketing wird dieser Sachverhalt als „dynamische Segmentierung“ bezeichnet – betroffen sind bspw. Wechsel zwischen Segmenten, Veränderungen der Segmentgröße oder qualitative Veränderungen der Segmentdefinition.[776] Ein starres Bindungsmanagement, welches einmal etabliert ist und nicht mehr angepasst wird, könnte unter-

[771] Vgl. Kap. 2.1.1

[772] Vgl. Herrmann (1973), S. 9.

[773] Marr (1989), S. 44.

[774] Vgl. Peinelt-Jordan (1996), S. 251-254; Ruppert (1995), S. 71; Schanz (2004), S. 52.

[775] Beispielsweise ist denkbar, dass ein Berufseinsteiger eher Bedürfnisse nach einem hohen Gehalt und herausfordernder Tätigkeit hat, nach fünf Jahren im Betrieb jedoch eine Familie gründet und nun viel Zeit mit dieser verbringen möchte. Dennoch können seine grundsätzlichen Eigenschaften – bspw. faul oder intelligent – unverändert geblieben sein.

[776] Vgl. Freter (2008), S. 272-277.

schiedlichen Bedürfnissen im Zeitablauf nicht gerecht werden und daher ggf. sogar seine positive Auswirkung auf die Bleibe- und Leistungsmotivation verlieren.[777]

Vor allem Publikationen zu individualisiertem Personalmanagement beinhalten die Forderungen nach Reversibilität und Dauerhaftigkeit.[778] Doch auch FRITSCH verweist darauf, dass der „Betrieb [...] durch Überprüfung der Gruppenbildung von Zeit zu Zeit die Anpassung der differentiellen Personalpolitik an veränderte betriebliche und außerbetriebliche Bedingungen zu gewährleisten“[779] hat. Das beinhaltet auch, dass bei einem Wegfall der Differenzierungsgründe auch die Differenzierung selbst wegfallen muss, da es nun keinen sachlichen Grund für ebendiese mehr gibt.[780]

Während die Reversibilität im individualisierten Personalmanagement v. a. auf die dort verankerte Selbstselektion von Handlungsalternativen abzielt, soll die Möglichkeit zur Revision im differentiellen Bindungsmanagement auch für die Unternehmungsseite gelten. Auf diese Weise ist es möglich, intraindividueller Unterschiedlichkeit durch neue Differenzierungen und entsprechende Aktivitäten adäquat zu begegnen. Differenzierungen und Aktivitäten sind ständig auf ihre Berechtigung hin zu überprüfen, sodass differentielles Bindungsmanagement einen dynamischen Charakter bekommt.[781]

Umsetzbarkeit

Nicht zuletzt bedingt durch die Praxisorientierung dieser Arbeit genügt es nicht, mögliche Segmente und Aktivitäten eines differentiellen Bindungsmanagements zu postulieren. Auch muss gewährleistet werden, dass die Segmente diagnostizierbar und unter den jeweiligen Bedingungen anwendbar sind. Wenn die Kriterien zur Differenzierung bekannt sind, müssen diese auch ermittelt werden. Die Kriterienmessung am Mitarbeiter in einer betriebsadäquaten Form ist unabdingbarer Bestandteil differentiellen Vorgehens.[782] Die Anforderung der *Diagnostizierbarkeit* ist daher eine Teilanforderung der Umsetzbarkeit.

Theoretische Möglichkeiten eines differentiellen Bindungsmanagements sind nutzlos, wenn sie nicht die Anforderung der *Anwendbarkeit* erfüllen. Dazu müssen – nachdem die Diagnose

[777] Vgl. Schanz (1994), S. 97.

[778] Vgl. Ruppert (1995), S. 71; Schanz (1994), S. 97, Schanz (2004), S. 50-52.

[779] Fritsch (1994), S. 31.

[780] Vgl. Fritsch (1994), S. 31.

[781] Vgl. Ruppert (1995), S. 12 u. 71. „Reversibilität“ bedeutet im Allgemeinen „Umkehrbarkeit“. Vgl. Kraif/Konopka/Thyen (2010), S. 911.

[782] Vgl. Marr (1989), S. 46-47; Marr/Friedel-Howe (1989) S. 333. Ähnlich auch Hamel (1989), S. 65.

erfolgreich stattgefunden hat – die differentiellen Bindungsmaßnahmen implementiert werden, jedoch unter der Berücksichtigung der speziellen Bedingungen vor Ort.[783] Es gilt also einerseits, die konkreten Maßnahmen so zu gestalten, dass sie mit unterschiedlichen Anwendungsbedingungen kompatibel sind und andererseits, die Rahmenbedingungen für ihren Einsatz zu schaffen.

Eine differentielle Vorgehensweise muss auch die *systemerhaltende Balance* zwischen ökonomischer und sozialer Effizienz finden. Ein zu hohes Maß an Individualisierung könnte zu Nachteilen aufgrund von Desintegration und dysfunktionalen Konsequenzen führen. Auch muss für ein differentielles Bindungsmanagement die erhöhte Bleibe- und Leistungsbereitschaft der Mitarbeiter, welche aus der Differenzierung resultiert, sinkende Bindungseffekte aus dem Kollektivgefühl allgemeinen Personalmanagements überkompensieren. Ähnlich gelagert ist das Dilemma zwischen individueller und kollektiver Interessenbefriedigung, d. h. nach dem Ausmaß noch akzeptabler Differenzierung, um ausreichend Systemeffizienz zu garantieren. Hier muss schließlich ein wertebasierter Konsens gefunden werden, der den Mittelweg ermöglicht.[784]

Einbindung in bestehende Strukturen

Bereits im Grundlagenteil wurde darauf hingewiesen, dass Bindungsmanagement eine Querschnittsfunktion darstellt und sich bestehender Systeme wie Vergütungs- oder Personalentwicklungssystemen bedient. Dies gilt auch für ein differentielles Bindungsmanagement, das sich mit den Handlungsfeldern abstimmt und deren Spezifika berücksichtigt. Zugleich muss ein als strategisch-orientiert verstandenes differentielles Bindungsmanagement in interaktiver Beziehung zur strategischen Führung stehen. Die Einbindung in bestehende Strukturen drückt damit auch die Unterscheidung in ein strategisch-orientiertes und ein operatives Bindungsmanagement aus:[785]

Ein *strategisch-orientiertes Bindungsmanagement* weist die Möglichkeit auf, über das strategisch-orientierte Personalmanagement indirekte Einflussnahme auf strategische Entscheidungsprozesse und hierbei besonders auf das personale Führungssubsystem der Führung zu nehmen. Die Bleibe- und Leistungsmotivation personeller Erfolgsfaktoren bestimmt damit in Teilen auch die Handlungsspielräume für strategische Führung. So ist sowohl für die Ausrichtung, als auch für die Gestaltung und die Durchsetzung des strategisch-orientierten differen-

[783] Vgl. Marr/Friedel-Howe (1989), S. 332.

[784] Vgl. Marr (1989), S. 45-46; Marr/Friedel-Howe (1989), S. 330-332.

[785] Vgl. Kap. 2.1.1; 2.2.1 u. 4.2.1 sowie für eine solche Unterscheidung nach strategischem und operativem Bindungsmanagement DGfP (2004), S. 33-34; ähnlich zur demografieorientierten Personalarbeit Becker, F. G. (2009), S. 333-334; allgemein Becker, F. G. (2011a), S. 36-39.

tiellen Bindungsmanagements zu garantieren, dass das hierfür geeignete Personal und Management bereitgestellt wird. Weitere wesentliche Gestaltungsvariablen sind in diesem Zusammenhang die Bereiche der Personalentwicklung und der Anreizsysteme.[786]

Operatives Bindungsmanagement differentieller Art hat – auf dem strategisch-orientierten Bindungsmanagement aufbauend – indes die Identifikation von Mitarbeitersegmenten und die Durchführung darauf abgestimmter Maßnahmen sowie dessen Controlling zum Gegenstand.[787] Es muss sich als Querschnittsfunktion bereits existierenden Instrumenten in verschiedenen Handlungsfeldern des Personalmanagements bedienen. Da innerhalb der Handlungsfelder jedoch bereits eigene Ziele verfolgt werden, ist eine dahingehende Abstimmung zu garantieren. So könnten bspw. bestimmte Maßnahmen der Personalentwicklung für eine erhöhte Bindung sorgen, da sie den Interessen der Mitarbeiter sehr entsprechen, für das Ziel der Personalentwicklung jedoch kontraproduktiv sein.

4.2.3.5 Zusammenfassung

In der folgenden zusammenfassenden Tabelle 5 werden die Anforderungen noch einmal überblicksartig dargestellt.

---

[786] Vgl. Becker, F. G. (2011), S. 182-198; Berthel/Becker, F. G. (2010), S. 684-685. Für eine „strategisch-orientierte Personalentwicklung" vgl. Becker, F. G. (2011c), S. 231-234. Zum personalen Führungssubsystem als eines der fünf Systeme im Schichtenmodell des strategischen Managements vgl. Becker, F. G. (2011), S. 177-197. Bindungsmanagement mit strategischem Bezug wird in der Literatur oft als strategie-orientiertes Personalmanagement verstanden. Vgl. für solche Verständnisse DGfP (2004), S. 33 u. 38-39; Gauger (2000), S. 142-143; Jochmann (2006), S. 198.

[787] Vgl. DGfP (2004), S. 33.

Tabelle 5: Übersicht der Anforderungen an ein differentielles Bindungsmanagement.[788]

Anforderung	Kurzbeschreibung
Wirtschaftlichkeit	Die organisationale Effizienz als Ausdruck des Verhältnisses von Leistungs- und Bleibemotivation zu den erhöhten Kosten differentieller Bindung muss > 1 sein.
Akzeptanz	Das Umfeld und die Merkmale der Neuerung sind akzeptanzfördernd zu gestalten, das Individuum ist entsprechend vorzubereiten.
Gerechtigkeit	Das absolute und das relative Verhältnis von Anreizen und Beiträgen müssen individuell als gleichwertig – nicht gleich – wahrgenommen werden.
Relevanz der Segmentierung	Das (theoretisch) ermittelte Segment muss in der Unternehmung existieren, bedeutsam genug sein und die Unterscheidung überhaupt eine Wirkung auf das Leistungs- und Bleibeverhalten besitzen.
Stabilität der Segmentierung	Die identifizierten Segmente müssen zeitlich und übersituativ relativ stabil sein.
Dauerhafte Revisionsmöglichkeit	Der Prozess differentiellen Bindungsmanagements muss die ständige Möglichkeit der Anpassung und Änderung beinhalten.
Umsetzbarkeit	Die Diagnostizierbarkeit und die Anwendbarkeit müssen im Prozess genauso gewährleistet sein wie Balance zwischen Integration und Differenzierung.
Einbindung in bestehende Strukturen	Die Abstimmung mit der Unternehmungsstrategie muss genauso gewährleistet sein wie die Abstimmung mit dem Handlungsfeldern des Personalmanagements, welches das differentielle Bindungsmanagement in seiner Querschnittsfunktion nutzt.

4.3 Inhaltliche Elemente

4.3.1 Merkmale der Segmentierung

4.3.1.1 Vorbemerkungen

Im Folgenden werden Merkmale zur Segmentierung von Mitarbeitern angeboten, wobei die dafür angelegten Kriterien einen Bezug zur Bleibe- und Leistungsmotivation beinhalten müssen. Vor allem WIEGRAN, aber auch MORICK, thematisiert im Zuge dessen intensiv die Frage

[788] Quelle: Eigene Darstellung.

nach der *Vorteilhaftigkeit soziologischer oder psychologischer Merkmale.*[789] Die Relevanz soziologischer Merkmale für das Leistungsverhalten wird von beiden als gering eingestuft, sodass psychologische Kriterien bevorzugt werden.[790] WIEGRAN argumentiert: „Der Nachteil der schwierigen empirischen Messbarkeit der psychologischen Merkmale ist [...] im Rahmen eines theoretischen Modells von untergeordneter Bedeutung. Wichtig hingegen ist der enge Zusammenhang zwischen Gruppierungsmerkmale und Leistungsverhalten, der bei den psychologischen Merkmalen in höherem Maß gegeben ist."[791] Dieser Begründung wird sich im Folgenden nicht angeschlossen; zum einen, weil dieser Entscheidungsrahmen über ein rein theoretisches Modell hinausgeht und Gestaltungsempfehlungen abgeben soll, und zum anderen, weil die Wahl der Segmentierung in Anhängigkeit von den Handlungsfeldern geschehen wird. Es ist schließlich nicht nachvollziehbar, sich prinzipiell nur für eine Merkmalskategorie auszusprechen, wenn es vielleicht auch Merkmale anderer Kategorien gibt, die für eine hinreichende Homogenität von Segmenten hinsichtlich ihres Bleibe- und Leistungsverhaltens sorgen und dabei Anforderungen wie Wirtschaftlichkeit – durch bspw. kostengünstigere Erhebung – oder auch Akzeptanz besser erfüllen.[792]

Beiträge zur Identifikation von Differenzierungsmerkmalen könnten das Absatzmarketing und die differentielle Psychologie bieten:

Ausgangspunkt der Segmentierung im Absatzmarketing ist das Entscheidungsverhalten der Käufer, dessen Analyse und Auswertung zur Beeinflussung durch Marketing-Instrumente führt und damit auch Einfluss auf den Marketing-Mix nimmt.[793] So nennt FRETER demografische, soziologische, psychografische, physiologische und Zeitkriterien sowie Kriterien des beobachtbaren Kaufverhaltens als grundsätzliche Kategorien von *Segmentierungskriterien im Absatzmarketing.*[794] Kriterien des beobachtbaren Kaufverhaltens wie Kaufvolumen oder Preisverhalten spielen für ein Bindungsmanagement ebenso wenig eine Rolle wie Zeitkrite-

---

[789] Vgl. Kap. 3.2.3.4.

[790] Vgl. Morick (2002), S. 73 u. 97; Wiegran (2002), S. 33-43, welche funktionale Merkmale auf diese Weise nicht berücksichtigt. Auch im Absatzmarketing ist dieses Dilemma existent. Vgl. Schweiger/Schrattenecker (2009), S. 52-55. Westphal/Gmür (2009), S. 213, unterstreichen mit einer qualitativen Metaanalyse, dass demografische Merkmale entweder keinen oder nur einen sehr geringen Zusammenhang zum Commitment aufweisen. Vgl. auch Kap. 3.2.3.4.

[791] Wiegran (2002), S. 43.

[792] Vgl. Fritsch (1993), S. 304; Fritsch (1994), S. 33, für die vergleichbare Diskussion im Absatzmarketing Becker, J. (2009), S. 292-293, sowie Meffert/Burmann/Kirchgeorg (2008), S. 196-197, nach denen im Absatzmarketing soziodemografische und psychografische Kriterien kombiniert zum Einsatz kommen.

[793] Vgl. Becker, J. (2009), S. 248; Freter (2008), S. 63; Homburg/Krohmer (2009), S. 27.

[794] Vgl. Freter (2008), S. 92-93. Etwas anders unterscheidet Pepels (2007), S. 15-23, in demographische, entscheidungsbezogene, psychographische, soziographische und typologische Kriterien. Decker/Bornemeyer (2009), S. 201, gliedern in geographische, soziodemographische, psychographische, verhaltensbasierte und nutzenbasierte Kriterien.

rien (bspw. Anlass, Jahreszeit). Auch verbleibende Kriterien innerhalb der aufgeführten Kategorien sind für das differentielle Bindungsmanagement nur bedingt verwendbar, da die Marktsegmentierung im Absatzmarketing nicht auf das Bleibe- und Leistungsverhalten, sondern auf das Kaufverhalten abzielt. Problematisch ist damit einerseits die Art des Kriteriums, denn einem differentiellen Bindungsmanagement ist bspw. eine Segmentierung nach der Größe des Wohnorts vermutlich nur wenig dienlich.[795] Andererseits bedingt die Orientierung am Kaufverhalten andere Ausprägungen der als unterscheidungsrelevant identifizierten Kriterien. Dies betrifft umso mehr psychografische Kriterien.[796] Die Segmentierungskriterien des Absatzmarketings sind hier also nur teilweise brauchbar.

Auf den sehr engen Zusammenhang von differentieller Psychologie und differentiellem Personalmanagement wurde bereits im Grundlagenteil intensiv eingegangen.[797] Hier existieren als *Segmentierungskriterien der differentiellen Psychologie* eine Fülle unterschiedlicher Typologien und Moderatorvariablen, die zum Erklären ebenfalls unterschiedlicher Zusammenhänge verwendet werden.[798] Nicht alle tragen zum differentiellen Bindungsmanagement bei, zumal es der differentiellen Psychologie eher um das Erklären und weniger um das Gestalten geht. Auch ist das Primärziel nicht das Bilden von Segmenten selbst, sondern das Erkennen vom Verhalten einzelner Individuen durch die Bildung von Segmenten. Im Kontext der Personalmanagement ist überdies zu berücksichtigen, dass bestimmte Eigenschaften theoretisch und in Laborexperimenten als Moderatoren zwar identifiziert sein können, in der Praxis jedoch auf weitere moderierende Variablen treffen können.[799] Dennoch kann die Vielzahl theoretischer und empirischer Erkenntnisse der differentiellen Psychologie zur Bildung und auch zur Behandlung von Mitarbeitersegmenten beitragen und wird entsprechend berücksichtigt.

Die Kriterien zur Segmentierung beziehen auf deutsche Erkenntnisse oder solche Erkenntnisse, die sich mit deutschen Rahmenbedingungen in Verbindung bringen lassen.[800] Inwieweit diese Segmente in anderen kulturellen Zusammenhängen bleibe- und leistungsrelevant sind oder ob überhaupt eine Differenzierung anzustreben ist, ist im entsprechenden Anwendungsfall zu klären.[801] So ist bspw. fraglich, ob eine deutsche Unternehmung in einer indischen

[795] Vgl. für dieses Differenzierungskriterium Becker, J. (2009), S. 253.

[796] Vgl. in diesem Zusammenhang bspw. die für die Marktsegmentierung relevanten gesellschaftlichen Wertorientierungen bei Becker, J. (2009), S. 261-263, mit denen im Folgenden vorgestellten (vgl. Kap. 4.3.1.4). Einige Parallelen sind naheliegend, etwaige Übertragungen jedoch reine Spekulation, die sich zudem nicht weiter begründen lässt.

[797] Vgl. Kap. 2.1.1.

[798] Vgl. bspw. Amelang/Bartussek/Stemmler/Hagemann (2006), S. 243-532.

[799] Vgl. Morick (2002), S. 85-88.

[800] Vgl. Kap. 1.1.

[801] Vgl. hierzu Scherm (1997), S. 76.

Tochtergesellschaft ein differentielles Vorgehen mit dem dortigen Kastensystem vereinen kann. Ferner sei darauf hingewiesen, dass zwischen und innerhalb der Merkmalskategorien durchaus Überschneidungen entstehen können, da Merkmale von Menschen sich aufgrund ihrer Komplexität nicht immer eindeutig kategorisieren lassen.

4.3.1.2 Sozio-demografische Merkmale

Soziodemografische Merkmale stellen gesellschaftliche oder bevölkerungswissenschaftliche Personenattribute dar.[802] Bereits in den Vorbemerkungen wurde deutlich, dass solche sozio-demografische Kriterien nur wenig dazu geeignet scheinen, homogene Segmente zu bilden – zu inhomogen sind die leistungs- und bleiberelevanten Bedürfnisse bspw. von Männern, älteren Arbeitnehmern oder Migranten. Ihr Vorteil liegt allerdings in der sehr einfachen Ermittelbarkeit, und auch die Akzeptanz in der Belegschaft dürfte höher ausfallen als bei psychologischen Kriterien.[803] Ein geringerer Nutzen steht damit geringeren Kosten gegenüber, doch wenn ein Nutzen resultiert, der die Kosten der Differenzierung übersteigt, wäre eine solche Differenzierung prinzipiell nicht abzulehnen.

Das im Personalmanagement sehr populäre Differenzierungskriterium *Geschlecht* wird ausdrücklich nicht gewählt.[804] Das hat zum einen den Grund, dass im Bleibe- und Leistungsverhalten kaum Unterschiede nachweisbar sind wie ohnehin Frauen und Männer als Segmente zu inhomogen sind.[805] Zum anderen beruhen viele Erkenntnisse allein auf Unterschieden der Sozialisation und empirischer Existenz, was nicht zuletzt auf gesellschaftliche Ursachen sowie Rollenkonflikte hindeutet und Fragen der Diskriminierung aufwirft.[806] Dies gilt auch für

[802] Vgl. Marr (1989), S. 39; aus dem Marketing Becker, J. (2009), S. 250; Freter (2008), S. 144.

[803] Vgl. 4.3.1.1.

[804] Vgl. Kap. 3.2.2.3. Weitere denkbare Kriterien aus der Marktsegmentierung sind bspw. Haushaltsgröße, Wohngebiet sowie die soziale Schicht und das Milieu. Vgl. Freter (2008), S. 97-134; Schweiger/Schrattenecker (2009), S. 51. Auch Ausbildung, Beruf und Einkommen werden oft als soziodemografische Kriterien genannt – vgl. ebd. –, diese werden im Folgenden jedoch nicht als Moderatorvariablen bedacht, da Ausbildung und Beruf als selbstgewählt gesehen werden und daher eine hohe Bleibe- und Leistungsbereitschaft gegenüber dem Beruf unterstellt wird. Eine Differenzierung nach Einkommen scheint indes wenig sinnlos, da dieses aus betrieblicher Sicht eine differentielle Bindungsaktivität darstellen kann. Vgl. zur Vergütung im Allgemeinen Berthel/Becker, F. G. (2010), S. 540-541.

[805] Vgl. Felfe (2008), S. 146; Mohneck (1998), S. 206-210; Littmann-Wernli/Schubert (2001), S. 140-143; Osterloh/Littmann-Wernli (2000), S. 135-137; Westphal/Gmür (2009), S. 213-218; Wunderer/Dick (1997) o. die Zusammenfassung älterer Studien bei Baillod (1992), S. 28. Aus der Differentialpsychologie vgl. hierzu bspw. die Erkenntnisse von Alfermann (2005); Asendorpf (2007), S. 396 u. 420; Herlitz/Nilsson/Bäckman (1997); Tesch-Römer/v. Kondratowitz (2007), S. 588-590.

[806] Vgl. bspw. die Studie von Abele (2003), S. 51-52 u. 59-60. Vgl. auch die in der kritischen Diskussion zu Kap. 3.2.2.2 aufgeführten Erkenntnisse.

eine Differenzierung nach der *sexuellen Identität*, sogar umso mehr aufgrund des Drucks durch Heteronormativität.[807] Differenzierungen nach *ethnischer Herkunft*[808] sind ebenso abzulehnen, denn eine solche Unterscheidung dürfte wenig akzeptanzfördernd, sondern eher stigmatisierend wirken. Differentialpsychologisch sind die Unterschiede innerhalb einer Ethnie ohnehin deutlich größer als die zwischen verschiedenen Ethnien.[809] Es empfiehlt sich stattdessen, Akzeptanz für Unterschiedlichkeiten zu fördern, Gleichwertigkeit und Gerechtigkeit zu manifestieren sowie Diskriminierung abzubauen.[810] Bestehende Vorschläge in diese Richtung zielen schlussendlich auch darauf ab.[811]

Als einziges sozio-demografisches Kriterium mit Bleibe- und Leistungsrelevanz kann das *Alter* identifiziert werden. So fasst FELFE einige empirische Erkenntnisse zusammen, nach denen Commitment und Alter derart zusammenhängen, dass ältere Mitarbeiter v. a. ein höheres kalkulatives Commitment aufweisen, was auf unterschiedliches Bleibeverhalten in Abhängigkeit vom Alter hinweist.[812] GENZWÜRKER ermittelt für das organisationale Commitment, „dass das Lebensalter der Mitarbeiter von allen soziodemographischen Variablen den wichtigsten Einfluss zu haben scheint“[813]. SCHNEIDER findet empirisch heraus, dass ältere Mitarbeiter seltener den Job wechseln.[814] Hinsichtlich des Leistungsverhaltens herrscht in der Forschung – in der unternehmerischen Praxis jedoch eher weniger – Konsens, dass auch ältere Mitarbeiter[815] lern- und leistungsbereit sowie -willig sind. Etwaige körperliche Nachteile werden bspw. durch Erfahrung und Kompetenz ausgeglichen und spielen im in Deutschland

807 Vgl. für entwicklungspsychologische Erkenntnisse zur sexuellen Identität Asendorpf (2007), S. 394-395, auch den evolutionspsychologischen Ansatz von Bem (1996). Vgl. zur Heteronormativität als Ausdruck von Heterosexualität als soziale Norm Bartel (2008); Hartmann/Klesse/Wagenknecht/ Fritzsche/Hackmann (2007). Vgl. auch die Studie von Maas (1999) zu den Karriereproblemen homosexueller Führungskräfte.

808 „Ethnisch“ wird im Folgenden verstanden als kulturell relativ homogene Gruppe. Dabei wird „Ethnie“ anderen Termini wie „Rasse“ oder „Volk“ aufgrund von Vorbelastungen und politischer Korrektheit bevorzugt. Vgl. grundlegend hierzu sowie zu Problemen eines solchen Verständnisses Heidemann (2011), S. 215-220.

809 Dies wird damit erklärt, dass die „gemeinsamen Wurzeln“ weniger als 4000 Generationen zurückliegen. Für genetische Merkmale oder den Intelligenzquotienten beträgt das Verhältnis von Unterschieden bspw. ca. 6:1. Vgl. Asendorpf (2004), S. 457. Schanz (2000), S. 184, verweist in diesem Zusammenhang auf Erkenntnisse der Genetik, wonach 99,9 Prozent der menschlichen Erbmasse weltweit identisch ist.

810 Diese Ausführungen beziehen sich nichtzwingend auf ein internationales Personalmanagement – hier sollten landesspezifische Besonderheiten sehr wohl beachtet werden. Vgl. zum Personalmanagement im Allgemeinen Berthel/Becker, F. G. (2010), S. 698-705; im differentiellen Kontext bspw. speziell für die internationale Karriereplanung von Führungs- und Führungsnachwuchskräften Berthel (1998).

811 Vgl. die „Führung ausländischer Mitarbeiter“ von Weber (1995a), Sp. 109-111, oder die Empfehlungen zur Integration von Ausländern aus arbeitswissenschaftlicher Sicht in Luczak (1998), S. 213-214.

812 Vgl. Felfe (2008), S. 146.

813 Genzwürker (2006), S. 212.

814 Vgl. Schneider (2007), S. 125-126. Vgl. auch die Zusammenfassung älterer Studien bei Baillod (1992), S. 28.

815 Definiert als ältere Mitarbeiter sind solche, die das 50. Lebensjahr erreicht haben. Vgl. Becker, F. G./Bobritchev/Henseler (2004), S. 2-3.

dominanten Dienstleistungssektor ohnehin eine eher untergeordnete Rolle.[816] Alter soll schließlich als Lebensalter, nicht als Berufsalter o. ä., verstanden werden, muss aber nicht zwingend in Jahren ausgedrückt werden. Denkbar sind auch unterjährige Differenzierungen oder Segmente, die mehrere Lebensjahre umfassen.

Zwar sind Mitarbeiter eines Altersegments in sich wenig homogen und weist der Mensch kurz vor seinem Tod den wohl vielfältigsten Charakter auf, was einem homogenen Segment prinzipiell widerspricht.[817] Allerdings besitzt der Mensch in unterschiedlichen Phasen seines Lebens unterschiedliche Bedürfnisse, die unter anderem von gesellschaftlichen Vorstellungen sowie Änderungen individueller Lebensumstände beeinflusst werden und das Alter mitkonstituieren. Während bspw. in jungen Jahren die Karriereplanung und die Gründung einer Familie vordergründig sind, besitzt kurz dem Übergang zur Rente das Ausscheiden aus dem Berufsleben und die Gestaltung der Rentenzeit eine deutlich höhere Relevanz. Dies legt nahe, dass unterschiedliche und altersspezifische Einflussfaktoren auf das Bleibe- und Leistungsverhalten existieren.[818]

„Alter“ darf jedoch nicht missverstanden werden als Mittel zur Fokussierung, ggf. sogar zur Stigmatisierung und Benachteiligung älterer Mitarbeiter, sondern muss den gesamten Alterungsprozess mit einbeziehen und alle Altersklassen berücksichtigen. „Ältere Mitarbeiter“ können auf diese Weise ein Segment von vielen der Differenzierung nach dem Kriterium „Alter“ darstellen. Ein *alter<u>n</u>sorientiertes Bindungsmanagement* legt seinen Fokus nicht allein auf ältere Mitarbeiter, sondern beginnt bereits mit Berufseinsteigern.[819] „Alternsgerecht“ be-

---

[816] Vgl. Becker, F. G. (2009), S. 337; Becker, M./Labucay/Kownatka (2008); Becker, M. (2010); Becker, F. G./Bobrichtchev/Henseler (2004), S. 3-4, sowie die darin zitierten Quellen; Bruch/Böhm/Kunze (2010), S. 51-71; Freyermuth (2002), S. 45; Heinze/Naegele/Schneiders (2011), S. 20-32; Langhoff (2009), S. 31-52; Maintz (2005), S. 128; v. d. Oelsnitz/Stein/Hamann (2007), S. 77-78; Schneider (2007), S. 7; Stehr (2008), S. 60; Stock-Homburg (2010), S. 726-730; Veen (2008); S. 36-117; intensiv aus arbeitswissenschaftlicher Sicht auch Luczak (1998), S. 217-222. In der Gerontologie stellt den gegenwärtigen Stand der Forschung das Kompetenzmodell dar, wonach das Altern ein Entwicklungsprozess ist, dessen Vorteile etwaige Nachteile überwiegen. Durch die Aktivierung und Entwicklung von Fähigkeiten kann das Leistungspotential um Altern entsprechend erweitert werden. Vgl. grundlegend zum Kompetenzmodell Olbrich (1987); Olbrich (1992) sowie zum Überblick verschiedener Modelle von Leistung und Altern Brandenburg/Domschke (2007), S. 81-88. Vgl. auch Kap. 3.2.2.2.

[817] Vgl. zu der Diskussion um die Homogenität eines Segments „ältere Mitarbeiter“ Fritsch (1994), S. 188; Morick (2002), S. 65-66; Wiegran (2002), S. 37-40; auch Lehr/Wilbers (1992), S. 205-206.

[818] Vgl. u. a. Bäcker/Brussig/Jansen/Knuth/Nordhause-Janz (2009), S. 218-300; Brandenburg/Domschke (2007), S. 63-71; Bruch/Kunze/Böhm (2010), S. 93-94; Heinze/Naegele/Schneiders (2011), S. 63-76; Kramer (2010), S. 36-38; Oertel (2008), S. 367-368; Schmitz (2008), S. 123-129 oder die nach Alter unterschiedenen Karrierephasen bei Cummings/Huse (1989), S. 358-360. Vgl. in diesem Zusammenhang auch die Verwendung des „biologischen Alters“ anstelle des „kalendarischen Alters“ bei Haeberlin (2003), S. 599, oder die Erkenntnisse des Absatzmarketing zum Segmentierungskriterium „Lebensphase“ oder „Familienlebenszyklus“ bei Becker, J. (2009), S. 254-255; Freter (2008), S. 101-104.

[819] Vgl. Becker, F. G./Bobritchev/Henseler (2004), S. 4; Becker, F. G. (2009), S. 344; Morschhäuser/Ochs/Huber (2008), S. 131. Vgl. ähnlich auch das Konstrukt „Age Inclusion“ bei Bieling (2011), S. 57-90, und die entsprechenden Auswirkungen auf den Unternehmungserfolg (S. 181-182).

deutet daher, dass vorurteilslos differenziert wird und für jedes Segment angemessene Maßnahmen durchgeführt werden.

4.3.1.3 Personengebundene funktionale Merkmale

Als personengebundene funktionale Merkmale begreift MARR hierarchische, funktionale und institutionale Positionen sowie die funktionale Rolle, jedoch ohne dies weiter ausführen.[820] Unterscheidungen nach dem Merkmale der hierarchischen Position betreffen die hierarchische Führung als zielgerichteten Einfluss eines direkten wie nächst höheren Vorgesetzten auf einen Untergebenen“[821], d. h. die Unterscheidung zielt auf Vorgesetzte und Untergebene ab, wobei die Differenzierung selbst nicht immer zwingend von direkten Beziehungen zwischen den betroffenen Individuen ausgeht. Die funktionale Position betrifft die Funktionalbereiche wie Produktion, Absatzmarketing oder Forschung und Entwicklung.[822] Die funktionale Rolle hat konsistente Bündel normativer Erwartungen an Arbeitsplätze durch Stelleninhaber oder von außen zum Gegenstand.[823] Das Differenzierungskriterium institutionaler Positionen verweist eher auf die formellen sowie explizit auch informellen Regeln innerhalb von Organisationen, denn „der Begriff ‚Institutionen‘ umfasst [...] die Gesamtheit aller interaktionssteuernder Phänomene“[824] in Organisationen, wobei v. a. den Regeln eine hohe Bedeutung zukommt.[825]

Als schwach wirksam für die Bleibebereitschaft hat FELFE die *hierarchische Position* identifiziert, wonach Führungskräfte ein leicht geringeres kalkulatorisches Commitment besitzen als Mitarbeiter ohne Führungsfunktion. FELFE schreibt dies erhöhter Autonomie und Unabhängigkeit zu – was die Frage nach Ursache und Wirkung aufwirft.[826] Hätten Nicht-Führungskräfte ein genauso hohes Commitment wie Führungskräfte, wenn sie auch über mehr Unabhängigkeit und Autonomie verfügen würden?[827] Grund für eine Differenzierung nach der Hie-

[820] Vgl. Marr (1989; S. 39.

[821] Berthel/Becker, F. G. (2010), S. 157.

[822] Vgl. hierzu Becker, F. G. (2010), S. 111; Macharzina/Wolf, J. (2010), S. 298.

[823] Vgl. Fischer/Wiswede (1997), S. 428-429; Weinert, A. B. (2004), S. 404.

[824] Wolf, J. (2011), S. 526.

[825] Vgl. Wolf, J. (2011), S. 526 u. 544-545.

[826] Vgl. Felfe (2008), S. 146; auch Westphal/Gmür (2009), S. 214. Vgl. ähnlich die Studie von Einsiedler/Rau/v. Rosenstiel (1987): Dass drei Viertel der 707 untersuchten Führungskräfte karriereorientiert sind, jedoch nur 22,9 Prozent der 1143 Nachwuchsführungskräfte, wird damit erklärt, dass im Zuge der Einstellung und Beförderung einerseits eine entsprechende Selektion stattfindet und/oder andererseits die Orientierungen sich im Laufe der Zeit ändern.

[827] Vgl. Achterhold (1993), S. 55, der die Bedürfnisse nach persönlicher Anerkennung, Partizipation und Entwicklungsmöglichkeiten im Zuge der höheren Ansiedlung einer Tätigkeit besser erfüllt sieht.

rarchie scheint daher oftmals, dass sich Führungskräfte aufgrund ihres Einflusses auf den unternehmerischen Erfolg im Sinne der Anteilseigener verhalten sollen, sodass eine derartige Unterscheidung Anwendung in erfolgs- oder leistungsorientierter Vergütung findet. Auch der langfristige Verbleib einer guten Führungskraft in der Unternehmung spielt vor dem Hintergrund von Kontinuität und Stabilität eine Rolle, sodass Bindung angestrebt wird.[828]

Eine Segmentierung nach Top-, Middle- und Lower-Management sowie den ausführenden Mitarbeitern bietet zwar voraussichtlich keine optimale Homogenität, doch sie ist aufgrund einfacher Ermittelbarkeit wirtschaftlich und dürfte, wenn die entsprechenden Aktivitäten maßvoll gestaltet werden, Akzeptanz in der Belegschaft finden sowie für ein erhöhten Bleibe-Leistungsverhalten sorgen.[829] Im Prinzip ist eine solche Unterscheidung auch schon längst Usus im Personalmanagement: Führungskräfte o. ä. erfahren eine besondere Behandlung, was durch Aspekte wie mehr Verantwortung oder stärkeren Einfluss auf den Unternehmungserfolg von der Mitarbeiterschaft an der Basis akzeptiert wird.[830]

Unterscheidungen nach funktionaler Position, die funktionalen Rollen sowie institutionaler Position können indes keine Bleibe- und Leistungsrelevanz offenlegen.[831]

4.3.1.4 Persönlichkeitsmerkmale

Persönlichkeitsmerkmale sind nach MARR bspw. Motive, Werthaltungen oder kognitive Orientierungen.[832] Anders als in der Definition von Persönlichkeitspsychologie nach ASENDORPF, wonach alle verhaltensrelevanten individuellen, nicht pathologischen Besonderheiten eines Menschen Gegenstand der Untersuchung sind, soll sich im Folgenden nur auf solche psychologische Merkmale beschränkt werden, die nicht Qualifikationen oder erworbene

---

[828] Vgl. Berthel/Becker, F. G. (2010), S. 586; Gauger (2000), S. 249-51 u. 254-255. Vgl. auch Kap. 3.4.3.

[829] Die Ermittlung der Zugehörigkeit von Führungskräften zu verschiedenen Hierarchiestufen ist dabei anwendungsspezifisch zu klären. Gauger (2000), S. 18-24, schlägt bspw. neben einer Orientierung an der hierarchischen Stellung in der Organisation die Kriterien „Autonomie" und „Autarkie" zur Identifikation und Eingrenzung der mittleren Managementebene vor. Vgl. auch Kap. 3.4.3.1.

[830] Vgl. die Arbeiten von Gauger (2000) und Grunwald (2001) in Kap. 3.4.3.1 und 3.4.3.2.

[831] Den Grund für die Auseinandersetzung mit nach funktionaler Position abgegrenzten Segmenten bildet zumeist der Arbeitskraftmangel an ebendiesen, nicht jedoch eine Unterschiedlichkeit im Bleibe- und Leistungsverhalten. Die einer Berufswahl zugrunde liegenden Berufsinteressen sind indes Gegenstand von Persönlichkeitsmerkmalen. Vgl. Kap. 4.3.1.4. Rollentypologisierungen bergen indes eher Akzeptanz- und Diagnoseprobleme sowie die Gefahr von Stereotypisierungen. Vgl. Fischer/Wiswede (1997), S. 433; Weinert, A. B. (2004), S. 404-406.

[832] Vgl. Marr (1989), S. 39.

Kenntnisse und Fähigkeiten betreffen.[833] Persönlichkeit wird daher definiert als „ein einzigartiges und relativ stabiles Muster von Verhaltensstilen, Denkprozessen und Emotionen einer Person.“[834]

Das hinsichtlich der Bleibe- und Leistungsmotivation relevanteste und am stärksten untersuchteste Modell ist das der *„Big Five“*, obwohl bei diesem Modell nicht alle Faktoren immer gleich robust und in jedem Zusammenhang des Personalmanagements gleich gut geeignet sind.[835] Dennoch konnten Erkenntnisse zu den Dimensionen der „Big-Five“[836] einige signifikante Zusammenhänge herstellen. JUDGE/ILIES bestätigen in ihrer Metaanalyse von 65 Studien: „The Big Five traits are an imporant source of performance motivation“[837] und identifizieren als Dimensionen mit den stärksten Auswirkungen Neurotizismus und Gewissenhaftigkeit, wenngleich alle Dimensionen Einfluss auf die Leistungsmotivation nehmen.[838] Zu den deutlichen Tendenzen gehören auch, dass Neurotizismus und kalkulatorisches Commitment positiv korrelieren, Offenheit hingegen negativ mit normativen Commitment gegenüber dem Beruf korreliert und Gewissenheit eher in Commitment gegenüber dem Beruf und weniger der Organisation ausdrückt.[839] Allerdings gilt hier eine Abhängigkeit vom Handlungsfeld; Kritik und Grenzen sind entsprechend zu beachten.[840] Tabelle 6 beschreibt die fünf Dimensionen anhand einiger prägnanter Schlüsselbegriffe und bezieht auch die Erkenntnisse der

---

833 Vgl. Asendorpf (2007), S. 10-11; Berthel/Becker, F. G. (2010), S. 246; v. Rosenstiel (2007), S. 175; Wiegran (2002), S. 42-43.

834 Weinert, A. B. (2004), S. 131.

835 Vgl. Kap. 3.2.2.1; Weinert, A. B. (2004), S. 131-136; Wiegran (2002), S. 42-43 sowie die Ausführungen von Felfe (2008), S. 148-149, zu dessen Dimensionen und den Auswirkungen auf das Commitment. Nach Weinert, A. B. (2004), S. 150, haben die „Big Five“ „inzwischen einen festen Platz in der Organisations- und Personalpsychologie eingenommen“, ihre Anwendbarkeit für die Personalarbeit gilt als belegt. Vgl. auch Becker, M. (2008), S. 72.

836 Neurotizismus, Extraversion, Offenheit, Verträglichkeit und Gewissenhaftigkeit. Vgl. Kap. 3.2.2.1.

837 Judge/Ilies (2002), S. 797.

838 Vgl. Judge/Ilies (2002), S. 800-804. Barrick/Mount (1991) und Tett/Jackson/Rothstein (1991) erkennen in ihren Metaanalysen auch Gewissenhaftigkeit als stärksten Prädikator für Leistung. Vgl. im Kontext der Motivation auch Jost (2008), S. 41-42.

839 Vgl. Felfe (2008), S. 148-149. Einige ältere Studien kommen allerdings zu dem Ergebnis, dass Persönlichkeitsmerkmale nur sehr geringe Auswirkungen auf die Fluktuation haben. Vgl. Cotton/Tuttle (1982); Muchinsky/Tuttle (1979); Parasuraman (1982).

840 Für Kritik an den „Big Five“ vgl. Weinert, A. B. (2004), S. 151-157, so bspw., dass die menschliche Persönlichkeit mehr als diese fünf Dimensionen umfasst oder die Dimensionen faktoranalytisch ermittelt wurden. Zu den „Big Five“ vgl. auch Asendorpf (2007), S. 155-161, wonach die betrachtete Anzahl von Persönlichkeitsdimensionen – und damit auch deren Detailliertheit – je nach Untersuchungsobjekt variiert. Die „Big Five“ haben sich jedoch als Ausgangspunkt weiterer Modelle wie den „Big Three“, den „Big Seven“ oder zu entsprechenden Unterfaktoren sowie als im Personalmanagement dominantes Modell zu Persönlichkeitsfaktoren herausgestellt. Vgl. hierzu auch die kritische Diskussion zu Typologien in Kap. 3.2.2.1.

Commitmentforschung mit ein.[841] So hat Extraversion bspw. positive Auswirkungen auf das affektive Commitment.

Tabelle 6: Beschreibung der „Big Five" und ihrer Auswirkungen auf das Commitment.[842]

Dimension	Schlüsselbegriffe (Deskriptoren)	Auswirkungen auf Commitment
Extraversion	gesellig, gesprächig, dominant, durchsetzungsfähig, bestimmt, aktiv, initiativ	Affekt. Commitment (pos.) Kalk. Commitment (neg.)
Verträglichkeit	freundlich, höflich, kooperativ, gutherzig, vertrauensvoll, versöhnlich	v. a. Affekt. Commitment (pos.)
Gewissenhaftigkeit	verantwortungsbewusst, zuverlässig, sorgfältig, planvoll, ausdauernd	v. a. berufsbezogenes Commitment (pos.)
Neurotizismus[843]	angespannt, nervös, deprimiert, unsicher, leicht verärgert, emotional	Kalk. Commitment (pos.)
Offenheit für neue Erfahrungen (auch: Intellektualität, Kultiviertheit)	einfallsreich, intellektuell, sensibel für Ästhetik, aufgeschlossen, kultiviert, originell	Normat. Commitment (neg.) ggü. dem Beruf Affekt. Commitment (pos.)

BUTLER/WALDROOP konnten in Gesprächen mit 650 Managern acht grundlegende *Berufsinteressen* identifizieren, deren Entsprechung für Bindung sorgt:[844]

- Interesse an Technik
- Umgang mit Zahlen
- Theorieentwicklung und konzeptionelles Denken

[841] Meißner (2012), S. 101-102, weist darauf hin, dass die exakte Bezeichnung der fünf Faktoren von Forscher zu Forscher variiert.

[842] Quelle: Eigene Darstellung auf Basis der Erkenntnisse von Felfe (2008), S. 148-149; Hennig (2005); Ostendorf/Angleitner (2004), S. 33-47; Rammsayer (2005); Weinert, A. B. (2004), S. 150. Die dargestellten Auswirkungen auf das Commitment sind jedoch nicht immer signifikant und daher zum Teil eher als Indiz zu werten. Vgl. Felfe (2008), S. 148-149. Wo sich das Commitment explizit auf das Bezugsobjekt „Beruf" oder „Organisation" bezieht, ist dies vermerkt, ansonsten bezieht sich die Commitmentform auf beides.

[843] Das Kontinuum zwischen dem Endpunkt des Neurotizimus sowie dessen Gegenpol wird als „emotionale Stabilität" bezeichnet. Vgl. Weinert, A. B. (2004), S. 150.

[844] Vgl. Butler/Waldroop (1999); Butler/Waldroop (2000); zusammengefasst in Gmür/Thommen (2007), S. 225. Problematisch an der Studie von Butler/Waldroop (1999) ist jedoch, dass das Vorgehen der Studie weder in der englischen Originalquelle noch in der deutschen Übersetzung kaum dokumentiert ist.

- Interesse an kreativen Gestalten
- Beratung und Hilfeleistung
- Menschenführung und Beziehungsmanagement
- Interesse an Macht und Kontrolle
- Einfluss per Kommunikation und Ideen

Anschließend werden sechs Kombinationen ermittelt, die in der unternehmerischen Praxis besonders häufig vorkommen.[845] Es lassen sich gewisse Parallelen zu anderen, im Personalmanagement recht verbreiteten Typologien zum Fit von Beruf und Persönlichkeit wie den Karriere- und Entwicklungsankern nach SCHEIN oder der Berufswahltheorie von HOLLAND herstellen.[846] Sie weisen jedoch keinen expliziten Bezug zur Bindung auf, sodass die Berufsinteressen nach BUTLER/WALDROOP für ein differentielles Bindungsmanagement besser geeignet scheinen.

Auf unterschiedliche *Werte* wurde bereits im dritten Kapitel eingegangen, wo der Ansatz von BARTH dargestellt wurde. In diesem greift er die Erkenntnisse der Speyerer Werteforschung auf und bezieht die angebotene Typologie auf verschiedene Bindungsmuster, sodass diese Differenzierung trotz der aufgeführten Kritik am Ansatz von BARTH für ein differentielles Bindungsmanagement dienlich ist.[847] Die fünf Segmente nach diesem Differenzierungskriterium gibt Tabelle 7 mit typischen Merkmalen und Einstellungen wider.[848]

Abschließend sei erwähnt, dass Überschneidungen und Zusammenhänge zwischen den Kriterien der Segmentierung nach Persönlichkeitsmerkmalen offensichtlich und nicht vermeidbar sind. Es lassen sich bspw. sicher viele Parallelen zwischen den „Big Five" und den Berufsinteressen ermitteln. In der vorliegenden Arbeit geht es jedoch nicht um die Ermittlung einer fixen Anzahl an Segmenten, sondern um das Angebot mehrerer, auf unterschiedliche Handlungsfelder ausgerichtete Möglichkeiten (!) der Segmentierung von Mitarbeitern. Vielfach vermitteln die vorgeschlagenen Kriterien auch, dass eine dichotome Einteilung möglich ist. In der Realität dürften die Merkmalsausprägungen aber zwischen den beiden Extremen liegen.

---

[845] Vgl. Butler/Waldroop (2000), v. a. S. 77.

[846] Vgl. Holland (1996), Schein (1975). Ähnlich erkennt Schanz (2000), S. 244, bereits in den Arbeiten von Schmidtchen (1984) und Schmidtchen (1986) „eine Segmentierung der Arbeitsorientierung".

[847] Auch Schanz (2000), S. 239, sieht in der Speyerer Werteforschung einen „unverkennbaren Bezug zur personalwirtschaftlichen Individualisierung". Ähnlich verweisen bereits Klages/Franz/Herbert (1985), S. 52, auf die Notwendigkeit einer „Differenzierung des Personalsteuerungskonzepts" hin. Dass diese und andere bereits etwas älteren Wertethesen noch aktuell zu sein scheinen, wird dadurch gestützt, dass sie nach wie vor in der einschlägigen Literatur aufgegriffen werden. Vgl. Drumm (2008), S. 385; Schanz (2000), S. 232-240; Wolf, J. (2011), S. 259-261.

[848] Vgl. zur Wertetypologie der Speyerer Werteforschung Herbert (1991), S. 59; zum Überblick über diese Barth (1998), S. 31-35.

Eine derartige Segmentierung von Mitarbeitern kann oder muss also mit Abstufungen einhergehen.[849]

Tabelle 7: Wertetypen der Speyerer Werteforschung.[850]

Wertetyp	Typische sozio-demografische Merkmale	Arbeits- und Berufseinstellungen
Konventionalisten	Alt, verwitwet, tiefstes Bildungsniveau, tiefste Schichteinstufung.	Präferenz von Sicherheit und Fehlervermeidung.
Idealisten	Jung, ledig. Höchstes formale Bildungsniveau (v. a. Studenten), Herkunft obere soziale Schicht.	Ablehnend-distanzierte, gedämpfte Berufszuwendung, Bedürfnisse nach Kreativität und Selbstentfaltung.
Hedomaten	Am jüngsten, ledig, leicht unterdurchschnittliches Bildungsniveau, untere Mittelschicht.	Gleichgültigkeit gegenüber Beruf, Freizeitorientierung, Arbeit dient zur Freizeitfinanzierung.
Realisten	Mittleren Alters, verheiratet, mittleres Bildungsniveau, gehobene soziale Schicht.	Leistungsbereitschaft, Eigeninitiative, Interesse an sinnvoller Arbeit.
Resignierte	Ganz jung oder ganz alt, oft verwitwet oder geschieden, niedriges Bildungsniveau, niedrige berufliche und soziale Einstufung.	Niedrige Bedeutung für berufliche Aspekte.

4.3.1.5 Eignungsmerkmale

Als Eignung definieren BERTHEL/BECKER die Summe der Merkmale, die einen Mitarbeiter zum Vollzug einer bestimmten Tätigkeit und zur Einnahme eines bestimmten Arbeitsplatzes befähigen und setzt sich zusammen aus der Qualifikation und Arbeitskenntnis sowie den individuellen Zielen und Erwartungen. Facetten der Qualifikation sind Wissen und Kenntnisse, Fähigkeiten und Fertigkeiten sowie auch Motive und Einstellungen. Erstgenannte drücken das Kennen aus, Fähigkeiten und Fertigkeiten das prinzipielle bzw. auf ein Objekt gerichtete Können und die verbliebenen das Wollen. Qualifikation ist damit ein absoluter Begriff. Arbeitskenntnis als „eine Art ‚Wissen', das sich darauf bezieht, welche Wissens- und Fähigkeitsinhalte sowie Verhaltensweisen in welchen Anwendungsgebieten wesentlich sind und wie die erforderlichen Arbeitsbedingungen für eine erfolgreiche Aufgabeerledigung gestaltet

[849] Vgl. auch Wiegran (2002), S. 49-50.

[850] Quelle: Eigene Darstellung auf Basis der Erkenntnisse von Herbert (1991), S. 62-63; Herbert (1991a), S. 51; auch Barth (1998), S. 33-35; Schanz (2000), S. 239.

sein müssen“[851], ist indes relativ.[852] Der Grad der Eignung beeinflusst schließlich zusammen mit den Arbeitsbedingungen und der Einsatzbereitschaft die Leistung.[853]

Im Folgenden wird nur die *Qualifikation* als Differenzierungskriterium gewählt, da die Arbeitskenntnis zeit- und situationsspezifisch ist und die Anforderungen an zeitlicher und übersituativer Stabilität der Segmente nicht erfüllt. Qualifikation beinhaltet für diese Arbeit die Komponenten der Kenntnisse, Fähigkeit und Fertigkeit. Die weiteren Bestandteile des Qualifikationsverständnisses nach BERTHEL/BECKER sind bereits durch andere Kriterien abgedeckt.[854]

Obwohl die Qualifikation als solche nach WESTPHAL/GMÜR keinen Einfluss auf das Commitment hat, bieten seine Facetten – bestimmte fachliche Kenntnisse, soziale Kompetenzen, Problemlösungsfähigkeiten – Ansatzpunkte zu Differenzierung, die es im entsprechenden Anwendungsfall spezifisch festzulegen gilt.[855] Vor allem in der Personalentwicklung ist es sinnvoll, nicht generalisiert vorzugehen, sondern an existierenden Kompetenzen, Vorkenntnissen und Fähigkeiten anzusetzen, um so bedürfnisgerecht vorzugehen.[856] Denkbar ist bspw. eine Erhöhung der Bleibe- und Leistungsmotivation in der Form, dass Sprachkurse angeboten werden, welche sowohl zum Nutzen der Unternehmung sind als auch die Mitarbeiter interessieren und welche nach Vorkenntnissen oder Fähigkeiten zum Erlernen einer neuen Sprache differenziert werden.[857] Die soziale Kompetenz als Ausdruck der Befähigung der Tätigkeit in verschiedenen Sozialstrukturen könnte indes bei einer differentiellen Karriereplanung (Fach- oder Führungskarriere) Anwendung finden.[858] Im Sinne des Entscheidungsrahmens obliegt es

[851] Berthel/Becker, F. G. (2010), S. 89-90. Ähnlich nennt Conradi (1983), S. 7, die „Anpassung und Erweiterung der Qualifikationen“. Vgl. auch Meißner (2012), S. 17-18.

[852] Vgl. Berthel/Becker, F. G. (2010), S. 89 u. 245, welche die vielfach auffindbare „Gleichsetzung von Eignung“ und „Qualifikation“ – so bspw. in Mentzel (2005), S. 176 – damit für unzweckmäßig erachten. Stattdessen wird auf den Begriff der „Kompetenz“ verwiesen: „Dieser kommt unserem Verständnis der Eignung schon näher.“ Berthel/Becker, F. G. (2010), S. 89. Auch Becker, M. (2008) und Staudt/Kriegesmann (2000), S. 43, unterscheiden „Kompetenz zur Handlung“ in Aspekte des Könnens und des Wollens, jedoch ergänzt durch das Dürfen. Erpenbeck/v. Rosenstiel (2003), S. X-XI, nennen indes Kompetenzen aus einer psychologischen Sichtweise als Dispositionen selbstorganisierten Handelns sowie Qualifikationen als Wissens- und Fertigkeitsdispositionen. Vgl. auch Erpenbeck/Heyse (2007), S. 29-30, wonach Qualifikationen damit sachverhalts-, Kompetenzen subjektzentriert sind. Vgl. zu diesem Verständnis aus pädagogischer Perspektive auch Arnold/Münk (2006), S. 24, welche auf die Definition der Kompetenz als „Fähigkeit einer Person, Anforderungen in bestimmten Bereichen zu entsprechen“ von Schaub/Zenke (2000), S. 326, zurückgreifen.

[853] Vgl. Berthel/Becker, F. G. (2010), S. 90.

[854] Vgl. Berthel/Becker, F. G. (2010), S. 89 u. 245; zur Anforderungen der Stabilität Kap. 4.2.3.3

[855] Vgl. Mathieu/Zajac (1990); Westphal/Gmür (2009), S. 213-218.

[856] Vgl. Wiegran (2002), S. 163-167.

[857] Vgl. für solche und ähnliche Beispiele Wiegran (2002), S. 165.

[858] Vgl. Berthel/Becker, F. G. (2010), S. 394; Wiegran (2002), S. 141-145.

schlussendlich dem Anwender, Qualifikation ggf. durch situationsadäquate Spezifizierungen – bspw. Intelligenz, Kreativität oder soziale Kompetenz – zu konkretisieren.[859]

Es ist allerdings zu vermuten, dass diese Differenzierungskriterien seitens der Belegschaft nur äußerst beschränkt angenommen und akzeptiert werden. Beispielsweise könnte eine Vergütung, die sich explizit nach der sozialen Kompetenz oder der Intelligenz richtet, problematisch werden, nicht zuletzt aufgrund der Frage nach einer objektiven Erhebung sowie der entsprechenden Zuteilung eines Mitarbeiters in die resultierenden Segmente. Wohl kaum ein Mitarbeiter wird akzeptieren, dass er sozial inkompetent ist und daher weniger Lohn erhalten soll als ein vermeintlich sozial kompetenterer Kollege. Denkbar wäre eher, dass ein Mitarbeiter seine Kompetenz selbst einschätzen soll und ihm bei empfundenen – und tatsächlich vorhandenen – Defiziten die Möglichkeit eingeräumt wird, diese zu beheben. Die Vermeidung negativer Konsequenzen spielt bei einer leistungs- und bleiberelevanten Differenzierung nach Eignungsmerkmalen daher eine wichtige Rolle.[860]

4.3.1.6 Merkmale der persönlichen Lebensverhältnisse

„Persönliche Lebensverhältnisse" werden im Folgenden verstanden als „Lebensstil" in dessen psychologischem Verständnis als „Selbstkonzept". Dieses ergibt sich aus den Werten, dem Wissen, den Bedürfnissen usw. eines Individuums in Kombination mit dessen Welt- sowie dem Selbstbild und manifestiert sich in wiederkehrenden Verhaltensweisen und in der Lebenshaltung eines Individuums.[861] Der von MARR und auch FRITSCH erwähnten Dauer der Berufsausübung bzw. Dauer der Betriebszugehörigkeit wird keine moderierende Wirkung auf das Bleibe- und Leistungsverhalten zugesprochen, die nicht schon durch das Alter abgedeckt ist.[862]

---

[859] Vgl. auch Berthel/Becker, F. G. (2010), S. 246. Aus differentialpsychologischer Sicht führen Amelang/Bertussek/Stemmler/Hagemann (2006), S. 165-242, als interindividuelle Differenzen im Leistungsbereich Intelligenz und Kreativität auf, denen sie dahingehend erhebliche Bedeutung zuschreiben. Asendorpf (2007), S. 211, nennt neben Intelligenz und Kreativität auch soziale Kompetenz, um Unterschiede in den Fähigkeiten von Individuen zu beschreiben, welche er klar von Intelligenz und Kreativität abgrenzt. Ähnlich schlagen Salewski/Renner (2009), S. 113-131, Neugier und Sensation-Seeking, Intelligenz, Kreativität sowie soziale und emotionale Intelligenz vor.

[860] Vgl. ähnlich Berthel/Becker, F. G. (2010), S. 90; Wiegran (2002), S. 71.

[861] Damit wird dem Absatzmarketing und einem Verständnis von Freter (2008), S. 69, gefolgt, der sich auf Banning (1987), S. 19 u. 97, u. Zentes (2001), S. 322, bezieht. Eine weitere Perspektive böte die Soziologie, welche die Stellung des einzelnen Individuums in der Gesellschaft (bspw. durch Zugehörigkeiten zu bestimmten Gruppen) determiniert. Vgl. Drieseberg (1995), S. 8-9.

[862] Vgl. Kap. 2.1.1; 3.2.3.1; 4.3.1.2. Felfe (2008), S. 146, bestätigt nahezu identische Zusammenhangsmuster von Job- und Lebensalter.

Vor allem die *Familienorientierung* von Mitarbeitern oder die Familienfreundlichkeit von bzw. in Unternehmungen ist Gegenstand einiger empirischer Studien.[863] Diese kommen zu dem Schluss, dass die Bedürfnisse von Eltern und v. a. von Vätern nur unzureichend berücksichtigt werden und viele Mitarbeiter sich flexible Arbeitszeiten, familienbewusstes Verhalten der Arbeitgeber, Verständnis und andere Formen des Entgegenkommens wünschen.[864] Entsprechenden Maßnahmen für Mütter und Väter wird jedoch ein hohes Potential zur Steigerung von Zufriedenheit, Loyalität, Bindung und Leistungsmotivation zugeschrieben, empirisch bestätigt und darin auch von den Unternehmungen erkannt.[865] DILGER/GERLACH/SCHNEIDER nennen auf Basis einer eher explorativen Studie u. a. verringerte Fehlzeiten, erhöhtes Engagement, gestiegene Wertschöpfung pro Mitarbeiter und eine hohe Arbeitgeberattraktivität als positive Erfahrungen der Unternehmungen.[866] Studien kommen auch zu der Erkenntnis, dass Familienorientierung den meisten Eltern wichtiger ist als ein gutes Gehalt und in neun von zehn Fällen sogar ausschlaggebend ist für die Wahl des Arbeitgebers.[867] Dies deckt sich damit, dass Doppelverdiener mit Kindern ein höheres organisationales Commitment aufweisen als Doppelverdiener ohne Kinder und dass Familienfreundlichkeit durch den Vorgesetzten sowie durch Praktiken der Organisation affektives Commitment begünstigt.[868] Für den Konflikt um die „Work-Life-Balance" ermitteln WESTPHAL/GMÜR in ihrer Metaanalyse einen mittelstarken Einfluss auf das affektive Commitment.[869] Auch in der Marktsegmentierung des Absatzmarketings ist diese Unterscheidung häufig aufzufinden und etabliert, in dem nach Familienstand und/oder Anzahl der Kinder differenziert wird.[870]

BECKER/REDDEHASE/MEIßNER ermitteln in einer explorativen Studie, dass Männer nur eine untergeordnete Rolle bei der Familienorientierung von Unternehmungen spielen.[871] „Aktiven

---

[863] Vgl. bspw. Becker, F. G./Reddehase/Meißner (2008); IGS (2005); IGS (2007); IGS (2008); Gerlach/Schneider (2008). IGS (2008) listet diverse empirische Erkenntnisse auf, deren Ermittlung jedoch unzureichend dokumentiert ist. So sind 30,9 Prozent von 360 befragten Vätern mit der Vereinbarkeit von Beruf und Familie unzufrieden, 42,7 Prozent erleben Konflikte zwischen Beruf und Familie. Lediglich 5,2 Prozent der Väter geben an, dass die Familie nicht unter den Anforderungen des Berufs leidet. 32,6 Prozent empfinden ihren Arbeitgeber als nicht familienfreundlich, 40,6 Prozent jedoch schon. Für väterfreundlich halten nur 26,1 Prozent der Befragten ihren Arbeitgeber, 71,4 Prozent befürchten negative Konsequenzen, falls Angebote zur Vereinbarkeit von Familie und Beruf in Anspruch genommen werden.

[864] Vgl. Becker, F. G./Reddehase/Meißner (2008), S. 33; IGS (2008), S. 2-3; überblicksartig auch Schmitz (2008), S. 92-98; Vedder (2005a), S. 232-237.

[865] Vgl. Becker, S./Kienle (2008a), S. 8-9; Becker, F. G./Reddehase/Meißner (2008), S. 28; Gerlach/Schneider (2008), S. 4-5; Rost (2004), S. 147; Schmitz (2008), S. 92-132.

[866] Vgl. Dilger/Gerlach/Schneider (2006), S. 4-13.

[867] Vgl. IGS (2008), S. 3; auch Schmitz (2008), S. 92-98.

[868] Vgl. Gould/Webel (1983); Thompson/Jahn/Kopelmann (2004).

[869] Vgl. Westphal/Gmür (2009), S. 214.

[870] Vgl. Becker, J. (2009), S. 254-255; Bruns (2007), S. 48; Pepels (2007), S. 16; Schweiger/Schrattenecker (2009), S. 52.

[871] Vgl. Becker, S./Kienle/Ludwig/Perrot (2009), S. 4; Becker, F. G./Reddehase/Meißner (2008), S. 33.

Vätern“[872] wird unterstellt, dass sie keine Verantwortung übernehmen können, und ihnen erwachsen vielfach berufliche Nachteile, wenn sie bei der Erziehung ihrer Kinder aktiv werden wollen.[873] Dabei würde eine Gleichberechtigung sowohl den Bedürfnissen von Vätern als auch karriereorientierten Mütter entgegenkommen, da die Aufgaben der Familie auf zwei Schultern verteilt werden.[874]

Das Unterscheidungsmerkmal der Familienorientierung betrifft jedoch nicht nur Eltern. Nach der Devise „nicht jeder hat Kinder – aber jeder hat Eltern“ fällt hierunter auch die Pflege von Angehörigen, die allerdings bislang kaum eine Rolle bei familienfreundlichen Maßnahmen im Personalmanagement spielt. 2008 gab es zwei Millionen Pflegebedürftige in Deutschland, wovon 68 Prozent in häuslicher Pflege versorgt werden. Davon übernehmen in zwei Dritteln der Fälle die Familienangehörigen die Betreuung – aus finanziellen Gründen und auch aufgrund der Vorstellung von würdevollem Altern und Sterben. Das Statistische Bundesamt prognostiziert für das Jahr 2030 einen Anstieg auf 3,3 Millionen. Auch der Vereinbarkeit von Beruf und Pflege wird zugeschrieben, dass sie Zufriedenheit und Motivation steigert sowie psychische und physische Überbelastung der Mitarbeiter verringert.[875]

Zusammenfassend beschreibt Familienorientierung als Unterscheidungsmerkmal das individuelle Bedürfnis, sich aktiv in die eigene Familie einzubringen und daher eine wirksame Balance zwischen Arbeits- und Familienleben zu finden. Dies betrifft demnach nicht nur Mitarbeiter mit zu betreuenden Kindern, sondern auch Mitarbeiter mit zu pflegenden Eltern und/oder anderen Angehörigen. Maßnahmen zur Förderung von Familienorientierung müssen jedoch nicht originär als familienorientiert konzipiert worden sein und können formell oder informell getroffen werden.[876]

Bisher kaum Beachtung gefunden haben im Personalmanagement Differenzierungskriterien wie die *religiöse Orientierung*[877] oder *soziales Engagement*, wenngleich durch die Berücksichtigung von spezifischen Bräuchen und Feiertagen bzw. ehrenamtlicher Freizeitaktivitäten

---

[872] Darunter versteht Peinelt-Jordan (1996), S. 259, Väter, die nicht nur an ihren Kindern interessiert sind, sondern sich um diese kümmern und bei der Betreuung sowie Erziehung mitwirken. Erst daraus resultiert für diese Väter überhaupt die Notwendigkeit der Koordination von Berufs- und Privatleben.

[873] Vgl. Peinelt-Jordan (1996), S. 292-293. So wird die Nutzung existierender Angebote von Maßnahmen zur Vereinbarkeit von Familie und Beruf v. a. von Frauen wahrgenommen. Vgl. IGS (2007), S. 2. Die Ursache ist v. a. in traditionellen Rollenverständnissen begründet. Vgl. Becker, S./Kienle (2008a), S. 5.

[874] Vgl. Mohneck (1998), S. 214.

[875] Vgl. Becker, F. G./Reddehase/Meißner (2008), S. 33; Becker, S./Kienle/Ludwig/Perrot (2009), S. 4-7; o. V. (2011a), S. 34; Pfaff (2008), S. 1-3. Zudem sind drei Millionen Menschen in Deutschland sind hilfsbedürftig und ebenfalls auf Pflege angewiesen. Vgl. Becker, S./Kienle/Ludwig/Perrot (2009), S. 4.

[876] Vgl. Becker, F. G./Reddehase/Meißner (2008), S. 7; Wingen (2003), S. 62.

[877] Die religiöse Orientierung gehört zu den persönlichen Lebensverhältnissen, da sie prinzipiell frei wählbar ist.

erhebliche positive Wirkungen auf die Bleibe- und Leistungsmotivation zu erwarten sind. Soziales Engagement als freiwillige und unentgeltliche Tätigkeit für einen guten Zweck und ohne Gewinnerzielungsabsicht hat nicht nur hinsichtlich der Entlastung öffentlicher Haushalte eine hohe Bedeutung für die Gesellschaft, sondern darüber hinaus noch weitere positive Nebeneffekte: Es hilft beim Aufbau sozialer Kompetenzen, was den arbeitgebenden Unternehmungen zugutekommt und beinhaltet die, das allgemeine Unternehmungsimage und damit auch die Arbeitgeberattraktivität durch zeitliche oder finanzielle Unterstützung des Engagements zu verbessern, bzw. zu erhöhen. Unternehmungen könnten das soziale Engagement von Mitarbeitern daher gezielt fördern.[878] Diese beiden Kriterien sind hier nur als Anregung zu verstehen und werden nicht weiter aufgegriffen, prinzipiell dürften aber ähnliche Bindungsaktivitäten wie zur Familienorientierung wirksam sein.

4.3.2 Differentielle Bindungsaktivitäten

4.3.2.1 Vorbemerkungen

Im vorangehenden Kapitel wurden bindungs- und leistungsrelevante Merkmale der Segmentierung angeboten, ohne dass jedoch geklärt wurde, welche konkreten Aktivitäten des Bindungsmanagements für die vorgeschlagenen Segmente zweckmäßig sind. Entsprechend ist das weitere Vorgehen, dass für die unterschiedlichen Handlungsfelder des Bindungsmanagements segmentspezifisch unterschiedliche Aktivitäten genannt werden, sodass am Ende der Ausführungen für jedes Segment ein bestimmtes potentielles Maßnahmenpaket steht. Allgemeine Erläuterungen zum entsprechenden Handlungsfeld orientieren sich am in dieser Arbeit vertretenden Verständnis von „Personalmanagement" nach BERTHEL/BECKER.[879]

Differentialpsychologische Erkenntnisse zur Bindung sind nicht erkennbar, aus dem Absatzmarketing können jedoch *Erkenntnisse des Absatzmarketings zur Kundenbindung* übertragen werden. Die Erkenntnisse sollten jedoch nicht unüberlegt übernommen werden, denn die Beziehung „Mitarbeiter – Unternehmung" und „Kunde – Unternehmung" sind zwar ähnlich, jedoch nicht identisch. So ist bspw. die erstgenannte Beziehung in der Regel von existentiellerer Bedeutung. Auch steht Kunden-, verglichen mit Mitarbeiterbindung, offensichtlich nicht

[878] Vgl. Beck (2000), S. 46; Bergmann (2001), S. 11; Heinze/Strünck (2000), S. 172-180; Klages (2000), S. 152-155; hierzu auch den Ansatz des Corporate Citizenships, bspw. in den Herausgeberbänden von Wieland/Conradi (2005) oder Backhaus-Maul/Biedermann/Nährlich/Polterauer (2010). Zur Förderung sozialen Engagements der Mitarbeiter vgl. bspw. Brauner/Wacha (2001), S. 211; Habisch (2003), S. 66-70; Habisch/Wildner/Wenzel (2008), S. 12.

[879] Vgl. zu diesem Kap. 2.1.1.

immer in der gleichen Beziehung zu nahestehenden Korrelaten wie dessen jeweilige Zufriedenheit.[880] Genauso scheinen die Erkenntnisse empirischer Untersuchungen zu den stärksten Instrumenten des Beziehungsmarketings nur sehr begrenzt auf das Bindungsmanagement von Mitarbeitern übertragbar. So werden neben der Qualität der Leistung und einem angemessenen Preis häufig der persönliche Kundenkontakt, Direktmarketing, Kundenclubs und Kundenevents als starker Einflussfaktor erfolgreichen Beziehungsmarketings genannt.[881] Zur Kundenbindung ermittelt KRAFFT Wechselbarrieren, attraktive Konkurrenzangebote und das Variety Seeking als wirkungsvollste Determinanten, verweist jedoch darauf, dass umfassende Studien zum Management der Kundenbindung bisher fehlen.[882]

Viele der im Folgenden aufgeführten möglichen Aktivitäten sind grundsätzlich bereits bekannt und Standardrepertoire eines modernen Personalmanagements. Daher geht es darum, diese segmentspezifisch zu differenzieren, um so statt generalisierten Maßnahmen dem Mitarbeiter vermeintlich auf ihn individuell zugeschnitten entgegen zu kommen. Das muss nicht implizieren, dass die *Kosten differentiellen Vorgehens* explodieren, weil nun bspw. statt einer generalisierten Maßnahme fünf differentielle angeboten werden sollen. Vielmehr geht es um Abänderungen und Anpassungen. Zudem weisen HANNAY/NORTHAM und KUTH darauf hin, dass Bindungsstrategien mit „kleinen“ oder „subtilen“ Aktivitäten eine höhere Bindungswirkung erzielen können als solche, die einen hohen finanziellen Aufwand mit sich bringen.[883] Auf diese Weise kommt ein differentielles Bindungsmanagement auch für weniger finanzstarke Unternehmungen in Betracht. Umgekehrt kann das bedeuten, dass selbst eine individualisierte Vorgehensweise – welcher die stärkste Auswirkung auf die Bleibe- und Leistungsmotivation zugesprochen wird – verhältnismäßig kostengünstig sein kann.[884] Daher wird am Ende der Darstellung eines jeden Handlungsfelds ggf. auf Individualisierungspotential hingewiesen. Zuvor wird das Handlungsfeld beschrieben, werden entsprechende theoretische sowie empirische Erkenntnisse zur Bleibe- und Leistungsrelevanz aufgeführt und schließlich segmentspezifische Aktivitäten eines differentiellen Bindungsmanagements dargestellt.

[880] Vgl. bspw. Becker, J. (2009), S. 81, der Kundenbindungsprogramme zur Einflussnahme auf Zufriedenheit begreift.

[881] Vgl. überblicksartig Becker, J. (2009), S. 633-634.

[882] Vgl. Krafft (2007), S. 40.

[883] Vgl. Hannay/Northam (2000), S. 71; Kuth (2008). Ähnlich listet Wolf, G. (2008); S. 240-246, speziell für den Mittelstand Handlungsfelder der Bindung auf, und nennt die Möglichkeit von Kooperationen mit anderen Unternehmungen oder die Inanspruchnahme externer Dienstleister.

[884] Herbertz (2011), S. 14, nennt in Fällen, wo die Produktivität eindeutig messbar ist, sogar eine Steigerung von ca. 20 Prozent durch eine individuelle Vorgehensweise.

4.3.2.2 Personalentwicklung

Beschreibung des Handlungsfeldes

Das in dieser Arbeit vertretende Verständnis von Personalentwicklung entspricht dem von BERTHEL/BECKER: „Unter Personalentwicklung ist eine Summe von Tätigkeiten zu verstehen, die nach einem einheitlichen Konzept systematisch vollzogen werden. Sie hat, in Bezug auf einzelne Mitarbeiter aller Hierarchieebenen eines Betriebs, Veränderungen ihrer Qualifikation und/oder Leistungen durch Bildung, Karriereplanung und Arbeitsstrukturierung zum Gegenstand.“[885] Personalentwicklung bezieht sich auf das Qualifikationspotential als potentiell realisierbares Arbeitsvermögen eines Mitarbeiters. Durch die angestrebte Verbesserung individueller Qualifikationen soll eine bessere Übereinstimmung von Stellenanforderung und den Leistungsdeterminanten des entsprechenden Mitarbeiters erreicht werden. Die drei grundlegenden Personalentwicklungsarten sind nach BERTHEL/BECKER:[886]

a) *Bildung* meint die berufliche Bildung, im Folgenden als Fort- und Weiterbildung eingeschränkt.[887] Diese findet bewusst, planmäßig und gezielt statt, um Kenntnisse sowie Fähigkeiten zu vermitteln, mit denen der Mitarbeiter seine Qualifikation erhalten, erweitern oder vertiefen kann.
b) *Arbeitsstrukturierung* umfasst die Gestaltung der Inhalte, des Umfelds und der Bedingungen eines Arbeitsplatzes in einer konkreten Situation und betrifft Maßnahmen, die eine Veränderung des Arbeitsfelds zum Gegenstand haben. Unter die Entwicklungsmaßnahmen fallen Job-Enlargement, -Enrichment, -Rotation und teilautonome Arbeitsgruppen.
c) Den individuellen beruflichen Werdegang betrifft die *Karriereplanung*. Entsprechende Positionswechsel sind jedoch nicht immer zwingend mit einem hierarchischen Aufstieg verbunden und abhängig von den aktuellen wie zukünftigen Voraussetzungen und Anforderungen seitens der Unternehmung.

---

885 Berthel/Becker, F. G. (2010), S. 388. Auch nach Conradi (1983), S. 8, zielt Personalentwicklung auf die Veränderung von Qualifikationen als Fähigkeiten, Fertigkeiten und Kenntnissen ab.

886 Vgl. hierzu Berthel/Becker, F. G. (2010), S. 88-389 u. für die folgenden Punkte S. 421-467; auch Becker, F. G. (2004). „Bildung“ ist demnach eine explizite Maßnahmen, die beiden anderen Maßnahmen sind implizit. Vgl. Berthel/Becker, F. G. (2010), S. 390; Staehle (1999), S. 880. Überblicksartig zur Laufbahn- oder Karriereplanung vgl. Berthel (1992), Sp. 1203-1213, sowie vor dem Hintergrund des Bindungsmanagements auch Friedli/Thom (2001), S. 20-23.

887 Vgl. zur betrieblichen Weiterbildung Pawlowsky/Bäumer (1996). Die Ausbildung wird nicht weiter betrachtet, da sie sich v. a. an neue Mitarbeiter richtet.

Theoretische und empirische Erkenntnisse zur Bleibe- und Leistungsrelevanz

Die Personalentwicklung spiegelt den konfliktorientierten Ansatz dieser Arbeit wider.[888] So können Zielkonflikte darin bestehen, dass betriebliche Ziele der Personalentwicklung – allgemein die „Erhaltung und Verstärkung des betrieblichen Humanvermögens"[889] – nicht den Mitarbeiterzielen entsprechen, denn die Mitarbeiter haben auch Bedürfnisse nach persönlicher Entfaltung und Karriere. Zwar darf Personalentwicklung kein Selbstzweck werden und können die Mitarbeiterziele schlussendlich nicht mehr als „Mittel zum Zweck" der Erreichung betrieblicher Ziele sein, doch bestehen durch zu geringe Rücksichtnahme auf Mitarbeiterziele stets die Gefahren von Demotivation, Abwanderung, Absentismus usw. Personalentwicklung als Bindungsaktivität schreiben BERTHEL/BECKER zu, dass sie attraktiv ist und glaubwürdiger wirkt als gezielte Bindungsmaßnahmen.[890] Die DGFP sieht dies damit begründet, dass der Mitarbeiter als Ressource, nicht als Kostenfaktor wahrgenommen wird.[891] Die Empirie zur Mitarbeiterbindung unterstreicht, dass Weiterbildung und Entwicklungs- und Karriereplanung zentrale Einflussfaktoren auf die Mitarbeiterbindung sind, eben weil bleibe- und leistungsrelevante Bedürfnisse nach Selbstentfaltung und beruflichem Weiterkommen vorhanden sind.[892] Auf den Bedarf einer differentiellen Personalentwicklung weisen BERTHEL/BECKER hin, indem sie auf die Individualität von Mitarbeiterzielen verweisen.[893]

Segmentspezifische Personalentwicklungsaktivitäten für ein differentielles Bindungsmanagement

Grundsätzlich sollte jeder zu bindende Mitarbeiter Maßnahmen der Bildung, Arbeitsstrukturierung und Karriereplanung erfahren, kein Segment darf ausgeschlossen werden. Entsprechende Schulungen zum Umgang mit einem differentiellen Bindungsmanagement sollte es für alle Hierarchieebenen geben – sowohl für Führungskräfte als auch für deren Mitarbeiter.[894]

[888] Vgl. ähnlich Mentzel (2005), S. 12-13; zum konfliktorientierten Ansatz Kap. 2.3.1.

[889] Berthel/Becker, F. G. (2010), S. 397.

[890] Vgl. Berthel/Becker, F. G. (2010), S. 398 u. 402; auch Berthel (2002), S. 310; Mentzel (2005), S. 10-11. Bemerkenswert ist in diesem Zusammenhang der Gedanke von Gmür/Thommen (2007), S. 226: „Maßnahmen zur Personalentwicklung wirken sich nicht nur auf die Einsetzbarkeit des Einzelnen im Unternehmen, sondern auch auf seinen Arbeitsmarktwert aus […]." Die Autoren plädieren daher für eine unternehmungsspezifische Personalentwicklung.

[891] Vgl. DGfP (2004), S. 68; in diesem Zusammenhang auch das in dieser Arbeit vertretende Verständnis von „Personal" in Kap. 2.1.1 und die ressourcenorientierte Sichtweise in Kap. 2.3.1.

[892] Vgl. Burkhardt/Schwaab (2004), S. 402-405; Friedli/Thom (2001), S. 20, und die darin zitierten Quellen; Haase (1997), S. 330; Hentze/Kammel (2001), S. 345-346; Kienbaum (2001), S. 14; Kobi (1999), S. 75; Kötter/Hunziger/Dasch (2002), S. 41-44; Nagel (2005), S. 25; TowersPerrin (2007), S. 15; v. Rosenstiel (2003), S. 246-247; Westphal/Gmür (2009), S. 216.

[893] Vgl. Berthel/Becker, F. G. (2010), S. 398; auch Scherm/Süß (2010), S. 96 u. 104.

[894] Vgl. Marr/Friedel-Howe (1989), S. 332.

Als *Differenzierungskriterien für segmentspezifische Personalentwicklungsmaßnahmen* bieten sich „Alter", „Berufsinteressen", „Big Five", „Qualifikation", „hierarchische Position" und „Familienorientierung" an.

Für das Differenzierungskriterium des *Alters* finden sich in der Literatur vielfach Empfehlungen zum Umgang mit älteren Mitarbeitern.[895] Im Sinne einer alternsgerechten Vorgehensweise ist dies nicht ausreichend, aber dahingehend hilfreich, als dass ältere Mitarbeiter eine Teilmenge der alternden Belegschaft darstellen. BECKER betont: „Training für ältere Mitarbeiter sollte anders gestaltet sein als für jüngere."[896] Zentral ist schließlich, dass alle Alterssegmente gleichberechtigt in der Personalentwicklung Berücksichtigung finden, was derzeit zumeist nicht der Fall ist.[897] Tabelle 8 listet die in der Literatur identifizierten alternsgerechten Personalentwicklungsmaßnahmen auf.

Nach SARGES scheitern 90 Prozent der Beschäftigungsverhältnisse nicht aufgrund mangelnder Kompetenzen, sondern weil die Merkmale der Persönlichkeit nicht mit den Anforderungen der Stelle übereinstimmen.[898] Die bleibe- und leistungsrelevanten *Berufsinteressen* nach BUTLER/WALDROOP bieten demnach weitere Möglichkeiten der Personalentwicklung, indem sich auf Basis logischer Überlegungen aus den Berufsinteressen Weiterbildungsmaßnahmen, Aktivitäten der Arbeitsstrukturierung und Karriereplanungen ableiten lassen.[899] Vor allem letztgenannter wird ein hohes Potential zugeschrieben, da die Klassifizierung nach BUTLER/WALDROOP „die Schaffung von Karrieremodellen nach Maß"[900] ermöglichen soll. Entsprechend wirkungsvolle Maßnahmen lassen sich jedoch kaum verallgemeinern, da sie stark abhängig von der Branche und von der Unternehmung selbst sind. Gemein ist der Karriereplanung lediglich, dass neben Führungs- auch Fach- und Projektkarrieren angeboten werden sollten, denn nicht jeder Mitarbeitertyp ist eine gute Führungskraft, bietet eine Unternehmung nur eine begrenzte Anzahl an Möglichkeiten zum hierarchischen Aufstieg und eine Karriere als Spezialist dennoch Prestige.[901]

---

[895] Vgl. Kap. 3.2.2.2.

[896] Becker, F. G. (2010a), S. 70.

[897] Vgl. Bäcker/Brussig/Jansen/Knuth/Nordhause-Janz (2009), S. 253; Brandenburg/Domschke (2007), S. 52; Bruch/Kunze/Böhm (2010), S. 72-78; Szebel-Habig (2004), S. 114-115; ferner Feile (1981), S. 230-252; Frerichs (2007), S. 67-68. Vgl. auch Kap. 4.3.1.2.

[898] Vgl. Sarges (2000), S. XVII; ferner Wottawa (1995).

[899] Vgl. Butler/Waldroop (2000), S. 71.

[900] Moser, R./Saxer (2008), S. 24.

[901] Vgl. zu den drei Karriereformen Berthel/Becker, F. G. (2010), S. 457-460 sowie explizit vor dem Hintergrund des Bindungsmanagements Kuth (2008); Moser, R./Saxer (2008), S. 23-24 u. 53-56.

Tabelle 8: Bindende Personalentwicklungsmaßnahmen für alternde Mitarbeiter.[902]

Bildung	Arbeitsstrukturierung	Karriereplanung
- Integration aller Altersgruppen in Personalentwicklungsprogramme. - Anpassungsqualifizierungen. - Qualifikationspläne für lebenslanges Lernen. - Generationsübergreifende Wissens- und Erfahrungsaustauschprogramme. - Zur freien Weiterqualifizierung nutzbare Arbeitszeit.	- Intergenerationelles Lernen durch den Einsatz erfahrener Mitarbeiter in Projektteams. - Know-how-Tandems zwischen älteren und jüngeren Mitarbeitern, Mentoren- und Senior-Experten-Programme. - Alternsgemischte Teams.[903] - Setzen von Lernanreizen durch Job-Enlargement und -Enrichment. - Erweiterung der Kompetenzen und Training der Lernfähigkeit durch Job-Rotation. - Lernförderliche Arbeitsorganisation.	- Alternsgerechte Laufbahnplanung. - Lebensphasenbezogene Karriereplanung. - Talent Management für jüngere Mitarbeiter.

Grundlegender als Berufsinteressen sind die *„Big Five"*, doch auch für sie gelten im Prinzip die gleichen Anwendungsmöglichkeiten. Vor allem zur Arbeitsstrukturierung und Karriereplanung ist diese Segmentierung gut geeignet. Die Erkenntnisse von BARRICK/MOUNT lassen Umkehrschlüsse zu, für welche Mitarbeiter welche Maßnahmen der Arbeitsstrukturierung angebracht sind. Teilautonome Arbeitsgruppen können bspw. von der Gruppenzusammensetzung profitieren, denn durch die Berücksichtigung differentialpsychologischer Grundlagen ist zu erwarten und zum Teil auch empirisch belegt, dass die Gruppenleistung verbessert wird. Auch für die Karriereplanung bietet sich eine Segmentierung auf Basis der „Big Five" an, wenn man SARGES folgt. Schließlich können die „Big Five" auch zur verbesserten Bildung beitragen, indem das „individuelle Wollen", das Selbstmanagement und die personale Füh-

902 Quelle: Eigene Darstellung auf Basis der Erkenntnisse von Becker, F. G./Bobrichtchev/Henseler (2004), S. 5-6; Bruch/Kunze/Böhm (2010), S. 72-81 u. 137-184; Oechsler (2011), S. 514-515; Oertel (2008), S. 301-333; Oelsnitz/Stein/Hahmann (2007), S. 233-235; Preißig (2010), S. 98; Schmitz (2008), S. 137-145; Sporket (2011), S. 124-130 u. 134-136; Stock-Homburg (2010), S. 747-751. Einige der genannten Autoren schreiben falsch von „Altersgerechtigkeit" – begrifflich beziehen sie sich jedoch auf das Altern.

903 Vgl. für eine nach Art der Aufgabe unterschiedliche Empfehlung zur Zusammensetzung Veen (2008), S. 143-145.

rung durch den Vorgesetzten entsprechend der Individualität eines jeden Mitarbeiters gefördert werden.[904] Die Förderung von Selbstentwicklung könnte an den „Big Five“ anknüpfen und durch segmentspezifische Ansatzpunkte die Steigerung des „Wollens“ (und des „Könnens“) unterstützen.[905]

Für *Qualifikation* schlagen bspw. MOSER/SAXER aufbauend auf einer individuellen Karriereplanung eine gezielte Nachwuchsförderung und -entwicklung vor und schreiben dieser eine hohe Bleibe- und Leistungswirkung zu. Je nachdem, ob sich die individuelle Qualifikation für eine Fach-, Führungs- oder Projektkarriere anbietet, stellt diese den Ausgangspunkt für Maßnahmen zur Weiterbildung dar. Jemand, dessen Qualifikation auf Führungspotential schließen lassen, könnte zusätzliche Förderung zur Steigerung von sozialer Kompetenz und Kommunikationsfähigkeit erhalten etc.[906] So schlägt bspw., wenngleich wenig konkret, OLESCH zur Bindung von Ingenieuren vor, dass Perspektiven für Aufstieg und Entwicklung gegeben, zugleich aber auch Facharbeiter durch entsprechende Qualifizierungsmaßnahmen in Richtung des Know-hows von Ingenieuren entwickelt werden.[907]

Mit dem Kriterium der *hierarchischen Position* betreffen Maßnahmen der Personalentwicklung die Führungskräfteentwicklung, welche stärker auf Führungsqualifikationen ausgerichtet ist sowie eine Karriereplanung beinhaltet, die aktuelle und zu entwickelnde Qualifikationen mit einbezieht.[908] Auch der Umgang mit Karrierestaus gehört hierzu, zu dessen Vermeidung sich eine verbesserte Selbstbewertung, eine realistische Potentialbeurteilung durch die Organisation, partizipative Entwicklungsplanung, alternative Karriereplanungen wie bspw. in Richtung einer Fach- oder Projektkarriere und damit Parallelhierarchien anbieten.[909] GRUNWALD hebt Coaching als Instrument der Führungskräfteentwicklung und zur Stärkung der Qualifikation von Führungskräften hervor, um so deren Bindung zu erhöhen.[910] Dies zielt

---

904 Vgl. Barrick/Mount (1991); Elke/Wottawa (2004), S. 263 u. 280 sowie die darin zitierten Quellen; Sarges (2000). Zur Führung durch die „Big Five“ vgl. Kap. 4.3.2.5.

905 Vgl. zur Förderung von Selbstentwicklung Berthel/Becker, F. G. (2010), S. 404-406.

906 Vgl. Moser, R./Saxer (2008), S. 52-59; van Winsen (1999), S. 173-174; Wollsching/Strobel (1999), S. 57. Meißner/Becker, F. G. (2007), S. 398, verweisen darauf, dass alternative Laufbahnkonzepte gerade für mittelständische Unternehmungen wichtig sind, um eingeschränkte Aufstiegschancen in der Hierarchie zu kompensieren.

907 Vgl. Olesch (2000), S. 289.

908 Vgl. Becker, F. G. (1990), S. 168; Becker, F. G. (2011c). Becker, F. G. (2011c), S. 226, stellt sogar explizit einen Bezug zum differentiellen Personalmanagement her und verweist darauf, dass in der Personalentwicklung Führungskräfte ein Mitarbeitersegment darstellen. Zur Karriereplanung von Führungskräften aus Sicht der Unternehmung vgl. Berthel (1995), Sp. 1286-1290, zu Karrierepfaden als individualisierte, standardisierte oder typische Maßnahmenbündel Sp. 1292-1294.

909 Vgl. Becker, F. G./Ruppel (2005), S. 10-13; Becker, F. G./Ruppel (2005a), S. 56-59. „Karrierestau“ beschreibt, wenn Mitarbeiter aufstiegswillig und -fähig sind, die organisatorischen oder individuellen Bedingungen zur Beförderung jedoch nicht gegeben sind. Vgl. Becker, F. G./Ruppel (2005), S. 3-4.

910 Vgl. Grunwald (2001), S. 81.

einerseits auf die Bindung der Führungskraft selbst ab, aber auch auf die Erhöhung des bleibe- und leistungsfördernden Verhaltens der Untergebenen durch den Vorgesetzten, denn „Führungskräfte sind ja in sehr vielen Fällen nicht deshalb Führungskräfte geworden, weil sie gut führen können“[911].

Darüber hinaus wird Personalentwicklungsaktivitäten für familienorientierte Mitarbeiter eine hohe Bleibe- und Leistungsmotivation zugeschrieben und nachgewiesen.[912] Differenziert nach der *Familienorientierung* bieten sich für Eltern und Pflegende im Bereich der Personalentwicklung einige Ansatzpunkte für segmentspezifische Maßnahmen. Wichtig ist, dass nicht nur (werdende) Mütter angesprochen werden, vielmehr sollten einerseits im Sinne von Gleichberechtigung auch Väter die Möglichkeit haben, die gleichen Maßnahmen in Anspruch nehmen zu können, und sollte sich die Familienorientierung nicht allein auf Eltern beschränken, sondern auch auf (pflegende) Kinder beziehen.[913] Tabelle 9 gibt eine Reihe von in der Literatur identifizierten Personalentwicklungsmaßnahmen wieder, denen ein positiver Einfluss auf das Bleibe- sowie Leistungsverhalten zugeschrieben wird.

Nicht zwingend direkt als familienorientierte Maßnahmen, aber dem nahestehend, sind Angebote für „Dual-Career-Couples“ einzuordnen. „Dual Career Couples“ sind berufstätige, karriereorientierte kinderlose Paare oder Eltern, denen die Partnerschaft bzw. die Familie sehr wichtig ist und die daher zusammen in die betriebliche Personalplanung miteinbezogen werden. Entsprechend wird bspw. die Karriereplanung beider Partner abgestimmt.[914]

---

[911] Becker, F. G. (2010a).

[912] Vgl. Becker, S./Kienle (2008), S. 26-27 u. 30-32; Becker, S./Kienle/Ludwig/Perrot (2009), S. 26-35; Becker, F. G./Reddehase/Meißner (2008), S. 30; Peinelt-Jordan (1996), S. 263-264; Reuther/Held/Schoppmeyer (2011). Vgl. hierzu auch die Studie des Instituts für Arbeitsmarkt- und Berufsforschung, welche zeigt, dass 21 bzw. 31 Prozent (Ost- und Westdeutschland) Mütter nach ihrem Erziehungsurlaub nicht bei ihrem alten Arbeitsgeber geblieben sind. Vgl. Engelbrecht/Jungkunst (2001), S. 3.

[913] Vgl. hierzu die Ausführungen in Kap. 4.3.1.6.

[914] Vgl. Domsch/Krüger-Basener (2003); Ostermann (2002), S. 44-49; Schulte, J. (2002); grundlegend zur Forschung an „Dual-Career-Families“ Rapoport/Rapoport (1971). Für eine von Möglichkeiten und Best-Practice-Beispielen vgl. Domsch/Ladwig (2000), S. 152-156. Zur Vermeidung von Diskriminierung sollten hetero- und homosexuelle Paare gleich behandelt werden.

Tabelle 9: Personalentwicklungsmaßnahmen für familienorientierte Mitarbeiter.[915]

Bildung	Arbeitsstrukturierung	Karriereplanung
- Weiterbildungsmaßnahmen zur Erleichterung des Wiedereinstiegs. - Maßnahmen zum Know-how-Erhalt nach längerem Pflege-Ausfall. - zeitlich flexible Weiterbildungsangebote . - Schulungen und Workshops für Betroffene zur Vereinbarkeit von Familie/Pflege und Beruf. - Schulungen für Vorgesetzte zum besseren Umgang mit Familienorientierten (Sensibilisierung). - Schulungen für Kollegen hinsichtlich Rücksicht, Unterstützung und Offenheit.	- Selbstmanagement im Rahmen teilautonomen Arbeitsgruppen. - Kontakthalteangebote während längerer Auszeiten.	- Wechsel auf Stellen, die eine bessere Abstimmung von Familie und Beruf ermöglichen. - Verständnis seitens der Unternehmung für private Bedürfnisse bei Karriereplanung. - Einbezug der beruflichen Situation des Partners.

Individualisierungspotential

Einige Autoren nennen Laufbahn- und Karriereplanung als grundsätzliche Möglichkeiten der Individualisierung im Personalmanagement.[916] Inwieweit wirklich Individualisierungspotential besteht, muss im anwendungsspezifischen Einzelfall ausgelotet werden, plausibel ist allerdings, dass mit zunehmender Position in der Hierarchie auch ein individualisierteres Vorgehen möglich und nötig ist. Bereits existente Ansätze zu einer stärkeren Orientierung am Individuum in der Personalentwicklung können allerdings keine Anregungen geben, da sie

915 Quelle: Eigene Darstellung aus Basis der Erkenntnisse von Becker, S./Kienle (2008a), S. 26-27 u. 30-32; Becker, S./Kienle/Ludwig/Perrot (2009), S. 26-35; Becker, F. G./Reddehase/Meißner (2008), S. 9; Marburger (2004), S. 315; Peinelt-Jordan (1996), S. 263-264; Reuther/Held/Schoppmeyer (2011), S. 11; Schmitz (2008), S. 108-112.

916 Vgl. Becker, F. G. (1990), S. 168; Oechsler (2011), S. 514; Rumpf (1997), S. 24-25, Schanz (1994a), S. 300-302; auch Becker, F. G. (2004), S. 581. Schanz (1994a), S. 299, nennt darüber hinaus individualisierte Weiterbildung als Anreiz zum Verbleib in der Unternehmung, ohne jedoch konkrete Empfehlungen dies bzgl. zu machen.

weder konkrete Gestaltungsvorschläge für die Personalentwicklung im hier verstandenen Sinne machen, noch eine für diese Arbeit relevante Segmentierung erkennbar ist.[917]

4.3.2.3 Arbeitsbedingungen

Beschreibung des Handlungsfeldes

Als Aktivitäten der Arbeitsbedingungen werden direkt vom Betrieb gestaltbare Bedingungen verstanden, die zum technisch-wirtschaftlich bestmöglichen Arbeitsvollzug beitragen und zugleich auch die physischen wie psychischen Belastungen der daran teilnehmenden Menschen zu minimieren versuchen. Dabei geht es um solche Bedingungen, die das Können der Leistung lenken, indem sie das Wollen und/oder die Fähigkeiten der Mitarbeiter negativ oder positiv beeinflussen. Als seitens der Unternehmung gestaltbar gelten die endogenen sachlichen und die personellen Arbeitsbedingungen. Diese sind bspw. die (sachliche) Ausstattung, finanzielle Ressourcen, Organisationstrukturen und -prozesse bzw. Vorgesetzte, Kollegen, Gruppenverhalten und Nachgeordnete. Prinzipiell nicht beeinflussbare exogene sachliche Arbeitsbedingungen stellen indes Rechtsnormen, das Wettbewerbsverhalten etc. dar.[918]

Gestaltungsziele der Arbeitsbedingungen sind sowohl Wirtschaftlichkeit als auch Humanität am Arbeitsplatz, was den konfliktorientierten Ansatz dieser Arbeit aufgreift. Während die personellen Arbeitsbedingungen vielfach Gegenstand der Mitarbeiterführung sind, werden im Folgenden v. a. die (endogenen) sachlichen Arbeitsbedingungen betrachtet. Diese lassen sich (nicht ganz unabhängig und überschneidungsfrei) einteilen in technologische, ergonomische und organisatorische Komponenten:[919]

a) Die ergonomische Arbeitsgestaltung bezieht sich auf die Gestaltung der Arbeitstätigkeit durch Arbeitsinstrumente und -hilfsmittel zur weitgehenden Erreichung der Zielkomplementarität von Wirtschaftlichkeit und Humanität.

---

[917] Vgl. für solche Ansätze die „Mitarbeiterorientierte Personalentwicklungsplanung“ von Strube (1982), die „Individualisierung der Personalentwicklung“ bei Kick/Scherm (1993) oder die „Individuenzentrierte Personalentwicklung“ von Strunck (1998). Kick/Scherm (1993), S. 47, kommen zu dem Schluss, dass „nicht allgemeingültig vorgegeben werden kann, welcher Individualisierungsgrad, d. h. welcher Ausprägungsgrad der beiden Dimensionen Destandardisierung und Delegation […], anzustreben ist. Vielmehr kann dieser nur einzelfallspezifisch und nicht unabhängig von den jeweiligen Rahmenbedingungen bestimmt werden.“

[918] Vgl. Berthel/Becker, F. G. (2010), S. 91-93 u. 511-512.

[919] Vgl. Berthel/Becker, F. G. (2010), S. 92 u. 510-511 sowie für die folgenden Punkte S. 512-533; für den konfliktorientierten Ansatz Kap. 2.3.1.

b) Organisatorische Arbeitsgestaltung beinhaltet Maßnahmen, welche die Arbeitsaufgaben und -zeit zum Gegenstand haben.
c) Die technologische Gestaltung ist bestimmt durch den Grad der Mechanisierung des Arbeitsplatzes zur Erreichung erhöhter Wirtschaftlichkeit, Qualitätssteigerungen und Erleichterung menschlicher Arbeit.

Theoretische und empirische Erkenntnisse zur Bleibe- und Leistungsrelevanz

Arbeitsbedingungen wird ein sehr hohes Potential zum Erhalt und zur Steigerung der Bleibe- und Leistungsmotivation zugeschrieben. So kommen diverse Studien der Mitarbeiterbindungs- und der Commitmentforschung zu dem Schluss, dass die Gestaltung der Aufgaben als herausfordernd, sinnstiftend, verantwortungsvoll und nicht belastend, Autonomie und Handlungsspielräume, unterstützende Kollegen, Umgebungsbedingungen und zeitliche Flexibilität sich positiv auf die Bindung sowie die Leistung auswirken.[920] Auch Lern- und Entwicklungsmöglichkeiten, sozialer Interaktion und Unterstützung kommen hohe Bedeutung zu.[921] Interessante und abwechslungsreiche Arbeitsinhalte werden als zentraler Einflussfaktor gesehen.[922] Informellen Projektgruppen, Job-Rotation, Job-Enrichment, Job-Enlargement und der Schaffung von Handlungsspielräumen werden große Wirkung zur positiven Einflussnahme auf Bindung zugeschrieben.[923] Hier dürfte auch Potential zur Begegnung des Variety Seekings im Job, d. h. der Verhinderung der Abwanderung aufgrund des Bedürfnisses nach Abwechslung liegen. So lässt sich aus dem Absatzmarketing der Gedanke auf die Aufgabengestaltung übertragen, dass Produktvariationen, -aktualisierungen, -verbesserungen und -neuheiten Wechselbedürfnisse reduzieren.[924] BECKER betont, dass Handlungsspielräume nicht nur Loyalität, sondern auch die Selbstbindung an getroffenen oder noch zu treffende Entscheidungen erhöhen.[925]

---

[920] Vgl. Bröckermann (2004), S. 20-22; Felfe (2008), S. 132-134 u. 142-143; Nagel (2005), S. 25; Kobi (1999), S. 74-76; Netta (2010), S. 18-23; Schiedt (2000), S. 55; Thom/Friedli (2008), S. 64-67; Westphal/Gmür (2009), S. 213-218; auch Wunderer/Küpers (2003), S, 37.

[921] Vgl. grundlegend Cherns (1976); Emery/Thorsud (1976); Emery/Thorsud (1982); Hackman/Lawler (1971); Hackman/Oldham (1976); Turner/Lawrence (1965); umfassend Berthel/Becker, F. G. (2010), S. 519; Ulich (2005), S. 197-213, v. a. S. 202. Bereits Porter/Steers (1973) ermitteln, dass Autonomie, Verantwortung und eine geringe Gruppengröße sich negativ auf das Fluktuationsverhalten auswirken. Vgl. auch Wunderer/Küpers (2003), S. 34.

[922] Vgl. Felfe (2008), S. 133.

[923] Vgl. Flato/Reinbold-Scheible (2008), S. 92-93; Gmür/Thommen (2007), S. 226; Knoblauch (2004), S. 122; Szebel-Habig (2004), S. 96-97.

[924] Vgl. zu solchen und ähnlichen Überlegungen im Absatzmarketing Becker, J. (2009), S. 160 u. 243; Freter (2008), S. 246 u. 352; Meffert/Burmann/Kirchgeorg (2008), S. 456.

[925] Vgl. Becker, F. G. (2010); auch Türk (1995), S. 328.

Auch für die Gestaltung der Arbeitszeit existiert eine Fülle von Gestaltungsvorschlägen zur Mitarbeiterbindung.[926] Eine Vielzahl chronometrischer – Dauer der Arbeitszeit – und chronologischer – Lage der Arbeitszeit – Kombinationen ist denkbar, solange sie nicht situationsspezifischen Restriktionen unterliegen.[927] Als Mittel zur Bindung von Mitarbeitern werden oft Teilzeitarbeit, Job-Sharing, Sabbaticals, Arbeitszeitverkürzung, Gleit- oder variable Arbeitszeit, Langzeit- und Lebensarbeitszeitkonten angeführt.[928] Im näheren Zusammenhang wird auch die Telearbeit – zumeist aus dem „Home-Office" – thematisiert, die zeitliche Flexibilität aufgreift und mit räumlicher Ungebundenheit vereint.[929] Als eher unkonventionelle, aber sehr wirksame Maßnahme v. a. zur Steigerung der Leistungsmotivation gilt die Möglichkeit eines kurzen Mittagsschlafs.[930] Zur ergonomischen Gestaltung bietet es sich an, den Mitarbeiter mit einzubeziehen und dessen Arbeitsumfeld bedürfnisgerecht zu gestalten.

Segmentspezifische Aktivitäten zur Gestaltung der Arbeitsbedingungen für ein differentielles Bindungsmanagement

Für entsprechend den nachstehenden Kriterien unterschiedene Mitarbeitersegmente werden im Folgenden *Aktivitäten zur Gestaltung der Arbeitsbedingungen* für die Kriterien „Alter", „hierarchische Position", „Berufsinteressen", „Big Five", die „Qualifikation" und „Familienorientierung" angeboten:[931]

Für das Differenzierungskriterium des *Alters* bietet die Literatur v. a. Empfehlungen in den Bereichen der Arbeitszeit, der Aufgabengestaltung und der ergonomischen Arbeitsplatzgestaltung. Auffällig ist, dass sich viele Maßnahmen nicht auf ein Segment – bspw. unter 25-jährige oder über 50-jährige – beziehen, sondern, dass sich auch bemüht wird, die gesamte Lebensspanne in das Personalmanagement mit einzubeziehen.[932] Langzeitkonten zur individuell ge-

[926] Vgl. bspw. Teriet (1978); Marr (1987).

[927] Vgl. Berthel/Becker, F. G. (2010), S. 520-521. Für einen zusammenfassenden Überblick aller denkbaren Möglichkeiten vgl. Hentze/Graf (2005), S. 317.

[928] Vgl. Hentze/Graf (2005), S. 310-341; Moser, R./Saxer (2008), S. 63-68; Brauweiler (2010), S. 91; Szebel-Habig (2004), S. 103-106.

[929] Vgl. Hentze/Graf (2005), S. 319; Hohlbaum/Olesch (2006), S. 229-231; Moser, R./Saxer (2008), S. 67, sowie umfassend zur Realisierung von Telearbeit Krieg (2003). Konradt/Schmook (1999), S. 142-150, ermitteln allerdings in einer Längsschnittstudie, dass Telearbeit häufig für verdeckte Überstunden genutzt wird und zuhause zu einer Doppelbelastung von Familie und Arbeit führt.

[930] Vgl. Zulley (2011), S. 50-52.

[931] Vgl. in diesem Sinne auch das (nicht vor dem Hintergrund der Bindung formulierte) „Job Characteristics Modell" nach Hackman/Oldham (1980), welches zur Analyse von Motivation, Effektivität und Zufriedenheit die drei Moderatorenkategorien „Wissen, Fähigkeiten und Fertigkeiten", „psychische Bedürfnisse" und „Zufriedenheit mit dem Arbeitskontext" beinhaltet. Vgl. überblicksartig zusammenfassend zu diesen Moderatoren Ridder (2007), S. 247-248. Den beiden Kategorien wird mit den Differenzierungskriterien „Qualifikation", „Big Five" und „Berufsinteressen" in Teilen entsprochen.

[932] Dies entspricht dem Verständnis einer alterns-, nicht altersgerechten Personalarbeit. Vgl. Kap. 4.3.1.2.

staltbaren Lebensarbeitszeit, lebensphasenorientierte Wahlarbeitszeiten oder belastungsdifferenzierte Schichtarbeitsmodelle sind zwar vor dem Hintergrund alternsgerechtem Personalmanagement zur Zeit noch Ausnahmeerscheinungen, doch deuten sie Potential dies bzgl. an.[933] Schon seit Längerem thematisiert allerdings gleitende oder flexible Übergänge in den Ruhestand werden, d. h. die stufenweise, bzw. stufenweise und individuell frei gestaltbare Reduzierung der Arbeitszeit bis zur Verrentung.[934] Tabelle 10 gibt die in der Literatur existierenden Vorschläge alternsgerechter Gestaltung von Arbeitsbedingungen wider. Diese schließen solche Aktivitäten ein, die sich nur auf ältere Mitarbeiter beziehen, so bspw. altersgerechte Schichtarbeit, Altersfreizeiten und -teilzeit, altersgestaffelte Wochenarbeitszeiten.[935] Es zeigen sich auch gewisse Überschneidungen zu anderen Handlungsfeldern, so zur Personalentwicklung durch die (alternsgerechte) lernfördernde Gestaltung der Aufgabe.

Tabelle 10: Bindungsaktivitäten der Arbeitsbedingungen für alternde Mitarbeiter.[936]

Ergonomische Arbeitsplatzgestaltung	Gestaltung der Arbeitsaufgabe	Gestaltung der Arbeitszeit
- belastungsdifferenzierte Schichtarbeit.[937] - physiologisch und psychologisch alternsgerechte Arbeitsplatzgestaltung. - informationstechnisch alternsgerechte Gestaltung des Arbeitsplatzes. - Einführung von Ruhezonen.	- lernfördernde Gestaltungen. - Vermeidung von Unter/Überforderung.	- gleitender/flexibler Übergang in den Ruhestand. - Langzeitkonten. - lebensphasenspezifische Wechsel zwischen Teil- und Vollzeit, ggf. freie Mitarbeit. - Wahlarbeitszeiten. - Sabbaticals. - Ausstiegsmodelle.

933 Vgl. Schilling (2007), S. 150-156.

934 Vgl. Lampert/Schüle (1988), S. 165; Stitzel (1987).

935 Vgl. Heitze (2011), S. 67; Schilling (2007), S. 143.

936 Quelle: Eigene Darstellung auf Basis der Erkenntnisse von Becker, F. G./Bobrichtchev/Henseler (2004), S. 6-7; Bruch/Kunze/Böhm (2010), S. 216-230; Drumm (2008), S. 175-177; Lampert/Schüle (1988), S. 165; Oertel (2008), S. 334-360; Brauweiler (2010), S. 98; Schilling (2007), S. 150-156; Sporket (2011), S. 119-124 u. 136-145; Stock-Homburg (2010), S. 751-753.

937 Dies bedeutet zum Beispiel, dass mit steigendem Lebensalter weniger Nachtschichten übernommen werden müssen. Vgl. Schilling (2007), S. 154-155. Es könnten so alterssegmentspezifische Schichtpläne entworfen werfen.

Für die Unterscheidung nach der *hierarchischen Position* sind für Führungskräfte v. a. Sabbaticals, Pensionierungs- und Ruhestandsprogramme und Variationen der Tages-, Wochen- und Monatsarbeitszeit angebracht. Verlängerungen oder -kürzungen der Tages- und Wochenarbeitszeit und Job Sharing scheinen für Führungskräfte indes weniger geeignet, begründet durch in der Regel lange Arbeitszeiten und hohem Gestaltungsfreiraum, d. h. nicht immer klar definierten und abgrenzbaren Verantwortungsbereichen. Die bedürfnisadäquate Ausgestaltung der Arbeitsbedingungen ist jedoch abhängig von den organisatorischen Anforderungen der jeweiligen Unternehmung und von den individuellen Bedürfnissen der Führungskraft. Da diese ohnehin ein hohes Maß an eigenverantwortlicher Arbeit haben, ist die freie Gestaltung der Arbeitszeit ein erster Ansatzpunkt, ohne dass diese mit Vorurteilen hinsichtlich der Leistungsbereitschaft behaftet werden darf.[938]

Die Übereinstimmung von Persönlichkeit und mit dem Beruf oder der Stelle verbundenen Aufgaben trägt stark zur Fortführung des Beschäftigungsverhältnisses bei.[939] So nennen BUTLER/WALDROOP das „Job Sculpting“ der *Berufsinteressen*: „Als Job Sculpting bezeichnen wir die Kunst, für Menschen genau die Arbeitstätigkeiten zu finden, die jeweils ihrem innersten Interesse im Beruf entsprechen.“[940] Dies betrifft zwar nicht allein die Gestaltung von Arbeitsbedingungen, sondern auch die Personalauswahl, doch können die in Abteilungen oder Arbeitsgruppen anfallenden Aufgaben nach diesen Interessen verteilt werden.

Nicht anders verhält es sich mit Segmentierungen nach den *„Big Five“*, denn die Leistung des Mitarbeiters hängt davon ab, wie sehr die Aufgabe überhaupt zur Persönlichkeit passt. WEINERT nennt bspw. Kontaktfreude als starke Ausprägung von Extraversion, welche besonders gut für Aufgaben geeignet ist, die Führung und Verkauf betreffen.[941] WIEGRAN schlägt für „Extraversion“ eine modulare Arbeitsorganisation im differentiellen Kontext vor. Demnach kann eine Aufgabe zeitlich unterbrochen werden (zeitliche Teilbarkeit) und von einer anderen fortgesetzt werden (personelle), sodass die Mitarbeiter selber entscheiden können, wer welche Aufgabe übernimmt, und die Aufgaben daher fähigkeits- und bedürfnisgerechter erfüllt werden.[942]

---

[938] Vgl. Grunwald (2001), S. 87-92; Friedli/Thom (2001), S. 26-30.

[939] Vgl. Sarges (2000), S. XVII; Szebel-Habig (2004), S. 94; u. Kap. 4.3.2.2.

[940] Butler/Waldroop (2000), S. 71.

[941] Vgl. Weinert, A. B. (2004), S. 151.

[942] Vgl. Wiegran (2002), S. 100-104, welche sich auf Marr (1984), S. 110, bezieht. Wie auch der Ansatz des „Job Sculpting“ geht die modulare Arbeitsorganisation jedoch davon aus, dass jede anfallende Aufgabe von einem Mitarbeiter erledigt wird und keine Aufgabe unerfüllt liegen bliebt. In der praktischen Umsetzung ist daher die Einführung eines Koordinators von Nöten, der ggf. nicht erfüllte Aufgaben nach einem gerechten Schema verteilt.

Die Berufsinteressen sowie die „Big Five“ bieten v. a. Differenzierungspotential im Bereich der Aufgabengestaltung als „prospektive Arbeitsgestaltung“. Demnach soll die Gestaltung der Arbeit über die Vermeidung von individuellen Arbeitsbeeinträchtigungen hinausgehen und Möglichkeiten zur Entfaltung der interindividuell unterschiedlichen Persönlichkeit bieten, indem Handlungs- und Gestaltungsspielräume geschaffen werden. BERTHEL/BECKER betonen jedoch, dass derartige Arbeitsinhalte auch leicht überfordert sein können, was sich genau so negativ auf die Bleibe- und Leistungsmotivation auswirkt wie Unterforderung.[943]

Unterscheidungen nach der *Qualifikation* richten sich zwar v. a. an die Stellenbesetzung und die optimale Passung von Mitarbeitern an die mit der Stelle einhergehenden Anforderungen, doch können auch innerhalb bestehender Arbeitsbeziehungen die Aufgaben so gestaltet werden, dass sie der interindividuellen Unterschiedlichkeit segmentspezifisch entsprechen.[944] Die große „Kunst“ dürfte jedoch darin liegen, sich an dieser Stelle nicht von Stereotypen leiten zu lassen, sondern auch auf gleichen Hierarchieebenen und in gleichen Funktionen homogener Segmente bzgl. Kenntnisse, Fähigkeiten und Fertigkeiten zu bilden. FRITSCH regt die Einführung teilautonomer Arbeitsgruppen an, welche für kollektive Eigenverantwortung sorgen, den Mitarbeitern entsprechend Freiräume schaffen und in Teilen auch individuellen Bedürfnissen der Aufgabengestaltung gerecht werden können.[945] Auf eine deutlich stärker interessengeleitete Wahl geht indes der differentielle Ansatz von ULICH ein, in dem aus verschiedenen Angeboten der Aufgabengestaltung gewählt werden kann.[946]

Für nach dem Kriterium der *Familienorientierung* differenzierte Segmente bieten sich v. a. Maßnahmen der zeitlichen und räumlichen Arbeitsgestaltung an. Familienorientierte Menschen haben schließlich das Problem, Kinder und/oder Pflegende mit ihrer Arbeit zu vereinen. Tabelle 11 gibt die entsprechenden in der Literatur identifizierbaren Maßnahmen wider, denen eine hohe Wirkung auf das Bleibe- und Leistungsverhalten zugesprochen und nachgewiesen wird.[947]

---

[943] Vgl. Berthel/Becker, F. G. (2010), S. 519. Zur „prospektiven Arbeitsgestaltung“ vgl. zusammenfassend Ulich (2005), S. 185-186, zur „differentiellen Arbeitsgestaltung“ nach Ulich (1978) vgl. Kap. 2.1.1.

[944] Vgl. Berthel/Becker, F. G. (2010), S. 519.

[945] Vgl. Fritsch (1994), S. 63. Auch Ulich (2005), S. 218-270, befürwortet teilautonome Arbeitsgruppen und gibt einen Überblick über die Thematik. Vgl. auch Berthel/Becker, F. G. (2010), S. 449.

[946] Vgl. Kap. 2.1.1 sowie im Rahmen einer differentiellen Gestaltungsempfehlung Wiegran (2002), S. 92-94.

[947] Vgl. Gerlach/Schneider (2008), S. 5.

Tabelle 11: Bindungsaktivitäten der Arbeitsbedingungen für Mitarbeiter mit Familienorientierung.[948]

Ergonomische Arbeitsplatzgestaltung	Gestaltung der Arbeitsaufgabe	Gestaltung der Arbeitszeit
- pflegeerleichternde und familiengerechte Arbeitsplatzausstattung.[949]	- Teamarbeit zur Kompensation abwesender Kollegen. - Rücksichtnahme auf eingeschränkte Mobilität. - Vertretungsregeln, eindeutige Strukturen. - Einsatz von Springern und Hilfskräften.	- Teilzeitangebote. - feste (freie) Zeiten für Kinder und/oder zu Pflegende. - flexible oder variable Arbeitszeiten. - komprimierte Arbeitszeiten. - Arbeitszeitkonten. - Sonderurlaube und Rücksichtnahme bei der Urlaubsplanung, bspw. für Feiertage. - Telearbeit. - Kurzfristige Freistellungen. - Freistellungen von Geschäftsreisen, Montage, o. ä.

Ein möglicher Ansatz zur *segmentübergreifenden Umsetzung* flexibler Arbeitszeiten kann das Job-Sharing darstellen.[950] Denkbar wäre, dass eine junge Mutter oder ein junger Vater sich ihre Stelle mit einem Mitarbeiter teilen, der kurz vor der Verrentung steht. Die „frischen" Qualifikationen einerseits sowie die Erfahrungen andererseits können Synergien und gegenseitiges Lernen erzeugen, zudem kann der ältere Mitarbeiter als Mentor fungieren. Für die beiden Mitarbeiter bieten sich mehr Zeit für die Familie und dennoch keine karrierehinderli-

[948] Quelle: Eigene Darstellung auf Basis der Erkenntnisse von Becker, S./Kienle (2008a), S. 19-22 u. 34; Becker, S./Kienle/Ludwig/Perrot (2009), S. 11-18; Becker, F. G./Reddehase/Meißner (2008), S. 8-10; Felfe (2008), S. 142-143; Gerlach/Schneider (2008), S. 5; Hölzgen (2011), S. 291-292; IGS (2007); IGS (2008); Peinelt-Jordan (1996), S. 262-263; Reuthert/Held/Schoppmeyer (2011), S. 8-10.

[949] Hierunter verstehen Becker, S./Kienle/Ludwig/Perrot (2009), S. 17, bspw. den uneingeschränkten Zugang zu Telefonen und dessen Nutzungserlaubnis für private Angelegenheiten.

[950] Vgl. Brauweiler (2010), S. 98.

che Auszeit bzw. ein stufenweiser und der körperlichen Leistungsfähigkeit entsprechender Abbau der Arbeitszeit.[951]

Individualisierungspotential

Vor allem die Arbeitszeit ist immer wieder Objekt der Debatte vollständiger Individualisierung, sowohl in ihrer chronologischen als auch ihrer chronometrischen Dimension.[952] Schlussendlich bestimmen die organisatorischen Begebenheiten und die Bereitschaft der Entscheidungsträger das tatsächliche Ausmaß an individualisierter Arbeitszeit. Dass weitgehende Individualisierung auch im Schichtbetrieb möglich ist, beweist das Beispiel der TRUMPF GMBH & CO. KG.[953] Alle zwei Jahre können die Mitarbeiter dort ihre wöchentliche Arbeitszeit an ihre persönlichen Bedürfnisse und Lebensverhältnisse anpassen, d. h. zwischen 15 und 40 Stunden festlegen. Es gibt ein Langzeitkonto für Arbeitsstunden, welches zu späteren Zeitpunkten für Freizeit genutzt werden kann, und die Möglichkeit eines Sabbatjahres.[954] Möglichkeiten zur individualisierten ergonomischen Arbeitsplatzgestaltung als Passung zwischen individuellen physischen, psychischen sowie sozialen Ressourcen und den Belastungen der Arbeit finden sich bei HORNBERGERS Leitbild der „gesunden Organisation".[955]

4.3.2.4 Anreizsysteme

Beschreibung des Handlungsfeldes

Im Folgenden werden Anreizsysteme für dieses Handlungsfeld als „Anreizsysteme im weiteren Sinne"[956] verstanden. Demnach wirken die Managementsubsysteme durch zielgerichtete

[951] Vgl. zu den Vor-, aber auch Nachteilen von Job-Sharing Berthel/Becker, F. G. (2010), S. 529-531.

[952] Vgl. die Beiträge im Herausgeberband von Wagner (1995), insb. das „Individuelles Lebensarbeitszeitmanagement" von Kick (1995); Rumpf (1997), S. 22-25; Schanz (1994a), S. 296; Schanz (2000), S. 194-195. In die gleiche Richtung argumentieren auch Friedli/Thom (2001), S. 26, wenn sie im Bindungsmanagement mit Verweis auf Schanz (2000) selbstbestimmte und flexible Arbeitszeitsysteme als motivierend darstellen.

[953] Die Trumpf GmbH & Co. KG aus Ditzingen ist ein Hersteller von Werkzeugmaschinen und hat im Jahr 2010/11 mit über 8.500 Mitarbeitern einen Umsatz von 2,02 Mrd. Euro erreicht. Vgl. Trumpf (2011).

[954] Vgl. Karst/Heyser (2011).

[955] Vgl. Hornberger (2006), S. 119-242; auch Kap. 3.2.4.4.

[956] Prinzipiell können drei Ebenen von Anreizsystemen unterschieden werden: Neben dem im Text erläuterten Anreizsystem im weiteren Sinne existieren Anreizsysteme im weitesten Sinne als Ergebnis jeder betrieblicher Entscheidung und deren Umsetzung („Der Betrieb ist ein Anreizsystem!"). Anreizsysteme im engeren Sinne stellen indes solche dar, welche sich konkret an Mitarbeiter richten („Der Betrieb setzt individuelle Anreizsysteme ein!"). Vgl. Becker, F. G. (1990), S. 8; Becker, F. G. (1995), S 34-35; Becker, F. G. (2008), S. 56-57; Berthel/Becker, F. G. (2010), S. 536.

Gestaltung auch auf die Motivation der Mitarbeiter („Der Betrieb hat ein tem!“[957]).[958] Schließlich wird dem Verständnis von BERTHEL/BECKER gefolgt: „ Unter Anreizsystemen wird [...] die Summe aller im Wirkungsverbund gestalteten und aufeinander abgestimmte Stimuli [...], die bestimmte Verhaltensweisen (durch positive Anreize, Belohnungen) auslösen bzw. verstärken, die Wahrscheinlichkeit des Auftretens unerwünschter Verhaltensweisen dagelegen mindern (durch negative Anreize, Sanktionen) sowie die damit verbundene Administration verstanden. Dieses Verständnis erfasst die Gesamtheit der von Vorgesetzten und dem Betrieb gewährten materiellen und immateriellen Anreize, die für den Mitarbeiter einen subjektiven Wert besitzen.“[959] Dabei ist zu beachten, dass die Ausgestaltung des Anreizsystems konsistent erfolgt (sofern im Einzelfall nicht Abweichungen sinnvoll sind) sowie dass Anreizsysteme in erster Linie Instrumente zur Motivation und Steuerung, nicht allein betrieblichen Aufwand darstellen.[960]

Das betriebliche Anreizsystem kann unterschieden werden in materielle und immaterielle Elemente. Materielle Anreize beinhalten obligatorische Bestandteile wie Festgehalt, Sozial- und Nebenleistungen, variable Entgeltformen sowie fakultative Bestandteile in Form von Erfolgs- und Kapitelbeteiligungen.[961] Immaterielle Anreize werden durch die Gestaltung der Managementsubsysteme angesprochen.[962] Sie werden jedoch durch die anderen Handlungsfelder differentiellen Bindungsmanagements – Personalentwicklung, Arbeitsbedingungen und Mitarbeiterführung – bereits abgedeckt, sodass materielle Anreizsysteme in den nachstehenden Ausführungen im Fokus stehen.[963]

Theoretische und empirische Erkenntnisse zur Bleibe- und Leistungsrelevanz

Empirische Erkenntnisse zu materiellen Anreizen kommen meistens zu dem Schluss, dass ihre Wirkung auf die Steigerung des Bleibe- und Leistungsverhaltens eher gering ausfällt.[964]

---

957 Berthel/Becker, F. G. (2010), S. 536.

958 Zu den Managementsubsystemen vgl. Kap. 4.2.3.4.

959 Berthel/Becker, F. G. (2010), S. 536-537. Scherm/Süß (2010), S. 119, nennen als dessen prinzipielle Ziele neben der Akquisition neuer Mitarbeiter die Erhaltung von Bleibe- und Leistungsmotivation.

960 Vgl. Becker, M. (2008), S. 58; Berthel/Becker, F. G. (2010), S. 536-538; auch Hentze/Graf (2005), S. 66-77.

961 Vgl. Berthel/Becker, F. G. (2010), S. 539-540; Oechsler (2011), S. 426-458; Scherm/Süß (2010), S. 128-137. Vgl. speziell zur variablen Vergütung Becker, F. G. (2008), zur Erfolgsbeteiligung Becker, M. (2008); zur leistungs- und erfolgsabhängigen Vergütung Becker, F. G. (2005). Szebel-Habig (2004), S. 106-108, schreibt Sozialleistungen mit individuellem Bezug eine hohe Bindungswirkung zu. Vgl. allgemein vor dem Hintergrund des Bindungsmanagements auch Gmür/Thommen (2007), S. 226-227.

962 Vgl. Becker, F. G. (1990), S. 163-176; Berthel/Becker, F. G. (2010), S. 590-592.

963 Vgl. Kap. 4.3.2.2, 4.3.2.3 u. 4.3.2.5.

964 Vgl. Bröckermann/Pepels (2004), S. 21-22; IFAK (2007); Kobi (1999), S. 74-76; Kuth (2008); Nagel (2005). Zu Leistungsmotivation und Entlohnung vgl. bspw. den Herausgeberband von Frey/Osterloh (2002), S. 71-

Vor allem scheint es, als sei die (gerechte) Vergütung eine Art „Hygienefaktor“ und somit eine Voraussetzung für Bleibeverhalten.[965] VON ECKARDSTEIN hebt jedoch die demotivationale Wirkung stark gespreizter Einkommen und das höhere Zusammengehörigkeitsgefühl einer nach Hierarchieebene nicht unterschiedlich gestalteten Vergütungsstruktur hervor.[966] Nur vereinzelt ermitteln Studien, dass der Vergütung hohe Bedeutung zur Bindung zukommt, wobei unklar bleibt, ob das Einkommen dafür sorgt, dass Mitarbeiter nicht gehen oder bleiben und leistungsmotiviert sind.[967] Allerdings herrscht große Übereinstimmung, dass selbst wenn Geld motivierend wirkt, die Vergütung kein optimales Mittel zur Herstellung von Bindung darstellt, denn wer sich für Geld einstellen lässt, kündigt bei besser bezahlten Angeboten eher.

Dass derartige Anreizsysteme dennoch eine Bedeutung für das Bleibe- und Leistungsverhalten haben, liegt auch im differentiellen. So schreiben BERTHEL/BECKER, dass Geld als generalisierter Anreiz zur Bedürfnisbefriedigung individuell unterschiedlicher und auch immaterieller Motive – bspw. durch Statussymbole – beitragen kann.[968] Sie betonen aber: „Sein Einsatz muss davon abhängig gemacht werden, ob es mit den individuellen Motiven korrespondiert.“[969] Übertragen auf homogene Mitarbeitersegmente bedeutet dies im Sinne der Anforderung der Wirtschaftlichkeit zugleich, dass die kostenverursachende Vielfältigkeit von Anreizsystemen dem Zuwachs an Bleibe- und Leistungsmotivation der Mitarbeiter entsprechen muss.

Ausdrücklich nicht werden die Qualifikationen zur Segmentierung verwendet. Eine qualifikationsbezogene Entlohnung würde einerseits die Mitarbeiter dazu bewegen, ihre Qualifikation ständig zu verbessern, was der Unternehmung zwar eine höhere Flexibilität der Stellenbesetzung, jedoch auch erhöhte Kosten sowie prinzipiell überqualifizierte Mitarbeiter beschert. Andererseits widerspräche dies dem Grundsatz „gleicher Lohn für gleiche Arbeit“.[970]

---

162. Anders jedoch die Studie von Monster (2001), welche Gehalt als wichtigste Determinante zur Bleibemotivation identifiziert.

[965] Vgl. Thom/Friedli (2008), S. 67; ähnlich auch die DGfP (2004), S. 63-64. Zur gerechten Vergütung vgl. Berthel/Becker, F. G. (2010), S. 543-545.

[966] Vgl. v. Eckardstein (2001), S. 13.

[967] Vgl. bspw. Felfe (2008), S. 134-135; Haselgruber/Brück (2008), S. 39; Kienbaum (2001), S. 14, wonach die Vergütung einen „eher großen Einfluss“ nimmt; TowersPerrin (2007), S. 15.

[968] Vgl. Berthel/Becker, F. G. (2010), S. 538.

[969] Berthel/Becker, F. G. (2010), S. 538.

[970] Vgl. Berthel/Becker, F. G. (2010), S. 544-545; Eyer (1995), S. 19; Greife (1990), S. 1-2.

Segmentspezifische Anreizsysteme für ein differentielles Bindungsmanagement

Den empirischen wie theoretischen Erkenntnissen entsprechend werden für die Kriterien „alter", „hierarchische Position", „Werte" und „Familienorientierung" *segmentspezifische Anreizsysteme* angeboten:

Für nach dem *Alter* unterschiedene Mitarbeitersegmente sind es v. a. betriebliche Sozialleistungen, die eine entsprechende Wirkung auf das Bleibe- und Leistungsverhalten entfalten können. Zu diesen Sozialleistungen können Arbeitgeberdarlehen, bspw. zum Hausbau, eine betriebliche Gesundheitsvorsorge mit entsprechenden Vorsorgeuntersuchungen, altersgerechte Gesundheitscoachings und -workshops, Subventionen für Sport- und Selbsthilfegruppen, Förderung sozialer Vernetzung gegen Einsamkeit und vieles andere mehr gehören.[971] Insbesondere der betrieblichen Altersversorgung kommt in Zeiten sinkender gesetzlicher Rentenansprüche hohe Bedeutung eben auch zur Bindung zu. Für die Unternehmung bieten sich der direkte Weg der Altersversorgung über die Direktzusage sowie indirekte Wege über Unterstützungskassen, Pensionsfonds, Pensionskassen und Direktversicherungen an. Welche Form gewählt wird und wie weit der Arbeitnehmer selber einen Beitrag liefern muss, ist abhängig von steuerlichen, finanzwirtschaftlichen und durch staatliche Förderung bedingten Spezifika der anwendenden Unternehmung.[972] Auch muss sie alternsgerecht sein, d. h. dem Mitarbeiter in unterschiedlichen Altersabschnitten angepasst sein. Alternsorientierte Anreizsysteme müssen jedoch eine Abkehr vom Senioritätsprinzip der Bezahlung, die darin mit zunehmendem Lebensalter steigt, hin zu mehr Leitungsorientierung, zur Folge haben.[973] Ältere Mitarbeiter nur aufgrund ihres Alters besser zu bezahlen wäre schließlich eine ungerechtfertigte Differenzierung.

Die Differenzierung von Anreizsystemen nach der *hierarchischen Position* betrifft demnach v. a. das Segment der Führungskräfte. Häufig vorzufinden ist ein Modell, welches aus drei Bestandteilen besteht – fixe anforderungsbezogene Grundvergütung, variable leistungsbezogene Tantieme (entweder auf Basis der individuellen Leistung und/oder der Geschäftsbereichs- sowie Betriebserfolgs) sowie spezifische Zusatzleistungen (bspw. Firmenwagen, Gesundheitsvorsorge, Versicherungsleistungen, „Fringe Benefits") – und ein aufeinander abge-

[971] Vgl. Becker, F. G./Bobrichtchev/Henseler (2004), S. 6; Bruch/Kunze/Böhm (2010), S. 82-84; Brauweiler (2010), S. 98; Schmitz (2008), S. 153. Zu den Problemen freiwilliger betrieblicher Sozialleistungen vgl. Berthel/Becker, F. G. (2010), S. 563.

[972] Vgl. Berthel/Becker, F. G. (2010), S. 564-568.

[973] Vgl. Kramer (2010), S. 39-44.

stimmtes Paket („Total Compensation“[974]) darstellt enthält.[975] Abbildung 10 gibt ein solches Modell der Gesamtvergütung für Führungskräfte wieder.

Vergütungselemente		Vergütungsebene
Nebenleistungen		*Gesamtvergütung*
Variable Vergütung	**langfristig**	*Gesamtdirektvergütung*
	kurzfristig	*Gesamtbarvergütung*
Grundvergütung		*Grundvergütung*

Abbildung 10: Elemente der Gesamtvergütung.[976]

Die Höhe des Gesamtpakets ist abhängig von Branche und Marktwert, die des variablen Anteils kann mit der hierarchischen Position ansteigen. Um die Führungskraft zu einer langfristigen Orientierung und nicht zu kurzfristiger Gewinnoptimierung mit entsprechend hoher Tantieme zu motivieren, müssen die Bemessungsgrundlagen der Entlohnung darauf abgestimmt sein. Denkbar wären operative Zahlen, Indizes des Martes, ökonomische Werte, strategische Erfolgsfaktoren und Indikatoren des individuellen Verhaltens. Möglich hierfür sind bspw. langfristige Anreizsysteme, die sich auf den Markt – bspw. Aktienoptionen oder Wertsteigerungsrechte – und/oder auf die individuelle Leistung – bspw. sog. „Performance Share Plans“ oder „Performance Unit Plans“ – beziehen.[977]

Nach Segmenten wie dem Top- oder Middle-Management unterschiedene Bindungsaktivitäten über Anreizsysteme können an allen Ebenen ansetzen: Es können und/oder sollten mit

[974] Vgl. zum „Total Compensation“ im Allgemeinen Becker, F. G. (2004a); Drumm (2008), S. 515. Der Terminus „Total Compensation“ für ein ganzheitliches Vergütungspaket geht zurück auf Kick (1997), S. 309-313.

[975] Vgl. Becker, F. G./Kramarsch (2006), S. 24-26; auch v. Eckardtstein (2001), S. 5-13; sowie intensiv im Bezugsrahmen zu Anreizsystemen für Führungskräfte von Becker, F. G. (1990); auch Hungenberg (1999); Wälchli (1995), S. 223-303. Vgl. mit Bezug auf ein Bindungsmanagement auch Friedli/Thom (2001), S. 25, sowie die darin zitierten Quellen. Vgl. auch überblicksartig Oechsler (2011), S. 447-458, der diese Quellen aufgreift.

[976] Quelle: In Anlehnung an Kramarsch (2004), S. 9.

[977] Vgl. Becker, F. G. (1990), S. 36-50 u. 143-154; Berthel/Becker, F. G. (2010), S. 586-588 sowie die darin zitierten Quellen. Becker, F. G./Kramarsch (2006), S. 43-62. V. Eckardstein (2001), S. 5, unterschiedet je nach Höhe und Anteil der Vergütungskomponente grundsätzlich in einen traditionellen, einen leistungs- und erfolgsorientieren und einen wertorientierten Ansatz.

steigender Hierarchieebene zusätzliche Nebenleistungen angeboten, mehr Bestandteile variable Vergütung eingeführt und die Höhe der Grundvergütung verändert werden.[978] Große Wirkungen dürften auch Steuer- und Rechtsberatungen, Laptops, Mitgliedschaften in bestimmten Verbänden, Massagedienste, Fitnessräume und Concierge-Dienste wie Einkäufe, Fahrzeugreparaturdienste oder Botengänge haben.[979] Denkbar sind auch entsprechende Abwandlungen für Aufstiege in Fach- und Projektkarrieren, zumal durch bestimmte Nebenleistungen und die Erhöhung variabler Bestandteile der Vergütung auch der Eindruck stärkerer Bedeutung sowie eines zunehmenden Status erweckt wird.

Eine Differenzierung nach *Werten* orientiert sich an selbigen. So leitet BARTH dass für Hedomaten, Konventionalisten und Resignierte Personalentwicklungsmaßnahmen und herausfordernde Tätigkeiten eine eher untergeordnete Bedeutung haben. Insbesondere für Hedomaten sind Arbeitszeit und Entlohnung wichtig, sie sehen ihre Arbeit als Mittel zur Erfüllung der Freizeitbedürfnisse, doch auch für Realisten sind dies kritische Größen. Realisten werden aber durch Personalentwicklungsmaßnahmen und herausfordernde Tätigkeiten angesprochen, genauso wie Idealisten, denen das höchste Maß affektivem Commitments durch Selbstentfaltung auf der Arbeit zugesprochen wird.[980] Hedonisten streben indes danach, Geld verdienen, besitzen kaum Bedürfnisse nach Selbstentfaltung und haben daher ein nur geringes Motivationsniveau. Konventionalisisten lassen sich durch materielle Anreize motivieren, Resignierte weit weniger. Der Idealist spricht ebenfalls auf materielle Anreize an, auch wenn seine Identifikation mit der Tätigkeit eher gering ist.[981]

Aktivitäten, welche sich an Segmente mit *Familienorientierung* richten, setzen v. a. an den Nebenleistungen an. Von Informationsmaterial zur Vereinbarkeit von Familie und Beruf sowie betrieblichen und gesetzlichen Möglichkeiten über Workshops, externe Seminare zum Umgang mit Pflegenden, psychosoziale Beratungen und Vermittlungen zu externen Pflegediensten bis hin zu Beriebskindertagesstätten, Ferienbetreuung für Kinder, Tagesplätze für zu pflegende Familienangehörige einem betrieblichen Pflegezentrum oder betriebsinterne Pflegediensten sind den Möglichkeiten v. a. durch die betriebliche Finanzkraft Grenzen gesetzt.[982]

[978] Gauger (2000), S. 148-198, schlägt bspw. eine Bonusvergütung, ein relativ hohes Grundgehalt und Aktienoptionen als Maßnahmen für die mittlere Managementebene vor. Vgl. auch Kap. 3.4.3.1. Bemerkenswert ist in diesem Zusammenhang das neue Bonussystem der Infineon AG, welches bewusst nur aus einem relativ hohem Jahresfixeinkommen und einem nur vom Gesamtunternehmungserfolg abhängigen Erfolgsbonus besteht, während das alte Modell Zielboni, individuelle Bestandteile und ein geringeres Grundgehalt aufwies. Neben der Vereinfachung administrativen Aufwands und mehr Klarheit soll damit auch die Risikoübernahme durch den Mitarbeiter verringert werden. Vgl. Marquardt/Metzdorf (2011).

[979] Vgl. Kuth (2008); Moser, R./Saxer (2008), S. 47.

[980] Vgl. Barth (1998), S. 75-76; Herbert (1991a); Klages/Franz/Herbert (1985), S. 52.

[981] Vgl. Herbert (1991a), S. 127; Klages/Franz/Herbert (1985), S. 52.

[982] Vgl. Becker, S./Kienle (2008); Becker, S./Kienle (2008a), S. 31-36; Becker, S./Kienle/Ludwig /Perrot (2009), S. 21-24 u. 29-35; Becker, F. G./Reddehase/Meißner (2008), S. 9-10; Gerlach/Schneider (2008), S. 4-6.

Denkbar sind ferner Darlehen, bspw. um Kinder das Studium zu finanzieren oder für den behindertengerechten Umbau von Wohneigentum oder Stipendienprogramme für begabte Kinder von Mitarbeiter – nicht zuletzt auch vor dem Hintergrund der Rekrutierung neuer Mitarbeiter. Allerdings ist der Nutzen nur schlecht quantifizierbar und kann somit den an dieser Stelle sehr deutlichen finanziellen Kosten nicht einfach entgegengestellt werden. Die Auswirkungen auf die Mitarbeitermotivation und die Senkung ungewollter Fluktuation können schließlich sehr hoch sein.[983]

Individualisierungspotential

Im Bereich der Anreizsysteme existiert ein recht deutliches Individualisierungspotential, ohne dass den Unternehmungen unverhältnismäßig hohe Mehrkosten entstehen müssen. Der Cafeteria-Ansatz ermöglicht es, dass – ähnlich wie Essen und Getränke in einer Cafeteria – Mitarbeiter aus einem festen Angebot unterschiedlicher Entgeltbestandteile entsprechend ihrer Bedürfnisse wählen können. So bekommt jeder Mitarbeiter ein bestimmtes Budget, mit dem er in einem festgeschrieben Turnus, zumeist jährlich, aus den angebotenen Entgeltbestandteilen mehr oder weniger frei wählen kann. Welche Leistungen angeboten werden, ist abhängig von der individuellen Zurechenbarkeit ebendieser und von den beabsichtigten Wirkungen. So verliert ein großer Dienstwagen seine Anreizwirkung durch den damit verbundenen Prestigegewinn, wenn alle Mitarbeiter diesen haben könnten. Eher denkbar sind bspw. Darlehen, betriebliche Altersversorgungen, Kapitalbeteiligungen, aber auch der Tausch von Arbeitszeit gegen Entgelt. Auch die Kosten eines Kindergartenplatzes oder eines häuslichen Pflegedienstes könnten hierunter fallen. Schlussendlich vereint der Cafeteria-Ansatz ein sehr hohes Maß an Bleibe- und Leistungsmotivation, Individualität, Dynamisierung sowie Transparenz prinzipieller Möglichkeiten mit geringeren Kosten der Segmentierung.[984]

In diesen individuellen Zusammenhang ist auch der Teil des Gesundheitsmanagements zu verorten, welcher nicht die ergonomische Arbeitsgestaltung betrifft und als Anreiz zur Motivation fungiert, im Gegensatz zu Faktoren, die zur Bildung von Bleibe- und Leistungsmotivation überhaupt erst zwingend erfüllt sein müssen. Arbeitsplatzbezogene Ernährungsberatung, Rückenkurse, Sportangebote, physische und psychische Gesundheitsförderung, Hilfe bei per-

---

983 Vgl. Becker, F. G./Reddehase/Meißner (2008), S10-11.

984 Vgl. zu Cafeteria-Ansätzen im Allgemeinen Krob (2008); Mölders (1993); Wagner (2004); zusammenfassend Berthel/Becker, F. G. (2010), S. 583-585. Bereits Dycke/Schulte, C. (1986), S. 579, weisen auf positive Auswirkungen der Bindung hin. Vgl. vor diesem Hintergrund auch Friedli/Thom (2001), S. 26; Grunwald (2001), S. 85-86; Knoblauch (2004), S. 128-129; Moser, R./Saxer (2008), S. 47-49. In der Praxis kommt aufgrund arbeitsrechtlicher Einschränkungen ein Cafeteria-System v. a. für Führungskräfte in Betracht. Vgl. zum Cafeteria-Ansatz für Führungskräfte Wagner/Grawert/Langemeyer (1993). In Ansätzen individualisierten Personalmanagements wird ebenfalls oft ein Cafeteria-Ansatz empfohlen. Vgl. bspw. Rumpf (1997), S. 22-25; Schanz (1994a), S. 297-298; Schanz (2004), S. 165-166.

sönlichen Notlagen u. v. m. sind Angebote, die jeder Mitarbeiter frei wählen können sollte und die für Bindung an die Unternehmung sorgen.[985]

4.3.2.5 Mitarbeiterführung

Beschreibung des Handlungsfeldes

Mitarbeiterführung betrifft die Verhaltenssteuerung in der direkten Interaktion von Vorgesetztem und Mitarbeiter. Sie ist dynamisch, zielorientiert, dient der Willensdurchsetzung mittels Information, Instruktion, Entscheidung, Motivation sowie Konfliktlösung und wird im Folgenden als hierarchische Führung verstanden. Es wird von direkter in Abgrenzung zu indirekter Führung ausgegangen, Führungsgrundsätze usw. werden als Bestandteil der Unternehmenspolitik begriffen, welcher die Bedingungen zur direkten Mitarbeiterführung schafft. Mitarbeiterführung deckt auch den konfliktorientierten Ansatz dieser Arbeit, da Führende zwei Kategorien von Führungseffizienz – wirtschaftliche Effizienz und soziale Effizienz – gleichermaßen anstreben müssen. Wenn die soziale Effizienz außer Acht gelassen wird, sind negative Auswirkungen auf die wirtschaftliche Effizienz zu vermuten, sodass bereits deren Mittel-Zweck-Beziehung die Verfolgung beider Kategorien der Führungseffizienz unabdingbar macht.[986]

Theoretische und empirische Erkenntnisse zur Bleibe- und Leistungsrelevanz

Die direkte Führung spielt beim Erhalt und bei der Steigerung von Bleibe- und Leistungsmotivation eine sehr große Rolle. So kommen Studien und theoretische Erkenntnisse vor unterschiedlichen Hintergründen zu der Erkenntnis, dass Mitarbeiter sich von ihren Vorgesetzten mehr Anerkennung, Lob und Unterstützung wünschen.[987] Neben mitarbeiterbezogenem Führungsverhalten schreiben BERTHEL/BECKER Partizipation eine hohe Wirkung zur Leistungs-

---

[985] Vgl. Bausch-Weiss (2004), S. 324-325; Hohlbaum/Olesch (2006), S. 245-249; Loffing/Loffing (2010), S. 110-117 u. 162-164; Morschhäuser/Ochs/Huber (2008), S. 103-104.

[986] Vgl. Berthel/Becker, F. G. (2010), S. 155-162; Szebel-Habig (2004), S. 97. Vgl. auch Schanz (2000), S. 651-657, der dabei die Machtausübung hervorhebt. Für eine Übersicht verschiedener Definitionen, die im Kern alle auf die Verhaltensbeeinflussung abzielen, Weibler (2001), S. 28-29.

[987] Vgl. Randstad (2010), wonach sich 84 Prozent der Beschäftigten mehr Unterstützung bei der Karriereplanung wünschen; IGS (2008), S. 2, wonach 39 Prozent der Väter kein Verständnis ihrer Vorgesetzten für ihre Situation bekommen; oder die Metaanalyse von Kluger/DeNisi (1996), S. 273, die die Bedeutung von Lob für die Leistungsmotivation verdeutlicht. Vgl. ferner die Studien in u./o. von Bertrand (2004), S. 274; CapGemini (2011), S. 42; China (2006), S. 31-32; Haase (1997), S. 332-334; Hölzgen (2011); Loffing/Loffing (2010), S. 147-149; Thom/Friedli (2008), S. 62-64; TowersWatson (2010); Wucknitz/Heyse (2008), S. 35.

motivation zu.[988] WESTPHAL/GMÜR fassen diverse Studien zusammen, wonach transformationaler Führung und hier v. a. die Dimensionen „Charisma des Vorgesetzten" und „individuelle Berücksichtigung des Mitarbeiters durch den Vorgesetzten" ein sehr hohes affektives und auch ein hohes normatives Commitment auslösen, wohingegen der delegative, der selbstbeschützende und der Laissez-Faire-Stil sich signifikant negativ auswirken.[989] Dies gilt v. a. gegenüber dem direkten Vorgesetzten und dem Top-Management. Die Möglichkeit, an Entscheidungen mit zu wirken, erhöhe ebenfalls die affektive Commitment-Komponente.[990] FELFE greift auch existierende Studien zur Mitarbeiterführung sowie zum Commitment auf und kommt zu dem Schluss, dass „zwischen transformationaler bzw. charismatischer Führung ein substantieller Zusammenhang besteht. [...] Jüngere Studien haben [...] verstärkt untersucht, wie diese Zusammenhänge erklärt werden können. [...] So konnte zum Beispiel gezeigt werden, dass der Zusammenhang zwischen transformationaler Führung und Commitment durch die Entwicklung von Autonomie, Kompetenz und dem Einfluss der Mitarbeiter mediiert wird (Empowerment) [...]."[991] Auch rein zielorientierte Führung wie „Management by Objectives" werden als bleibe- und leistungsmotivierend genannt.[992] GAUGER nennt Feedback-Gespräche und Coaching als commitmentfördernde Instrumente der Führung.[993]

Segmentspezifische Mitarbeiterführung für ein differentielles Bindungsmanagement

Hinsichtlich einer differentiellen Mitarbeiterführung sind Parallelen zum „Situativen Führungsmodell" nach HERSEY/BLANCHARD, welches vier nach dem Reifegrad der Mitarbeiter differenzierte Segmente und entsprechend unterschiedliche Führungsstile empfiehlt, offensichtlich.[994] WUNDERER verweist jedoch auf die Probleme, die mit diesem Modell einherge-

[988] Vgl. Berthel/Becker, F. G. (2010), S. 590-591.

[989] Delegative Führung bezeichnet einen Stil, der Probleme und Grenzen von Entscheidungsspielräumen festlegt und in welchem die Mitarbeiter eigenverantwortlich aktiv sind. Vgl. Wunderer/Küpers (2003), S. 431-432. „Laissez Faire" ist im Grunde keine Führungsstil, da den Mitarbeitern völlige Aktionsfreiheit gelassen wird. Vgl. Berthel/Becker, F. G. (2010), S. 164-165. Selbst-beschützende Führung liegt vor, wenn der Vorgesetzte sich v. a. für den Schutz der eigenen Person einsetzt. Vgl. Steyerer/Schiffinger/Lang (2008), S. 365.

[990] Vgl. Westphal/Gmür (2009), S. 215-217 sowie die darin zitierten Quellen.

[991] Felfe (2008), S. 140; ähnlich die Erkenntnisse in Felfe (2006); Felfe (2009), S. 47. Vgl. in diesem Sinne auch Sprenger (2005), S. 242-259, welcher „Freiräumen" eine besonders hohe Auswirkungen auf die Leistung zuspricht. Empowerment selbst stelltindeskeinen Führungsstil dar. Vielmehr stellt er die Aufforderung und Ermächtigung dar, für die Zielerreichung ihres Verantwortungsbereichs persönliche Verantwortung zu übernehmen und beinhaltet daher die Befugnis des Treffens autonomer Entscheidungen im eigenen Arbeitsgebiet. Vgl. Berthel/Becker, F. G. (2010), S. 591; Wunderer/Küpers (2003), S. 36.

[992] Vgl. DGfP (2004), S. 59-61; Brauweiler (2010), S. 91; Schmidt/Kleineck (1999) sowie aus differentialpsychologischer Sicht Elke/Wottawa (2004), S. 274-276.

[993] Vgl. Gauger (2000), S. 218-246. Vgl. 4.3.2.2 zum Coaching in der Personalentwicklung.

[994] Der Reifegrad des Mitarbeiters ist nach Hersey/Blanchard (1969) bestimmt durch die Motivation, das Wissen und Fähigkeiten, die vier Führungsstile reichen von delegieren über partizipieren (lassen), integrieren bis hin zu einem autoritären Stil. Überblicksartig zusammenfassend vgl. auch Berthel/Becker, F. G. (2010), S. 203-204; Oechsler (2011), S. 362-363; Weibler (2001), S. 322-328.

hen: So muss der Vorgesetzte den Reifegrad selbst bestimmen, was Beurteilungsfehler und sich selbst erfüllende Prophezeiungen fördern kann. Zudem kann der Vorgesetzte den vermeintlichen Grad der Reife zu seinen Zwecken missbrauchen, um seine Führung zu legitimieren. Auch die Frage der Akzeptanz gibt er zu Bedenken.[995] Für die meisten Vorgesetzten dürfte es zudem problematisch werden, sich gegenüber einer Person autoritär und gegenüber einer anderen kooperativ verhalten.[996] Diese Probleme segmentspezifischer direkter Führung dürften auch für viele andere Differenzierungen nach anderen Kriterien gelten, sodass eine differenzierte Führung durch den Vorgesetzten für die meisten Kriterien abzulehnen ist, so auch für nach Werten differenzierte Führungsstile.[997]

Vielmehr ist ein Trend zur stärkeren Individualisierung der Führung (sowie der Mitarbeitermotivation im Allgemeinen) unverkennbar ist.[998] Dies steht auch im Einklang mit dem Menschbild des Complex Men, welchem mit standardisierten Formen der Führung nicht begegnet werden kann.[999] Der ökonomische Mittelweg zwischen Generalisierung und Individualisierung könnte im Handlungsfeld der direkten Mitarbeiterführung daher auch ohne die Bildung homogener Segmente möglich zu sein.[1000]

Individualisierungspotential

Durch *transformationale Führung* soll die Führungskraft die Mitarbeiter zu mehr Leistung motivieren, indem höhere Bedürfnisse und Anspruchsniveaus bei den Mitarbeitern geweckt werden. Diesem liegt die Annahme zugrunde, dass menschliches Handeln auf die Erhöhung des Selbstwertgefühls und der Selbstwirksamkeit ausgerichtet ist. Diese Art der Führung ist charakterisiert durch Vorbildlichkeit und Glaubwürdigkeit, Inspiration durch Aufzeigen der Bedeutung angestrebter Ziele oder Visionen und Missionen, intellektuelle Stimulation mittels neuer Einsichten und Denkmuster und individueller Förderung. Die transformationale Füh-

[995] Vgl. Wunderer (2009), S. 311.

[996] Vgl. Schanz (2004), S. 175-176; ähnlich Schanz (1994a), S. 303-304.

[997] So formulierte Weibler (2001), S. 287, „dass der jeweilige Stil nie zur Gänze im Verhalten verwirklicht werden kann“, da die klare Abgrenzung der Führungsstiltypen Ausdruck einer gedanklichen Überzeichnung realer Vorkommnisse darstellt. Vgl. für eine nach Werten differenzierte Klages/Franz/Herbert (1985), S. 52; Klages/Hippler (1991), S. 106-109; auch Barth (1998), S. 73-75.

[998] Vgl. hierzu die differentialpsychologischen Ausführungen bei Elke/Wottawa (2004), S. 269-274.

[999] Vgl. Drumm (2008), S. 469; ähnlich Bühner (2005), S. 260; zum Complex Men vgl. Kap. 2.3.1.

[1000] Intensiv setzt sich auch Drumm (2008), S. 467-483, mit individualisierter Führung auseinander. Vor allem einem Führungsleitbild und der Unternehmungskultur kommen hier hohe Bedeutung zu. Die von ihm vorgeschlagenen Instrumente betreffen allerdings eher die Systemgestaltung als die direkte Führung. Auch sind seine Verweisung auf Differenzierungen nach Geschlecht, Alter und Werten eher Ausdruck einer differentiellen als einer individualisierten Führung. Schlussendlich dürfte eine solche Unterscheidung in der direkten Führung keine Akzeptanz finden. Der vorgeschlagene Prozess dürfte die meisten Vorgesetzten zudem überfordern, wie Drumm (2008), S. 482, selbst eingesteht.

rung baut auf dem transaktionalen Ansatz auf, welche die Führer-Geführten-Beziehung als einen sozialen Austauschprozess im Sinne von gegenseitigem „Geben und Nehmen" und nicht mehr als einseitige Verhaltensbeeinflussung betrachtet.[1001] BERTHEL/BECKER nennen die einzelnen Komponenten transaktionaler Führung:[1002]

1. Definition/Vereinbarung klarer und operationaler Ziele.
2. Analyse der Verträglichkeit von Mitarbeiter- und Betriebszielen.
3. Analyse und Berücksichtigung der Aufgabenneigungen.
4. Stärkung der Erfolgserwartungen der Mitarbeiter.
5. Förderung wichtiger Fähigkeiten.
6. Gestaltung einer fördernden Arbeitssituation.
7. Belohnung der Zielerreichung.

Das Zusammenwirken transformationaler und transaktionaler Führung nimmt damit emotionale und rationale Komponenten auf.[1003] Auch die bereits angesprochenen Aspekte von *charismatischer Führung, Management by Objetives, Anerkennung, Lob* und *Unterstützung* werden damit aufgegriffen, genauso wie die von BERTHEL/BECKER als wichtige immaterielle Anreize betrachteten Partizipationsmöglichkeiten in Planung und Entscheidung sowie einer weitgehend individualisierten Führung.[1004] Die Nähe zum Empowerment ist offensichtlich, zumal einige empirische Studien einen positiven Zusammenhang von Empowerment sowie transformationaler und charismatischer Führung nachweisen konnten.[1005]

Auf diese Weise ist ein generalisiertes und wirtschaftliches Vorgehen durch die Anwendung eines Führungsstils erkennbar, welcher seitens der Mitarbeiter als individuell wahrgenommen wird. Verglichen mit anderen Führungsstilen weist transformationale Führung eine höhere organisationale und soziale Effizienz auf. Zudem kann es sich auf eine Vielzahl von Untersuchungen stützen, die die formulierten Zusammenhänge bestätigen.[1006]

[1001] Vgl. Becker, F. G. (2007a); Felfe (2005), S. 29-37; Scholz (2000), S. 948-954; Stock-Homburg (2010), S. 487-493; Weibler (2001), S. 333-336; Wunderer/Küpers (2003), S. 41; Wunderer (2009), S. 241-243. Die transformationale Führung geht im wirtschaftlichen Kontext zurück auf Bass (1985) und Bass (1990).

[1002] Vgl. Berthel/Becker, F. G. (2010), 173.

[1003] Vgl. Berthel/Becker, F. G. (2010), S. 174; Weinert, A. B. (2004), S. 511-512.

[1004] Vgl. Berthel/Becker, F. G. (2010), S. 590-591; v. Rosenstiel (2003), S. 250.

[1005] Vgl. Conger/Kanungo (1998); Fuller/Morrison/Jones/Bridger/Brown (1999); Kark/Shamir/Chen (2003).

[1006] Vgl. Felfe (2006); S. 167-168; Felfe (2009), S. 46; Weibler (2001), S. 336; Wunderer (2009), S. 243. Kearney/Gebert (2009) konnten sogar aufzeigen, dass transformationale Führung Unterschiede im Alter, in der Nationalität und in der Bildung bzgl. der Leistung relativiert. Vgl. für eine Übersicht der Kritik an transformationaler Führung Weibler (2001), S. 336; Wunderer (2009), S. 244-246; Wunderer/Küpers (2003), S. 439-440.

4.3.2.6 Unternehmungspolitik und -identität

Beschreibung des Handlungsfeldes

BERTHEL/BECKER fassen Unternehmungspolitik „als Gesamtheit derjenigen Entscheidungen und ihrer Ergebnisse auf[...], die das Unternehmungsgeschehen in die Zukunft hinein in ihren wesentlichen Grundlinien bestimmen."[1007] Mit der Unternehmungsidentität wird – ähnlich wie in der Psychologie der Identitätsbegriff für Personen – „die Summe der derjenigen grundlegenden Eigenschaften und Merkmale einer Unternehmung verstanden, die zusammen die unverwechselbare Eigenart einer Institution ausmachen und die dadurch von allen anderen Institutionen (auch gleicher Branche und Größe) abheben"[1008]. Prägende Merkmale der Identität einer Unternehmung sind:

a) Die *Unternehmungskonfiguration*, welche aus den zahlreichen Ebenen – bspw. die Funktionsbereiche, die Ressourcen, die Strukturen der Standort – besteht, die in ihrem Zusammenwirken die Unternehmung als solche konstituieren.[1009]
b) Die *Geschichte der Unternehmung* bestimmt die Gegenwart derselbigen und ist durch vorangegangene Entscheidungen, herausragende Persönlichkeiten u. v. m. sowohl geplant als auch unbewusst geschehen.[1010]
c) Die *Unternehmungskultur* „ist die Summe der von Mitarbeitern einer(s) Unternehmung(steils) gemeinsam getragenen Wertvorstellungen, Normen und Verhaltensmuster"[1011]. Breite Zustimmung gefunden hat hier das Kulturebenen-Modell von SCHEIN, wonach es drei interaktive Ebenen gibt: Artefakte, Werte und Normen sowie grundlegende Annahmen.[1012]

[1007] Berthel/Becker, F. G. (2010), S. 665, die Kirsch (1990); Ulrich (1978) u. Bleicher (1992) aufgreifen.

[1008] Berthel/Becker, F. G. (2010), S. 669.

[1009] Vgl. Berthel/Becker, F. G. (2010), S. 669-671; Macharzina/Wolf, J. (2010), S. 79-85; in diesem Zusammenhang auch den Gestaltansatz nach Miller/Friesen (1984).

[1010] Vgl. Berthel/Becker, F. G. (2010), S. 671; in diesem Zusammenhang auch Ansätze zur Pfadabhängigkeit bei Becker, F. G. (2011a), S. 56-58; Schreyögg/Sydow/Koch (2003); Wolf, J. (2011), S. 600-622.

[1011] Berthel/Becker, F. G. (2010), S. 672, welche damit den gemeinsamer Nenner verschiedener Definitionen ausdrücken. Vgl. ähnlich bspw. Krulis-Randa (1990), S. 6.

[1012] Artefakte sind sichtbar und den Organisationsmitgliedern bewusst, jedoch zu deuten. Hierzu gehören bspw. das Kommunikationsverhalten, Technologien, Bräuche, das Unternehmungsleitbild oder das Design der Büros. Werte und Normen liegen eine Ebene tiefer als Einstellungen, zu welchen bspw. geteilte Werte wie „Ehrlichkeit", Verhaltensvorschriften, grundlegende Maximen oder bevorzugte Zustände gehören. Als selbstverständlich vorausgesetzt, unsichtbar und unbewusst sind schließlich grundlegenden Annahmen über die Umwelt, das menschliche Wesen, die Realität, u. v. m. Vgl. Schein (1984); auch Oechsler (2011), S. 136-137; Schreyögg (2008), S. 366-372; Steinmann/Schreyögg (2005), S. 712-717.

Unternehmungspolitik und -identität stehen folgerichtig in einem wechselseitigen Zusammenhang. Darüber hinaus beeinflussen sie und werden beeinflusst durch das Unternehmungsimage – „diejenige Vorstellung, die über eine Unternehmung in der Öffentlichkeit bei den Geschäftspartnern wie auch bei den eigenen Mitarbeitern existiert“[1013]. Zuletzt sind Politik, Identität und Image als interne Kontextfaktoren des Personalmanagement interdependent mit der (externen) Umwelt der Unternehmung. [1014]

Ein strategisch-orientiertes Personalmanagement nimmt gestaltenden Einfluss auf den unternehmungspolitischen Rahmen der Unternehmungsführung.[1015] Dessen Objekte sind die Unternehmungsverfassung, Unternehmungszweck, -vision und -mission, Unternehmungskultur sowie die Unternehmungsumwelt.[1016] Die gezielte Beeinflussung der Kultur ist jedoch nur bedingt und langsam möglich. Auch existieren keine verlässlichen Aussagen darüber, wie welche Kulturen wie zu verändern sind, doch scheint v. a. der Glaubwürdigkeit der Unternehmungsleitung eine große Bedeutung zuzukommen.[1017] Ähnliches gilt für die Unternehmungsumwelt.[1018] Möglichkeiten zur Umweltbeeinflussung bieten Ansätze proaktiven Umweltmanagements.[1019]

<u>*Theoretische und empirische Erkenntnisse zur Bleibe- und Leistungsrelevanz*</u>

Vor allem das Image und die Unternehmungskultur haben einen starken Einfluss auf das Bleibe- und Leistungsverhalten, wenngleich sie nicht immer die wichtigsten Kriterien der Bleibe- und Leistungsmotivation seitens der Mitarbeiter darstellten.[1020] Die empirische Forschung zum Commitment ermittelt, dass unternehmenskulturelle Aspekte v. a. die affektive Komponente stark beeinflusst.[1021] Für Image und Prestige der Organisation wurden positive

---

[1013] Berthel/Becker, F. G. (2010), S. 674.

[1014] Vgl. Berthel/Becker, F. G. (2010), S. 674-675; Trux (1980), S. 68.

[1015] Vgl. hierzu das Schichtenmodell des Managements nach Becker, F. G. (2011), auch Becker, F. G. (2008b).

[1016] Vgl. Becker, F. G. (2011), S. 115. Die externe Unternehmungsumwelt differenzieren Macharzina/Wolf, J. (2010), S. 22-28, in Aufgabenumwelt und allgemeine Umwelt, ökonomische, rechtliche, gesellschaftliche Umwelt, technische, politische sowie ökologische Umwelt.

[1017] Vgl. Becker, F. G. (2011), S. 117-119; Hauser/Mahkfi (2004), S. 32-33; Macharzina/Wolf, J. (2010), S. 210-236; Steinmann/Schreyögg (2005), S. 707-741. Vgl. hierzu auch überblicksartig zusammenfassend Oechsler (2011), S. 138, für den interpretativen Ansatz der Unternehmungskultur, welche die Unternehmung als Kultur betrachtet, und den funktionalen Ansatz, der davon ausgeht, dass Unternehmungen eine (gestaltbare) Kultur besitzen.

[1018] Vgl. Becker, F. G. (2011), S. 119; Steinmann/Schreyögg (2005), S. 160-219.

[1019] Vgl. bspw. Achleitner (1985), umfassend hierzu Macharzina/Wolf, J. (2010), S. 28-32.

[1020] Vgl. Haase (1997), S. 331-332; Hauser/Makhfi (2004), S. 30-31; Kienbaum (2001), S. 14; Kötter/Hunziger/Dasch (2002), S. 40-41; Marburger (2004), S. 308-309; Müller-Vorbrüggen (2004), S. 42; Szebel-Habig (2004), S. 89-92; Schwierz (2001), S. 38 u. 41; van Dick (2004), S. 52.

[1021] Vgl. Lok/Westwood/Crawford (2005); Westphal/Gmür (2009), S. 216.

Zusammenhänge bzgl. der Identifikation herausgefunden.[1022] Dazu werden viele bleibe- und leistungsrelevante Aspekte der Unternehmungspolitik und -identität zugeschrieben: Familienfreundlichkeit, Akzeptanz und Förderung von Unterschiedlichkeit, Chancengleichheit der Geschlechter, Gerechtigkeit, gegenseitige Unterstützung, soziale Verantwortung, eine klare Unternehmungsvision u. v. m. [1023]

Gestaltung von Unternehmungspolitik und -identität für ein differentielles Bindungsmanagement

Ansatzpunkte für eine differentielle Unternehmungspolitik und -identität sind nicht auszumachen. Eine nach verschiedenen Mitarbeitersegmenten differenzierte Kultur oder Identität ist weder möglich noch logisch, denn Verfassung, Zweck, Mission oder Vision zu differenzieren, würde unweigerlich zu Akzeptanzproblemen führen und widerspräche der handlungssteuernden Funktion, da nicht alle Mitarbeiter gleich ausgerichtet würden.[1024] Vielmehr kann der unternehmungspolitische Rahmen *flankierend* und *unterstützend* für ein differentielles Bindungsmanagement wirken. In diesem Sinne werden im Folgenden verschiedene Empfehlungen des allgemeinen Bindungsmanagements und differentieller Ansätze zur Gestaltung des unternehmungspolitischen Rahmens zusammengeführt, welche zumeist die Unternehmungskultur, das Image und ferner Führungsgrundsätze als Teilmenge betrieblicher Grundsätze betreffen.

So betont MORICK die Rolle der Unternehmungskultur in ihrer *„vordifferenzierenden Rolle"*, welche dahingehend zu berücksichtigen und zu entwickeln ist, dass „ein Leitbild differentieller Personalwirtschaft durch Organisationskultur internalisiert wird, welches die Akzeptanz von Vielfalt, das Denken und Handeln in aussagekräftigen Differenzierungskategorien zur Routine werden lässt"[1025]. Die Sensibilisierung der Belegschaften für inter- und auch intraindividuelle Unterschiedlichkeit, die Schaffung von Anerkennung, Akzeptanz und Verständnis für andere Empfindungen und Lebensverhältnisse sowie der Abbau von Stereotypen werden als zentrale Aufgabe der Unternehmungskultur gesehen. Anders formuliert geht es um die Schaffung einer wertschätzenden Kultur, die das Potential ihrer Mitarbeiter mit unterschiedlichen Merkmalsausprägungen nachhaltig nutzen kann. Gefordert ist eine Abkehr vom Denken im „homogenen Ideal", welche sich in einer gleichberechtigten Orientierung an allen vorhandenen Segmenten ausdrückt und die Etablierung einer vorurteilsfreien „Kultur des Unter-

[1022] Vgl. Riketta (2005).

[1023] Vgl. Felfe (2008), S. 142-143; Hölzgen (2011), S. 289; IGS (2007), S. 2; TowersPerrin (2007), S. 15; Westphal/Gmür (2009), S. 216.

[1024] Vgl. zu den Aufgaben und Inhalten von Verfassung, Zweck, Mission und Vision Becker, F. G. (2011), S. 115-117.

[1025] Morick (2002), S. 200.

schieds“[1026] sowie einer Kultur der Kommunikation, welche eindeutige Handlungsempfehlungen und Richtlinien dahingehend gibt.[1027]

Zu dessen Umsetzung sind v. a. die *Führungskräfte* angesprochen. Ihnen kommt die Aufgabe zu, bewusst Offenheit zu vermitteln, Vorurteile abzubauen und differentielles Denken in den Köpfen der Mitarbeiter zu begründen. Sogenannte gelebte Werte, Stabilität, Kontinuität, Glaubwürdigkeit und der Aufbau von Vertrauen spielen dabei eine bedeutende Rolle.[1028] Entsprechende unternehmungsweit angewandte und deutliche (Führungs-) Grundsätze als Bestandteil übergeordneter Unternehmungsgrundsätze können die Umsetzung garantieren und abteilungsspezifisch angepasst werden.[1029]

Ein abgestimmtes internes wie externes Personalmarketing kann zu einem positiven Arbeitgeber-Image beitragen und hilft, eine Arbeitgebermarke im Sinne des *„Employer Branding“* aufzubauen, die wiederum positive Effekte aus das Bleibe- und Leistungsverhalten besitzt.[1030] Auch die Bemühungen um Repräsentanz von Vielfalt im Management und die Ernennung von Verantwortlichen zur Überwachung der Einhaltung der Grundsätze können ein differentielles Bindungsmanagement vorantreiben.[1031]

Auch in diesem Kontext zu verorten sind Empfehlungen, die Personalarbeit nicht als abhängig von der Arbeitsmarktlage zu betrachten. In Zeiten guter Konjunktur und des Überangebots werden Mitarbeiter vermehrt als Kostenfaktor denn als wertvolle Ressource gesehen, was sich in und/oder nach Krisenzeiten rächt, wenn die Arbeitgebermarke im Wettbewerb um gute Arbeitskräfte nicht mithalten kann oder wertvolle Mitarbeiter die Unternehmung verlassen. In diesem sollte auch in *Krisen- und Rezessionszeiten* keine High-and-Fire-Mentalität vertreten werden.[1032] Auslagerungen und Ausgründungen, die Bildung von Cost- und Profit-Centern,

---

[1026] Schanz (2000), S. 202.

[1027] Vgl. Becker, S./Kienle (2008a), S. 17; Becker, S./Kienle/Ludwig/Perrot (2009), S. 20; Brandenburg/Domschke (1997), S. 111; Flato/Reinbold-Scheible (2008), S. 84-85; Loffing/Loffing (2010), S. 60; Oertel (2008), S. 251-260; Brauweiler (2010), S. 98; Schenk/Spiewak (2008), S. 79; Schmitz (2008), S. 113. Darunter fällt bspw. auch eine unternehmungskulturelle Verankerung der Abkehr vom „Jugendwahn“. Vgl. Stehr (2008), S. 57. Für eine beispielhafte Gestaltung der Unternehmungskultur mit Orientierung am Alter vgl. Stock-Homburg (2010), S. 737-739.

[1028] Vgl. DGfP (2004), S. 47; Flato/Reinbold-Scheible (2008), S. 63; Knoblauch (2004), S. 114-116; Morick (2002); S. 245-246; Ruppert (1995), S. 273-277.

[1029] Vgl. DGfP (2004), S. 58; Gauger (2000), S. 206-209; Loffing/Loffing (2010), S. 60; Scholz (2000), S. 876; Wunderer (2009), S. 15-16.

[1030] Vgl. zum „Employer Branding“ als Positionierung der Unternehmung als Arbeitgebermarke auf dem Arbeitsmarkt Petkovic (2008); Schuhmacher/Geschwill (2009); Steinle/Thies (2008); Stritzke (2010); Wiese (2005) sowie zur Übertragung aus der Kundenbindung auf die Bindung von Mitarbeitern Stotz (2007), S. 191-192.

[1031] Vgl. das Bemühen um mehr „Diversity“ bei Siemens in Jungbluth (2008), S. 24.

[1032] Vgl. Büdenbender (1994); Hertig (1996), S. 304-310.

Weiterverkäufe von Unternehmungsteilen an teilweise unbekannte Eigentümer wie Hedge-Fonds tragen ebenfalls dazu bei, dass Mitarbeiter sich eher nicht gebunden fühlen können und/oder wollen.[1033] BECKER plädiert daher für eine Unternehmungskultur, „die der Mitarbeiterschaft einen Wert an sich zuspricht, nicht allein als Mittel zum Zweck, sondern als Selbstzweck."[1034]

4.3.3 Gesamtbetrachtung

Im Folgenden sollen die identifizierten Differenzierungsmerkmale und die differentiellen Bindungsaktivitäten zusammenhängend betrachtet werden. Damit ist v. a. der strukturelle Koordinationsaspekt angesprochen.[1035] Dabei ist innerhalb eines Handlungsfelds der Koordinationsbedarf für unterschiedliche Segmente allgemeinhin größer ist als zwischen den Handlungsfeldern.[1036]

Zusammenhänge sind offensichtlich: So können weder die vorgeschlagenen Differenzierungskriterien überschneidungsfrei sein und sollen es auch gar nicht, da es hier um einen Entscheidungsrahmen geht, der weder zu bestimmten Kriterien zwingt, noch eine genau Anzahl an Segmenten festsetzt.[1037] Diese Interdependenz gilt analog für die Bindungsaktivitäten. So kommt bspw. durch Personalentwicklungsmaßnahmen erst dann eine Bindung zustande, wenn die Aktivitäten in einem stimmigen Zusammenhang mit Führung und der Unternehmungskultur stehen.[1038]

Zur *strukturellen Koordination* schlägt SCHANZ einen Koordinator oder einen koordinierendes Organ, ggf. in Form eines Projekts, vor, welcher bzw. welches zugleich als Promotor fungiert.[1039] Dieses muss dazu mit ausreichenden Entscheidungsbefugnissen und Unterstützung des Top-Managements ausgestattet sein, bspw. direkt dem Personalverantwortlichen unterstellt sein, wie ohnehin die Unterstützung durch das Top-Management eine zentrale Bedeutung für das Gelingen der Umsetzung darstellt.[1040] Ähnlich empfiehlt MORICK spezialisierte

---

[1033] Vgl. Felfe (2008), S. 17-20.

[1034] Becker, F. G. (2011b).

[1035] Vgl. Kap. 4.2.1.

[1036] Vgl. Fritsch (1994), S. 69.

[1037] Vgl. hierzu Grochla (1978), S. 63; Kap. 4.1.

[1038] Vgl. Berthel (2002), S. 319.

[1039] Vgl. auch Kap. 4.4.8. Vom Grundgedanken her ähnlich ist der „Diversity Manager". Vgl. Jablonski (2006).

[1040] Vgl. Schanz (2004), S. 187-188; Strube (1982), S. 225-226; auch Hauser/Makhfi (2004), S. 32.

Personalreferenten zur Einführung und Unterstützung eines differentiellen Personalmanagements, betont aber, dass alle Organisationsmitglieder Träger differentiellen Denkens sind, die es daher entsprechend zu schulen gilt – Mitarbeiter darin, ihre Bedürfnisse zu erkennen, Vorgesetzte, diese zu verstehen, zu diagnostizieren und entsprechend differentiell zu handeln. Eine enge Zusammenarbeit zwischen Vorgesetzten und Personalabteilung ist erforderlich. Neben dem strukturellen Aspekt baut er auf die Selbstorganisation der Mitarbeiter, welche sich aus deren Mitverantwortung und deren Streben nach individueller Bedürfnisgerechtigkeit zusammensetzt.[1041]

Letztendlich scheint es zweckmäßig, wenn die strukturelle Koordination folgende Aspekte umfasst:

a) Ein spezialisiertes Organ mit weitreichenden Befugnissen, welches ein differentielles Bindungsmanagement aufbaut, Hilfestellung bei der Anwendung leistet und als Promotor fungiert.
b) Die institutionalisierte Personalentwicklung zur Förderung differentiellen Denkens und Handelns mit dem Ziel größtmöglicher Selbstorganisation aller Mitarbeiter.

Schlussendlich hat sich gezeigt, dass der ökonomische Mittelweg von Generalisierung und Individualisierung auch sehr nahe an der Individualisierung liegen kann. Vor allem die direkte Mitarbeiterführung bietet hier ein sehr hohes Potential, denn hier kann durch transformationale Führung (als in der gesamten Unternehmung, d. h. generalisiert angewandte „Maßnahme") ein hohes Maß an Individualisierung erreicht werden.

Die aufgeführten, segmentspezifischen Bindungsaktivitäten bedeuten nicht, dass es nur diese gibt oder geben darf. Sehr wohl kann die Unternehmung auch generelle Bindungsaktivitäten für alle Mitarbeiter in gleichen Maßen durchführen, deren Wirksamkeit bestätigt oder zumindest plausibel ist. Da das Moderatorprinzip nicht immer gelten muss, d. h. es nicht immer Variablen geben muss, die allgemeine Annahmen zum menschlichen Verhalten moderieren, oder die moderierenden Variablen zu schwach sind, um das gezeigte menschliche Verhalten signifikant sowie bleibe- und leistungsrelevant zu verändern, ist ein grundlegendes generalisiertes Maßnahmenpaket ebenso nötig.[1042]

[1041] Vgl. Morick (2002), S. 242-245.

[1042] Vgl. hierzu Kap. 3.3.

4.4 Prozessuale Elemente

4.4.1 Vorbemerkungen

Bereits im dritten Kapitel wurden einige Prozessschemata des Bindungsmanagements vorgestellt. Prinzipiell ist dort stets das gleiche Schema zu erkennen: Analyse – Planung – Implementierung – Controlling/Evaluation.[1043] Die im Folgenden dargestellten Prozessbestandteile differentiellen Bindungsmanagements werden durch die dargestellten und diskutierten Ansätze vorgegeben und entsprechend dem grundlegenden Prozessmuster in der Unternehmungsführung.[1044] An erster Stelle steht die Analyse der aktuellen Situation, welche ausschlaggebend für die weitere inhaltliche Gestaltung der einzelnen Prozessphasen ist. Es folgt die anwendungsspezifische Zielbestimmung. Der nächste Schritt hat die Identifikation von im Anwendungsfall geeigneten Differenzierungskriterien und die Einteilung der Mitarbeiter in entsprechende Segmente zum Gegenstand. Anschließend werden für diese Segmente spezifische Aktivitäten und Maßnahmen geplant, deren Implementierung von der nachfolgenden Phase aufgegriffen wird. Zur Bewertung und Analyse, auch hinsichtlich des Grades der Zielerreichung, endet der Prozess mit einem dauerhaften Controlling, welches im Zeitablauf ggf. zu einer Veränderung und Anpassung der vorherigen Prozessbestandteile an neue Rahmenbedingungen führt.[1045]

Hingewiesen wird an dieser Stelle auch darauf, dass einzelne Handlungsfelder eigene Prozesse und spezifische Prozesselemente mit sich bringen.[1046] Diese werden im Folgenden nicht weiter betrachtet, obwohl auch sie für das Bindungsmanagement als Querschnittsfunktion, welche existierende Handlungsfelder nutzt und für sich anpasst, relevant sein können. Zu be-

---

[1043] Vgl. Kap. 3.3 u. 3.5. Vgl. bspw. Althauser (2008), S. 76-77; Bruhn (1999), S. 22-24; DGfP (2004), S. 48-56; Marburger (2004), S. 306-308; Szebel-Habig (2004), S. 127-142; vom Hofe (2005), S. 183-206; Wucknitz/Heyse (2008), S. 27; sowie auch die zahlreichen Mitarbeiterbindungs-Prozessmodelle und -vorschläge verschiedener Autoren im Herausgeberband von Bröckermann/Pepels (2004) und das Prozessmodell zum Diversity-Management nach Cox (1993) in Kap. 3.2.2.3.

[1044] Vgl. Macharzina/Wolf, J. (2010), S. 45-46, sowie grundlegend zum Prozessansatz Fayol (1916).

[1045] Auf diese Weise wird auch dem dynamischen Aspekt der dauerhaften Reversibilität Rechnung getragen. Vgl. Kap. 4.2.3.4. Ebenso entspricht ein solcher Prozess grundsätzlich dem der Marktsegmentierung, welcher grundsätzlich aus der Datenerhebung, der Datenanalyse und schließlich der Profilerstellung besteht. Die Prozessschritte umfassen nach Meffert/Burmann/Kirchgeorg (2008), S. 184, folglich sowohl die Markterfassung als auch dessen -bearbeitung. Auch wird im Absatzmarketing betont, dass der Verbraucherwunsch nicht statisch ist und der Prozess daher regelmäßig wiederholt werden muss. Vgl. auch Böcker/Ziemen/Butt (2004), S. 16; Kotler/Bliemel (2001), S. 428. Die Gegenstände der jeweiligen Prozessbestandteile sind für ein differentielles Bindungsmanagement jedoch nicht immer verwendbar. Vgl. hierzu auch die Kritik am Modell nach Wucknitz (2000) in Kap. 3.3.3.

[1046] Vgl. bspw. für solche Prozesse der Personalentwicklung Berthel/Becker, F. G. (2010), S. 411, der Gestaltung von Anreizsystemen für Führungskräfte Becker, F. G. (1990), S. 116-163, oder der Arbeitszeitflexibilisierung Grawert (1995), S. 20.

achten ist zudem, dass der Prozess und seine Elemente im Einklang mit der Personal- und Unternehmungsstrategie stehen.[1047]

4.4.2 Situationsanalyse

Der Prozess des Bindungsmanagements beginnt mit der Analyse der aktuellen Situation.[1048] Gegenstand dieser ist, das für das differentielle Bindungsmanagement notwendige Wissen über das Bleibe- und Leistungsverhalten zu erhalten und auszuwerten. Darüber hinaus soll die Situationsanalyse aufzeigen, welche Moderatorvariablen im Anwendungsfall existieren.[1049]

Als allgemeine Gliederungs- und Beziehungskennzahlen im Sinne „komprimierte[r] Abbildung[en] der Wirklichkeit“[1050] der *Bindung und Leistung* werden in der Literatur v. a. folgende vorgeschlagen:[1051]

- Fluktuationsquote: Quotient der Zahl freiwilliger Mitarbeiteraustritte der Periode und der durchschnittlichen Mitarbeiteranzahl.[1052]

[1047] Vgl. hierzu die Ausführungen zum strategisch-orientierten Personalmanagement in 2.1.1 u. 4.2.3.4.

[1048] Die häufig anzutreffende Eingrenzung von High-Potentials, Leistungsträgern o. ä. als Objekte des Prozesses wird hier nicht aufgegriffen, da davon ausgegangen wird, dass den Unternehmungen bekannt sei, wer zu binden ist. Vgl. Kap. 2.3.2. Die DGfP (2004), S. 51-52, fordert zudem eine Arbeitsmarktanalyse, um Bindungsaktivitäten umso mehr an solche Mitarbeiter auszurichten, die schwer zu ersetzen sind. Diesem Gedanken wird nicht gefolgt, da auch vermeintlich leicht zu ersetzende Mitarbeiter Kosten durch Einarbeitung usw. verursachen und der demografische Wandel erkennen lässt, dass Fachkräfte in fast allen Bereichen knapp werden. Vgl. Kap. 1.1.

[1049] Vgl. Bruhn (1999), S. 23; DGfP (2004), S. 50-51; vom Hofe (2005), S. 185; Wucknitz (2000), S. 50.

[1050] Wimmer/Neuberger (1998), S. 555.

[1051] Vgl. bspw. Becker, M. (2008), S. 199-210; Potthoff/Trescher (1986), S. 231-233; Brauweiler (2010), S. 87-88; Marburger (2004), S. 300-306; Szebel-Habig (2004), S. 51-58; Wucknitz/Heyse (2008), S. 120. Vgl. für Kennzahlen zur Bindung im Personalcontrolling bereits Schulte, C. (1989), S. 51. Die DGfP (2004), S. 50, schlägt überdies allgemein Qualifikations-, Leistungs- und Potentialanalysen vor, konkretisiert dies jedoch nicht weiter.

[1052] Vgl. Berthel/Becker, F. G. (2010), S. 291; Pepels (2004), S. 58; Potthoff/Trescher (1986), S. 134 u. 232; Szebel-Habig (2004), S. 52. Zu dieser Formel der Vereinigung der deutschen Arbeitgeberverbände (BDA) gibt Varianten, bspw. in der Form, dass der Nenner den Personalbestand zu Beginn der betrachteten Periode addiert mit den Zugängen in dieser Periode darstellt („Schlüter-Formel“). Vgl. Becker, M. (2008), S. 202; Hentze/Graf (2005), S. 438-439; Potthoff/Trescher (1986), S. 232; Stotz (2007), S. 194-195. Vgl. ähnlich auch den Half-Life-Index nach Stredwick (2000), S. 41: Alle Mitarbeiter, die zu einem festgelegten Zeitraum in einer Unternehmung eingestellt wurden, werden als eine Gruppe erfasst. Nach einem bestimmten Zeitraum resultiert der Index aus der Zahl derer, die noch in der Unternehmung verblieben sind. Potthoff/Trescher (1986), S. 127, regen zudem an, auch „stille Bestandsveränderungen“, d. h. Veränderungen von Eignungen, in die Fluktuationsquote mit einzubeziehen. Dies entspricht zwar eher einer „Qualifikationsbindung“ (vgl. Kap. 2.2.2), kann jedoch sinnvoll sein.

- Fehlzeitenquote: Quotient der Fehlzeiten in Tagen pro Periode und der Arbeitstage pro Periode.[1053]
- Absentismusquote: Gibt die Fehlzeitenquote, bereinigt um durch Krankheit, Unfall, Gesetz oder Streiks bedingte Ursachen, wieder.[1054]
- Durchschnittliche Betriebszugehörigkeit: Summe der Betriebszugehörigkeiten aller Mitarbeiter/Anzahl der Mitarbeiter.[1055]
- Arbeitsproduktivität/-leistung: Quotient effektiv geleitesteter Arbeitsstunden und erzieltem Output als Bruttowertschöpfung zu Marktpreisen.[1056]
- Erhöhung von Arbeitsproduktivität/-leistung: Quotient zusätzlicher Wertschöpfung eines Mitarbeiters in der laufenden Periode und der Wertschöpfung des Mitarbeiters in der vergangenen Periode.[1057]
- Zufriedenheit: Abgleich von Erwartungen und Erlebnis der Arbeit.[1058]

Diesen eindimensionalen Kennzahlen ist gemein, dass sie alleine nicht ausreichen, um Bleibe- und Leistungsverhalten hinreichend zu erklären.[1059] Daher werden auch mehrdimensionale (Index-) Kennzahlen angeboten, die verschiedene Einzelgrößen zusammenführen:

- Mitarbeiterbindungsindex nach SCHIEDT: Fehlzeiten, Fluktuationsquote und durchschnittliche Betriebszugehörigkeit.[1060]
- Ver-/Gebundenheits- und Mitarbeiterbindungsindex nach VOM HOFE: Mit einem Fragebogen werden verschiedene Indikatoren über Items ermittelt und dann mit einem Strukturgleichungsmodell geschätzt. Zur Berechnung des Index selbst greift VOM HOFE auf Erkenntnisse der Kundenbindung zurück und nimmt eine Skalentransformation vor. Auf den

---

[1053] Vgl. Szebel-Habig (2004), S. 54-55; ähnlich Stotz (2007), S. 197-198. Zur Analyse von Fehlzeiten im Allgemeinen vgl. Hohlbaum/Oelsch (2006), S. 211-215.

[1054] Vgl. Becker, M. (2008), S. 204 u. 207; Berthel/Becker, F. G. (2010), S. 291.

[1055] Vgl. Szebel-Habig (2004), S. 55-56.

[1056] Vgl. Becker, M. (2008), S. 204; Kräkel (2004), Sp. 339; Oechsler (2011), S. 187.

[1057] Vgl. Becker, M. (2008), S. 204.

[1058] Vgl. Berthel/Becker, F. G. (2010), S. 97; Pepels (2002), S. 131; Pepels (2004); Kap. 2.2.2. Hier zeigt sich abermals die nicht immer eindeutige Beziehung von Mitarbeiterbindung und Zufriedenheit, wenn Pepels (2004), S. 58-60, Fluktuation, Produktivität und Fehlzeiten als Kennzahlen der Zufriedenheit aufführt. Stotz (2007), S. 148-159, empfiehlt die Bildung eines Index aus mehreren Aspekten der Zufriedenheit.

[1059] Beispielsweise gestattet die Fluktuation keine Aussage darüber, ob Mitarbeiter die Absicht hegen, in der Unternehmung zu bleiben und zu leisten, oder ob sie einfach keine Jobalternativen hätten. Vgl. Meifert (2005), S. 36-37. Zufriedenheit und die durchschnittliche Betriebszugehörigkeit können auch keine zufriedenstellenden Aussagen machen, da sie bspw. das Bedürfnis nach Abwechslung nicht erfassen können. Vgl. Bröckermann (2004), S. 23.

[1060] Vgl. Schiedt (2000), S. 53, der allerdings keine Aussage über die Verknüpfung der drei Elemente macht.

resultierenden Indices leitet sie dann eine Ver- oder Gebundenheitsstrategie der Bindung ab.[1061]

- Fluktuationsrisikoanalyse nach MEIFERT: Hier werden unterschiedliche Kriterien wie individuelle Faktoren, der letzte Positionswechsel und Alleinstellungsmerkmale des betreffenden Mitarbeiters mit Punktwerten versehen und addiert.[1062]

Neben diesen objektiven Kennzahlen und Indices kommen auch solche Erkenntnisse in Betracht, welche die Wahrnehmung der Mitarbeiter fassen und qualitative Aussagen über den Stand der Bindung geben. Grundsätzlich schreibt PEPELS subjektiven Wahrnehmungen verglichen mit den objektiven Kennzahlen höhere Bedeutung zu, sieht jedoch auch Probleme aufgrund der direkten Befragung.[1063] Zur Erfassung des Commitments bietet sich der „Organizational Commitment Questionnaire“ nach PORTER/STEERS/MOWDAYS/BOULIAN an, ein Fragebogen mit abgestufter Antwortskala zu Einzelfragen bzgl. des individuellen Commitments, welcher durch MEYER/ALLEN eine Zuordnung zu den drei Commitment-Komponenten gefunden hat.[1064] Kriteriengeleitete Mitarbeiterbefragungen, die systematische Erfassung von Mitarbeiterbeschwerden und Meinungsumfragen scheinen grundsätzlich ebenso geeignet.[1065] Auch die Erfassung potentieller Widerstände bei der Implementierung ist hier bereits sinnvoll.[1066] POTTHOFF/TRESCHER empfehlen schlussendlich, die unterschiedlichen Kennzahlen in Kennzahlensysteme zu übertragen, um Zusammenhänge zu erkennen und eine ganzheitliche Perspektive zu ermöglichen.[1067]

Zusätzlich zur Analyse der Bindung ist die Erhebung des Bedarfs an *Segmentierung* Gegenstand dieses Prozessbestandteils. Je nach „Sichtbarkeit“ des Kriteriums bieten sich unterschiedliche Wege zu dessen Ermittlung an: Ob das „Alter“, die „Qualifikation“ und die „hierarchische Position“ für eine Unternehmung zur Differenzierung in Frage kommen, lässt sich relativ einfach durch eine Dokumentenanalyse der Personalakten bzw. eine Analyse der Or-

1061 Vgl. zu diesem recht aufwendigen Verfahren vom Hofe (2005), S. 185-191, welche v. a. durch die Verbundenheit auch Aspekte der Wahrnehmung seitens der Mitarbeiter berücksichtigt.

1062 Vgl. Meifert (2008), S. 18. Für ein mehrdimensionales und Zinsen berücksichtigendes Modell vgl. die Ermittlung der Fluktuationskosten nach Streim (1982); überblicksartig zusammengefasst in Bühner (2005), S. 353.

1063 Vgl. Pepels (2004), S. 61-78.

1064 Vgl. Felfe (2008), S. 75-82; Meyer/Allen (1991); Porter/Steers/Mowdays/Boulian (1974); darauf aufbauend Wucknitz/Heyse (2008), S. 69.

1065 Vgl. China (2006), S. 31; Stotz (2007), S. 137-148; Marburger (2004), S. 303-306; Wucknitz/Heyse (2008), S. 119.

1066 Vgl. ähnlich DGfP (2004), S. 53-57.

1067 Vgl. Potthoff/Trescher (1986), S. 237.

ganisationsstruktur ermitteln.[1068] Zur Erhebung des grundsätzlichen Segmentierungsbedarfs der „Familienorientierung“ bei Vätern schlagen BECKER/KIENLE anonyme Befragungen und unternehmungsinterne Studien vor. [1069] Die Persönlichkeitsmerkmale sollten indes durch entsprechende Orientierungen an Tests und Fragebögen wie dem NEO-Persönlichkeitsinventar nach COSTA/MCCRAE für die „Big Five“ oder der Übertragung von Forschungsfragen aus der Forschung zu „Werten“ ermittelt werden.[1070] Für die „Berufsinteressen“ sind entsprechende Fragen naheliegend.[1071] Alles in allem bietet sich am ehesten eine anonyme Mitarbeiterbefragung an, um zugrunde liegende Bedürfnisse in der anwendenden Unternehmung aufzudecken.[1072]

4.4.3 Zielbestimmung

Während im Zuge der grundlegenden Elemente die prinzipiellen Ziele eines differentiellen Bindungsmanagements erläutert wurden, ist in diesem Punkt der prozessuale Aspekt der Zielbestimmung angesprochen.[1073] Sie leiten sich aus den Erkenntnissen der Situationsanalyse ab, stets unter der Prämisse, dass sie im Einklang mit den Personal- sowie Unternehmungszielen stehen und mit diesen abgestimmt sind. Das heißt im Verständnis von strategisch-orientiertem Personalmanagement auch, dass Erkenntnisse der Situationsanalyse Auswirkungen auf die Unternehmungsstrategie haben können.[1074] Abzulehnen sind im Zuge dessen jedoch Bindungsstrategien, die auf Zwangsbindung durch Lock-In-Effekte oder gedanklichen Übertragungen eines „Unique-Selling-Points“ aus der Kundenbindung beruhen.[1075] Sie erzeugen keine Leistungsmotivation.[1076]

Ökonomische Formalziele resultieren aus den objektiven Kennzahlen sowie den Indices zur Bindung. So kann die Fluktuationsrate aufzeigen, dass selbige zu hoch ist und unnötige Kos-

[1068] Vgl. bspw. für eine Auswahl solcher Quoten Becker, M. (2008), S. 200, sowie für deren Ermittlung S. 211-212.

[1069] Becker, S./Kienle (2008a), S. 11-13.

[1070] Vgl. Barth (1998), S. 85; Costa/McCrae (1992); v. Rosenstiel (2003), S. 238-243. Zur Entwicklung des deutschsprachigen Inventars zu den „Big Five“ vgl. Ostendorf/Angleitner (2004), S. 79-139.

[1071] Vgl. zu deren Einsatz Kap. 4.4.4.

[1072] Vgl. ähnlich Wiegran (2002), S. 186-187.

[1073] Vgl. Kap. 4.2.1.

[1074] Vgl. Kap. 2.3.1.

[1075] Vgl. zu solchen vom Hofe (2005), S. 193-194; Wucknitz/Heyse (2008), S. 24-25.

[1076] Vgl. Kap. 2.2.1.

ten durch neu einzustellende Mitarbeiter erzeugt.[1077] Ein ökonomisches Ziel des Bindungsmanagements wäre dann die Senkung der Fluktuationsrate auf ein akzeptables und gewolltes Niveau. Gleichsam können niedrige Absentismusquoten, eine Senkung der Fehlzeiten, eine Erhöhung des Half-Life-Index usw. Ziele darstellen. Der anzustrebende konkrete Wert der jeweiligen Kennzahl oder des jeweiligen Index kann bspw. aus Vergleichswerten mit dahingehend besseren Unternehmungen („Benchmarking“[1078]), Branchenwerten oder aus Vergangenheitswerten ermittelt werden.

Soziale Formalziele leiten sich indes aus den Erkenntnissen über die Wahrnehmungen und Empfinden der Mitarbeiter zum Status Quo der Bindung ab. So kann bspw. die gebündelte Erkenntnis, dass der Kommunikationsstil von den Mitarbeitern als nicht zufriedenstellend empfunden wird, Anhaltspunkte für die Zielformulierung liefern. Denkbar sind hier allgemeine Änderungen in der Unternehmungskultur, wie eine Festlegung zur Änderung des Führungsstils. Das beinhaltet auch die Berücksichtigung von in der Situationsanalyse ermittelten Moderatorvariablen. Fühlen sich bspw. Eltern in ihren spezifischen zeitlichen Bedürfnissen nicht ausreichend berücksichtigt, kann ein entsprechendes soziales Ziel die Flexibilisierung der Arbeitszeit für das Segment der Familienorientierten zum Gegenstand haben.

Nicht immer jedoch sind die ökonomischen und sozialen Ziele komplementär oder zumindest neutral. Um die identifizierten Ziele der Unternehmung und der Individuen im Konfliktfall miteinander zu verbinden, wird zur *Zielbildung* das Anpassungsmodell vorgeschlagen. Nach diesem nähern sich durch verschiedene Mechanismen – wie der Partizipation an den Entscheidungsprozessen – die Ziele beider Seiten an, sodass die sozialen und ökonomischen Ziele verfolgt werden, die im Einklang miteinander stehen, oder die existierenden sozialen und ökonomischen Ziele miteinander in Einklang gebracht werden.[1079] Innerhalb der Zielkategorien ist Einheitlichkeit jedoch nicht zwingend gegeben. So weist WIEGRAN darauf hin, dass „soziale Effizienz“ impliziert, dass diese über alle Mitarbeiter aggregierbar ist.[1080] Das ist zum einen nicht der Fall und widerspricht zum anderen dem differentiellen Grundgedanken individueller Unterschiedlichkeit der Mitarbeiter. Zur Zielbestimmung ist daher ein offenes Vorge-

---

[1077] Vgl. zu diesen Kosten Kap. 1.1.

[1078] Vgl. bspw. grundlegend zum Benchmarking Horváth/Herter (1992); Kollmar/Niemeier (1994).

[1079] Vgl. Morick (2002), S. 224-227; Wiegran (2002), S. 11 u. 208-213. Vgl. zum Anpassungsmodell sowie den zwei weiteren Modelle der Regelung ökonomischer und sozialer Ziele (Austauschmodell und Sozialisationsmodell) Barrett (1978); Corsten (1988); Marcharzina/Wolf, J. (2010), S. 224-225. Das Austauschmodell entspricht dem Gedanken der Anreiz-Beitrags-Theorie, indem die Unternehmung über Anreize – Erfüllung sozialer Ziele der Mitarbeiter die Beiträge – Erfüllung der Unternehmungsziele – „erkauft“. Im Endeffekt ist dies jedoch nicht mehr als eine gegenseitige Duldung. Im Sozialisationsmodell passt das Individuum seine eigenen Ziele im Zeitablauf immer mehr denen der Unternehmung an. Diese Sozialisation kann durch Vorgesetzte, gleichgestellte oder nachrangige Mitarbeitern erfolgen.

[1080] Vgl. Wiegran (2002), S. 10-11. Dies kann ihr zufolge analog auch für ökonomische Ziele gelten.

hen ratsam, welches die Anforderung der Gerechtigkeit in der Spezifikation erfüllt, dass auch schweigsame Segmente berücksichtigt werden.[1081]

Schlussendlich müssen die Ziele hinsichtlich ihres Inhalts, ihrer Fristigkeit, ihrer Träger, ihres Anspruchs und ihrer Begrenzungen präzise formuliert sein, geordnet und auf ihre Realisierbarkeit geprüft werden. Zu letztgenanntem Punkt gehört bspw., dass genügend finanzielle und personelle Mittel vorhanden sind oder dass die Rahmenbedingungen – wie die Branche oder die Landeskultur – die Umsetzung von Maßnahmen zur Zielerreichung überhaupt ermöglichen.[1082] Alle nachfolgenden Prozessschritte richten sich dann nach der bestmöglichen Erreichung der in diesem Prozessbestandteil gebildeten Ziele.

4.4.4 Segmentierung

Mit der Segmentierung der Mitarbeiter ist die Erhebung von Unterscheidungsmerkmalen angesprochen.[1083] Dabei ist es möglich, dass ein Differenzierungskriterium nur in einer Ausprägung vorhanden ist – bspw. nur junge Mitarbeiter –, sodass hinsichtlich dieses Kriteriums nur ein Segment angesprochen wird. Dennoch wären entsprechende Maßnahmen nicht Ausdruck eines generalisierten Personal- oder eben Bindungsmanagements, da sie auf ein Segment und dessen Bedürfnisse ausgerichtet sind.[1084] Würde dann ein älterer Mitarbeiter der Unternehmung beitreten, entstünden nach diesem Differenzierungskriterium zwei Segmente.

Zur Erhebung der Merkmale stehen mit der Selbst- und mit der Fremdbeurteilung zwei *grundsätzliche Möglichkeiten der Personalbeurteilung* mit spezifischen Vor- und Nachteilen zur Verfügung. Für beide Möglichkeiten der Beurteilung, v. a. aber für die Selbstbeurteilung, ist ein Vertrauensverhältnis von Mitarbeitern, Vorgesetztem und ggf. weiteren beurteilenden Organen nötig, denn durch die Selbstbeurteilung offenbaren Mitarbeiter auch Schwächen, die nicht zu ihrem Nachteil werden dürfen. Sonst besteht die Gefahr, dass die Mitarbeiter nicht ihre tatsächlichen Bedürfnisse äußern und falsche Angaben machen. Dies würde dazu führen,

[1081] Vgl. Kap. 4.2.3.2.

[1082] Vgl. Macharzina/Wolf, J. (2010), S. 210-211.

[1083] Vgl. hierzu auch die Ausführungen zu Personalstrukturen in Kap. 2.1.2, den Ansatz von Nienhüser (1998) in Kap. 3.2.3.2; zur Altersstrukturanalyse bspw. Langhoff (2009), S. 53-97.

[1084] Dies ließe allerdings weder den Umkehrschluss zu, dass es keine Maßnahmen für alternde Belegschaften geben muss, noch, dass dies der optimale und anzustrebende Zustand hinsichtlich der Personalauswahl ist.

dass sie nicht mit adäquaten Aktivitäten zur Steigerung von Bleibe- und Leistungsmotivation angesprochen würden.[1085]

Selbstbeurteilung ist die explizite oder implizite Beurteilung der Zuordnung durch den Mitarbeiter selbst. Der Prozess der Selbstbeurteilung beinhaltet dabei zwei grundlegende Phasen: Zuerst entwirft der Mitarbeiter auf Basis seiner tatsächlich vorhandenen Persönlichkeitsmerkmale ein Selbstbild. Im zweiten Schritt erfolgt dann die Selbstbeurteilung als Grundlage der Segmentierung. Dabei kann die erste Phase einer unbewussten Verfälschung der Merkmale eben durch die Merkmale selbst – bspw. durch ein verzerrtes Selbstbild –, die zweite Phase indes einer bewussten Verfälschung unterliegen, um einem Segment zugeordnet zu werden, von dessen Zugehörigkeit sich das Individuum einen stärkeren Vorteil verspricht als durch die Zugehörigkeit zum eigentlichen Segment.[1086] Abbildung 11 verdeutlicht dies.

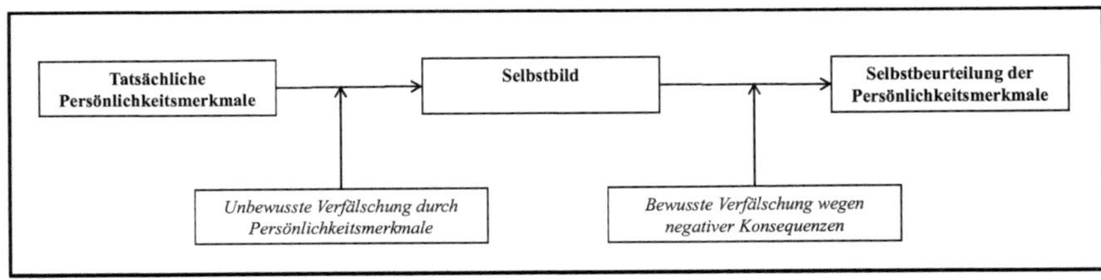

Abbildung 11: Validität von Selbstbeurteilungen.[1087]

Daraus leitet sich ab, dass eine hohe Validität von Selbstbeurteilungsverfahren nur dann gegeben ist, wenn dem Mitarbeiter keine Vorteile durch eine bestimmte Selbstzuteilung suggeriert werden. Dies betrifft sowohl greifbare Folgen wie bspw. Auswirkungen auf die Karriere als auch die soziale Erwünschtheit bestimmter Zugehörigkeiten. Schließlich müssen alle Segmentzugehörigkeiten als gleichwertig anerkannt werden.[1088] Ist dies gegeben, sind Selbstbeurteilungsverfahren Fremdbeurteilungen überlegen, da kaum jemand seine Bedürfnisse so gut kennt wie der Mitarbeiter selbst und die Analyse von Antworten mehr Urteilsfaktoren ermöglicht als Fremdbeurteilungen. Auch ist die Gefahr des „Halo-Effekts" und anderen

[1085] Vgl. Drumm (1989), S. 11-12; Peinelt-Jordan (1996), S. 246; Wiegran (2002), S. 68-84; zur Personalbeurteilung im Allgemeinen Becker, F. G. (2009a), S. 159-161; Berthel/Becker, F. G. (2010), S. 244-245.

[1086] Vgl. Donat (1991), S. 137-138; Wiegran (2002), S. 69-70.

[1087] Quelle: In enger Anlehnung an Donat (1991), S. 137; Wiegran (2002), S. 70.

[1088] Vgl. Wiegran (2002), S. 71-72. Sie nennt hier das Beispiel eines karriereorientierten Mitarbeiters, welcher [illegible]

gibt. Eine Lösung wäre hier das Angebot von Fach-, Führungs- und Projektkarrieren.

Wahrnehmungsverzerrungen verringert. Der Einsatz von Selbstbeurteilungsverfahren ist kostengünstiger als eine Fremdbeurteilung und akzeptanzfördernd, weil keine Konflikte zwischen Selbstwahrnehmung und Fremdbeurteilung resultieren. Dennoch können die Rahmenbedingungen nicht überall so gestaltet werden, dass der Mitarbeiter zu ehrlichen Antworten motiviert wird. Die Beurteilung der individuellen Leistung erfolgt bspw. immer durch einen Beobachter, da zu erwarten ist, dass Mitarbeiter diese stets zu hoch bewerten.[1089]

Die *Fremdbeurteilung* eröffnet vielfältige Möglichkeiten der Durchführung. So kann sie durch Untergebene, Gleichgestellte, Vorgesetzte, Experten oder allen zusammen (und ggf. ergänzt durch Kunden) in Form einer 360-Grad-Beurteilung durchgeführt werden.[1090] Schlussendlich bietet sich eine Vielzahl vergangenheits- und prognoseorientierter Beurteilungsverfahren, die jedoch alle nicht frei von Kritik sind.[1091] Für die in dieser Arbeit verwendeten Kriterien bieten sich v. a. Persönlichkeitstests und Beurteilungen durch Vorgesetzte (Untergebenenbeurteilung) an.[1092] Hinsichtlich der Validität von Persönlichkeitstests besteht die Gefahr, dass aus Angst vor negativen Konsequenzen bewusst falsche Antworten gegeben werden – fallen diese durch Lügenskalen auf, ist der Test unbrauchbar, bleiben sie unentdeckt, sind die Ergebnisse nicht valide. So muss auch hier gewährleistet sein, dass dem Mitarbeiter keine Anreize für Falschantworten gegeben werden, indem alle Segmentzuteilungen als gleichwertig kommuniziert werden. Dann jedoch könnten gleich Selbstbeurteilungen vorgenommen werden. Der Grund für die Nutzung dieser Testverfahren ist schließlich, dass viele Mitarbeiter nicht in der Lage sind, eine treffende Selbstbeurteilung abzugeben. Die Untergebenenbeurteilung kann einer Reihe von Fehlern wie Wahrnehmungsverzerrungen oder der Verwechslung von Situationseffekten und Persönlichkeitseigenschaften unterliegen. Auch erfährt sie v. a. seitens der Vorgesetzten wenig Beliebtheit, ist jedoch von den Mitarbeitern aufgrund ihrer langen Existenz weitgehend akzeptiert.[1093]

Zur Segmentierung selbst bieten sich als verhältnismäßig wenig aufwendig clusteranalytische Verfahren an, wonach Mitarbeiter aufgrund der zwischen ihnen bestehenden Proximität zu

---

[1089] Vgl. Becker, F. G. (2009a), S. 162; Berthel/Becker, F. G. (2010), S. 251-252 u. 256; Donat (1991), S. 139; Mischel (1972), S. 320-321; Ruppert (1995), S. 233-236; Wiegran (2002), S. 72-74.

[1090] Vgl. Berthel/Becker, F. G. (2010), S. 255-256.

[1091] Vgl. Berthel/Becker, F. G. (2010), S. 250-283.

[1092] Persönlichkeitstests sind nach Berthel/Becker, F. G. (2010), S. 339, eine Form von psychologischen Tests, also „diagnostische Verfahren, bei denen Verhaltensweisen bzw. Persönlichkeitsmerkmale von Personen unter standardisierten Bedingungen erfasst werden". Die Untergebenenbeurteilung erfolgt bzgl. der Leistungen und Qualifikationspotentiale direkt unterstellter Mitarbeiter durch den Vorgesetzten. Vgl. Berthel/Becker, F. G. (2010), S. 255.

[1093] Vgl. Wiegran (2002), S. 74-78 u . 83-84, sowie die darin zitierten Quellen.

Segmenten zusammengefasst werden.[1094] Die Größe der Segmente und die optimale Homogenität – d. h. auch die Anzahl und den Umfang der Segmente – bestimmt jedoch der Anwendungsfall.[1095] Prinzipiell nicht ausgeschlossen und denkbar, wenngleich im Kontext des Personalmanagements wohl recht aufwendig, ist der Einsatz anderer Verfahren zur Identifikation von Marktsegmenten im Absatzmarketing wie einer Conjoint-Analyse, anhand derer die Präferenz für bestimmte, segmentspezifische Maßnahmen des Bindungsmanagements ermittelt wird.[1096]

Tabelle 12 listet schließlich auf, welche Beurteilungsverfahren für welche Differenzierungskriterien in Frage kommen.

Tabelle 12: Verfahren zur Erhebung der Segmente.[1097]

Kriterium	Erhebungsverfahren
Alter	Fremdbeurteilung durch Dokumentenanalyse.
Hierarchische Position	Fremdbeurteilung durch Analyse der Organisationsstruktur.
Berufsinteressen	Selbstbeurteilung.[1098]
Werte	Fremdbeurteilung durch Testverfahren.[1099]
„Big Five“	Fremdbeurteilung durch Anwendung des NEO-Persönlichkeits-Inventars nach COSTA/MCCRAE, für die aktuellste deutsche Fassung BORKENAU/OSTENDORF.[1100]
Qualifikation	Fremdbeurteilung durch Dokumentenanalyse bzw. Vorgesetztenbeurteilung.
Familienorientierung (Eltern und Pflegende)	Selbstbeurteilung.

1094 Vgl. Fritsch (1994), S. 36. Auch im Absatzmarketing wird vielfach auf Clusteranalysen zurückgegriffen, um einen gerichteten Zusammenhang zwischen unabhängiger (Differenzierungskriterium) und abhängiger (Bleibe- und Leistungsverhalten) Variable zu erzielen. Vgl. Freter (2008), S. 208-211; Meffert /Burmann/Kirchgeorg (2010), S, 209; Schweiger/Schrattenecker (2009), S. 58-59.

1095 Vgl. umfassender hierzu Kap. 4.2.1.

1096 Vgl. für einen zusammenfassenden Überblick zur Conjoint-Analyse Freter (2008), S. 204-205. Eine Zusammenfassung möglicher segmentierungsmethoden im Absatzmarketing geben Decker/Bornemeyer (2009), S. 203-204.

1097 Quelle: Eigene Darstellung.

1098 Vgl. hierzu die ähnelnde Berufswahltheorie von Holland (1996) mit dem Hexagon zur Identifikation und auch Clusterung von Persönlichkeitstypen. Vgl. Weinert, A. B. (2004), S. 165. In diesem Zusammenhang weisen Berthel/Becker, F. G. (2010), S. 87, auf die Unterschiede von Selbst- und Fremdwahrnehmung hin.

1099 Vgl. hierzu bspw. das Ranking-Verfahren von Rokeach (1973), die von Inglehart (1977) benutzten und häufig aufgegriffenen Items oder das Ratingverfahren von Klages (1992).

1100 Vgl. Costa/McCrae (1985); Borkenau/Ostendorf (2008).

Für einige Kriterien, wie den „Big Five" existieren bereits Verfahren der Zuteilung. Stichprobenartige Überprüfungen von Ergebnissen der Selbstbeurteilung sowie ggf. Ergänzungen durch Methoden der Fremdbeurteilung sind jedoch zumindest zu Beginn eines differentiellen Vorgehens zu empfehlen.

4.4.5 Maßnahmenplanung

Die Planung der Bindungsmaßnahmen beinhaltet die Aktionsparameter, mit denen direkt Einfluss auf das segmentspezifische Bleibe- und Leistungsverhalten genommen werden kann, folglich die Zuordnung von Mitarbeitern zu Aktivitäten. So existieren bis zu diesem Prozessbestandteil homogene sowie als bleibe- und leistungsrelevant abgegrenzte Segmente, doch ist noch unbekannt, wie diese Segmente mit den Aktivitäten verknüpft werden sollen. Analog zur Segmentierung bieten sich hier mit der Selbstwahl und der Fremdzuordnung zwei Möglichkeiten.[1101] Am Ende der Maßnahmenplanung steht der zu implementierende Aktivitäten-Mix aus Abschnitt 4.3.2. Einschränkend wirkt der finanzielle Spielraum, welcher unter Berücksichtigung möglicher positiver Auswirkungen der Maßnahmen auf die gesamte organisationale Effizienz zwingend beachtet werden muss.[1102]

Die *Selbstwahl* besticht durch die Annahme, dass der betroffene Mitarbeiter selber am besten weiß, welche Bedürfnisse er hat und welche Aktivitäten für ihn am besten geeignet sind, um seine Bedürfnisse zu erfüllen. Auch kann er optimal seine grundlegende Arbeitssituation wahrnehmen und beurteilen. Das Bindungsmanagement ermöglicht über die differenzierte Selbstwahl ein hohes Maß an individueller Berücksichtigung, wenngleich ein Rahmen segmentspezifischer Aktivitäten bestehen bleiben muss, denn nur durch diesen ist eine Ausrichtung am Bleibe- und Leistungsverhalten gewährleitet. Beispielsweise könnten ältere Mitarbeiter aus einer Vielzahl verschiedener Möglichkeiten gleitender Übergänge in den Ruhestand wählen. So wird auch der Anforderung einer dauerhaften Revisionsmöglichkeit Rechnung getragen, ggf. auch mit Rückwirkungen auf die Segmentierung wie bspw. bei der Geburt eines Kindes. Diese sehr kostengünstige Art der Zuordnung erfordert jedoch, dass die Mitarbeiter vollkommene Informationen über die Aktivitäten erhalten, die Mitarbeiter zu ausreichend Selbstkenntnis weiterentwickelt werden und dass Überforderung vermieden wird.[1103]

[1101] Vgl. ähnlich Wiegran (2002), S. 176-178.

[1102] Vgl. Szebel-Habig (2004), S. 131; vom Hofe (2005), S. 198-200.

[1103] Vgl. ähnlich Wiegran (2002), S. 178-181, sowie die darin zitierten Quellen.

Eine *Fremdzuordnung* – wie durch Experten oder Vorgesetzte – hat v. a. dann Vorteile, wenn unterstellt wird, dass eine Fremd- eine stärkere Wirkung erzeugt als eine Selbstzuordnung. Da jedoch ein hohes Konflikt- und Demotivationspotential besteht, wenn Selbst- und Fremdbild nicht übereinstimmen, sollte eine Zuordnung durch Fremdbeurteilung eher unterstützend wirken und Empfehlungen abgeben – wie bspw. für die Qualifikation –, wenn es um Personalentwicklungsmaßnahmen geht. Außerdem können durch eine verfälscht wahrgenommene Bedürfnislage von Mitarbeitersegmenten die beabsichtigten positiven Auswirkungen ausbleiben. Zuletzt bietet eine Fremdzuordnung immer Raum für Stereotypisierung und Diskriminierung.[1104]

4.4.6 Implementierung

Diverse Autoren regen zur Implementierung eines differentiellen oder individualisierten Vorgehens an, entsprechende Aktivitäten nicht ad-hoc, sondern sukzessive einzuführen, um die Mitarbeiter mit Neuem nicht zu überfordern und Akzeptanz zu schaffen. Dabei ist auch eine differentielle Vorgehensweise in der Form denkbar, indem auf das individuelle Veränderungs- oder Sicherheitsbedürfnis der Mitarbeiter eingegangen wird.[1105] Als grundsätzliche Varianten zur Einführung nennt SCHANZ die Top-Down-, die Bottom-Up-, die Center-Out- oder die Fleckenstrategie, wobei je nach Handlungsfeld eine Strategie oder eine Mischung verschiedener Strategien sinnvoll sein kann. Die „Flecken" der Fleckenstrategie müssen sich dabei nicht auf Abteilungen beziehen, in denen das differentielle Bindungsmanagement (probeweise) in Gänze angewendet wird, sondern können auch vorerst einzelne Segmente oder Handlungsfelder fokussieren und sich von dort ausbreiten.[1106]

Wenngleich eine differentielle Vorgehensweisen prinzipiell eine Änderung sowohl zugunsten der Unternehmung als auch der Mitarbeiters darstellt, kann es im Zuge dessen Implementierung zu Widerständen kommen:[1107]

[1104] Vgl. ähnlich Wiegran (2002), S. 181-185.

[1105] Vgl. Nienhüser (1998), S. 516; Peinelt-Jordan (1996), S. 251-254; Ruppert (1995), S. 287-290; Schanz (2004), S. 192; Wiegran (2002), S. 190-191.

[1106] Vgl. Schanz (2000), S. 199; Schanz (2004), S. 186-187.

[1107] Vgl. hierzu sowie für die folgenden Punkte im differentiellen Kontext Wiegran (2002), S. 194-196, allgemein zu Widerständen gegen den organisatorischen Wandel Schreyögg (2008), S. 406-409. Vor allem schlechte Erfahrungen mit Änderungen, Angst und das Festhalten an Gewohntem sowie Routinen werden ihm zufolge zur Erklärung von Widerständen seitens der Mitarbeiter herangezogen. Lewins (1958), S. 203-211, „Goldene Regeln" zum organisationalen Wandel empfehlen, dass Änderungen kooperativ, in der Gruppe und zyklisch – Auftauen alter Gewohnheiten, Verändern, Stabilisieren des Neuem – geschehen sollen.

Die Überwindung von *Widerständen seitens der Mitarbeiter* zählt daher zu den wohl wichtigsten Aufgaben im Zuge der Implementierung. Durchschaubarkeit und Transparenz, die Vermittlung aller Informationen sowohl zur Segmentierung als auch zur Gestaltung der Aktivitäten ist genauso unabdingbar wie die Vermittlung der Glaubwürdigkeit des gesamten Ansatzes. Wird eine differentielle Vorgehensweise nur vorgeschoben, um Stellen abbauen zu können, sind Widerstände absehbar. Die Vermittlung der Vorteile für beide Seiten ist von zentraler Bedeutung, denn nicht alle Mitarbeiter werden der Unternehmung abnehmen, dass nur soziale Ziele verfolgt werden. Die Erhöhung der ökonomischen Effizienz ist schließlich nichts Negatives, solange die soziale Effizienz auch gesteigert wird.

Etwas komplexer ist die Situation bei *Widerständen von Führungskräften*, denen bestimmte Vorteile und Statussymbole dadurch „verloren" gehen, dass sie durch Wahlmöglichkeiten oder Zuordnung ggf. für andere Mitarbeiter auch zugänglich werden. Zudem müssen Führungskräfte Vorbilder sein und differentielles Handeln vorleben, d. h. entsprechend geschult werden. Der diagnostische Mehraufwand für Führungskräfte könnte auch auf Ablehnung stoßen. Gerade deshalb ist es wichtig, den Führungskräften eigene Vorteile differentieller Maßnahmen aufzuzeigen, welche die soziale Effizienz von Führungskräften ebenso erhöhen wie die der ihnen untergebenen Mitarbeiter. Beispielsweise könnte eine männliche Führungskraft durch die Inanspruchnahme einer Vaterschaftsteilzeit selber positiven Nutzen aus dem differentiellen Bindungsmanagement ziehen und zugleich als dessen Vorbild dienen.

Zur Überwindung der Widerstände können gezielt Promotoren beauftragt und Innovatoren herangezogen werden. Der Einsatz von *Promotoren* ist zweckmäßig, um den Änderungsprozess aktiv voranzutreiben und die Willensbarrieren der Mitarbeiter zu brechen. Dabei sollten alle drei Promotorenarten – Macht-, Fach- und Prozesspromotor – berücksichtigt werden.[1108] Sogenannten *Innovatoren* oder „frühe Übernehmer", die hohe Innovationsbereitschaften aufweisen und Innovationen als erste annehmen, könnten differentielle Aktivitäten angeboten werden, um so deren Verbreitung gezielt zu fördern und für andere Mitarbeiter interessant zu machen, ggf. auch durch sozialen Druck.[1109]

[1108] Vgl. zum Einsatz von Promotoren Wunderer/Küpers (2003), S. 39. Vgl. zum sogenannten „Promotorenmodell" Witte (1973), dieses erweiternd Hauschildt/Chakrabarti (1988); zusammenfassend Hauschildt/Salomo (2011), S. 119-150; auch Wunderer (2009), S. 283.

[1109] Vgl. in diesem Sinne die Adoptionskurve des Innovationsmanagements, welche auch auf das Absatzmarketing übertragen wurde. Demnach existiert ein glockenkurvenförmiger Verlauf von Wahrscheinlichkeiten der Annahme – bspw. des Kaufs oder der Akzeptanz – von Neuerungen wie bspw. neuen Produkten oder Technologien. Vgl. grundlegend Rogers (2003); zur Übertragung auf das Verhalten von Konsumenten Kroeber-Riel/Weinberg/Gröppel-Klein (2009), S. 677-680; Weiber/Kollmann/Pohl (2009), S. 157-160.

4.4.7 Controlling

Am Ende der meisten in der Literatur existenter Prozesse finden sich Empfehlungen zu dessen Evaluation oder Controlling.[1110] Für den vorgestellten Entscheidungsrahmen eines differentiellen Bindungsmanagements erscheint ein Controlling angebrachter als eine Evaluation, da Controlling hier als umfassender begriffen wird.[1111] Das *Controlling des Bindungsmanagements* ist Gegenstand des Personalcontrollings, dessen „erklärtes Anliegen [..., es ist, d. Verf.] den Beitrag des Faktors Arbeit im Allgemeinen bzw. der personalwirtschaftlichen Tätigkeiten im Besonderen zum Betriebserfolg zu erfassen und zu beurteilen. Das Personalcontrolling strebt somit eine Offenlegung derzeitiger und künftiger Stärken und Schwächen der Personalarbeit an“[1112].

Im Folgenden wird eine *funktionale Sichtweise* vertreten, welche das Personalcontrolling als die auf den Unternehmungserfolg ausgerichtete Planung, Koordination, Steuerung und Kontrolle der durchgeführten Bindungsaktivitäten definiert, ohne sich dabei allein an rein ökonomischen Faktoren zu orientieren. Die entsprechenden Hauptaufgaben sind die Planung von Bindungsaktivitäten und entsprechenden Kennzahlen, Soll-Ist-Vergleiche, Ermittlung der Ursachen von Soll-Ist-Vergleichen, Entwicklung von Verbesserungsvorschlägen und Koordination der entsprechenden Maßnahmen zur Beseitigung etwaiger negativer Abweichungen sowie die Versorgung der Entscheidungsträger mit Informationen. Eine isolierte Betrachtung dieser Hauptaufgaben ist wenig sinnvoll, sodass dem Personalcontrolling die spezifische Aufgabe v. a. der Koordination und der Integration innerhalb des Personalbereichs, der Verknüpfung mit anderen Funktions- und Aufgabenbereichen, dem Mitwirken an strategischen Entscheidungen und die Bewertung sowie die Ausrichtung der Personalarbeit zukommen. Im

[1110] Vgl. Bruhn (1999), S. 24; DGfP (2004), S. 77-80; Friedli/Thom (2001), S. 31-38; Schirmer (2007), S. 56-58; Szebel-Habig (2004), S. 120-126; vom Hofe (2005), S. 200-202; Wucknitz/Heyse (2008), S. 118-121.

[1111] Eine Evaluation ist per Definition eine zielorientiert durchzuführende Bewertung und Analyse von einer durchgeführten Maßnahmen oder mehreren zusammenhängenden Maßnahmen bzgl. der Gesamtunternehmung und/oder einzelner Mitarbeiter (segmenten). Im Personalmanagement nach Berthel/Becker, F. G. (2010) ist die Evaluation wichtiger Bestandteil des Personalentwicklungsprozesses und wird v. a. auf diesen bezogen. Vgl. Berthel/Becker, F. G. (2010), S. 491; vgl. hierzu auch Becker, F. G. (2006); Becker, F. G. (2007b); Günther, S. (2001), S. 45; die sich am Vier-Ebenen-Konzept von Kirkpatrick (1996) orientieren. Vgl. zur Evaluation auch Neuberger (1994), S. 271-309, sowie die darin zitierten Autoren. In dieser Arbeit wird einem Verständnis gefolgt, welches Evaluation eher als Bestandteil des auf die Koordination, Steuerung und Kontrolle ausgerichteten Controllings begreift, und Controlling nicht allein als auf objektiv erfassbaren Daten wie v. a. erfolgswirtschaftlichen Größen basierend versteht. Vgl. hierzu und zu verschiedenen Differenzierungen der Beziehungen von Controlling und Evaluation Günther, S. (2001), S. 43-46.

[1112] Berthel/Becker, F. G. (2010), S. 629, die sich auf Wunderer/Sailer (1987), S. 326-327, und Wunderer/Sailer (1987a), S. 505, beziehen. Vgl. auch Wunderer/Sailer (1987b); Wunderer/Sailer (1988). Hentze/Kammel (1993), S. 29, nennen sogar die „Personalerhaltung und Leistungsstimulation“ als einen Funktionsbereich des Personalcontrollings.

Sinne des ressourcenorientierten Ansatzes werden Mitarbeiter nicht als Kostenfaktor, sondern als Humanressource angesehen.[1113]

Als *Instrumentarium* bietet sich das der Situationsanalyse an, deren Einsatz im Anwendungsfall jedoch abhängig davon ist, welche spezifischen ökonomischen Ziele gesetzt wurden.[1114] Dazu bedarf es aus den Kennzahlen der Situationsanalyse abgeleiteten Soll-Größen.[1115] Neben dem Controlling der Bleibe- ist auch das Controlling der Leistungsmotivation als zweiter Bestandteil von Mitarbeiterbindung angesprochen. Hier bietet sich eine Vielzahl von Verfahren zur Leistungsbeurteilung an, welche ergänzend angewandt werden und dem Personalcontrolling die notwendige informatorische Fundierung liefern können.[1116] Die Einführung eines (auch) auf Bleibe- und Leistungsmotivation ausgelegtes Personalinformationssystems, welches alle Teilbereiche des Personalmanagements miteinbezieht, kann genauso unterstützend beitragen wie ein Frühwarnsystem mit entsprechenden Indikatoren.[1117] Überdies schlagen einige Autoren eine „Balanced-Score-Card"[1118] vor, um die Effizienz und Effektivität eines Bindungsmanagement abzubilden.[1119]

MORICK und WIEGRAN betonen, dass die *Wechselwirkungen sozialer und ökonomischer Effizienzsteigerungen* groß sind und sich zum Teil nur schwer trennen lassen. Auch können die Produktivitätssteigerungen differentieller und/oder individueller Vorgehensweisen kaum ermittelt werden, sofern die Leistung des Mitarbeiters nicht einfach quantifizierbar ist wie

[1113] Vgl. Amling (1997), S. 24; Küpper (1991), S. 236-239; Wunderer (1991), S. 272; Weber (1995), S. 95-102; Wunderer/Sailer (1987), S. 322; überblicksartig Berthel/Becker, F. G. (2010), S. 629-633; Hentze/Kammel (1993), S. 32-33; Oechsler (2011), S. 173-176. Vgl. zur zentralen Koordinationsfunktion u. a. Horváth (2009), S. 102-105; Huch/Behme/Ohlendorf (2004), S. 221-223; ähnlich Bleicher (1979), S. 46-47.

[1114] Vgl. Kap. 4.4.2. Vgl. für ein ähnliches Vorgehen Szebel-Habig (2004), S. 121.

[1115] Vgl. Becker, M. (2008), S. 203.

[1116] Vgl. Becker, M. (2008), S. 126-134; Becker, F. G. (2009a), S. 257-385; Berthel/Becker, F. G. (2010), S. 258-273 u. 637; Lorson (1996), S. 32-45. Wucknitz/Heyse (2008), S. 119, schlagen diesbzgl. u. a. Soll-Ist- und Abweisungsanalysen vor.

[1117] Vgl. Grunwald (2001), S. 223; Kropp (2004), S. 157-160; Oechsler (2011), S. 190; Wucknitz (2000), S. 192-193; Wucknitz/Heyse (2008), S. 119; Wunderer/Küpers (2003), S. 33; auch Hentze/Kammel (1993), S. 26 u. überblicksartig S. 97-109 für Methoden der Früherkennung.

[1118] Die grundsätzliche Idee der „Balanced-Score-Card" ist, dass aus einer übergeordneten Strategie Ziele, Kennzahlen, Zielvorgaben und Maßnahmen formuliert werden, um die strategischen Unternehmungsziele langfristig zu erreichen. Vgl. grundlegend hierzu Kaplan/Norton (1997).

[1119] Vgl. Kropp (2004), S. 161-163; Szebel-Habig (2004), S. 125-126; vom Hofe (2005), S. 201-202. Etwas überzogen wirkt indes die „Diversity Scorecard" bei Rieger (2006).

bspw. bei Akkordarbeitern.[1120] Ein erfolgsversprechender und ausgereifter Lösungsansatz zur Konzeptualisierung eines differentiellen Controllings ist in der Literatur nicht erkennbar.[1121]

Das Controlling stellt zwar den formell letzten Prozessbestandteil dar, aufgrund seiner Koordinationsfunktion ist es jedoch *prozessbegleitend* aktiv.[1122] Damit wird dem dynamischen Charakter eines differentiellen Bindungsmanagements entgesprochen: Aufgrund sich ändernder Rahmenbedingungen, individueller Bedürfnisse und Personalstruktur muss das differentielle Bindungsmanagement die dauerhafte Möglichkeit der Revision lassen, sodass das Controlling eben auch wieder den Ausgangspunkt (Situationsanalyse) für Verbesserungen (neue Ziele, neue Segmentbildungen und die Planung neuer Maßnahmen) darstellt. Auch hier bietet das Absatzmarketing prinzipielle Ansatzpunkte, indem die Eliminierung überflüssig gewordener Segmente, die Substitution von Segmenten, die Erweiterung und/oder Hinzunahme von Segmenten sowie die Zusammenfassung von bisher eigenständigen Segmenten als Basis für die Überarbeitung der Bindungsaktivitäten dienen können.[1123]

Schlussendlich gehören in diesen Zusammenhang auch die *Ermittlung von Gründen von Abgängen und Unternehmungsaustritten*, bspw. in Form von Exit-Interviews oder qualitativen Fluktuationsanalysen.[1124] Zum einen bietet das der Unternehmung die Möglichkeit, aus etwaigen Fehlern der Bleibe- und Leistungsmotivation zu lernen und für die noch verbliebenen Mitarbeiter Verbesserungen anzubieten, um weitere ungewollte Fluktuation zu vermeiden. Zum anderen können sich Maßnahmen zum Regain-Management anschließen.[1125] Dies setzt voraus, dass die Trennung „im Guten" verlaufen ist, bspw. weil private Gründe einen Ortswechsel erfordern oder ein Mitarbeiter nach neuen Herausforderungen gesucht hat.[1126] Durch die Aufrechterhaltung des Kontakts zu ehemaligen Mitarbeitern – informell oder formell durch Newsletter, Alumni-Netzwerke usw. – und deren systematische Berücksichtigung bei

[1120] Vgl. Herbertz (2011), S. 14-15.

[1121] Vgl. Morick (2002), S. 224-232 u. 254-256; Wiegran (2002), S. 203-215. Einen ersten umfassenden Ansatzpunkt für die Entwicklung eines differentiellen Personalcontrollings könnte der Ansatz zur „Messung und Bewertung von Humanressourcen" von Becker, M. (2008) bieten. Vgl. zur Humankapitalbewertung auch Scherm/Süß (2010), S. 234-237.

[1122] Vgl. hierzu auch Berthel/Becker, F. G. (2010), S. 635; DGfP (2004), S. 78.

[1123] Vgl. Freter (2008), S. 277-290.

[1124] Vgl. China (2006), S. 32-33; Grunwald (2001), S. 75; Ostrowski/Bauer/Feld/Lisson (2011), S. 15; Szebel-Habig (2004), S. 120-124.

[1125] Vgl. Kap. 2.1.2.

[1126] Vgl. hierzu das "Variety Seeking" im Absatzmarketing in Kap. 4.2.1.

der Besetzung offener Stellen ergeben sich Vorteile wie eine schnelle und kostengünstige Einarbeitungszeit oder Vertrautheit mit der Unternehmung.[1127]

4.4.8 Gesamtbetrachtung

Ergänzend zu den inhaltlichen Elementen hat die Gesamtbetrachtung der prozessualen Elemente den (prozessualen) Koordinationsaspekt zum Gegenstand. Dieser teilt sich in eine technokratische und eine personenorientierte Komponente.[1128]

Die prozessuale Koordination durch *technokratische Instrumente* betrifft v. a. das Controlling differentiellen Bindungsmanagements in seiner Koordinationsfunktion der Abstimmung und Anpassung, durch Vorschriften, Regelungen, Kennzahlensysteme usw.[1129] Als konkrete und geeignete Koordinationsmaßnahmen schlägt FRITSCH bspw. schriftliche fixierte Koordinationsgrundsätze und -richtlinien für einzelne Segmente, Handlungsfelder und deren Zusammenwirken vor, die konform mit dem Unternehmungsziel, untereinander widerspruchsfrei und langfristig gültig sind. Sie sollen allerdings auch dem dynamischen Aspekt Rechnung tragen und ggf. weiterentwickelt werden können.[1130] Flankiert und erleichtert wird die Koordination durch den Versuch gezielter Einflussnahme auf die Unternehmungskultur.[1131]

Vor allem den *personenorientierten Instrumenten der Koordination* wird jedoch herausragende Bedeutung zugesprochen.[1132] So scheint es unabdingbar, dass Information, Kommunikation und Partizipation den Prozess des differentiellen Bindungsmanagements begleiten:

Zur Segmentierung der Mitarbeiter und Zuordnung von Handlungsaktivitäten sind vollständige *Informationen* und deren *Kommunikation* für die Mitarbeiter wichtig, damit sie bei der Selbstbeurteilung die Erhebung nicht verfälschen und bei der Selbstwahl solche Maßnahmen wählen, die ihren Bedürfnissen möglichst gut entsprechen. Hier muss eine realistische Vor-

[1127] Vgl. Ostrowski/Bauer/Feld/Lisson (2011), S. 14-18; Ransweiler (2011); Schikora (2011), S. 66-69. Vgl. hierzu auch Stotz (2007), S. 114, welcher diesen Gedanken aus der Kundenbindung überträgt.

[1128] Vgl. Kap. 4.2.1; 4.3.3.

[1129] Vgl. zusammenfassend Macharzina/Wolf, J. (2010), S. 472-473. Vgl. in diesem Zusammenhang auch die strategische Vorsteuerung in Steinmann/Schreyögg (2005), S. 300-301.

[1130] Vgl. Fritsch (1994), S. 69-70.

[1131] Vgl. Morick (2002), S. 242-245.

[1132] Vgl. Nienhüser (1998), S. 517-518; Wiegran (2002), S. 176-197. Bereits Lewins (1958) „Goldene Regeln“ zur Gestaltung von organisationalen Änderungsprozessen beinhalten diese Aspekte. Die Studie von Pfeifer (2007) weist einen positiven Einfluss von Partizipation durch das Vorhandensein eines Betriebsrates auf Bindung aus.

schau gegeben sein, bspw. durch Beschreibungen, Möglichkeiten des Ausprobierens oder durch Gespräche mit Erfahrenen. Vice versa gilt das für Fremdbeurteilung und -zuordnung: Je besser die Informationslage, desto optimaler kann die Passung von Individuum und Aktivität erfolgen. Dem koordinierenden Organ kommt daher die Aufgabe zu, beidseitig entsprechende Informationen bereitzustellen, bzw. zu bekommen. Zur Gewinnung von Mitarbeiterinformation bieten sich Partizipationsmöglichkeiten an. Die Informationen für die Mitarbeiter sollten sich jedoch nicht auf die Segmentierung und Zuordnung von Handlungsaktivitäten beschränken. Informationen bieten den Mitarbeitern Orientierungen für ihr Verhalten und der Unternehmung Möglichkeiten, differentielles Denken und Handeln der Mitarbeiter zu fördern sowie Identifikation und Vertrauen mit ebendiesem zu stiften bzw. aufzubauen. Für die Kommunikation gilt, dass sie adressatengerecht und -spezifisch erfolgen muss, d. h. unterschiedliche Wissensstände sowie Informationsaufnahme- und -verarbeitungskapazitäten berücksichtigt und ebenso die Vorteilhaftigkeit für die Mitarbeiter betont. Klarheit, Transparenz und Offenheit der unternehmungsseitig verfolgten Ziele und Intentionen sollten die Einführung und etwaige Anpassungen differentiellen Bindungsmanagements begleiten.[1133]

Partizipation ermöglicht Mitarbeitern, aktiv an der Gestaltung differentiellen Bindungsmanagements beratend oder entscheidend teilzunehmen und sie so bedürfnisgerecht (mit) zu gestalten. Das fördert einerseits die Akzeptanz, die Identifikation sowie die Bindung, andererseits kann so den Bedürfnissen nach Sicherheit oder Veränderung besser entsprochen werden. Da eine Beteiligung aller Mitarbeiter jedoch zu erheblichem Aufwand führen würde, sollten von diesen dazu legitimierte Vertreter mitwirken. Damit ist auch dem interindividuell unterschiedlichen Partizipationsbedürfnis entsprochen, denn nicht jeder Mitarbeiter wird ein gleich hohes Interesse an der Beteiligung haben.[1134]

Abbildung 12 fasst die Ausführungen zu den prozessualen Elementen eines differentiellen Bindungsmanagements grafisch zusammen.

[1133] Vgl. Becker, S./Kienle (2008a), S. 15-19; Bruhn (1999), S. 35; DGfP (2004), S. 74-77; Fritsch (1987), S. 47-50; Haase (1997), S. 332-333; Nippa/Petzold (2000), S. 23; Schanz (2004), S. 184; Strube (1982), S. 226; vom Hofe (2005), S. 200-201; Wiegran (2002), S. 179-180; Wucknitz (2000), S. 97-99. Zur „Information als Führungsaufgabe" vgl. Gaugler (1987).

[1134] Vgl. Haase (1997), S. 333; Brauweiler (2010), S. 91; Ruppert (1995), S. 265-266; Strube (1982), S. 227; Wiegran (2002), S. 190-191; bzgl. der Akzeptanz und Identifikation auch Helmreich (1980), S. 22; v. Rosenstiel (2007), S. 304. Pfeifer (2007) ermittelt empirisch, dass durch Mitspracherechte und die Bildung von Betriebsräten die Kündigungen abnehmen. Während Marr (1989), S. 46, fordert, dass in einer differentiellen Personalwirtschaft partizipative Elemente zur Reduzierung von Konflikten zwischen individueller und kollektiver Vernunft vorhanden sein müssen, hält Fritsch (1994), S. 72, diese bei der Gruppenbildung für sinnlos und unmöglich. Lediglich beim Einsatz von Instrumenten sieht er Beteiligungsmöglichkeiten. Diesem Gedanken wird hier nicht gefolgt, da eine hohe Anzahl von Autoren der Partizipation im gesamten Prozess erhebliche Bedeutung zuschreibt. Vgl. Peinelt-Jordan (1996), S. 241; Schanz (1977b), S. 350-351; Schanz (2004), S. 193.

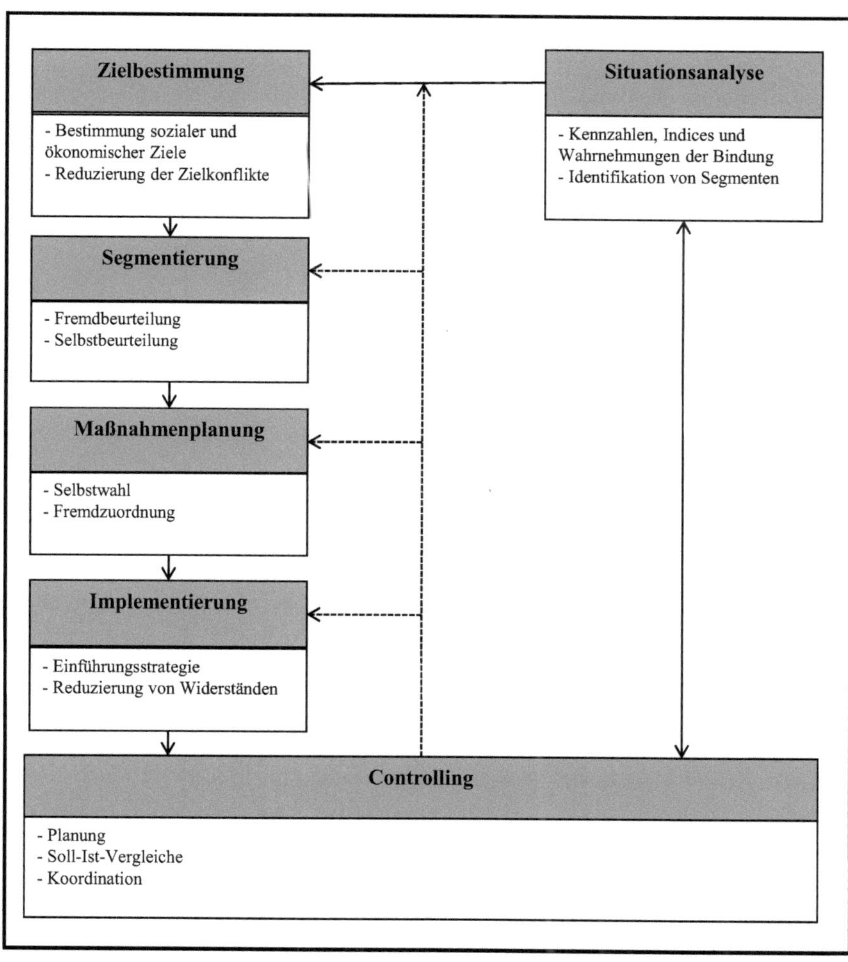

Abbildung 12: Prozessschema eines differentiellen Bindungsmanagements.[1135]

[1135] Quelle: Eigene Darstellung.

4.5 Kritische Reflexion

Fast jeder Autor, der sich mit differentiellem (oder individualisiertem) Personalmanagement auseinandersetzt, thematisiert Probleme und Grenzen einer solchen Vorgehensweise.[1136] Diese gehen meistens zurück auf die Klassifizierungen von MARR und MARR/FRIEDEL-HOWE, d. h. den Problematiken der Konzeption, der Analyse, der Gestaltung und der Anwendung.[1137] Diese vier grundlegenden Ansatzpunkte stellen auch hier den Ausgangspunkt der kritischen Reflexion dar und werden direkt auf das differentielle Bindungsmanagement bezogen.

Konzeptionelle Problematik

Die konzeptionelle Problematik bezieht sich auf einen eigenen konzeptionellen Bezugsrahmen eines differentiellen Personalmanagements. Dieser sollte die Konfliktorientierung sozialer und ökonomischer Ziele aufgreifen und auch differentialpsychologische Erkenntnisse sowie die Abhängigkeit individuellen Verhaltens von der Situation berücksichtigen.[1138]

MARR und MARR/FRIEDEL-HOWE bemängeln das bis dahin grundsätzliche Fehlen eines eigenen differentiellen Rahmens, welcher durch Veröffentlichungen wie von MORICK als prinzipiell gegeben gesehen werden kann, unabhängig davon, dass noch kein „State of the Art“ erkennbar ist.[1139] Vielmehr dürfte noch einige Forschungsarbeit nötig sein, um einen allgemein akzeptierten differentiellen Rahmen zu erhalten. In diesem Sinne ist auch dieser Entscheidungsrahmen zu verstehen, welcher auf das Bleibe- und Leistungsverhalten ausgerichtet ist. Er bezieht durch den Dispositionismus sowohl moderierende Individualvariablen als auch grundsätzlich Situationen mit ein.[1140] Darüber hinaus beruht er auf einem konfliktorientierten Ansatz, sodass die konzeptionelle Problematik für diesen Entscheidungsrahmen gelöst ist. Schlussendlich ist er auch pluralistisch ausgelegt und bezieht praxisorientiert eine Vielzahl existenter Erkenntnisse mit ein.

[1136] Vgl. bspw. Elbe (1997), S. 103-104; Ruppert (1995), S. 197-294; Schanz (1977a), S. 350-351; Wiegran (2002), S. 193-215.

[1137] Vgl. Marr (1989), S. 43-47; Marr/Friedel-Howe (1989), S. 328-333. Vgl. ansatzweise ähnlich, wenngleich bezogen auf die Individualisierung auch Drumm (1989), S. 11-13; Reiß (1981), S. 285-286; Ruppert (1995), S. 197-293.

[1138] Vgl. Marr (1989), S. 43-44; Marr/Friedel-Howe (1989), S. 330.

[1139] Vgl. Morick (2002), S. 260; welcher seinen Ansatz als „Theoriefundament“ sieht.

[1140] Vgl. Kap. 2.1.1; Kap. 4.2.1; ähnlich auch Ruppert (1995), S. 227-231.

Analyseproblematik

Die Frage nach adäquaten Klassifizierungen und den Kriterien ihrer Bestimmung ist Gegenstand der Analyseproblematik. Hier ist einerseits als Ausgangspunkt die Identifikation und Bestimmung relevanter Segmentierungsmerkmale abgesprochen. Dies betrifft v. a. die Aufdeckung von stabilen und praktisch bedeutsamen Korrelationen zwischen den moderierenden Variablen und dem Effizienzkriterium. Andererseits ist das zu berücksichtigende Spektrum an individuellen Merkmalen angesprochen, da nicht alle Merkmale eines Individuums immer und überall relevant sind.[1141] Die inhaltlichen Anforderungen „Stabilität der Segmentierung" und „Relevanz der Segmentierung" spiegeln die Analyseproblematik wider.[1142]

Eine abschließende Bestimmung der relevanten Merkmale ist abhängig von den Spezifika des Anwendungsfalls. Die hier vorgeschlagenen Merkmale beziehen sich auf ein möglichst hohes Bleibe- und Leistungsverhalten und sind durch empirische (Teil-) Erkenntnisse, Indizien oder Plausibilitäten hergeleitet worden. Die vorgeschlagenen Merkmale sind zudem alle verhältnismäßig stabil bezogen auf die damit verbundenen segmentspezifischen Aktivitäten.[1143] Der inhaltlichen, im Entscheidungsrahmen jedoch nicht anwendungsspezifisch erfüllbaren Teilanforderung der praktischen Bedeutsamkeit wird durch die Berücksichtigung einer Personalstrukturanalyse im Prozess entsprochen, denn sie bildet ab, welche Segmente in der untersuchten Unternehmung existieren.[1144] Dennoch liegen eben darin – in der Stabilität, in der Relevanz für die Bleibe- und Leistungsbereitschaft sowie in der praktischen Bedeutsamkeit – auch Grenzen für die Praxis, denn kurz- und mittelfristig ist nicht absehbar, dass ein empirisch abgesicherter und universell anwendbarer Kanon von Merkmalen für ein differentielles Bindungsmanagement existieren wird.

Gestaltungsproblematik

Die Gestaltungsproblematik betrifft erstens die Akzeptanz von im differentiellen Personal- und Bindungsmanagement immanenter intra- wie interindividueller Unterschiedlichkeit. Daher verfolgt ein differentielles Vorgehen auch eine Werteorientierung, sowohl hinsichtlich der

[1141] Vgl. Marr (1989), S. 44-45; Marr/Friedel-Howe (1989), S. 329-330; sowie zu dieser Problematik in in der differentiellen Psychologie Kersting (2005), S. 541-542. Vgl. ähnlich auch die Gefahr der „Oversegmentation" im Absatzmarketing im Überblick bei Becker, J. (2009), S. 291.

[1142] Vgl. Kap. 4.2.3.3.

[1143] Das bedeutet nicht, dass sie auch bezogen auf die Individuen zwingend stabil sind. Das Alter ist bspw, höchst instabil, da der Altersprozess nicht stoppt. Die individuellen Bedürfnisse von Menschen unterschiedlichen Alters werden jedoch als relativ stabil begriffen.

[1144] Vgl. Kap. 4.4.4.

Herkunft existenter Werte als auch zu dessen Steuerung.[1145] Zweitens ist das Dilemma kollektiver Vernunft und individueller Interessenbefriedigung angesprochen.[1146] In diesem Zusammenhang schreibt HIMMELMANN von „den drei unheiligen Schwestern des Individualismus“[1147]: Neid, Vorurteil und Eigennutz. Angesprochen ist hiermit v. a. die allgemeine Anforderung an Akzeptanz.[1148]

Bereits in den Beschreibungen zur Anforderung der Akzeptanz wurde erläutert, dass das organisatorische Umfeld, die Merkmale der Neuerung als solche und auch das Individuum akzeptanzfördernd zu gestalten bzw. zu beeinflussen ist. Entsprechend wurden unter anderem eine auf Mitarbeiterheterogenität ausgerichtete Unternehmungskultur, das entsprechende (Vorbild-) Verhalten von Führungskräften und Personalentwicklungsmaßnahmen zu mehr Verständnis für Unterschiedlichkeit vorgeschlagen. Gleichberechtigte Unterschiedlichkeit in der Unternehmung soll erkannt und als wertvoll für alle erachtet werden, um somit die für ein differentielles Bindungsmanagement notwendige Akzeptanz zu fördern.

Die Minimierung von Zielkonflikten durch gegenseitige Annäherung, der Einbezug möglichst hoher Selbstbeurteilung und -auswahl, Partizipation im Prozess sowie die Kommunikation des beiderseitigen Vorteils differentieller Maßnahmen sollen dazu beitragen, individuellen Interessen gerecht zu werden, ohne dass die kollektive Vernunft beeinträchtigt wird. Abschließend wird dieses Problem, welches sich ja bereits in der konfliktorientierten Grundannahme dieser Arbeit ausdrückt, jedoch wohl nie lösbar sein und daher stets eine Begrenzung darstellen.[1149]

Anwendungsproblematik

Gegenstand der Anwendungsproblematik sind die Kosten und Handhabungsprobleme eines differentiellen Vorgehens. Erstgenannte betreffen den Mehrbedarf an Personal und Expertenwissen sowohl hinsichtlich der Inhalte als auch des Prozesses sowie den Mehrbedarf an Koordination und hinreichender Ausstattung, da jede Abweichung von der höchstmöglichen Standardisierung auch eine Erhöhung der Kosten bedeutet. Ferner können Konfliktkosten wegen empfundener Ungerechtigkeit der Segmentzuordnung oder Behandlung durch die entsprechenden Maßnahmen resultieren und birgt jede Abkehr von Generalisierung die Gefahr

---

[1145] Vgl. in diesem Zusammenhang auch werteorientiertes Personalmanagement: Bihl (1995); Marr (1989), S. 45; Wollert (2000).

[1146] Vgl. Marr (1989), S. 45-46; Marr/Friedel-Howe (1989), S. 330-331.

[1147] Himmelmann (1992), S. 12; vgl. auch Wagner (1995a), S. 5.

[1148] Vgl. Kap. 4.2.3.2.

[1149] Vgl. für dieses „letztlich unauflösbare Problem“ Marr (1989), S. 46; Marr/Friedel-Howe (1989), S. 331.

zu hoher Individualisierung, was sich in sozialer Desintegration ausdrücken kann. Dies wäre sogar kontraproduktiv für die Erhöhung der Bleibemotivation. Zweitgenannte zielen auf die Überforderung von Vorgesetzten, die Diskrepanz von zentralisierten Expertenbeschlüssen und den Bedingungen im spezifischen Anwendungsfall sowie die valide Diagnose relevanter Differenzierungskriterien in einer ökonomischen und akzeptierten Form ab.[1150] Die meisten der in Kapitel 4.2.3 aufgeführten Anforderungen – Wirtschaftlichkeit, Gerechtigkeit, dauerhafte Revisionsmöglichkeit, Umsetzbarkeit, Einbindung in bestehende Strukturen und abermals Akzeptanz – betreffen damit die Anwendungsproblematik:.[1151]

Abgesehen davon, dass v. a. die *Kosten eines differentiellen Bindungsmanagements* abhängig von der anwendungsfallspezifischen Gestaltung sind, beinhaltet ein differentielles Vorgehen in seinem Grundverständnis bereits eine Erhöhung der ökonomischen Kosten.[1152] Dass ein Mehrbedarf an Experten, Koordination usw. besteht, ist also unbestreitbar – es kommt jedoch darauf an, dass der Nutzen aus den differentiellen Maßnahmen diese Kosten überwiegt. Da Bindungsmanagement hier als Querschnittsfunktion verstanden wird, es auf diese Weise auf bestehende Handlungsfelder zurückgreift und lediglich darin segmentspezifisch unterschiedliche Aktivitäten vorschlägt, entstehen keine Kosten aufgrund radikaler Neuerungen, sondern es müssen bestehende Aktivitäten lediglich erweitert werden. Auch die Kosten zur Schaffung eines koordinierenden Organs dürften – verglichen mit dem Nutzen – im Rahmen liegen. Schlussendlich ist es ohnehin unmöglich, den Nutzen und die Kosten genau aufzurechnen, da Faktoren wie bspw. die positiven Auswirkungen auf das Unternehmungsimage (mit entsprechenden Wirkungen auf das Bleibe- und Leistungsverhalten) sich kaum quantifizieren lassen.[1153] Die wirtschaftlich optimalen Merkmale, ihre optimale Anzahl sowie die optimale Homogenität der Segmente lassen sich nicht exakt und allgemeingültig festlegen. Dennoch ist plausibel, dass ein differentielles Vorgehen gegenüber einem generalisiertem und einem (streng) individualisiertem Vorgehen überlegen ist und dass sich dessen Anwendung lohnt, sofern es denn in Einklang und Interaktion mit der Strategie des Personalmanagements sowie der Gesamtunternehmungsstrategie steht.

Mangelnde Akzeptanz von Zuordnungen zu bestimmten Segmenten – ggf. sogar mit psychischer Schädigung durch Frustration – wurde versucht mit möglichst hohen Partizipationsmöglichkeiten zu begegnen, sofern diese vom Individuum überhaupt gewünscht waren. Hierzu gehören neben der Mitwirkung an der Gestaltung der Inhalte und des Prozesses auch die Ele-

[1150] Vgl. Marr (1989), S. 46-47; Marr/Friedel-Howe (1989), S. 331-333. Vgl. ähnlich auch Drumm (1989), S. 7-12; Drumm (2008), S. 471; Hamel (1989), S. 64-65; Schanz (1994a), S. 305-306.

[1151] Vgl. Kap. 4.2.3.

[1152] Vgl. Kap. 2.1.1.

[1153] Vgl. Peinelt-Jordan (1996), S. 247; Wiegran (2002), S. 205.

mente der Selbstbeurteilung und -wahl.[1154] Zugleich sollen Personalentwicklungsaktivitäten differentielles Denken fördern, eine dahingehende Einflussnahme auf die Unternehmungskultur erfolgen und Führungskräfte mit positiven Beispielen vorangehen. Zur Akzeptanz der Zuordnung gehört schließlich auch, dass keine Zugehörigkeit zu bestimmten Segmenten sozial erwünschter ist oder individuell vorteilhafter erscheint als zu anderen.[1155]

Wahrgenommener Ungerechtigkeit soll ebenfalls mit Partizipation vorgebeugt werden. Information und Kommunikation sorgen zudem für Transparenz von Differenzierungsgründen und -kriterien.[1156] Schließlich obliegt es jedoch den Verantwortlichen, dass eine Ungleichbehandlung der Mitarbeiter nicht zu einer ungerechten Behandlung wird. Dieser Entscheidungsrahmen baut auf Gerechtigkeit auf, indem bspw. Diskriminierung als ungerechtfertigte Ungleichbehandlung prinzipiell ausgeschlossen ist oder durch den Moderatorgedanken, auf welchen spezifische Aktivitäten für bestimmte Segmente zurückgehen, der aber nicht besagt, dass andere Segmente keine (Bindungs-) Behandlung erfahren. Für sie gelten weiterhin die allgemein gültigen Gesetzmäßigkeiten.[1157] Dem koordinierenden Organ obliegt daher die Aufgabe zu beachten, dass bspw. familienorientierte, ältere oder technisch interessierte Mitarbeiter eine andere, jedoch keine bessere oder schlechtere Behandlung erfahren als Mitarbeiter, die nicht diesen Segmenten zugehören.[1158] Schließlich muss ein subjektives und inter- wie auch intrainidviduell unterschiedliches und doch gerechtes Gleichgewicht von Anreizen und Beiträgen angestrebt werden.[1159] Grenzen liegen dabei v. a. in ethischen Normen und in der Inakzeptanz bestimmter Differenzierungskriterien.[1160]

Als eine Folge von empfundener Ungerechtigkeit und nicht vorhandener Akzeptanz, aber auch als systemimmanente Konsequenz, kann soziale Desintegration entstehen. So würde ein vollständig generalisiertes Vorgehen für das Erleben „eines gemeinsamen Schicksals" sorgen, wohingegen vollkommen individualisierten Aktivitäten unterstellt wird, dass sie die Bindung

---

[1154] Vgl. Kap.4.4.4, 4.4.5 bzw. 4.4.8.

[1155] Vgl. Ruppert (1995), S. 262-266. So ist bspw. eine Differenzierung nach den Berufsinteressen für die Karriereplanung nur dann sinnvoll, wenn Führungs-, Fach- und Projektlaufbahnen als gleichwertig erkannt und akzeptiert werden. Andernfalls würden die Betroffenen versuchen, die Beurteilung dahingehend zu verfälschen, welche Art der Karriere sozial erwünscht ist und/oder ihnen den größten individuellen Vorteil bietet. Vgl. zu diesem speziellen Akzeptanzproblem Berthel/Becker, F. G. (2011), S. 458-459.

[1156] Vgl. Kap. 4.8.8; Marr/Friedel-Howe (1989), S. 332.

[1157] Vgl. Kap. 2.1.1 u. 4.2.1; ähnlich auch Ruppert (1995), S. 255-257.

[1158] Damit wird auch Peinelt-Jordan (1996), S. 246, widersprochen, der Gefahr für Ungerechtigkeit darin sieht, dass bestimmte Segmente bevorzugte Behandlung erfahren, obwohl sie den gleichen Beitrag zu den unternehmerischen Zielen liefern. Zu berücksichtigen ist in diesem Zusammenhang jedoch die im Absatzmarketing formulierte Gefahr der „Overconcentration", d. h. sich zu sehr auf ein Segment zu konzentrieren und andere Kunden damit zur Abwanderung zu bewegen. Vgl. zusammenfassend Becker, J. (2009), S. 291.

[1159] Vgl. Kap. 2.3.1; Rumpf (1997), S. 30-31.

[1160] Vgl. Drumm (1989), S. 13; Wiegran (2002), S. 14-15.

an die Organisation verringern und für eine organisationsdysfunktionale Individualisierung anstelle von Sozialisation sorgen.[1161] RUPPERT sieht jedoch gerade in einem individualisierten Ansatz des Personalmanagements hohe Chancen zur Bindung, weil jedem Mitarbeiter entsprochen werden kann, was wiederum zu einer intensiveren und qualitativ stärkeren Bleibe- und Leistungsbereitschaft an die Organisation führt.[1162] Vielleicht bietet ein differentielles Vorgehen auch hier den optimalen Mittelweg zwischen der bleibe- und leistungsfördernden Ansprache individueller Bedürfnisse und einer dysfunktionalen Ansammlung von Individualisten, die allesamt ausschließlich ihr eigenes Ziel verfolgen. Zugleich könnte mit dem immanenten Ausmaß an Individualisierung im differentiellen Bindungsmanagement den Risiken zu hoher Bindung vorgebeugt werden und das Dilemma von zu hoher sowie zu geringer Mitarbeiterbindung minimiert wird.[1163] Ferner bietet die dauerhafte Revision die Möglichkeit, korrigierend einzugreifen und Missstände wie empfundene Ungerechtigkeit oder soziale Desintegration durch eine entsprechende Anpassung existenter Aktivitäten zu beheben.

Die *Handhabungsproblematik im differentiellen Bindungsmanagement* beinhaltet zum einen die potentielle Überforderung der Vorgesetzten, welche aus der situationsadäquaten Umsetzung differentieller Vorgaben des koordinierenden Organs resultieren können. Dem ist jedoch einerseits zu entgegnen, dass dies für viele Vorgaben zutrifft, welche nicht unter Einbezug der Betroffenen geschehen. Durch die sukzessive Einführung differentiellen Bindungsmanagements und Partizipationsmöglichkeiten besteht hier die Möglichkeit, die Überforderung gering zu halten. Auch eine Personalentwicklung und Führungsgrundsätze für Vorgesetzte, welche im Dienste eines differentiellen Personalmanagements gestellt werden, könnten für Abhilfe sorgen.

Zum anderen greift die Handhabungsproblematik das Problem der Diagnose auf, welches bereits im Zuge des Prozessbestandteils „Segmentierung“ thematisiert wurde.[1164] In diesem Entscheidungsrahmen wurde vorgeschlagen, ein möglichst hohes Maß an Selbstbeurteilung zu ermöglichen, da jeder Mitarbeiter selber am besten weiß, was „richtig“ für ihn ist, solange bestimmte Segmente nicht durch soziale Erwünschtheit und/oder positive Anreize im Allgemeinen als vorteilhafter wahrgenommen werden.[1165] Die Selbstbeurteilung und später auch Möglichkeiten der Selbstwahl von verschiedenen Aktivitäten innerhalb der segmentspezifisch ausgerichteten Handlungsfelder sowie die dauerhafte Revisionsmöglichkeit zur Behebung

[1161] Vgl. Marr/Friedel-Howe (1989), S. 332; ähnlich auch Drumm (1989), S. 13.

[1162] Vgl. Ruppert (1995), S. 236-237.

[1163] Vgl. für die Risiken zu hoher Mitarbeiterbindung Kap. 2.2.1.

[1164] Vgl. Kap. 4.4.4.

[1165] Vgl. Ruppert (1995), S. 236.

falscher Entscheidungen und veränderter Präferenzen oder Erwartungen der Individuen können dieses Problem zwar nicht beheben, aber minimieren.

Dennoch liegen v. a. in der Handhabungsproblematik Grenzen eines differentiellen Bindungsmanagements. Hierzu gehören falsche (Fremd- oder Selbst-) Einschätzungen und Zuordnungen mit negativen Konsequenzen auf das Bleibe- und Leistungsverhalten. Dem Mitarbeiter drohen kognitive Dissonanzen, wenn er bemerkt, dass eine andere Zuordnung vorteilhafter gewesen wäre, die Revision jedoch nicht so schnell möglich ist oder die getroffene Entscheidung weitreichende Konsequenzen hat, wie bspw. bei der Karriereplanung. Es stellt sich damit die Frage, ob Mitarbeiter selber und/oder die Beurteilenden überhaupt hinreichend über die subjektiven Bedürfnisse des betroffenen Mitarbeiters Bescheid wissen können, wenn doch implizit unterstellt wird, dass die Mitarbeiter klare Vorstellungen von ihren Bedürfnissen, Berufszielen und Entwicklungspotentialen haben. So ist bspw. denkbar, dass bei gering qualifizierten Mitarbeitern oder Mitarbeitern mit mangelndem Selbstwert inkorrekte Selbsteinschätzungen abgegeben werden. DRUMM fragt zudem, inwieweit sich der Vorgesetzte überhaupt auf Mitarbeiterbedürfnisse einlassen darf, um nicht selber zum Geführten zu werden.[1166]

Abschließend wird an dieser Stelle auf zwei weitere Aspekte verwiesen:

Einerseits auf den Ansatz von HORNBERGER, welcher auf die gesundheitlichen Folgen von Individualisierung in der Arbeitswelt hinweist. Dies betrifft die hohe Eigenverantwortung bei Selbstbeurteilung und -wahl, welche zur Belastung werden kann. So wurde bereits an einigen Stellen auf negative Einflüsse auf die psychische Verfassung – bspw. Frustration oder kognitive Dissonanzen – verwiesen.[1167] Auch die durch flexible Arbeitszeiten verschwimmende Grenze von Arbeits- und Freizeit könnte sich gesundheitlich negativ auswirken.[1168] Die Gesundheit der Mitarbeiter kann eine Grenze differentiellen Bindungsmanagements darstellen, wenn sie nicht ausreichend berücksichtigt wird.

Andererseits hat das utopische Anliegen dieser Arbeit rechtliche Aspekte vollkommen ausgeblendet. Beispielhaft sei daher auf das Allgemeine Gleichbehandlungsgesetz (AGG), welcher den Grundsatz der Gleichbehandlung aus Artikel 3 des Grundgesetztes in seinem arbeitsrechtlichen Teil (§§6-18) auf die Privatwirtschaft bezieht.[1169] Demnach ist eine Benachteiligung

[1166] Vgl. Drumm (1989), S. 9 u. 11-13; Drumm (2008), S. 472; Marr/Friedel-Howe (1989), S. 332; Kick/Scherm (1993), S. 48; Peinelt-Jordan (1996), S. 245-246; Ruppert (1995), S. 240-244; Schanz (2000), S. 196.

[1167] Vgl. Hornberger (2006), S. 89-93; auch Hornberger (2002), S. 558-559; Hornberger (2006a), S. 87-88.

[1168] Vgl. hierzu bspw. die Studie von Süß/Sayah (2006) zur Work-Life-Balance von Freelancern.

[1169] Vgl. zum AGG Bauer/Göpfert/Krieger (2011); Nollert-Borasio/Perreng (2011); Steinkühler (2007); Thüsing (2007), Rnr. 1-708; zum AGG im Personalmanagement auch die Studie von Langen (2008).

aufgrund der „Rasse", der ethnischen Herkunft, der Religion und Weltanschauung, Behinderung, des Alters sowie der sexuellen Identität verboten. Dies betrifft allerdings nicht prinzipiell jede Ungleichbehandlung wie bspw. unternehmerische Aktivitäten zur Vermeidung von Diskriminierung oder aufgrund spezifischer Anforderungen einer Stelle.[1170] Im Allgemeinen ist maßgeblich, dass für eine Ungleichbehandlung eine ausreichende Rechtfertigung gemäß §§ 5, 8-10 AGG bestehen muss.[1171] Einem differentiellen Bindungsmanagement kann dies durchaus Grenzen setzen, auch wenn dessen Intention prinzipiell im Einklang mit dem AGG steht, da von Natur aus ungleiche Individuen nicht ungerecht oder willkürlich ungleich, sondern sachlich begründet ungleich behandelt werden – was im Idealfall ohnehin den Zuspruch der Mitarbeiter findet. Weitere arbeitsrechtliche Restriktionen können bspw. aus Entgelt-, Arbeitszeit- oder Urlaubsregelungen in Mantel- oder Rahmentarifverträgen resultieren, welche für die Betroffenen bindende Wirkung haben. Liegen Haus- oder Firmentarifverträge vor, kann zusammen mit dem Tarifvertragspartner versucht werden, differentielles Bindungs- oder Personalmanagement darin aufzunehmen, was bei Flächenverträgen jedoch deutlich schwieriger sein dürfte.[1172]

[1170] Vgl. bspw. Steinkühler (2007), S. 40, wonach das weibliche Geschlecht als Voraussetzung zum Verkauf von Damenmode rechtens ist.

[1171] Vgl. Steinkühler (2007), S. 37-38.

[1172] Vgl. Thüsing (2007), Rnr. 709-932.

5. Schlussbetrachtung

5.1 Zusammenfassung

Im Rahmen der Problemstellung wurde auf die Veränderungen hingewiesen, mit denen sich Personalmanagement gegenwärtig auseinandersetzen muss: Erstens der *demografische Wandel* mit einhergehendem *Fachkräftemangel* v. a. in den Bereichen Mathematik, Informatik, Naturwissenschaften und Technik, zweitens gesellschaftlicher *Individualisierung* und *Wertewandel*, drittens *veränderter Arbeitskraftnutzung* und viertens ohnehin bereits *hohen Kosten ungewollter Fluktuation und nicht empfundener Bindung*. Im Folgenden wurde die praxisbezogene bezugsrahmenorientierte Forschung nach GROCHLA als Methodologie gewählt.

Das Grundlagenkapitel legt zuerst das in dieser Arbeit vertretende Begriffsverständnis von *differentiellem Bindungsmanagement*, wobei v. a. die Publikationen von MARR und MARR/ FRIEDEL-HOWE aufgegriffen sowie mit dem *Substitutions-* und dem *Moderatorprinzip,* dessen zentrale Bestandteile beschrieben wurden. Eine Verortung im Kontext von Individualisierung, Flexibilisierung und anderen Konstrukten schloss sich an. Im Anschluss erfolgt eine *Begriffsexplikation von Mitarbeiterbindungsmanagement* – hier wurde betont, dass es eine *Management-Perspektive* („Bindung als Aktivität“) und eine *Mitarbeiter-Perspektive* („empfundene Bindung“) gibt und dass der Erhalt sowie die Steigerung von Bleibemotivation nicht ausreichen. Vielmehr sind stets auch der Erhalt und die Steigerung der Leistungsmotivation erforderlich. Im zweiten Unterabschnitt fand eine Darstellung alternativer und vielfach überlappender Verständnisse statt. Als eine erste Annäherung an ein differentielles Bindungsmanagement wurde in Kapitel 2.3.1 dessen Grundidee erläutert, wonach ein differentielles Vorgehen den *ökonomischen Mittelweg* zwischen individualisiertem und standardisiertem Bindungsmanagement nimmt. Damit soll auch der *Anreiz-Beitrags-Theorie* gerecht werden. Grundannahmen der Arbeit sind die *Konfliktorientierung*, das Menschenbild eines *Complex Men* und der *ressourcenorientierte Ansatz*. Schließlich wurde auf Basis der bisherigen Ausführungen ein erstes Begriffsverständnis von differentiellem Bindungsmanagement abgeleitet und eine Arbeitsdefinition gegeben, welche sowohl intra- und interindividuelle Unterschiedlichkeit als auch die Notwendigkeit der Bildung homogener Segmente aufnimmt.

Im dritten Kapitel fand eine Darstellung und kritische Diskussion solcher Ansätze statt, die im Umfeld eines differentiellen Bindungsmanagements bereits existieren. Dabei stellten sich *Typologien* und die *Ansätze differentiellen Personalmanagements* als fruchtbar heraus, weitere bisherige *Ansätze von Differenzierungen im Personalmanagement* allerdings eher weniger, da sie vielfach und unbegründet nur auf einzelne Mitarbeitersegmente abzielen. *Individualisiertes Personalmanagement* konnte einen Beitrag dahingehend leisten, als dass einerseits in einigen Handlungsfeldern des Personalmanagements ein recht hohes Maß an „echter" Individualisierung möglich zu sein scheint, andererseits individualisiertes oftmals differentielles Vorgehen bedeutet. Während *allgemeine Ansätze des Bindungsmanagements* brauchbare Aussagen zu einzelnen Aktivitäten sowie zum Prozess beinhalteten, konnten die als *differentiell eingeordneten Ansätze des Bindungsmanagements* nur punktuell Anregungen liefern, da sie alle nicht umfassend und fundiert genug sind.

Das vierte Kapitel beinhaltete schließlich den zu entwickelnden Entscheidungsrahmen eines differentiellen Bindungsmanagements. Darin wurde in einem ersten Schritt das Begriffsverständnis konkretisiert. Nach dem Verweis auf potentielle Hilfestellungen des Absatzmarketings und der Psychologie wurde eine *handlungsfeldspezifische Segmentierung* vorgeschlagen. Die optimalen Merkmale sind situationsspezifisch, deren optimale Anzahl ebenfalls. Zentral ist, dass sie eine *Relevanz für das Bleibe- und Leistungsverhalten* haben. Die *optimale Homogenität eines Segments* ist erreicht, wenn der persönliche Nutzen eines weiteren Mitarbeiters im Segment gleich der Beeinträchtigung der Mitarbeiter dieses Segments ist – stets unter der Prämisse, dass der Mensch zu komplex für eine klar abgrenzbare Segmentierung durch mehrere Dimensionen ist. Ebenfalls wurden Vorschläge zum Umgang mit *Mehrfachzugehörigkeiten* gemacht. Eine Auflistung *ökonomischer und sozialer Formalziele* des Bindungsmanagements schloss sich an; *Sachziel* eines differentiellen Bindungsmanagements sind Erhalt und Steigerung der Bleibe- und Leistungsmotivation. Die allgemeinen, inhaltlichen und prozessualen *Anforderungen* lauten Wirtschaftlichkeit, Akzeptanz, Gerechtigkeit, Relevanz und Stabilität der Segmentierung, dauerhafte Revisionsmöglichkeit, Umsetzbarkeit und die Einbettung in bestehende Strukturen.

Inhaltlich konnten für die verschiedenen Handlungsfelder schließlich folgende *bleibe- und leistungsrelevanten Merkmale zur Segmentierung* identifiziert werden: Alter, hierarchische Position, Berufsinteressen, Werte, die „Big Five", Qualifikation und Familienorientierung. Handlungsfeldspezifisch wurde dann für die Personalentwicklung, Arbeitsbedingungen und Anreizsysteme Empfehlungen *differentieller Aktivitäten* abgegeben, wie das Bleibe- und Leistungsverhalten der identifizierten Segmente erhalten und gesteigert werden kann. Eine differentielle direkte Führung wurde als problematisch empfunden, stattdessen wurde die transformationale Führung als zweckmäßig identifiziert, zumal sie dem Streben nach einem „ökonomischen Mittelweg" entspricht. Der für ein differentielles Bindungsmanagement bedeutsamen Unternehmungskultur wurde indes flankierender Charakter zugesprochen, auch, weil eine differentielle Kultur nicht möglich ist. Zur *strukturellen Koordination* wurden ein spezialisiertes Organ und eine institutionalisierte Personalentwicklung zur Förderung differentiellen Denkens und Handelns angeregt.

Der *Prozess des differentiellen Bindungsmanagements* durchläuft die Phasen der Situationsanalyse, der Zielbestimmung, der Segmentierung, der Maßnahmenplanung, der Implementierung und ggf. Beseitigung von Widerständen und des Controllings, welches als technokratisches Instrument der Koordination auch für etwaige Anpassungen sorgt. Schließlich kommen auch Information, Kommunikation und Partizipation eine herausragende Bedeutung zu.

Als *Problem der Umsetzung* eines differentiellen Bindungsmanagements wird v. a. die Diagnose, d. h. die Bestimmung der Zuordnung von Mitarbeitern zu bestimmten Segmenten, gesehen. Hierbei bestehen Gefahren entweder der bewusst oder unbewusst falschen Selbsteinschätzung und/oder eingeschränkten Diagnosefähigkeit der Vorgesetzten sowie anderer Beurteiler.

5.2 Ausblick

Der in dieser Arbeit vorgestellte Entscheidungsrahmen eines differentiellen Bindungsmanagements markiert einen der ersten Versuche, eine an Mitarbeitersegmenten orientierte Vorgehensweise ins Personalmanagement zu übertragen und entsprechende differentielle Anwendungsempfehlungen zu geben. Es wurde die Auffassung vertreten, dass ein differentielles Vorgehen die wirtschaftlichste Art ist, auf *intra- und interindividuelle Unterschiedlichkeit* einzugehen. Gerade vor dem Hintergrund der in der Problemstellung beschriebenen gesellschaftlichen Rahmenbedingungen scheint in *Zukunft* unabdingbar, wenn langfristig unternehmerischer Erfolg gewährleistet sein soll. Dies gilt für das Personalmanagement im Ganzen, v. a. aber für den Erhalt und die Steigerung der Bleibe- und Leistungsmotivation von Mitarbeitern als zentraler Ressource.

Weiterer Forschungsbedarf besteht jedoch in vielfältiger Hinsicht: So müsste erstens eine intensive Auseinandersetzung mit den Spezifika und Zielen der Handlungsfelder vor dem Hintergrund der Bindung erfolgen, oder anders formuliert, diese Handlungsfelder differentiell auf die Maximierung von Bleibe- und Leistungsmotivation ausgerichtet werden. Hierzu fehlen jedoch sowohl theoretische Modelle als auch klare empirische Erkenntnisse. Zweitens ist eine Verbesserung der Diagnose nötig, denn hier dürfte das größte Konfliktpotential eines differentiellen Ansatzes liegen. Die vor dem Hintergrund des Bleibe- und Leistungsverhaltens genaue Zuordnung von Mitarbeitern zu bestimmten Segmenten durch Selbst- oder Fremdbeurteilung wird zu einer zentralen Herausforderung. Drittens muss es auch ein differentielles Controlling geben, welches den Nutzen ermittelt und im Anwendungsfall festlegen kann, wie hoch die Anzahl der Segmente werden kann und darf, damit differentielles Bindungsmanagement die Wirtschaftlichkeit wahrt bzw. ein möglichst hohes Maß an Individualisierung ermöglicht.

Schlussendlich ist der Erfolg einer differentiellen Vorgehensweise nicht alleine abhängig davon, inwieweit es gelingt, eine optimale Anzahl bleibe- und leistungsrelevanter Segmentierungen zu identifizieren und klar voneinander abzugrenzen. Der *Akzeptanz von Andersartigkeit* sowohl auf unternehmungskultureller als auch auf individueller Ebene kommt wohl die größte Bedeutung zu. Jeder Mensch empfindet anders und hat andere Bedürfnisse, sodass bestimmte Aktivitäten – sei es in der direkten Interaktion von Vorgesetzten und Mitarbeitern oder im Rahmen der Systemgestaltung – nicht immer zum erwünschten Resultat führen, sondern ganz im Gegenteil auch sehr demotivierend sein können. Nicht alle Menschen verfügen über diejenigen Kausalzusammenhänge, die man von sich kennt und/oder von deren Existenz man weiß, denn die dem Verhalten zugrunde liegenden Ursachen – bspw. genetische Faktoren oder prägende Erfahrungen – sind zu vielschichtig. Der kritischen Reflexion des eigenen Verhaltens, dem Hinterfragen von Gründen für das Verhalten anderer Menschen sowie der Erkenntnis und Akzeptanz, dass nicht alle Menschen gleich sind – und erst recht nicht immer wie man selbst – kommt eine viel höhere Bedeutung als eine bis zum Detail ausgefeilte Segmentierung.

Literaturverzeichnis

A

Abele, A. (2003): Frauenkarrieren in Wirtschaft und Wissenschaft – Ergebnisse der Erlanger Langzeitstudien BELA-E und MATHE. In: Zeitschrift für Frauenforschung & Geschlechterstudien. 21. Jg., Nr. 4, S. 49-61.

Achleitner, P. M. (1985): Sozio-politische Strategien multinationaler Unternehmungen. Bern u. Stuttgart.

Achterhold, G. (1993): Mitarbeiterbewusstsein. In: Strutz (Hrsg.): Handbuch Personalmarketing. 2., erw. Aufl., Wiesbaden, S. 52-60.

Adams, J. S. (1963): Toward an understanding of inequity. In: Journal of Abnormal and Social Psychology, 67. Jg., Nr. 5, S. 422-436.

Adams, J. S. (1965): Inequity in Social Exchange. In: Berkowitz, I. (Hrsg.): Advances in Experimental Social Psychology. Band 2, S. 267-299.

Alfermann, D. (2005): Geschlechterunterschiede. In: Weber, H./Rammsayer, T. (Hrsg.): Handbuch der Persönlichkeitspsychologie und Differentiellen Psychologie. Göttingen u. w., S. 305-317.

Allerbeck, M./Helmreich, R. (1984): Akzeptanz planen – aber wie? In: Office Management. Nr. 11, S. 1080-1082.

Althauser, U. (2008): Bearbeitung menschlicher Ressourcen – Strategien, Methoden, Werkzeuge. In: Althauser, U./Schmitz, M./Venema, C. (Hrsg.): Demografie – Engpass Personal. Köln, S. 49-90.

Althauser, U./Schmitz, M./Venema, C. (2008): Zum Schluss: Was ist zu tun? In: Althauser, U./Schmitz, M./Venema, C. (Hrsg.): Demografie – Engpass Personal. Köln, S. 177-180.

Amelang, M./Bartussek, D./Stemmler, G./Hagemann, D. (2006): Differentielle Psychologie und Persönlichkeitsforschung. 6., vollst. überarb. Aufl., Stuttgart.

Amling, T. (1997): Ansatzpunkte und Instrumente des Personal-Controlling auf der strategischen und operativen Problemebene im Industriebetrieb. Frankfurt a. M. u. w.

Anger, C./Erdmann, V./Plünnecke, A. (2011): MINT – Trendreport 2011. Gutachten des Instituts der deutschen Wirtschaft Köln. Köln.

Antonovsky, A. (1997): Salutogenese. Zur Entmystifizierung der Gesundheit. Tübingen.

Aretz, H.-J. (2006): Strukturwandel in der Weltgesellschaft und Diversity Management in Unternehmen. In: Becker, M./Seidel, A. (Hrsg): Diversity Management. Unternehmens- und Personalpolitik der Vielfalt. Stuttgart, S. 5-50.

Aretz, H.-J./Hansen, K. (2002): Diversity und Diversity-Management im Unternehmen. Eine Analyse aus systemtheoretischer Sicht. Münster u. w.

Aretz, H.-J./Hansen, K. (2003): Erfolgreiches Management von Diversity. Die multikulturelle Organisation als Strategie zur Verbesserung einer nachhaltigen Wettbewerbsfähigkeit. In: Zeitschrift für Personalforschung. 17. Jg, Nr. 1, S. 9-36.

Armutat, S. (2003): „Retention ganzheitlich managen." In: Personalführung. Nr. 2, S. 96-97.

Arnold, R./Münk, D. (2006): Berufspädagogische Kategorien didaktischen Handelns. In Arnold, R./Lipsmeier, A.: Handbuch der Berufsbildung. 2. überarb. u. akt. Aufl., Wiesbaden, S. 13-32.

Asendorpf, J. B. (2007): Psychologie der Persönlichkeit. 4., überarb. u. akt. Aufl.

Atkinson, J. W. (1957): Motivational Determinants of Risk-Taking Behavior. In: Psychological Review. 64. Jg., S. 359–372.

B

Bäcker, G./Brussig, M./Jansen, A./Knuth, M./Nordhause-Janz, J. (2009): Ältere Arbeitnehmer. Erwerbstätigkeit und soziale Sicherheit im Alter. Wiesbaden.

Backhaus-Maul, H./Biedermann, C./Nährlich, S./Polterauer, J. (2010): Corporate Citizenship in Deutschland. Gesellschaftliches Engagement von Unternehmen. Bilanz und Perspektiven. 2. erw. u. akt. Aufl., Wiesbaden.

Baillod, J. (1992): Fluktuation bei Computerfachleuten. Eine Längsschnittuntersuchung über die Beziehungen zwischen Arbeitssituation und Berufsverläufen. Bern u. w.

Bain, J. S. (1956): Barriers to New Competetion. Cambridge.

Banning, T. E. (1987): Lebensstilorientierte Marketing-Theorie. Heidelberg.

Barnard, C. (1938): The Functions of the Executive. Cambride.

Barrett, J. H. (1978): Individuelle Ziele und Organisationsziele. In: Wöhler, K. (Hrsg.): Organisationsanalyse. Stuttgart, S. 68-82.

Barrick, M. R./Mount, M. K. (1991): The Big Five Personality Dimensions and Job Performance.: A Meta-Analysis. In: Personell Psychology. Nr. 44, S. 1-26.

Barrick, M. R./Mount, M. K./Judge, T. A. (2001): Personality and Performance at the Beginning of the new Millennium. What do we know and where do we go next? In: International Journal of Selection & Assessment. 9. Jg., S. 9-30.

Bartel, R. (2008, Hrsg.): Heteronormativität und Homosexualitäten. Innsbruck.

Barth, M. (1998): Unternehmen im Wertewandel – Zur Bindung der Mitarbeiter durch die Unternehmenskultur. In: Baier, H. & Wiehn, E. R. (Hrsg.): Konstanzer Schriften zur Sozialwissenschaft. Band 44, Konstanz.

Bartscher-Finzer, S./Martin, A. (2003): Psychologischer Vertrag und Sozialisation. In: Martin, A. (Hrsg.): Organizational Behaviour – Verhalten in Organisationen. Stuttgart, S. 53-76.

Bass, B. M. (1985): Leadership and Performance beyond Expectations. New York.

Bass, B. M. (1990): From Transactional to Transformational Leadership. Learning to share the Vision. In: Organizational Dynamics. 18. Jg., Nr. 3, S. 19-31.

Bauer, E. (1976): Marktsegmentierung als Marketing-Strategie. Berlin.

Bauer, E. (1977): Markt-Segmentierung. Stuttgart.

Bauer, H. H./Jensen, S. (2004): Determinanten der Mitarbeiterbindung: Überlegungen zur Verallgemeinerung der Kundenbindungstheorie. In: Homburg, C. (Hrsg.): Perspektiven der marktorientierten Unternehmensführung. Arbeiten aus dem Institut für Marktorientierte Unternehmensführung der Universität Mannheim. Wiesbaden, S. 245-270.

Bauer, J.-H./Göpfert, B/Krieger, S. (2011): Allgemeines Gleichbehandlungsgesetz. Kommentar. 3. Aufl., München, 2011.

Bausch-Weiß, G. (2004): Best-Practise-Personalbindungsstrategien in Non Profit-Organisationen. In: Bröckermann, R./Pepels, W. (Hrsg.): Personalbindung. Wettbewerbsvorteile durch strategisches Human Resource Management. Berlin, S. 323-342.

Beck, U. (1986): Risikogesellschaft. Auf dem Weg in eine andere Moderne. Frankfurt a. M.

Beck, U. (1995): Die „Individualisierungsdebatte". In: Schäfers, B. (Hrsg.): Soziologie in Deutschland. Entwicklung, Institutionalisierung und Berufsfelder. Opladen, S. 185-198.

Beck, U. (2000): Die Seele der Demokratie: Bezahlte Bürgerarbeit. In: U. Beck (Hrsg.): Die Zukunft von Arbeit und Demokratie. Göttingen, S. 416-447.

Becker, F. G. (1985): Anreizsysteme für Führungskräfte im Strategischen Management. 1. Aufl., Bergisch Gladbach u. Köln.

Becker, F. G. (1988): Personalentwicklung im Rahmen einer strategischen Führung. In: Zeitschrift für Personalforschung. 3. Jg., Nr. 2, S. 197-213.

Becker, F. G. (1988a): Die Rolle des Personalmanagements im Rahmen der strategischen Führung. In: Strategische Planung. 4. Jg., S. 45-52.

Becker, F. G. (1990): Anreizsysteme für Führungskräfte. Instrumente zur strategisch-orientierten Steuerung des Managements. 2. überarb. Aufl., Stuttgart.

Becker, F. G. (1993): Explorative Forschung mittels Bezugsrahmen – ein Beitrag zur Methodologie des Entdeckungszusammenhangs. In: Zeitschrift für Personalforschung. Sonderband, München.

Becker, F. G. (1999): Marketingorientierte Ausrichtung der Personalentwicklung in Dienstleistungsunternehmen – am Beispiel von Finanzdienstleister. In: Bruhn, M. (Hrsg.): Internes Marketing: Integration der Kunden- und Mitarbeiterorientierung. 2., überarb. u. erw. Aufl., Wiesbaden, S. 271-292.

Becker, F. G. (2004):Karrieren und Laufbahnen. In: Schreyögg, G./von Werder, A. (Hrsg.): Handwörterbuch Unternehmensführung und Organisation (HWO). 4., völlig neu bearb. Aufl., Stuttgart, Sp. 579-586.

Becker, F. G. (2004a): Total Compensation: Anreize und Belohnungen. In: Süddeutsche Zeitung, Beilage „Personalführung". Mai 2004, S. 3.

Becker, F. G. (2004b): Anleitung zum wissenschaftlichen Arbeiten. 4., durchges. Aufl., Lohmar u. Köln.

Becker, F. G. (2006): Evaluations- und Transferproblematik der Personalentwicklung in der Praxis. In: Betriebswirtschaftliche Blätter. 55. Jg., Nr. 3, S. 169-173.

Becker, F. G. (2006a): Explorative Forschung mittels Bezugsrahmen: Ein Beitrag zur Methodologie In: Oppelland, H.-J. (Hrsg.): Deutschland und seine Zukunft: Innovation und Veränderung in Bildung, Forschung und Wirtschaft. Festschrift zum 75. Geburtstag von Prof. Dr. Dr. h. c. Norbert Szyperski. Lohmar, S. 281-306.

Becker, F. G. (2007): Organisation der Unternehmungsleitung. Stuttgart.

Becker, F. G. (2007a): Personalführung. In: Köhle, R./Küpper, H.-U./Pfingsten, A. (Hrsg.): Handwörterbuch der Betriebswirtschaft. 6., vollst. neu gestalt. Aufl., Stuttgart, Sp. 1363-1371.

Becker, F. G. (2007b): Evaluation und Transfer in der Personalentwicklung: Ressourcen optimal nutzen. In: Weiterbildung – Zeitschrift für Grundlagen, Praxis und Trends. 18. Jg., Nr. 1, S. 30-32.

Becker, F. G. (2008): Variable Vergütung: Keine Lösung ohne Probleme. In: Taschenbuch für den Wohnungswirt 2009. S. 9-23.

Becker, F. G. (2008a): Anreizsysteme. In: Corsten, H./Gössinger, R. (Hrsg.): Lexikon der Betriebswirtschaftslehre. 5., vollst. überarb. u. wesentl. erw. Aufl., München: Oldenbourg, S. 56-61.

Becker, F. G. (2008b): Strategisches Management: Ein Schichtenmodell. In: v. Kortzfleisch; H. F O./ Bohl, O. (Hrsg.): Wissen, Vernetzung, Virtualisierung. Liber amicorum zum 65. Geburtstag von Uni.-Prof. Dr. Udo Winand. Lohmar u. Köln, S. 115-128.

Becker, F. G. (2009): Demografieorientierte (= marktorientierte) Personalarbeit. In: Hünerberg, R./Mann, A. (Hrsg.): Ganzheitliche Unternehmensführung in dynamischen Märkten. Festschrift für Univ.-Prof. Dr. Armin Töpfer. Wiesbaden, S. 327-349.

Becker, F. G. (2009a): Grundlagen betrieblicher Leistungsbeurteilungen: Leistungsverständnis und -prinzip, Beurteilungsproblematik und Verfahrensprobleme. 5., überarb. u. akt. Aufl., Stuttgart.

Becker, F. G. (2010): Mitarbeiterbindung: Ein Einblick in ein schwieriges Objekt und den Status quo der Diskussion. In: Bruhn, M./Stauss, B., (Hrsg.): Serviceorientierung im Unternehmen: Forum Dienstleistungsmanagement 2010. Wiesbaden, 229-252.

Becker, F. G. (2010a): Wie selbständige Arbeit Mitarbeiter bindet. Online im Internet: http://www.haufe.de/personal/newsDetails?newsID=1291882774.05&d_start:int=10&topic=Personalmanagement&topicView=HR-Management&. Zugriff am 13.12.2010.

Becker, F. G. (2011): Strategische Unternehmungsführung: Eine Einführung. 4., neu bearb. Aufl., Berlin.

Becker, F. G. (2011a): Grundlagen der Unternehmungsführung (unter Mitwirkung von Ellena Werning). Berlin.

Becker, F. G. (2011b): Es sind meist immaterielle Faktoren, die eine Bleibemotivation erodieren. Interview zum Thema Talentmanagement. In: Personal & Wirtschaft Westfalen. Nr. 10, S. 13.

Becker, F. G. (2011c): Strategisch-orientierte Personalentwicklung – zwischen Schlagwort und praxisrelevanter Funktion. In: Stock-Homburg, R./ Wolf, B. (Hrsg.): Handbuch Strategisches Personalmanagement. Wiesbaden, S. 223-240.

Becker, F. G./Bobrichtchev, R./Henseler, N. (2004): Ältere Arbeitnehmer: Eine empirische Studie bei den 100 größten deutschen Unternehmen. Diskussionspapier Nr. 526 der Fakultät für Wirtschaftswissenschaften der Universität Bielefeld. Bielefeld.

Becker, F. G./Bobrichtchev, R./Henseler, N. (2006): Ältere Arbeitnehmer und alternde Belegschaften: Eine empirische Studie bei den 100 größten deutschen Unternehmungen. In: Zeitschrift für Management. 1. Jg., Nr. 1, S. 70-89.

Becker, F. G./Brinkkötter, C. (2005): Realistische Rekrutierung. In: Wirtschaftswissenschaftliches Studium. 34. Jg., Nr. 12, S. 662-667.

Becker, F. G./Kramarsch, M. (2006): Leistungs- und erfolgsorientierte Vergütung für Führungskräfte. Göttingen u. w.

Becker, F. G./Reddehase/Meißner, A. (2008): Familienfreundliche Arbeitswelten. Eine empirische Studie in OWL. Diskussionspapier Nr. 574 der Fakultät für Wirtschaftswissenschaften der Universität Bielefeld. Bielefeld.

Becker, F. G./Ruppel, M. (2005): Karrierestau – Ein Problem von Führungskräften wie Organisationen. In: Diskussionspapier Nr. 539 der Fakultät für Wirtschaftswissenschaften der Universität Bielefeld. Bielefeld.

Becker, F. G./Ruppel, M. (2005a): Wenn nichts mehr geht: Karrierestau. In: Personalmagazin. Nr. 9, S. 54-59.

Becker, F. G./Schmalenberger, F./Ostrowski, Y. (2010): Darwiportunismus: Eine empirische Studie. Diskussionspapier Nr. 582 der Fakultät für Wirtschaftswissenschaften der Universität Bielefeld. Bielefeld.

Becker, H. S. (1960): Notes on the Concept of Commitment. In: American Journal of Sociology. 66. Jg., S. 32-40.

Becker, H. S. (1964): Personal Change in Adult Life. In: Sociometry. 27. Jg., S. 40-53.

Becker, J. (2009): Marketing-Konzeption. Grundlagen des ziel-strategischen und operativen Marketing-Managements. 9., akt. u. erg. Aufl., München.

Becker, M. (2006): Wissenschaftstheoretische Grundlagen des Diversity Management. In: Becker, M./Seidel, A. (Hrsg): Diversity Management. Unternehmens- und Personalpolitik der Vielfalt. Stuttgart, S. 5-50.

Becker, M. (2008): Messung und Bewertung von Humanressourcen. Konzepte und Instrumente für die betriebliche Praxis. Stuttgart.

Becker, M. (2010): Grundlagen demografiefester Personalarbeit: Veränderte Kompetenzen von Älteren richtig nutzen. In: Personalführung, 43. Jg., Nr. 6, S. 62-71.

Becker, M./Seidel, A. (2006, Hrsg.): Diversity Management. Unternehmens- und Personalpolitik der Vielfalt. Stuttgart.

Becker, M./Labucay, I./Kownatka, C. (2008): Optimistisch altern. Theoretische Grundlagen und empirische Befunde demografiefester Personalarbeit für altersgemischte Belegschaften. München.

Becker, S./Kienle, A. (2008): Betrieblich gestützte Ferienbetreuung. In: berufundfamilie gGmbH (Hrsg.): Für die Praxis. Eine Initiative der gemeinnützigen Hertie-Stiftung. Frankfurt a. M.

Becker, S./Kienle, A. (2008a): Männer vereinen Beruf und Familie. In: berufundfamilie gGmbH (Hrsg.): Für die Praxis. Eine Initiative der gemeinnützigen Hertie-Stiftung. Frankfurt a. M.

Becker, S./Kienle, A./Ludwig, J./Perrot, L. (2009): Eltern pflegen. In: berufundfamilie gGmbH (Hrsg.): Für die Praxis. Eine Initiative der gemeinnützigen Hertie-Stiftung. 2. Aufl., Frankfurt a. M.

Belinszki, E. (2003): Umgang mit personeller Vielfalt. Ergebnisse einer Untersuchung in Unternehmen und in Non-Profit-Organisationen. In: Belinszki, E./Hansen, K./Müller, U. (Hrsg.): Diversity Management. Best Practices im internationalen Feld. Münster, S. 206-235.

Belinszki, E./Hansen, K./Müller, U. (2003, Hrsg.): Diversity Management. Best Practices im internationalen Feld. Münster.

Bem, D. J. (1996): Exotic becomes erotic: A developmental theory of sexual orientation. In: Psychological Review. 103 Jg., Nr. 2, S. 320-335.

Berg, W. (2007): Herausforderung Demografie. Handlungsempfehlungen für ein zukunftsorientiertes Personalmanagement im Mittelstand. Saarbrücken.

Bergmann, C. (2001): Perspektiven zum freiwilligen Engagement und zum Bürgeramt aus Sicht der Politik. In: Institut für sozialwissenschaftliche Analysen und Beratung (Hrsg.): Die Freiwilligen: Das Sozialkapital des neuen Jahrtausends. Förderpolitische Konsequenzen aus dem Freiwilligensurvey. Köln, S. 11-17.

Berthel, J. (1992): Laufbahn- und Nachfolgeplanung. In: Gaugler, E./Weber, W. (Hrsg.): Handwörterbuch des Personalwesens. 2., neubearb. u. erg. Aufl., Stuttgart 1992, Sp. 1204-1213.

Berthel, J. (1995): Karriere und Karrieremuster von Führungskräften. In: Kieser, A. (Hrsg.): Handwörterbuch der Führung. 2., neugestalt. Aufl., Stuttgart 1995, Sp. 1285-1298.

Berthel, J. (1998): Internationale Karriereplanung für Führungs- und Führungsnachwuchskräfte in multinational tätigen Unternehmen. In: Brühl, R./ Groenewald, H./ Weitkamp, J. (Hrsg.): Betriebswirtschaftliche Ausbildung und internationales Personalmanagement. Wiesbaden, S. 313-333.

Berthel, J. (2002): Personalbindung und -entwicklung: Neuer Aufgabenkomplex des Human-Resource-Managements in wissensintensiven Unternehmen. In: Bleicher, K. (Hrsg.): Auf dem Weg in die Wissensgesellschaft. Veränderte Strukturen, Kulturen und Strategien. Frankfurt a. M., S. 308-320.

Berthel, J./Becker, F. G. (2010): Personalmanagement. Grundzüge für Konzeptionen betrieblicher Personalarbeit. 9., vollst. überarb. Aufl., Stuttgart.

Bertrand, M. H. (2004): Best- Practice-Personalbindungsstrategien in Großunternehmen. In: Bröckermann, R./Pepels, W. (Hrsg.): Personalbindung. Wettbewerbsvorteile durch strategisches Human Resource Management. Berlin, S. 265-286.

Bieling, G. (2011): Age Inclusion: Erfolgsauswirkungen des Umgangs mit Mitarbeitern unterschiedlicher Altersgruppen in Unternehmen. Wiesbaden.

Bieling, G. (2011a): Age Diversity Management. In: Stock-Homburg, R./Wolff, B. (Hrsg.): Handbuch Strategisches Personalmanagement. Wiesbaden, S. 441-462.

Bihl, G. (1995): Werteorientierte Personalarbeit. Strategie und Umsetzung in einem eurem Automobilwerk. München.

Birg, H. (2005): Die demographische Zeitenwende. Der Bevölkerungsrückgang in Deutschland und Europa. 4. Aufl., München.

Bischoff, S. (2011): Wer führt in (die) Zukunft. Männern und Frauen in Führungspositionen der Wirtschaft in Deutschland – die 5. Studie. Bielefeld.

Bischoff-Köhler, D. (1992): Geschlechtstypische Besonderheiten im Konkurrenzverhalten: Evolutionäre Grundlagen und entwicklungspsychologische Fakten. In: Krell, G./Osterloh, M. (Hrsg.): Personalpolitik aus Sicht der Frauen – Frauen aus Sicht der Personalpolitik. Was kann die Personalforschung von der Frauenforschung lernen? München und Mering, S. 251-300.

Blake, R. R./Mouton, J. S. (1968): Verhaltenspsychologie im Betrieb. Düsseldorf u. Wien.

Bleicher, K. (1979): Unternehmungsentwicklung und organisatorische Gestaltung. Stuttgart u. New York.

Bleicher, K. (1992): Leitbilder. Orientierungsrahmen für eine integrative Management-Philosophie. Stuttgart.

Böcker, J./Ziemen, W./Butt, K. (2004): Marktsegmentierung in der Praxis. Der Kunde im Fokus. Göttingen.

Böhler, H. (1977): Methoden und Modelle der Marktsegmentierung. Stuttgart.

Bolino, M. C./Turnley, W. H. (2003): Going the Extra Mile. Cultivating and Managing Employee Citizenship Behavior in Organizations. In: Academy of Management Executive. 17. Jg., Nr. 3, S. 60-73.

Bonacker, T. (2002): Vergemeinschaftung durch Individualisierung? Zum Gehalt der Individualisierungsthese. In: Soziologische Revue. 25. Jg., Nr. 2, S. 159-170.

Borkenau, P./Ostendorf, F. (2008): NEO-Fünf-Faktoren Inventar nach Costa und McCrae (NEO-FFI). Manual. 2. Aufl., Göttingen, Hogrefe.

Börner, S./Maier, W./Schramm, F. (1996): Fluktuationsneigung trotz Unterbeschäftigung? Eine empirische Analyse zur Fluktuation in den 90er Jahren. Diskussionspapier Nr. 14/1996 der Technischen Universität Berlin.

Bortz, J./Döring, N. (2006): Forschungsmethoden und Evaluation. Für Human- und Sozialwissenschaftler. 4., überarb. Aufl., Heidelberg.

Brandenburg, U./Domschke, J.-P. (2007): Die Zukunft sieht alt aus. Herausforderungen des demografischen Wandels für das Personalmanagement. Wiesbaden.

Brauner, C./Wacha, J. (2001): Kraftquellen der Mitarbeiterbindung. In: Schwuchow, K./Gutman, J. (Hrsg.): Jahrbuch Personalentwicklung und Weiterbildung. Neuwied, S. 208-213.

Brauweiler, J. (2010): Retention Management: Rekrutierung und Mitarbeiterbindung im Kontext des demografischen Wandels. In: Preißing, D. (Hrsg.): Erfolgreiches Personalmanagement im demografischen Wandel. München, S. 77-105.

Breaugh, J. A. (1983): Realistic Job Previews: A Critical Appraisal and Future Research Directions. The Academy of Management Review. 8. Jg., Nr. 4, S. 612–619.

Brief, A. P./Motowidlo, S. J. (1986): Prosocial Organizational Behaviors. In: The Academy of Management Review. 11. Jg., Nr. 4, S. 710-725.

Bröckermann, R. (2004): Fesselnde Unternehmen – gefesselte Beschäftigte. In: Bröckermann, R./Pepels, W. (Hrsg.): Personalbindung. Wettbewerbsvorteile durch strategisches Human Resource Management. Berlin, S. 15-32.

Bröckermann, R./Pepels, W. (2002, Hrsg.): Personalmarketing. Akquisition – Bindung – Freistellung. Stuttgart.

Bröckermann, R./Pepels, W. (2004, Hrsg.): Personalbindung. Wettbewerbsvorteile durch strategisches Human Resource Management. Berlin.

Bruch, H./Böhm, S./Kunze, F. (2010): Generationen erfolgreich führen. Konzepte und Praxiserfahrungen zum Management des demographischen Wandels. Wiesbaden.

Bruhn, M. (1999): Internes Marketing als Forschungsgebiet der Marketingwissenschaft. Eine Einführung in die theoretischen und praktischen Probleme. In: Bruhn, M. (Hrsg.): Internes Marketing: Integration der Kunden- und Mitarbeiterorientierung. 2., überarb. u. erw. Aufl., Wiesbaden, S. 15-44.

Bruhn, M. (1999, Hrsg.): Internes Marketing: Integration der Kunden- und Mitarbeiterorientierung. 2., überarb. u. erw. Aufl., Wiesbaden.

Bruggemann, A./Groskurth, P./Ulich, E. (1975): Arbeitszufriedenheit. Bern.

Bruns, J. (2007): Identifizierung und Messbarkeit von Marktsegmenten. In: Pepels, W. (Hrsg.): Marktsegmentierung. Erfolgsnischen finden und besetzen. 2., überarb. Aufl., Düsseldorf, S. 41-74.

Buchanan, B. (1974): Buildung Organizational Commitment: The Socialization of Managers in Work Organizations. In: Adminstrative Science Quarterly. 19. Jg., S. 533-546.

Büdenbender, U. (1994): Personalpolitik in und für Zeiten der Rezession. In: Personal. 46. Jg., Nr. 1, S. 4-7.

Bühner, R. (2005): Personalmanagement. 3., überarb. u. erw. Aufl., München.

Bundesministerium des Inneren (2011): Migrationsbericht des Bundesamtes für Migration und Flüchtlinge im Auftrag der Bundesregierung (Migrationsbericht 2009). Berlin.

Burkhart, B./Schwaab, M.-O. (2004): Best-Practice-Personalbindungsstrategien in Dienstleistungsunternehmen. In: Bröckermann, R./Pepels, W. (Hrsg.): Personalbindung. Wettbewerbsvorteile durch strategisches Human Resource Management. Berlin, S. 399-415.

Butler, T./Waldroop, J. (1999): Job Sculpting: The Art of Retaining Your Best People. In: Harvard Business Review. 77. Jg., Nr. 5, S. 144-152.

Butler, T./Waldroop, J. (2000): Wie Unternehmen ihre besten Leute an sich binden. In: Harvard Business Manager. 22. Jg., Nr. 2, S. 70-78.

C

CapGemini (2011): HR-Barometer 2011. Bedeutung, Strategien, Trends in der Personalarbeit – Schwerpunkt: Organisationsdesign und -entwicklung. Online im Internet: http://www.de.capgemini.com/insights/publikationen/hr-barometer-2011/ Zugriff am 08.12.2011.

Cattell, R. B. (1943): The description of Personality. Foundations of Trait Measurement. In: Psychological Review. 50. Jg., S. 559-594.

Chalupa, M. (2007): Motivation und Bindung von Mitarbeitern im Darwiportunismus. Motivations- und Bindungsstrategien für Mitarbeiter in einer darwinistischen Arbeitswelt: Eine empirische Überprüfung der DWP-Thesen. München und Mering.

Cherns, A. (1976): The Principles of Organizational Design. In: Human Relations. 29. Jg., S. 783-792.

China, R. (2006): Wettbewerbsfaktor emotionale Bindung. In: Personalwirtschaft. Nr. 7., S. 30-33.

Chmielewicz, K. (1979): Forschungskonzeptionen der Wirtschaftswissenschaft. 2., überarb. u. erw. Aufl., Stuttgart.

Coleman, V. I./Borman, W. C. (2000): Investigating the underlying Structure of the Citizenship Performance Domain. In: Human Resource Management Review. 10. Jg. Nr. 1, S. 25-44.

Conger, J. A./Kanungo, R. N. (1998). Charismatic Leadership in Organizations. Thousand Oaks.

Conradi, W. (1983): Personalentwicklung. Stuttgart.

Conrad, P. (1988): Involvement-Forschung. Berlin.

Corsten, H. (1988): Zielbildung als interaktiver Prozess. In: Das Wirtschaftsstudium. 19. Jg., Nr. 6, S. 337-343.

Costa, P. T./McCrae, R. R. (1985): The NEO Personality Inventory Manual. Odessa.

Costa, P. T./McCrae, R. R. (1992): NEO PI-R. Professional manual. Odessa.

Cotton, J. L./Tuttle, J. M. (1986): Employee Turnover. A Meta-Analysis and Review with Implications for Research. In: Academy of Management Review. 11. Jg., Nr. 1, S. 55-70.

Cox, T. (1991): The Multicultural Organization. In: Academy of Management Executive. 5. Jg., Nr. 2, S. 34-47.

Cox, T. (1993): Cultural Diversity in Organizations. Theory, Research & Practice. San Francisco.

Cox, T. (2001): Creating the Multicultural Organization. A Strategy for Capturing the Power of Diversity. San Francisco.

Cummings, T. G./Huse, E. F. (1989): Organization Development and Change. 4. Aufl., St. Paul u. w.

Cyert, R. M./March, J. G. (1963): A Behavioral Theory of the Firm. Englewood Cliffs.

D

Davis, F. D. (1989): Perceived Usefulness, Perceived Ease of Use, and User Acceptance of Information Technology. In: Management Information Systems Quarterly. 13. Jg., Nr. 3, S. 319-340.

Deci, E. L./Ryan, R. M. (1985). Intrinsic Motivation and Self-determination in Human Behavior. New York.

Deci, E. L./Ryan, R. M. (1993): Die Selbstbestimmungstheorie der Motivation und ihre Bedeutung für die Pädagogik. In: Zeitschrift für Pädagogik. 39. Jg., Nr. 2, S. 223-238.

Decker, R./Bornemeyer, C. (2009): Marktsegmentierung auf Basis von individuellen Nutzenmessungen. In: Baier, D./Brusch, M. (Hrsg.): Conjointanalyse. Methoden, Anwendungen, Praxisbeispiele. Berlin u. Heidelberg, S. 199-213.

Decker, R./Wagner, R. (2002): Marketingforschung. Modelle und Methoden zur Bestimmung des Käuferverhaltens. München.

Deller, J./Diederichs, Y./Hausmann, E./Kern, S. (2008): Personalmanagement im demografischen Wandel. Ein Handbuch für den Veränderungsprozess. Berlin u. Heidelberg.

Denison, E. (2009): Siegt der Weitblick? Die Krise und der Kampf um Talente. München.

DGfP (2004, Hrsg.): Retentionmanagement. Die richtigen Mitarbeiter binden. Bielefeld.

Dichtl, E. (1974): Die Marktsegmentierung als Voraussetzung differenzierter Marktbearbeitung. In: Wirtschaftswissenschaftliches Studium. 3. Jg., Nr. 2, S. 92-102.

Dickmann, N. (2005): Grundlagen der demographischen Entwicklung. In: Institut der deutschen Wirtschaft Köln (Hrsg.): Perspektive 2050. Ökonomik des demographischen Wandels. 2., akt. Aufl., Köln, S. 11-34.

Digh, P. (1998): Coming to Terms with Diversity. In: HRMagazine. 43 Jg., Nr. 12, S. 117-120.

DIHK (2007): Kluge Köpfe – vergeblich gesucht. Fachkräftemangel in der deutschen Wirtschaft. Online im Internet: http://www.dihk.de/themenfelder/wirtschaftspolitik/arbeitsmarktsoziales/arbeitsmarkt/umfragen-und-prognosen/kluge-koepfe-vergeblich-gesucht. Zugriff am 07.12.2011.

Dilger, A./Gerlach, I./Schneider, H. (2006): Ergebnisse der Befragung „Betriebswirtschaftliche Effekte familienbewusster Maßnahmen“. Thesenpapier des Forschungszentrums „Familienbewusste Personalpolitik“ des Westfälischen Wilhelms-Universität Münster. Münster.

Döhl, V./Kratzer, N./Sauer, D. (2000): Krise der NormalArbeit(s)Politik. Entgrenzung der Arbeit – neue Anforderungen an Arbeitspolitik. In: WSI Mitteilungen. 53. Jg., Nr. 1, S. 5-16.

Domsch, M. E. (2005): Auslandseinsatz von weiblichen Fach- und Führungskräften. Präsentation eines Fallbeispiels. In: Krell, G. (Hrsg.): Betriebswirtschaftslehre und Gender Studies. Analysen aus Organisation, Personal, Marketing und Controlling. Wiesbaden, S. 205-228.

Domsch, M. E./Krüger-Basener, M. (2003): Personalplanung und -entwicklung für Dual Career Couples (DCCs). In: von Rosenstiel, L./Regent, E./Domsch, M. E. (Hrsg.): Führung von Mitarbeitern. 5. überarb. Aufl., Stuttgart, S. 561-572.

Domsch, M. E./Hadler, A./Krüger, D. (1994): Personalmanagement & Chancengleichheit. Betriebliche Maßnahmen zur Verbesserung beruflicher Chancen von Frauen in Hamburg. München und Mering.

Domsch, M. E./Ladwig, A. (2000): Doppelkarrierepaare und neue Karrierekonzepte: Eine theoretische und empirische Ausschnittsuntersuchung. In: Peters, S./Bensel, N. (Hrsg.): Frauen und Männer im Management. Diversity in Diskurs und Praxis. Wiesbaden, S. 141-159.

Donat, M. (1991): Selbstbeurteilung. In: Schuler, H. (Hrsg.): Beurteilung und Förderung beruflicher Leistung. Stuttgart, S. 135-143.

Drieseberg, T. J. (1995): Lebensstil-Forschung – Theoretische Grundlagen und praktische Anwendungen. Heidelberg.

Drucker, P. F. (1967): Die ideale Führungskraft. Düsseldorf u. Wien.

Drumm, H.-J. (1989): Vom Einheitskonzept zur Individualisierung: Neue Entwicklungen in der Personalwirtschaft. In: Drumm, H.-J. (Hrsg.): Individualisierung der Personalwirtschaft. Grundlagen, Lösungsansätze und Grenzen. Stuttgart, S. 1-14.

Drumm, H.-J. (1989, Hrsg.): Individualisierung der Personalwirtschaft. Grundlagen, Lösungsansätze und Grenzen. Stuttgart.

Drumm, H. J. (2008): Personalwirtschaftslehre. 6., überarb. Aufl., Berlin u. w.

Duden (2007): Duden – Deutsches Universalwörterbuch. Das umfassende Bedeutungswörterbuch der deutschen Gegenwartssprache. 6., überarb. Aufl., Mannheim u. w. Online im Internet: https://13410.lip.e-content.duden-business.com/lip-suche//lip_article/felix/31205. Zugriff am 05.12.2011.

Duden (2007a): Duden – Deutsches Universalwörterbuch. Das umfassende Bedeutungswörterbuch der deutschen Gegenwartssprache. 6., überarb. Auflage. Mannheim u. w. Online im Internet: https://13410.lip.e-content.duden-business.com/lip-suche//lip_article /fx/31761. Zugriff am 05.12.2011.

Dycke, A./ Schulte, C. (1986): Cafeteria-Systeme. Ziele, Gestaltungsformen, Beispiele und Aspekte der Implementierung. In: Die Betriebswirtschaft. 46. Jg., Nr. 5, S. 577-589.

E

Einsiedler, H. E./Rau, S./Rosenstiel, L. von (1987): Karrieremotivation bei Führungskräften. In: Die Betriebswirtschaft. 47, Jg., Nr. 2, S. 177-183.

Eisenberger, R./Fasolo, P./Davis-LaMastro, V. (1990): Perceived Organizational Support and Employee Diligence, Commitment and Innovation. In: Journal of Applied Psychology. 75. Jg., Nr. 1, S. 51-59.

Elbe, M. (1997): Betriebliche Sozialisation. Grundlagen der Gestaltung personaler und organisatorischer Anpassungsprozesse. Sinzheim.

Elke, G./Wottawa, H. (2004): Persönlichkeits- und differentialpsychologische Grundlagen. In: Schuler, H. (Hrsg.): Organisationspsychologie – Grundlagen und Personalpsychologie. Göttingen u. w.

Ely, R. J./Thomas, D. A. (2001): Cultural Diversity at Work: The Effects of Diversity Perspectives on Work Group Processes and Outcomes. In: Administrative Science Quarterly. 46. Jg., Nr. 1, S. 229-273.

Emery, F. E./Thorsud, E. (1976): Democracy at Work. Leiden.

Emery, F. E./Thorsud, E. (1982): Industrielle Demokratie. In: Ulich, E. (Hrsg.): Schriften zur Arbeitspsychologie, Band 25, Bern.

Engelbrech, G./Jungkunst, M. (2001): Erziehungsurlaub – Hilfe zur Wiedereingliederung oder Karrierehemmnis? In: Institut für Arbeitsmarkt- und Berufsforschung (IAB) Kurzbericht. Nr. 11, S. 1-5.

Erpenbeck, J./Heyse, V. (2007): Die Kompetenzbiographie. Wege der Kompetenzentwicklung. Münster u. w.

Erpenbeck, J./von Rosenstiel, L. (2003): Einführung. In: Erpenbeck, J./von Rosenstiel, L. (Hrsg.): Handbuch Kompetenzmessung. Erkennen, verstehen und bewerten von Kompetenzen in der betrieblichen, pädagogischen und psychologischen Praxis. Stuttgart, S. IX-XI.

Etzioni, A. (1975): A comparative Analysis of Complex Organizations. New York.

Eyer, E. (1995): Entgelt und Entgeltsysteme: Aufbau, Philosophie, Tendenzen. In: Hromadka, W. (Hrsg.): Die Mitarbeitervergütung. Entgeltsysteme der Zukunft. Stuttgart, S. 1-24.

Eyseneck, H. J. (1992): For ways that Five Factors are not basic. In Personality and Individual Differences. 13. Jg., 667–673.

F

Faber, C./Kowol, U. (2003): „Frauen und Männer müssen gleich sein!“ – „Gleich den Männern oder gleich den Frauen?“ Fallstudien zur betrieblichen Chancengleichheit und modernen Personalpolitik in kleinen und mittleren Unternehmen. München und Mering.

Fahrmeir, L./Künstler, R./Pigeot, I./Tutz, G. (2010): Statistik. Der Weg zur Datenanalyse. 7., neu bearb. Aufl, Heidelberg u. w.

Fallgatter, M. J. (1996): Beurteilung von Lower Management-Leistung. Konzeptualisierung eines zielorientierten Verfahrens. Lohmar u. Köln.

Fasbender, C. E. (2008): Die Auswirkungen des demographischen Wandels auf die betriebliche Personalarbeit. Saarbrücken.

Faust, M./Jauch, P./Notz, P. (2000): Befreit und entwurzelt: Führungskräfte auf dem Weg zum „internen Unternehmer“. München u. Mering.

Fayol, H. (1916): Administration Industrielle et Générale. 1. Aufl., Paris.

Feile, G. B. (1981): Personalpolitik für ältere Arbeitnehmer bei technisch-organisatorischem Wandel. München.

Felfe, J. (2005): Charisma, transformationale Führung und Commitment. Köln.

Felfe, J. (2006): Transformationale und charismatische Führung: Stand der Forschung und aktuelle Entwicklungen. In: Zeitschrift für Personalpsychologie. 5. Jahrgang, Nr. 4, S. 163-176.

Felfe, J. (2008): Mitarbeiterbindung. Göttingen u. w.

Felfe, J. (2009): Mitarbeiterführung. Göttingen u. w.

Felfe, J./Six, B. (2005): Die Relation von Arbeitszufriedenheit und Commitment. In: Fischer, L. (Hrsg.): Arbeitszufriedenheit. 2. Aufl., Göttingen, S. 243-272.

Felfe, J./Schmook, R./Six, B./Wieland, R. (2005): Commitment gegenüber Verleiher und Entleiher bei Zeitarbeiten. Bedingungen und Konsequenzen. In: Zeitschrift für Personalpsychologie. 4. Jg., Nr. 3, S. 101-115.

Finke, M. (2005): Diversity Management. Förderung und Nutzung personeller Vielfalt in Unternehmen. München und Mering.

Fischer, L./Wiswede, G. (1997): Grundlagen der Sozialpsychologie. 2., überarb. u. erw. Aufl., München u. Wien.

Flato, E./Reinbold-Scheible, S. (2008): Zukunftsweisendes Personalmanagement. Herausforderung demografischer Wandel. München.

Fliaster, A. (2000): Humanbasierte Innovationsidentität als Managementherausforderung. Interdisziplinäres Erklärungsmodell des japanischen Wissensmanagements. Frankfurt a. M. u. w.

Frank, R. E./Massy, W. F./Wind, Y. (1972): Market Segmentation. Englewood Cliffs.

Franke, G. (1982): Individualisierung und Differenzierung in der Berufsausbildung. Ansätze, Probleme, Perspektiven. Berlin.

Frerichs, F. (2007): Weiterbildung und Personalentwicklung 40plus. Eine praxisorientierte Strukturanalyse. In: Länge, T. W./Menke, B. (Hrsg.): Generation 40plus. Demografischer Wandel und Anforderungen an die Arbeitswelt. Bielefeld, S. 67-104.

Frese, E. (1975): Koordination. In: Grochla, E./Wittmann, W. (Hrsg.): Handwörterbuch der Betriebswirtschaft. 4., neu gestalt. Aufl., Stuttgart, Sp. 2263-2273.

Freter, H. (1983): Marktsegmentierung. 1. Aufl., Stuttgart u. w.

Freter, H. (2008): Markt- und Kundensegmentierung. Kundenorientierte Markterfassung und -bearbeitung. 2., vollst. neu bearb. u. erw. Aufl., Stuttgart.

Frey, B. S./Osterloh, M. (2002, Hrsg.): Managing Motivation. Wie Sie die neue Motivationsforschung für Ihr Unternehmen nutzen können. Wiesbaden.

Freyermuth, G. (2002): Arbeiten im Alter. Der neue Unruhestand. In: Personalführung. Nr. 6, S. 40-60.

Friedli, V./Thom, N. (2001): Personalerhaltung. Ein Element des nachhaltigen Personalmanagements. Arbeitsbericht Nr. 53 des Instituts für Organisation und Personal der Universität Bern.

Friedrichs, J. (1998): „Im Flugsand der Individualisierung“? In: Friedrichs, J. (Hrsg.): Die Individualisierungs-These. Opladen, S. 7-12.

Fritsch, S. (1993): Differentielle Personalpolitik. In: Personal. 45. Jg., Nr. 7, S. 302-304.

Fritsch, S. (1994): Differentielle Personalpolitik. Eignung zielgruppenspezifischer Weiterbildung für ältere Arbeitnehmer.

Fritsch, S. (1996): Aktivierung des Potentials älterer Mitarbeiter. In: Personal. 48. Jg., Nr. 3, S. 130-132.

Frohnen, A. (2005): Diversity in Action. Multinationalität in globalen Unternehmen am Beispiel Ford. Bielefeld.

Fuller, J. B./Morrison, R./Jones, L./Bridger, D./Brown, V. (1999). The Effects of Psychological Empowerment on Transformational Leadership and Job Satisfaction. In: The Journal of Social Psychology, 139, Jg., Nr.3, S. 389-391.

G

Gallup (2011): Gallup Engagement Index. Online im Internet: http://eu.gallup.com/Berlin/118645/Gallup-Engagement-Index.aspx. Zugriff am 08.12.2011.

Gauger, J. (2000): Commitment-Management in Unternehmen – Am Beispiel des mittleren Managements. Wiesbaden.

Gaugler, E. (1987): Information als Führungsaufgabe. In: Kieser, A./Reber. G./Wunderer, R. (Hrsg.): Handwörterbuch der Führung. Stuttgart, Sp. 1127-1137.

Gebert, D. (2004): Durch Diversity zu mehr Teaminnovativität? In: Die Betriebswirtschaft. 64. Jg., Nr. 4, S. 412-430.

Geissler, B./Oechsle, M. (1994): Lebensplanung als Konstruktion. Biographische Dilemmata und Lebenslauf-Entwürfe junger Frauen. In: Beck, U./Beck-Gernsheim, E. (Hrsg.): Riskante Freiheiten. Individualisierung in modernen Gesellschaften. Frankfurt a. M., S. 139-167.

Genzwürker, S. (2006): Organizational Commitment in Umbruchsituationen – ein ressourcenorientierter Ansatz. Lübeck und Marburg.

Gerdes, J. (2008): Kundenbindung durch Dialogmarketing. In: Bruhn, M./Homburg, C. (2008): Handbuch Kundenbindungsmanagement. Strategien und Instrumente für ein erfolgreiches CRM. 6., überarb. u. erw. Aufl., Wiesbaden, S. 445-463.

Gerlach, I./Schneider, H. (2008): Betriebswirtschaftliche Effekte einer familienbewussten Personalpolitik. Ergebnisse einer repräsentativen Unternehmensbefragung. Factsheet des Forschungszentrums „Familienbewusste Personalpolitik“ der Westfälischen Wilhelms-Universität Münster. Münster.

Gertz, W. (2004): Mitarbeiterbindung. Talente halten – Loyalität erhöhen – Fluktuation verringern. Düsseldorf.

Gmür, M./Thommen, J. P. (2006): Human Resource Management. Strategien und Instrumente für Führungskräfte und das Personalmanagement in 13 Bausteinen. 2. überarb. u. erw. Aufl., Zürich.

Göbel, E. (2003): Der Mensch – ein Produktionsfaktor mit Würde. In: Zeitschrift für Wirtschafts- und Unternehmensethik. 4. Jg., Nr. 2, S. 170-192.

Gonschorrek, U. (2004): Das Service-Center im Personalbindungsmanagement. In: Bröckermann, R./Pepels, W. (Hrsg.): Personalbindung. Wettbewerbsvorteile durch strategisches Human Resource Management. Berlin, S. 197-224.

Gould, S./Webel, J. D. (1983): Work Involvement: A Comparison of Dual Wage and Single Wage earner Families. In: Journal of applied Psychology. 68. Jg., S. 313-319.

Gouldner, A. W. (1958): Cosmopolitans and Locals: Towards an Analysis of Latent Social Roles. In: Administrative Science Quarterly. 2. Jg., S. 444–480.

Grawert, A. (1995): Implementation flexibler und individueller Arbeitszeiten. In: Wagner, D. (Hrsg.): Arbeitszeitmodelle. Flexibilisierung und Individualisierung. Göttingen, S. 15-31.

Green, S. M. (2004): Individualisierung und Wissensarbeit. Individualisierungsprozesse in Unternehmen und ihre Auswirkungen am Beispiel der Personalorganisation. Wiesbaden.

Greife, W. (1990): Der Beitrag des Qualifikationslohns zur Flexibilität industrieller Arbeit. Alternativen zur anforderungsorientierten Entlohnung in modernen Produktionsprozessen. Frankfurt a. M. u. w.

Grieger, J./Ortlieb, R./Pantelmann, H./Sieben, B. (2010): Strategische Bindung der Ressourcen von Fach- und Führungskräften. Beurteilung und Umsetzung in Unternehmen. In: Zeitschrift für Personalforschung. 24. Jg., Nr. 4, S. 338-362.

Grochla, E. (1975): Organisationstheorie. In: Grochla, E./Wittmann, W. (Hrsg.): Handwörterbuch der Betriebswirtschaft. 4., neu gestalt. Aufl., Stuttgart, Sp. 2895-2920.

Grochla, E. (1978): Einführung in die Organisationstheorie. Stuttgart.

Grochla, E. (1982): Grundlagen der organisatorischen Gestaltung. Stuttgart.

Grumbach, J./Stein, B./Weddige, F. (2005): Alternde Belegschaften im demografischen Wandel. Ein Thema für Interessenvertretungen. Oberhausen.

Grunwald, C. (2001): Personalerhaltung im oberen Management. Strategien und Maßnahmen zur Vermeidung ungewollter Fluktuation. Wiesbaden.

Günther, S. (2001): Evaluation von Personalentwicklung on-the-job. Konzeptionelle Grundlagen einer integrativen Gestaltung. Lohmar u. Köln.

Günther, T. (2010): Die demografische Entwicklung und ihre Konsequenzen für das Personalmanagement. In: Preißing, D. (Hrsg.): Erfolgsreiches Personalmanagement im demografischen Wandel. München, S. 1-39.

H

Haase, D. (1997): Organisationsstruktur und Mitarbeiterbindung. Eine empirische Analyse in Kreditinstituten. Bonn.

Habisch, A. (2003): Corporate Citizenship. Gesellschaftliches Engagement von Unternehmen in Deutschland. Berlin u. w.

Habisch, A./Wildner, M./Wenzel, F. (2008): Corporate Citizenship (CC) als Bestandteil der Unternehmensstrategie. In: Habisch, A./Schmidpeter, R./Neureiter, M. (2008): Handbuch Corporate Citizenship. Corporate Social Responsibility für Manager. Berlin u. Heidelberg.

Hackman, J. R./Lawler, E. E. (1971): Employee Reactions to Job Characteristics. In: Journal of Applied Psychology. 55. Jg., Nr. 3, S. 259-286.

Hackman, J. R./Oldham, G. (1976): Motivation through the Design of Work: Test of a Theory. In: Organizational Behaviour and Human Performance. 60. Jg., S. 250-279.

Hackham, J. R./Oldham, G. R. (1980): Work Redesign. Menlo Park.

Hadler, A. (1996): Weibliche Führungskräfte. In: Hummel, T. R./Wagner, D. (Hrsg.): Differentielles Personalmarketing. Stuttgart, S. 159-186.

Haeberlin, F. (2003): Ältere Mitarbeiter im Betrieb. In: von Rosenstiel, L./Regnet, E./Domsch, M. (Hrsg.): Führung von Mitarbeitern. Stuttgart, S. 593-626.

Hafen, M. (2009): Mythologie der Gesundheit. Zur Integration von Salutogenese und Pathogenese. 2. Aufl., Heidelberg.

Hagman, D. (2001): „Keine Frage des Geldes". In: Forum. Nr. 1, S. 59-61.

Halwachs, I. (2010): Frauenerwerbstätigkeit in Geschlechterregimen. Großbritannien, Frankreich und Schweden im Vergleich. Wiesbaden.

Hamel, W. (1989): Individualisierung – neue Herausforderung der Personalwirtschaft? In: Drumm, H.-J. (Hrsg.): Individualisierung der Personalwirtschaft. Grundlagen, Lösungsansätze und Grenzen. Stuttgart, S. 59-68.

Hannay, M./Northam, M. (2000): Low-Cost Strategies for Employee Retention. In Compensation & Benefits Review. 32. Jg., Nr. 4, S. 65-72.

Hansen, K. (2003): „Diversity" – ein Fremdwort in deutschen Arbeits- und Bildungsorganisationen? In: Belinszki, E./Hansen, K./Müller, U. (Hrsg.): Diversity Management. Best Practices im internationalen Feld. Münster, S. 155-204.

Hartmann, J./Klesse, C./Wagenknecht, P./ Fritzsche, B./Hackmann, K. (2007, Hrsg.): Heteronormativität. Empirische Studien zu Geschlecht, Sexualität und Macht. Wiesbaden.

Haselgruber, J./Brück, C. (2008): Vergütung und Anerkennung von Mitarbeitern. Strategic Rewards als Teil des Employer Branding. In: Personalführung. Nr. 5, S. 34-41.

Hauschildt, J./Chakrabarti, A. K. (1988): Arbeitsteilung im Innovationsmanagement - Forschungsergebnisse, Kriterien und Modelle. In: Zeitschrift für Organisation. 57. Jg., S. 378-388.

Hauschildt, J./Salomo, S. (2011): Innovationsmanagement. 5., überarb., erg. u. akt. Aufl., München.

Hauser, F./Mahkfi, J. (2004): Wenn Mitarbeiter gerne für ihr Unternehmen arbeiten... In: Personalwirtschaft. 31. Jg., Nr. 4, S. 29-31.

Hay Group (2001): The Retention Dilemma. Why Productive Workers Leave – Seven Suggestions for Keeping Them. Online im Internet: http://www.haygroup.com/downloads/my/Retention_Dilemma.pdf. Zugriff am 03.12.2011.

Heckhausen, H. (1989): Motivation und Handeln. 2. völlig überarb. u. erg.Aufl., Berlin u. w.

Heidemann, F. (2011): Ethnologie. Eine Einführung. Göttingen.

Heinen, E. (1987): Unternehmenskultur. Perspektiven für Wissenschaft und Praxis. München u. Wien.

Heinze, R./ Naegele, G./ Schneiders, K. (2011): Wirtschaftliche Potentiale des Alters. Stuttgart.

Heinze, R./Strünck, C. (2000): Die Verzinsung des sozialen Kapitals. Freiwilliges Engagement im Strukturwandel. In: U. Beck (Hrsg.): Die Zukunft von Arbeit und Demokratie. Göttingen, S. 171-216.

Heitze, U. (2011): Zweiter Frühling. In: WirtschaftsWoche Global. Nr. 1, S. 66-68.

Helmreich, R. (1980): Was ist Akzeptanzforschung? In: Elektronische Rechenanlagen mit Computer-Praxis. 22. Jg., Nr. 1, S. 21-24.

Hennig, J. (2005): Neurotizismus. In: Weber, H./Rammsayer, T. (Hrsg.): Handbuch der Persönlichkeitspsychologie und Differentiellen Psychologie. Göttingen u. w., S. 251-256.

Hentze, J./Graf, A (2005): Personalwirtschaftslehre 2. Personalerhaltung und Leistungsstimulation, Personalfreistellung und Personalinformationswirtschaft. 7., überarb. Aufl., Bern u. w.

Hentze, J./Kammel, A. (1993): Personalcontrolling. Eine Einführung in Grundlagen, Aufgabenstellungen Instrumente und Organisation des Controlling in der Personalwirtschaft. Bern u. w.

Hentze, J./Kammel, A. (2001): Personalwirtschaftslehre 1. 7. überarb. Aufl., Bern u. w.

Herbert, W. (1991): Wertewandel und Anreizattraktivität. In: Schanz, G. (Hrsg.): Handbuch Anreizsysteme in Wirtschaft und Verwaltung. Stuttgart, S. 53-69.

Herbert, W. (1991a): Wandel und Konstanz von Wertstrukturen. Speyerer Forschungsbericht 101 des Forschungsinstituts für öffentliche Verwaltung bei der Hochschule für Verwaltungswissenschaften Speyer. Speyer.

Herbertz, C. (2011): Die Balance finden. In: Personalmagazin, Nr. 11, S. 14-16.

Herlitz, A./Nilsson, L. G./Bäckman, L. (1997): Gender differences in episodic memory. In: Memory and Cognition. 25. Jg., S. 801-811.

Herrmann, T. (1973): Persönlichkeitsmerkmale. Stuttgart.

Hersey, P./Blanchard, K. H. (1969): Management of Organizational Behavior: Utilizing Human Resources. New Jersey.

Hertig, P. (1996): Personalentwicklung und Personalerhaltung in der Unternehmungskrise. Effektivität und Effizienz ausgewählter personalwirtschaftlicher Maßnahmen des Krisenmanagements. Bern u. w.

Herzberg, F. T. (1966): Work and the Nature of Man. Cleveland.

Hewitt (2007): Humankapital. Mitarbeiterbindung lohnt sich. In: Personalmagazin. Nr. 3, S. 32.

Hilbig, W. (1984): Akzeptanzforschung neuer Bürotechnologien. In: Office-Management. Nr. 4, S. 320-323.

Himmelmann, G. (1993): Die drei unheiligen Schwestern des Individualismus. In Frankfurter Rundschau (vom 15.02.1993), S. 12.

Hippner, H. (2006): CRM – Grundlagen, Ziele und Konzepte. In: Hippner, H./Wilde, K. D. (Hrsg.): Grundlagen des CRM: Konzepte und Gestaltung. 2., überarb. u. erw. Aufl., Wiesbaden, S. 16-44.

Hirschfeld, K. (2006): Retention und Fluktuation: Mitarbeiterbindung – Mitarbeiterverlust. Berlin.

Hofstede, G. (2001): Culture´s Consequences: Comparing Values, Behaviour, Institutions and Organizations across Nation. Thousand Oaks.

Hohlbaum, A./ Olesch, G. (2006): Human Resources – Modernes Personalwesen. 2. Aufl. 2006, Rinteln.

Holland, J. L. (1996): Exploring Careers with a Typology. In: American Psychologist. 51. Jg., S. 397-406.

Holtrup, A. (2008): Individualisierung der Arbeitsbeziehungen? Ansprüche von Beschäftigten an Arbeit und Interessenvertretung. München u. Mering.

Hölzgen, S. (2011): Mitarbeiterentwicklung im demografischen Wandel. In: Jahrbuch Personalentwicklung: Ausbildung, Weiterbildung, Management Development, 2011, Band 20, S. 289-294.

Homburg, C. (2001, Hrsg.): Kundenzufriedenheit. Konzepte – Methoden – Erfahrungen. 4. Aufl., Wiesbaden.

Homburg, C./Bruhn, M. (2008): Kundenbindungsmanagement. Eine Einführung in die theoretischen und praktischen Problemstellungen. In: Bruhn, M./Homburg, C. (Hrsg.): Handbuch Kundenbindungsmanagement. Strategien und Instrumente für ein erfolgreiches CRM. 6., überarb. u. erw. Aufl., Wiesbaden, S. 3-37.

Homburg, C./Krohmer, H. (2009): Marketingmanagement. 3., überarb. u. erw. Aufl., Wiesbaden.

Honneth, A. (2002): Organisierte Selbstverwirklichung. Paradoxien der Individualisierung. In: Honneth, A. (Hrsg.): Befreiung aus der Mündigkeit. Paradoxien des gegenwärtigen Kapitalismuses. Frankfurt a. M. u. New York., S. 141-158.

Hornberger, S. (2002): Die neuzeitliche Perspektive der Individualisierung und die Herausforderungen für die Personalforschung. In: Zeitschrift für Personalforschung. 16. Jg., Nr. 1, S. 545-599.

Hornberger, S. (2006): Individualisierung in der Arbeitswelt aus arbeitswissenschaftlicher Sicht. Frankfurt a. M. u. w.

Hornberger, S. (2006a): Individualisierung als ermöglichte und verordnete Selbstorganisation und ihre Anforderungen an die arbeitswissenschaftliche Analyse, Bewertung und Gestaltung von Arbeitsbedingungen. In: Zeitschrift für Arbeitswissenschaften. 60. Jg., Nr. 2, S. 85-95.

Hornberger, S. (2009): Individualisierung. In: Scholz, C. (Hrsg.): Vahles Großes Personallexikon. München, S. 486-491.

Horváth, P. (2009): Controlling. 11., vollst. überarb. Aufl., München.

Horváth, P./Herter, R. N. (1992): Benchmarking. Vergleich mit den Besten der Besten. In: Controlling. 4. Jg., Nr. 1, S. 4-11.

Hossiep, R./Paschen, M. (2003): Das Bochumer Inventar zur berufsbezogenen Persönlichkeitsbeschreibung. 2., vollst. überarb. Aufl, Göttingen.

Hossiep, R./Paschen, M./Mühlhaus, O. (2000, Hrsg.): Persönlichkeitstests im Personalmanagement. Göttingen.

Huch, B./Behme, W./Ohlendorf, W. (2004): Rechnungswesenorientiertes Controlling. Ein Leitfaden für Studium und Praxis. 4., vollst. überarb. u. erw. Aufl., Heidelberg.

Huinink, J./Wagner, M. (1998): Individualisierung und Pluralisierung der Lebensformen. In: Friedrichs, J. (Hrsg.): Die Individualisierungs-These. Opladen, S. 85-106.

Hummel, T./Wagner, D. (1996, Hrsg.): Differentielles Personalmarketing. Stuttgart.

Hungenberg, H. (1999): Anreizsysteme für Führungskräfte. Theoretische Grundlagen und praktische Ausgestaltungsmöglichkeiten. In: Hahn, D./ Taylor, B. (Hrsg.): Strategische Unternehmungsplanung – strategische Unternehmungsführung. Stand und Entwicklungstendenzen. 8., akt. Aufl., Heidelberg 1999, S. 720-735.

Hunziger, A./Biele, G. (2002): Retention-Management. Wie Unternehmen Mitarbeiter binden können. In: Wirtschaftspsychologie. 47. Jg., Nr. 2, S. 47-52.

I

IFAK (2007): IFAK-Arbeitskräfte-Barometer. Online im Internet: http://www.ifak.com/de/news/ifak-arbeitsklima-barometer-2007-geringe-mitarbeiterbindung-kostet-deutsche-unter-nehmen-milli.html. Zugriff am 29.11.2011.

IGS (2005): Online-Umfrage: „Väter zwischen Karriere und Familie." Ergebnisse der Umfrage. Online im Internet: http://www.igs-beratung.de/service/studien/. Zugriff am 03.12.2011.

IGS (2006): Online-Umfrage: „Beruf und Pflege von Angehörigen." Ergebnisse der Umfrage. Online im Internet: http://www.igs-beratung.de/service/studien/. Zugriff am 03.12.2011.

IGS (2007): Ergebnisse der Studie „Profit und Familienfreundlichkeit.“ Führungskräftebefragung zur Familienfreundlichkeit von Unternehmen. Online im Internet: http://www.igs-beratung.de/service/studien/. Zugriff am 03.12.2011.

IGS (2008): „Anforderungen von Vätern an einen familienfeindlichen Arbeitgeber.“ Ergebnisse der Online-Befragung. Online im Internet: http://www.igs-beratung.de/service/studien/. Zugriff am 03.12.2011.

Inglehart, R. (1977): The silent Revolution. Princeton.

Inglehart, R. (1980): Zusammenhang zwischen sozioökonomischen Bedingungen und individuellen Wertprioritäten. In: Kölner Zeitschrift für Soziologie und Sozialpsychologie. 32. Jg., Nr. 1, S. 144-152.

Institut der deutschen Wirtschaft (2011): Deutschland in Zahlen. Ausgabe 2011. Köln.

ISR (2002): Mitarbeiterbindung, Engagement und Leistungsorientierung in Europa. Merkmale, Ursachen, Konsequenzen. Eine Studie von International Survey Research. Online im Internet: http://www.dgfp.de/wissen/personalwissen-direkt/dokument/65556/herunterladen. Zugriff am 08.12.2011.

J

Jablonski, H. W. (2006): Die Organisation des Diversity Management: Aufgaben eines Diversity-Managers. In: Becker, M./Seidel, A. (Hrsg): Diversity Management. Unternehmens- und Personalpolitik der Vielfalt. Stuttgart, S. 192-206.

Jansen, S. A./Huchler, A. (2005): Die demographie-sensitive Organisation. Eine Studie der betriebswirtschaftlichen Konsequenzen des demographischen Wandels für die Bereiche „Personal“, „Forschung & Entwicklung“, „Vertrieb“. In: Jansen, S. A./Priddat, B. P./Stehr, N. (Hrsg.): Demographie. Bewegungen einer Gesellschaft im Ruhestand. Wiesbaden, S. 51-110.

Jensen, S. (2004): Determinanten der Mitarbeiterbindung. In: Wirtschaftswissenschaftliches Studium. 33. Jg., Nr. 4, S. 233-236.

Jochmann, W. (2006): Retention – Management – Die Leistungsträger der Unternehmung binden. In Riekhof, H. (Hrsg.): Strategien der Personalentwicklung. 6. überarb. Aufl., Wiesbaden, S. 173-191.

Jones, G. R. (1986): Socialization Tactics, Self-Efficacy, and Newcomers' Adjustments to Organizations. In: Academy of Management Journal. 29. Jg., Nr. 2, S. 262-279.

Jöreskog, K. G./Sörbom, D. (1989). LISREL 7. A guide to the program and application. Chicago.

Jost, P.-J. (2008): Organisation und Motivation. Eine ökonomisch-psychologische Einführung. 2., akt. u. überarb. Aufl., Wiesbaden.

Judge, T. A./Ilies, R. (2002): Relationship of Personality to Performance Motivation: A Meta-Analytic Review. In: Journal of Applied Psychology. 87. Jg., Nr. 4, S. 797-807.

Jungbluth, R. (2008): Ausgerechnet Siemens. In: Die Zeit. Nr. 50, S. 23-24.

Junge, M. (2002): Individualisierung. Frankfurt a. M. u. New York.

K

Kahler, T. (1992): Six Basic Personality Types.

Kahler, T. (2008): Process Therapy Model. Die sechs Persönlichkeitstypen und ihre Anpassungsformen. Weilheim.

Kaiser, A. (1978): Die Identifikation von Marktsegmenten. Berlin.

Kaplan, R. S./Norton, D. P. (1997): Balanced Scorecard. Strategien erfolgreich umsetzen. Stuttgart.

Kark, R./Shamir, B./Chen, G. (2003). The two faces of transformational leadership: Empowerment and Dependency. In: Journal of Applied Psychology. 88. Jg., Nr. 2, S. 246-255.

Karst, W./Heyser, L. (2011): Neues Zeitmodell für Trumpf-Mitarbeiter. Arbeiten, wie es einem passt. Online im Internet: http://www.swr.de/contra/-/id=7612/nid=7612/did=8065710/ 1er7spv/index.html. Zugriff am 08.12.2011.

Karst, K./Segler, T./Gruber, K. F. (2000): Unternehmensstrategien erfolgreich umsetzen durch Commitment Management. Berlin u. w.

Katz, D. (1964): The Motivational Basis of Organizational Behaviour. In: Behavioral Science, 9. Jg., Nr. 2, S. 131-146.

Kaufmann, F.-X. (2005): Schrumpfende Gesellschaft. Vom Bevölkerungsrückgang und seinen Folgen. Frankfurt a. M.

Kearney, E./Gebert, D. (2009): Managing Diversity and Enhancing Team Outcomes: The Promise of Transformational Leadership. In: Journal of Applied Psychology. 94 Jg., Nr. 1, S. 77-89.

Kels, P. (2009): Arbeitsvermögen und Berufsbiografie. Karriereentwicklung im Spannungsfeld zwischen Flexibilisierung und Subjektivierung. Wiesbaden.

Kersting, M. (2005): Arbeits- und Organisationspsychologie. In: Weber, H./Rammsayer, T. (Hrsg.): Handbuch der Persönlichkeitspsychologie und Differentiellen Psychologie. Göttingen u. w., S. 535-545.

Kick, T. (1992): Individuelles Lebensarbeitszeitmanagement. Frankfurt a. M. u. w.

Kick, T. (1997): Total Compensation (TC). Ein attraktives und zukunftsorientiertes Vergütungssystem zum Ausbau der Wettbewerbsfähigkeit von Banken im Arbeitsmarkt. In: Personalführung. 30. Jg., Nr. 4, S. 308-313.

Kick, T./Scherm, E. (1993): Individualisierung in der Personalentwicklung. In: Zeitschrift für Personalforschung. Nr. 1, S. 35-49.

Kienbaum (2001): Die Kienbaum Retention-Studie 2001. Gummersbach.

Kienzle, W. (2000): Früherkennung im Beschaffungsmarketing. Köln.

Kieser, A. (1973): Einflussgrößen der Unternehmungsorganisation. Der Stand der empirischen Forschung und Ergebnisse einer eigenen Forschung. Köln.

Kieser, A. (1995): Anleitung zum kritischen Umgang mit Organisationstheorien. In: Kieser, A. (Hrsg.): Organisationstheorien. 2. Aufl., Stuttgart u. w., S. 1-30.

Kidron, A. (1978): Work Values and Organizational Commitment. In: Academy of Management Journal. 21. Jg., Nr. 2, S. 239-247.

Kiesler, C. A. (1971): The Psychology of Commitment. New York.

Kippele, F. (1998): Was heißt Individualisierung? Die Antworten soziologischer Klassiker. Opladen u. Wiesbaden.

Kirkpatrick, D. L. (1996): Evaluating Training Programs: The Four Levels. San Francisco.

Kirsch, W. (1977): Die Betriebswirtschaftslehre als Führungslehre. Erkenntnisperspektive, Aussagensysteme, wissenschaftlicher Standort. München.

Kirsch, W. (1990): Unternehmenspolitik und strategische Unternehmensführung. München.

Klages, H. (1985): Werteorientierungen im Wandel. 2. Aufl., Frankfurt a. M. u. New York.

Klages, H. (1992): Die gegenwärtige Situation der Wert- und Wertwandelforschung – Probleme und Perspektiven. In: Klages, H./Hippler, H-J./Herbert, W. (Hrsg.): Werte und Wandel. Ergebnisse und Methoden einer Forschungstradition. Frankfurt a. M., S. 5-39.

Klages, H. (2000): Engagement und Engagementpotential in Deutschland. In: U. Beck (Hrsg.): Die Zukunft von Arbeit und Demokratie. Göttingen, S. 151-170.

Klages, H./Hippler, G. (1991): Mitarbeitermotivation als Modernisierungsperspektive. Ergebnisse eines Forschungsprojekts über „Führung und Arbeitsmotivation in der öffentlichen Verwaltung“. Gütersloh.

Klages, H./Franz, G./Herbert, W. (1985): Wertewandel in der Jugend. Neue Herausforderungen für die Unternehmensführung. In: Personal – Mensch und Arbeit. 37. Jg., Nr. 2, S. 50-52.

Klimecki, R./Gmür, M. (2005): Personalmanagement. Strategien, Erfolgsbeiträge, Entwicklungsperspektiven. 3. erw. Aufl., Stuttgart.

Kluge, S. (1999): Empirisch begründete Typenbildung. Zur Konstruktion von Typen und Typologien in der qualitativen Sozialforschung. Opladen.

Kluger, A. N./DeNisi, A. (1996): The Effects of Feedback Interventions on Performance: A historical Review, a Meta-Analysis, and a Preliminary Feedback Intervention Theory. In: Psychological Bulletin. 119. Jg., Nr. 2, S. 254-284.

Knapp, G.-A. (2011): Gleichheit, Differenz, Dekonstruktion und Intersektionalität: Vom Nutzen theoretischer Ansätze der Frauen- und Geschlechterforschung für die gleichstellungspolitische Praxis: In: Krell, G./Ortlieb, R./Sieben, B. (Hrsg.): Chancengleichheit durch Personalpolitik. Gleichstellung von Frauen und Männern in Unternehmen und Verwaltungen. Rechtliche Regelungen – Problemanalysen – Lösungen. 6., vollst. überarb. u. erw. Aufl., Wiesbaden; S. 71-83.

Knoblauch, R. (2004): Motivation und Honorierung der Mitarbeiter als Personalbindungsinstrumente. In: Bröckermann, R./Pepels, W. (Hrsg.): Personalbindung. Wettbewerbsvorteile durch strategisches Human Resource Management. Berlin, S. 101-130.

Kobi, J.-M. (1999): Personalrisikomanagement. Eine neue Dimension im Human Resources Management: Strategien zur Steigerung des People Value. Wiesbaden.

Kobi, J.-M. (2000): Management des Personalrisikos. In: Personalwirtschaft. Nr. 6, S. 31-37.

Kolb, M. (1992): Flexibilisierung und Individualisierung als neue personalwirtschaftliche Gestaltungsprinzipien. In: Zeitschrift für Personalforschung. 7. Jg., Nr. 1, S. 37-47.

Kollmann, T. (1998): Akzeptanz innovativer Nutzungsgüter und -systeme. Konsequenzen für die Einführung von Telekommunikations- und Multimediasystemen. Wiesbaden.

Kollmar, A./Niemeier, D. (1994): Der Weg zum richtigen Benchmarking-Partner. Unter den besten wählen. In: Gablers Magazin. Nr. 5, S. 31-35.

Konradt, U./Schmook, R. (1999): Telearbeit – Belastungen und Beanspruchungen im Längsschnitt. In: Zeitschrift für Arbeits- und Organisationspsychologie. 43. Jg., Nr. 3., S. 142-150.

Kosiol, E. (1962): Organisation der Unternehmung. Wiesbaden.

Kosiol, E. (1966): Die Unternehmung als wirtschaftliches Aktionszentrum. Einführung in die Betriebswirtschaftslehre. Reinbek.

Koslowsky, M./Locke, G. (1989): Turnover and Aggregate Organisational Performance. In: Applied Psychology: An International Review. 38. Jg., S. 121-129.

Kotler, P. (1982): Marketing-Management. Analyse, Planung und Kontrolle. Stuttgart.

Kotler, P./Bliemel, F. (2001): Marketing Management. Analyse, Planung und Verwirklichung. 10., überarb. u. akt. Aufl., Stuttgart.

Kötter, P. M./Hunziger, A./Dasch, P. (2002): Strategien gegen den Fachkräftemangel. Band 2: Betriebliche Optionen und Beispiele. Gütersloh.

Krafft, M. (2007): Kundenbindung und Kundenwert. 2., überarb. u. erw. Aufl., Heidelberg.

Kraif, U./Konopka, A./Thyen, O. (2010): Duden. Das Fremdwörterbuch. Mannheim u. Zürich.

Kräkel, M. (2004): Arbeitsproduktivität. In: Gaugler, E./Oechsler, W. A./Weber, W. (Hrsg.): Handwörterbuch des Personalwesens. 3. Aufl., Stuttgart, Sp. 339-347.

Kramarsch, M. (2004): Aktienbasierte Managementvergütung. 2., überarb. u. erw. Aufl., Stuttgart.

Kramer, M. (2010): Vergütungspolitik unter den Vorzeichen des demografischen Wandels. In: Happe, G. (Hrsg.): Demografischer Wandel in der unternehmerischen Praxis. Mit Best-practice-Berichten. 2., überarb. u. erw. Aufl., Wiesbaden, S. 35-46.

Krell, G. (1992): Wie wünschenswert ist eine nach Geschlecht differenzierende Personalpolitik? In: Krell, G./Osterloh, M. (Hrsg.): Personalpolitik aus Sicht der Frauen – Frauen aus Sicht der Personalpolitik. Was kann die Personalforschung von der Frauenforschung lernen? München und Mering, S. 49-60.

Krell, G. (1999): Managing Diversity: Chancengleichheit als Erfolgsfaktor. In: Personalwirtschaft. Nr. 4, S. 24-25.

Krell, G. (2000): Managing-Diversity: Optionen für (mehr) Frauen in Führungspositionen. In: Peters, S./Bensel, N. (Hrsg.): Frauen und Männer im Management. Diversity in Diskurs und Praxis. Wiesbaden, S. 105-122.

Krell, G. (2005): Betriebswirtschaftslehre und Gender Studies. Eine Einführung zu Geschichte und Gegenwart. In: Krell, G. (Hrsg.): Betriebswirtschaftslehre und Gender Studies. Analysen aus Organisation, Personal, Marketing und Controlling. Wiesbaden, S. 1-38.

Krell, G. (2005, Hrsg.): Betriebswirtschaftslehre und Gender Studies. Analysen aus Organisation, Personal, Marketing und Controlling. Wiesbaden.

Krell, G./Ortlieb, R./Sieben, B. (2011, Hrsg.): Chancengleichheit durch Personalpolitik. Gleichstellung von Frauen und Männern in Unternehmen und Verwaltungen. Rechtliche Regelungen – Problemanalysen – Lösungen. 6., vollst. überarb. u. erw. Aufl., Wiesbaden.

Krenz-Maes, A. (1998): Innere Kündigung – ein unterschätztes Phänomen in vielen Unternehmen. In: Personalführung. 31. Jg., Heft 5, S. 48-53.

Krieg, R. C. (2003): Realisierung von Telearbeit. Erfolgsfaktoren und Gestaltung der Organisationsstruktur. Wiesbaden.

Krob, N. (2008): Cafeteria-Systeme. Perspektiven für eine wissenschaftliche Betrachtung. Berlin.

Kroeber-Riel, W./Weinberg, P./Gröppel-Klein, A. (2009): Konsumentenverhalten. 9., überarb., akt. u. erg. Aufl., München.

Kropp, W. (2004): Entscheidungsorientiertes Personalrisikomanagement. In: Bröckermann, R./Pepels, W. (Hrsg.): Personalbindung. Wettbewerbsvorteile durch strategisches Human Resource Management. Berlin, S. 131-166.

Krulis-Randa, J. S. (1990): Einführung in die Unternehmenskultur. In: Lattmann, C. (Hrsg.): Die Unternehmenskultur. Heidelberg, S. 1-20.

Kruse, A. (2008): Zusammenfassung und Einordnung der Beiträge. In: Kruse, A. (Hrsg.): Weiterbildung in der zweiten Lebenshälfte. Multidisziplinäre Antworten auf Herausforderungen des demografischen Wandels. Bielefeld, S. 9-20.

Kubicek, H. (1975): Empirische Organisationsforschung. Konzeption und Methodik. Stuttgart.

Küpper, H.-U. (1991): Personalcontrolling aus der Sicht des Controllers - Entwicklungschancen? In: Ackermann, K.-F./Scholz, H. (Hrsg.): Personalmanagement für die 90er Jahre. Stuttgart, S. 223-247.

Kupsch, P. U./Marr, R. (1991): Personalwirtschaft. In: Heinen, E. (Hrsg.): Industriebetriebslehre. Entscheidungen im Industriebetrieb. 9., vollst. neu bearb. u. erw. Aufl., Wiesbaden, S. 729-896.

Kuth, C. (2008): „Subtile Elemente sind effektiv". In: Personalmagazin. Nr. 5, S. 20-21.

L

Labucay, I. (2006): Diversity Management – Eine Analyse aus Sicht der systemtheoretischen und der postmodernen Organisationsforschung. In: Becker, M./Seidel, A. (Hrsg): Diversity Management. Unternehmens- und Personalpolitik der Vielfalt. Stuttgart, S. 76-105.

Lampert, H./Schüle, U. (1988): Alternativen eines gleitenden und flexiblen Übergangs in den Ruhestand. In: Schmähl, W. (Hrsg.): Verkürzung oder Verlängerung der Erwerbsphase? Zur Gestaltung des Übergangs vom Erwerbsleben in den Ruhestand in der Bundesrepublik Deutschland. Tübingen, S. 161-175.

Langen, H. (2008): Auswirkungen des Allgemeinen Gleichbehandlungsgesetzes (AGG) auf das Personalmanagement: Eine explorative Untersuchung im Rahmen eines Studienprojekts. In: Diskussionspapier Nr. 572 der Fakultät für Wirtschaftswissenschaften der Universität Bielefeld. Bielefeld.

Langhoff, T. (2009): Den demographischen Wandel im Unternehmen erfolgreich gestalten. Eine Zwischenbilanz aus arbeitswissenschaftlicher Sicht. Berlin.

Laske, S./Weiskopf, R. (1996): Personalauswahl – Was wird denn da gespielt? Ein Plädoyer für einen Perspektivenwechsel. In Zeitschrift für Personalforschung. 10. Jg., Nr. 4, S. 295-330.

Lawler, E. E. (1973): Motivation in Work Organizations. Belmont.

Leavitt, H. J. (1964): Applied Organization Chance in Industry: Structural, Technical and Human Approaches. In: Cooper, W. W./Leavitt, H. J./ Shelly Il, M. W. (Hrsg.): New Perspectives in Organization Research. New York u. w., S. 55-71.

Lehmann, H. (1992): Organisationstheorie, systemtheoretisch-kybernetisch orientierte. In: Freese, E. (Hrsg.): Handwörterbuch der Organisation. 3. Aufl., Stuttgart, Sp. 1582-1602.

Lehr, U./Wilbers, J. (1992): Arbeitnehmer, ältere. In: Gaugler, E./Weber, W. (Hrsg.): Handwörterbuch der Personalwesens. 2. neu baerb. u. erg. Aufl., Stuttgart, Sp. 203-212.

Lemmer, R. (2011): Randgruppen im Fokus. In: WirtschaftsWoche Global. Nr. 1, S. 60-66.

Levinson, H./Price, C. R./Munden, K. J./Mandl, H. J./Solley, C. M. (1962): Men, Management, and Mental Health. Cambridge (Massachusetts).

Lewin, K. (1958): Group Decision and Social Change. In: Maccoby, E. E./Newcomb, T. M./Hartley, E. L. (Hrsg.): Readings in Social Psychology. 3. Aufl., New York, S. 197-211.

Lewin, K. (1963): Feldtheorie in den Sozialwissenschaften. Ausgewählte theoretische Schriften. Bern u. Stuttgart.

Liebig, S./Sauer, C./Schupp, J. (2011): Die wahrgenommene Gerechtigkeit des eigenen Erwerbseinkommens: Geschlechtstypische Muster und die Bedeutung des Haushaltskontextes. In: Kölner Zeitschrift für Soziologie und Sozialpsychologie. 63. Jg., Nr. 1, S. 33–59.

Liebig, S./Valet,P./Schupp, J. (2010): Wahrgenommene Einkommensgerechtigkeit konjunkturabhängig. In: DIW Wochenbericht. Nr. 27-28, S. 11-16.

Littmann-Wernli, S./Schubert, R. (2001): Frauen und Führungspositionen – Ist die „gläserne Decke“ diskriminierend? In: Arbeit. 10. Jg., Nr. 2, S. 135-148.

Locke, E. A./Latham, G. P. (1990): A Theory of Goal Setting & Task Performance. New Jersey.

Locke, E. A./Latham, G. P. (1990a): Work Motivation: The High Performance Cycle. In: Kleinbeck, U./Quast, H.-H./Thierry, H./Häcker, H. (Hrsg.): Work Motivation. New Jersey, S. 3-26.

Loffing, D./Loffing, C. (2010): Mitarbeiterbindung ist lernbar. Praxiswissen für Führungskräfte in Gesundheitsberufen. Berlin u. w.

Lok, P./Westwood, R./Carwford, J. (2005): Perceptions of Organisational Subculture and their Significance for Orgnisational Commitment. In: Applied Psychology: An International Review. 54. Jg., S. 490-514.

Lorson, H. N. (1996): Mikropolitik und Leistungsbeurteilung. Diskussion mikropolitischer Aspekte am Beispiel merkmalsorientierter Einstufungsverfahren. Lohmar u. Köln.

Luczak, H. (1998): Arbeitswissenschaft. 2. vollst. überarb. Aufl., Berlin/Heidelberg.

M

Maas, J. (1999): Identität und Stigma-Management von homosexuellen Führungskräften. Wiesbaden.

Macharzina, K./Wolf, J. (2010): Unternehmensführung. Das internationale Managementwissen. 7., vollst. überarb. u. erw. Aufl., Wiesbaden.

Mag, W. (1989): Besondere Mitarbeitergruppen in der betrieblichen Personalplanung. In: Zeitschrift für Personalforschung. 3. Jg., Nr. 2., S. 123-138.

Maintz, G. (2005): Wege der Prävention zum Erhalt der Beschäftigungsfähigkeit. In: Loebe, H./Severing, E. (Hrsg.):Wettbewerbsfähig mit alternden Belegschaften. Bielefeld, S. 127-132.

Mann, A. (2009): Kundenrückgewinnung und Dialogmarketing. In: Link, J./Seidel, F. (Hrsg.): Kundenabwanderung. Früherkennung, Prävention, Kundenrückgewinnung. Wiesbaden, S. 163-184.

Manning, S./Wolf, H. (2005): Bindung von Arbeit und Arbeitskraft. Eine theoretische Perspektive auf Grenzen der Entgrenzung. In: Mayer-Ahuja, N./Wolf, H. (Hrsg.): Entfesselte Arbeit – neue Bindung. Grenzen der Entgrenzung in der Medien- und Kulturindustrie. Berlin, S. 25-60.

Marburger, G. (2004): Best-Practise-Personalbindungsstrategien im Klein- und Mittelstand. In: Bröckermann, R./Pepels, W. (Hrsg.): Personalbindung. Wettbewerbsvorteile durch strategisches Human Resource Management. Berlin, S. 287-322.

March, J. G./Simon, H. A. (1958): Organizations. New York.

Marquardt, T./Metzdorf, M. (2011): Ein weltweiter Neustart. In: Personalmagazin. Nr. 11, S. 17-19.

Marr, R. (1987, Hrsg.): Arbeitszeitmanagement. Grundlagen und Perspektiven der Gestaltung flexibler Arbeitszeitsysteme. Berlin.

Marr, R. (1989): Überlegungen zu einem Konzept einer „Differentiellen Betriebswirtschaftslehre". In: Drumm, H.-J. (Hrsg.): Individualisierung der Personalwirtschaft. Grundlagen, Lösungsansätze und Grenzen. Stuttgart, S. 37-48.

Marr, R. (1989a): Mitarbeiterorientierte Unternehmenskultur. Herausforderung für das Personalmanagement der 90er Jahre. Berlin.

Marr, R./Friedel-Howe, H. (1989): Perspektiven der Entwicklung einer Differentiellen Personalwirtschaft für den Entscheidungsorientierten Ansatz. In: Kirsch, W./Picot, A. (Hrsg.): Die Betriebswirtschaftslehre im Spannungsfeld zwischen Generalisierung und Spezialisierung. Wiesbaden, S. 323-336.

Marr, M./Stitzel, M. (1979): Personalwirtschaft. Ein konfliktorientierter Ansatz. München.

Maslow, A. H. (1943): A Theory of Human Motivation. In: Psychological Review. 50. Jg., S. 370-376.

Maslow, A. H. (1954): Motivation and Personality. 1. Aufl., New York.

Mason, E. S. (1939): Economic Concentration and the Monopoly Problem. Cambridge.

Mathieu, J. E./Zajac, D. M. (1990): A Review and Meta-Aanalysis of the Antecedents, Correlates, and Consequences of Organizational Commitment. In: Psychological Bulletin. 180 Jg., S. 171-194.

Matiaske, W./Weller, I. (2003): Extra-Rollenverhalten. In: Martin, A. (Hrsg.): Organizational Behaviour – Verhalten in Organisationen. Stuttgart, S. 95-114.

McClelland, D. C. (1951): Personality. New York.

McGregor, D. (1960): The Human Side of Enterprise. New York.

Meffert, H./Burmann, C./Kirchgeorg, M. (2008): Marketing: Grundlagen marktorientierter Unternehmensführung. 10., vollst. überarb. u. erw. Aufl., Wiesbaden.

Meifert, M. T. (2005): Mitarbeiterbindung. Eine empirische Analyse betrieblicher Weiterbildner in deutschen Großunternehmen. München und Mering.

Meifert, M. (2008): Etappe 7. Retentionmanagement. In: Meifert, M. (Hrsg.): Strategische Personalentwicklung. Ein Programm in acht Etappen. Berlin u. w. , S. 267-290.

Meifert, M. (2008a): Ungewollte Fluktuation bekämpfen. In. Personalmagazin. Nr. 5, S. 16-18.

Meißner, A. (2012): Lerntransfer in der betrieblichen Weiterbildung: Theoretische und empirische Exploration der Lerntransferdeterminanten im Rahmen des Training off-the-job. In Druck.

Meißner, A./ Becker, F. G. (2007): Competition for talents. In: Wirtschaftswissenschaftliches Studium, 36 (2007), S. 394-399.

Meirich, A. (2005): Mitarbeiterbindung statt hohe Fluktuationskosten. In: HR Today. Nr. 3, S. 36-37.

Mentzel, W. (2005): Personalentwicklung – erfolgreich motivieren, fördern und weiterbilden. 2. überarb. u. erw. Aufl., München.

Merk, J. (2007): Strategisches Personalbindungsmanagement im Krankenhaus. Theoretisch und empirisch gestützte Gestaltungsempfehlungen zur Verringerung der Fluktuation kompetenter Mitarbeiter. Mannheim.

Meyer, J. P./Allen, N. J. (1991): A Three-Component Conceptualization of Organizational Commitment. In: Human Resource Management Review. 1. Jg., Nr. 1, S. 61-89.

Meyer, J. P./Stanley, D. J./Herscovitch, L./Topolnytsky, L. (2002): Affective, Continuance, and Normative Commitment to the Organization: A Meta-Analysis of Antecedents, Correlates, and Consequences. In: Journal of Vocational Behaviour. 61. Jg., Nr. 1, S. 20-52.

Michaelis, E./Handfield-Jones, H./Axelrod, B. (2006): The War for Talent. Boston.

Mields, J. (2009): Entgrenzungserleben und Entgrenzung von Arbeit. Das neue Verhältnis zwischen Mensch und Organisation aus sozialpsychologischer Sicht. Hamburg.

Miller, D./Friesen, P. H. (1984): Organizations. A Quantum View. Englewood Cliffs.

Mischel, W. (1972): Direct versus indirect Personality Assessment: Evidence and Implications. In: Journal of Consulting and Clinical Psychology. 38. Jg., Nr. 3, S. 319-324.

Mobley, W. H. (1982): Employee Turnover: Causes, Consequences, and Control. Reading.

Mohneck, B. (1998): Wandel des Verhaltens von Frauen und Männern in Führungspositionen. Ökonomische Analyse empirischer Daten und eigener Befragungsergebnisse. Mainz.

Moldaschl, M. (1998): Internalisierung des Marktes. Neue Unternehmensstrategien und qualifizierte Angestellte. In: Institut für sozialwissenschaftliche Forschung (Hrsg.): Jahrbuch sozialwissenschaftliche Technikberichterstattung 1997. Schwerpunkt: Moderne Dienstleistungswelten. Berlin, S. 197-250.

Mölders, H.-W. (1993): Cafeteria-Systeme: Rechtliche Gestaltungsmöglichkeiten und Objektivierung der Arbeitnehmerwahlrechte bei der Individualisierung von Entgeltbestandteilen. Hagen 1993.

Monster (2001): Studie Monster & Universum: BMW ist beliebtester Arbeitgeber Deutschlands. Männer legen mehr Wert aufs Gehalt, Frauen auf das Arbeitsklima. Online im Internet: http://presse.monster.de/258_de_p1.asp. Zugriff am 07.12.2011.

Morick, H. (2002): Differentielle Personalwirtschaft. Theoretisches Fundament und praktische Konsequenzen. München.

Morschhäuser, M./Ochs, P./Huber, A. (2008): Demographiebewusstes Personalmanagement. Strategien und Beispiele für die betriebliche Praxis. Gütersloh.

Moser, K. (1996): Commitment in Organisationen. Bern u. w.

Moser, R./Saxer, A. (2008): Retention Management für High Potentials. Konzeptionelle Grundlagen – Empirische Ergebnisse – Gestaltungsempfehlungen. Saarbrücken.

Moser, R./Thom, N. (2008): Wie Unternehmen Talente nachhaltig binden können. In: Industrielle Organisation (io) New Management. 77. Jg., Nr. 6, S. 20-33.

Mowday, R. T./Porter, L. W./Steers, R. M. (1982): Employee-Organization Linkages. The Psychology of Commitment, Absenteeism, and Turnover. New York u. w.

Muchinsky, P. M./Tuttle, M. L. (1979): Employee Turnover: An Empirical and Methodological Assessment. In: Journal of Vocational Behavior. 14. Jg., S. 43-77.

Müller, G. F./Crott, H. W. (1978): Gerechtigkeit in sozialen Beziehungen: Die Equity-Theorie. In: Frey, D. (Hrsg.): Kognitive Theorien der Sozialpsychologie. Bern u. w., S. 218-241.

Müller, S. (1999): Integration von Kunden- und Mitarbeiterorientierung. In: Bruhn, M. (Hrsg.): Internes Marketing: Integration der Kunden- und Mitarbeiterorientierung. 2., überarb. u. erw. Aufl., Wiesbaden, S. 331-364.

Müller-Vorbrüggen, M. (2004): Personalbindung in dynamischen Unternehmen. In: Personalwirtschaft. Nr. 1, S. 39-42.

Müller-Vorbrüggen, M. (2004a): Best Practise – Personalbindungsstrategien in internationalen Unternehmen. In: Bröckermann, R./Pepels, W. (Hrsg.): Personalbindung. Wettbewerbsvorteile durch strategisches Human Resource Management. Berlin, S. 343-364.

Myers-Briggs, I./Briggs, K. C. (1962): The Myer-Briggs Type Indicator (Manual). Palo Alto.

N

Nagel, A. (2005): Was Mitarbeiter bindet. In: Personal: Zeitschrift für Human Resource Management, Nr. 4, S. 24-27.

Nell, W. (2006): Diversity Management vor migrationsgesellschaftlichem Hintergrund. In: Becker, M./Seidel, A. (Hrsg): Diversity Management. Unternehmens- und Personalpolitik der Vielfalt. Stuttgart, S. 278-295.

Nerdinger, F. W./von Rosenstiel, L. (1999): Die Relevanz des Wertewandels für die Gestaltung eines personalorientierten Marketingmanagements. In: Bruhn, M. (Hrsg.): Internes Marketing: Integration der Kunden- und Mitarbeiterorientierung. 2., überarb. u. erw. Aufl., Wiesbaden, S. 315-330.

Nerdinger, F. W. (2001): Motivierung. In: Schuler, H. (Hrsg.): Lehrbuch der Personalpsychologie. Göttingen u. w.

Netta, F. (2010): Eine Führungsvision wird zum wegweisenden Ergebnis- und Gesundheitstreiber. In: Ochsenbein, G./Pekruhl, U./Spaar, R. (Hrsg.): Jahrbuch Human Resource Management. Zürich, S. 9-35.

Neuberger, O. (1985): Arbeitszufriedenheit: Kraft durch Freude oder Euphorie im Unglück? Ein Sammelreferat. In: Die Betriebswirtschaft. 45 (1985), S. 184-206.

Neuberger, O. (1990): Der Mensch ist Mittelpunkt. Der Mensch ist Mittel. Punkt. Acht Thesen zum Personalwesen. In: Personalführung. 23. Jg., Nr.1, S. 69-81.

Neuberger, O. (1994): Personalentwicklung. 2., durchges. Aufl., Stuttgart.

Neuberger, O. (2002): Führen und führen lassen. Ansätze, Ergebnisse und Kritik der Führungsforschung. 6., überarb. Aufl., Stuttgart.

Niederfeichtner, F. (1982): Arbeitsgestaltung und Arbeitsorientierung. Die sozialisatorische Entwicklung von Arbeitsorientierung und ihre Bedeutung für die Gestaltung organisationaler Anreizsysteme. Bern u. Stuttgart.

Nienhüser, W. (1998): Ursachen und Wirkungen betrieblicher Personalstrukturen. Stuttgart.

Nink, M. (2008): Schlummerndes Potential in Unternehmen wecken. In: Personalwirtschaft. Nr. 1, S. 25-27.

Nippa, M./Petzold, K. (2000): Gestaltungsansätze zur Optimierung der Mitarbeiter-Bindung in der IT-Industrie. Eine differenzierende betriebswirtschaftliche Betrachtung. Arbeitspapier Nr. 22 der Technischen Universität Bergakademie Freiberg. Freiberg.

Noelle-Neumann, E. (1978): Werden wir alle Proletarier? Wertewandel in unserer Gesellschaft. Zürich.

Nollert-Borasio, C./Perreng, M. (2011): Allgemeines Gleichbehandlungsgesetz. Basiskommentar zu den arbeitsrechtlichen Regelungen. 3., überarb. u. akt. Aufl., Frankfurt a. M.

O

Oechsler, W. A. (2011): Personal und Arbeit – Grundlagen des Human Resource Management und der Arbeitgeber-Arbeitnehmer-Beziehungen. 9., akt. u. überarb. Aufl., München.

Oertel, J. (2008): Generationenmanagement in Unternehmen. Wiesbaden.

Olbrich, E. (1987): Kompetenz im Alter. In: Zeitschrift für Gerontologie. 20. Jg., S. 319-330.

Olbrich, E. (1992): Das Kompetenzmodell des Alterns. In: Dettbarn-Reggentin, J./Reggentin, H. (Hrsg.): Neue Wege in der Bildung Älterer. Band 1, Freiburg, S. 53-61.

Olesch, G. (2000): Personalmarketing zur Gewinnung und Bindung von Ingenieuren. In: Personal. 52. Jg., Nr. 6, S. 285-289.

Organ, D. W. (1988): Organizational Citizenship Behaviour. The Good Soldier Syndrome. Lexington.

Ostendorf, F./Angleitner, A. (2004): NEO-PI-R. NEO-Persönlichkeitsinventar nach Costa und McCrae. Revidierte Fassung. Göttingen, u. w.

Osterloh, M./Littmann-Wernli, S. (2000): Die „gläserne Decke“: Realität und Widersprüche. In: Peters, S./Bensel, N. (Hrsg.): Frauen und Männer im Management. Diversity in Diskurs und Praxis. Wiesbaden, S. 123-140.

Ostermann, A. (2002): Dual-Career Couples unter personalwirtschaftlich-systemtheoretischen Blickwinkel. Frankfurt a. M. u. w.

Ostrowski, Y./Bauer, S., Feld, J./Lisson, A.-K. (2011): Regain Management in der Personalarbeit: Eine explorative Studie zum Status Quo. Diskussionspapier Nr. 584 der Fakultät für Wirtschaftswissenschaften der Universität Bielefeld. Bielefeld.

Ott, E. W. (1975): Methodisches Konzept zur Diagnose der Personalfluktuation. Reinheim.

o. V. (2011): Die demografische Falle schnappt bald zu. In: Markt & Wirtschaft Westfalen. 12. Jg., Nr. 1.

o.V. (2011a): Beruf und Pflege. In: Gesundheit konkret. Nr. 4, S. 34-35.

PQ

Parasuraman, S. (1982): Predicting Turnover Intentions and Turnover Behavior: A Multivariate Analysis. In: Journal of Vocational Behavior. 11. Jg., S. 111-121.

Parsons, T./Shils, E. A./Allport, G. W./Kluckhohn, C./Murray, H. A./Sears, R. R./Sheldon, R. C./Stouffer, S. A./Tolman, E. (1951): Some Fundamental Categories of the Theory of Action: A General Statement. In: Parsons, T./Shils, E. A. (Hrsg.): Toward a General Theory of Action. New York, S. 3-29.

Pawlik, K. (1996): Differentielles Psychologie und Persönlichkeitsforschung: Grundbegriffe, Fragestellungen, Systematik. In: Pawlik, K. (Hrsg.): Grundlagen und Methoden der Differentiellen Psychologie. Göttingen u. w.

Pawlowsky, P./Bäumer, J. (1996): Betriebliche Weiterbildung. Management von Qualifikation und Wissen. München.

Peinelt-Jordan, K. (1996): Männer zwischen Familie und Beruf. Ein Anwendungsfall für die Individualisierung der Personalpolitik. München und Mering.

Peinelt-Jordan, K. (1997): Individualisierung: ein Schreckgespenst für Personalverantwortliche? In: Personal. 49. Jg., Nr. 9, S. 464-465.

Penrose, E. T. (1959): The Theory of Growth of the Firm. Oxford.

Pepels, W. (2002): Personalbindung. In: Bröckermann, R./Pepels, W. (Hrsg.): Personalmarketing. Akquisition – Bindung – Freistellung. Stuttgart, S. 129-143.

Pepels, W. (2004): Personalzufriedenheit und Zufriedenheitsmessung. In: Bröckermann, R./Pepels, W. (Hrsg.): Personalbindung. Wettbewerbsvorteile durch strategisches Human Resource Management. Berlin. S. 51-82.

Pepels, W. (2007): Marktsegmentierung. In: Pepels, W. (Hrsg.): Marktsegmentierung. Erfolgsnischen finden und besetzen. 2., überarb. Aufl., Düsseldorf, S. 9-40.

Peter, G. (1997): Theorie und Praxis der Arbeitsforschung: Weiterentwicklung und Anwendung des Situation-Institution-System-Ansatzes. Frankfurt a. M.

Peters, S./Bensel, N. (2000, Hrsg.): Frauen und Männer im Management. Diversity in Diskurs und Praxis. Wiesbaden.

Petkovic, M. (2008): Employer Branding. Ein markenpolitischer Ansatz zur Schaffung von Präferenzen bei der Arbeitgeberwahl. 2. Aufl., München u. Mering.

Pfaff, H. (2008): Pflegebedürftige heute und in Zukunft. Online im Internet: http://www.destatis.de/jetspeed/portal/cms/Sites/destatis/Internet/DE/Content/Publikationen/STATmagazin/Sozialleistungen/2008__11/PDF2008__11,property=file.pdf. Zugriff am 07.12.2011.

Pfarr, H. M./Bertelsmann, K. (1989): Diskriminierung im Erwerbsleben. Ungleichbehandlungen von Frauen und Männern in der Bundesrepublik Deutschland. Baden-Baden.

Pfeifer, C. (2007): Betriebsräte, Tarifverträge und freiwillige Kündigungen von Arbeitnehmern. In: WSI-Mitteilungen. 60. Jg., Nr. 2, S. 63-69.

Pick, D./Krafft, M. (2009): Status quo des Rückgewinnungsmanagement. In: Link, J./Seidl, F. (Hrsg.): Kundenabwanderung. Früherkennung – Prävention – Kundenrückgewinnung. Wiesbaden.

Pitcher, P. (1997): Das Führungsdrama. Künstler, Handwerker und Technokraten im Management. Stuttgart.

Pless, N. (2000): Diversitätsmanagement – Geschäftserfolg in den USA. In: Personalwirtschaft, Nr. 5, S. 51-57.

Podsakoff, P. M./MacKenzie, S. B./Paine, J. B./Bachrach, D. G. (2000): Organizational Citizenship Behaviors. A Critical Review of the Theoretical and Empirical Literature and Suggestions for Future Research. In: Journal of Management. 26. Jg., Nr. 3, S. 513-563.

Pongratz, H. J./Voß, G. (2004): Arbeitskraftunternehmer. Erwerbsorientierungen in entgrenzten Arbeitsformen. 2. Aufl., Berlin.

Pongratz, H. J./Voß, G. (2004a, Hrsg.): Typisch Arbeitskraftunternehmer? Befunde der empirischen Arbeitsforschung. Berlin.

Porter, M. E. (1980): Competitive Strategy. Techniques for Analyzing Industries and Competitors. New York u. London.

Porter, M. E. (1985): Competitive Advantage. New York u. London.

Porter, L. W./Lawler, E. E. (1968) Managerial Attitudes and Performance. Homewood.

Porter, L. W./Lawler, E. E./Hackman, J. R. (1975): Behavior in Organizations. New York.

Porter, L. W./Steers, R. M. (1973): Organizational, Work, and Personal Factors in Employee Turnover and Absenteeism. In: Psychological Bulletin. 80. Jg., Nr. 2, S. 151-176.

Porter, L. W./Steers, R./Mowday, R./Boulian, P. (1974). Organizational Commitment, Job Satisfaction, and Turnover among Psychiatric Technicians. In: Journal of Applied Psychology. 59 Jg., S. 603-609.

Potthoff, E./Trescher, K. (1986): Controlling in der Personalwirtschaft. Berlin.

Prager, J./ Teuffel, C. (2006): Lebenslanges Lernen – für lebenslanges Arbeiten. In: Wissensmanagement. 8 Jg., Nr. 7, S. 12-14.

Pratt, M. G. (1998): To be or not to be? Central Questions in Organizational Identification. In: Whetten, D. A./Godfrey, P. C. (Hrsg.): Identity in Organizations. Building Theory through Conversations. Thousand Oaks, S. 171-207.

Preißing, D. (2010, Hrsg.): Erfolgsreiches Personalmanagement im demografischen Wandel. München.

Prezewowsky, M. (2007): Demografischer Wandel und Personalmanagement. Herausforderungen und Handlungsalternativen vor dem Hintergrund der Bevölkerungsentwicklung. Wiesbaden.

R

Raffée, H. (1974): Grundprobleme der Betriebswirtschaftslehre. Göttingen.

Ramamoorthy, N./Flood, P. C. (2004): Gender and employee Attitudes: The role of Organizational Justice and Perceptions. In: British Journal of Management. 15. Jg., Nr. 3, S. 247-258.

Rammsayer, T. (2005): Extraversion. In: Weber, H./Rammsayer, T. (Hrsg.): Handbuch der Persönlichkeitspsychologie und Differentiellen Psychologie. Göttingen u. w., S. 257-265.

Randstad (2010): Randstad Arbeitsbarometer 2010: Deutschlands Arbeitnehmer nehmen ihre Karriere selbst in die Hand. Online im Internet: http://www.presseportal.de/pm/13588/1718889/randstad-arbeitsbarometer-2010-deutschlands-arbeitnehmer-nehmen-ihre-karriere-selbst-in-die-hand. Zugriff am 03.12.2011.

Ransweiler, S. (2011): Nach dem Abschied eng verbunden. In: Personalmagazin. 13. Jg., Nr. 11, S. 37-39.

Rapoport, R. N./Rapoport, R. (1971): Dual Career Families. Harmondsworth.

Reber, G. (1978): Individuum. Individuum über alles… Gibt es in der verhaltensorientierten Betriebswirtschaftslehre eine Objekt-Krise ähnlich wie in der Sozialpsychologie? In: Die Betriebswirtschaft. 38. Jg., Nr. 1, S. 83-101.

Reichwald, R. (1978): Die Akzeptanz neuer Bürotechnologie. Arbeitsberichte aus einem Forschungsprogramm. München.

Reiß, M. (1981): Humanisierung in der Führungsforschung: Personalisierung, Autonomisierung, Subjektivierung und Individualisierung. In: Zeitschrift für Organisation. Nr. 5, S. 276-287.

Resnik, A. J./Turney, P. B./Mason, J. B. (1979): Marketers turn to “Counter Segmentation”. In: Harvard Business Review, 57. Jg., Nr, 5, S. 100-106.

Reuther, U./Held, R./Schoppmeyer, U. (2011): Unternehmensseitige Maßnahmen zur Verbesserung der Vereinbarkeit von Beruf & Pflege. Online im Internet: http://www.zfbt.de/verein-barkeit_beruf_und_familie/dokumente/praes-abschlussVA.pdf. Zugriff am 07.12.2011.

Richter, M. (1994): Personalführung. 3. Aufl., Stuttgart.

Richter, A. (2009): Fachkräftemangel – (kein) Problem?. In: Schmidt, K./Gleich, R./Richter, A. (Hrsg.): Gestaltungsfeld Arbeit und Innovation. München, S. 61-80.

Ridder, H.-G. (2007): Personalwirtschaftslehre. 2. überarb. Aufl., Stuttgart.

Rieger, C. (2006): Die Diversity Scorecard als Instrument zur Bestimmung des Erfolges von Diversity Maßnahmen. In: Becker, M./Seidel, A. (Hrsg): Diversity Management. Unternehmens- und Personalpolitik der Vielfalt. Stuttgart, S. 258-277.

Riketta, M. (2002): Organizational Identification: A Meta-Analysis. In: Journal of Vocational Behavior. 66. Jg., S. 358-384.

Riketta, M. (2005): Organizational Identification: A Meta-Analysis. In: Journal of Vocational Behaviour. 66. Jg., Nr. 2, S. 358-384.

Ringlstetter, M. (1995): Konzernentwicklung. Rahmenkonzepte zu Strategien, Strukturen und Systemen. München.

Ringlstetter, M./Gauger, J. (1999): Internationales Humanressourcen-Management. Eine Systematisierung der spezifischen Herausforderungen eines Internationalen Humman-ressourcen-Managements. In: Kutschker, M. (Hrsg.): Perspektiven der internationalen Wirtschaft. Wiesbaden, S. 129-164.

Rippe, W. (1974): Die Fluktuation von Führungskräften in der Wirtschaft. Eine empirische Studie über den Entschluss zum zwischenbetrieblichen Arbeitsplatzwechsel. Berlin.

Rogers, E. M. (2003): Diffusion of Innovations. 5. Aufl., New York.

Rokeach, M. (1973): The Nature of Human Values. New York.

Röllinghoff, S. (1996): Die Individualisierung des Personaleinsatzes. Empirisches Annäherungen, normative Programme und theoretische Implikationen unter Berücksichtigung neuer organisationstheoretischer Ansätze. München und Mering.

Rost, H. (2004): Work-Life-Balance. Neue Aufgaben für eine zukunftsorientierte Personalpolitik. Opladen.

Rousseau, D. M. (1995): Psychological Contracts in Organizations. Understanding Written und Unwritten Agreements. Thousand Oaks u. w.

Rückert, N./Ondracek, P./Romanenkova, L. (2006): Leib und Seele: Salutogenese und Pathogenese. Berlin.

Rump, J./Volker, R. (2007): Employability in der Unternehmenspraxis. Eine empirische Analyse zur Situation und ihre Implikationen. Heidelberg.

Rumpf, H. (1997): Individualisierung als Kernkompetenz eines strategischen Personalmanagements. In: Scholz, C. (1997, Hrsg.): Individualisierung als Paradigma. Festschrift für Hans Jürgen Drumm. Stuttgart u. w., S. 11-32.

Ruppert, R. (1995): Individualisierung von Unternehmen. Konzeption und Realisierung. Wiesbaden.

S

Saaman, W. (2005): Integration durch Identifikation. Leistung durch Bindung an das Unternehmen. Wien.

Salancik, G. (1977): Commitment and the Control of Organizational Behaviour and Belief. In: Staw, B./Salancik, G. (Hrsg.): New Directions in Organizational Behavior. Chicago, S. 1-54.

Salewski, C./Renner, B. (2009): Differentielle und Persönlichkeitspsychologie. München.

Sarges, W. (2000): Einleitende Überlegungen. In: Hossiep, R./Paschen, M./Mühlhaus, O. (Hrsg.): Persönlichkeitstests im Personalmanagement. Göttingen, S. 1-5.

Schanz, G. (1977): Grundlagen der verhaltenstheoretischen Betriebswirtschaftslehre. Tübingen.

Schanz, G. (1977a): Wege zur individualisierten Organisation. Teil 1: Ein theoretisches Modell. In: Zeitschrift für Organisation. 46. Jg., Nr. 4, S. 183-192.

Schanz, G. (1977b): Wege zur individualisierten Organisation. Teil 2: Praktische Konsequenzen. In: Zeitschrift für Organisation. 46. Jg., Nr. 6, S. 345-351.

Schanz, G. (1978): Verhalten in Wirtschaftsorganisationen. München.

Schanz, G. (1988): Methodologie für Betriebswirte. 2. Aufl., Stuttgart.

Schanz, G. (1994): Organisationsgestaltung. Management von Arbeitsteilung und Koordination. 2., neu bearb. Aufl., München.

Schanz, G. (1994a): Flexibilisierung und Individualisierung als strategische Elemente der Personalpolitik. In: Kienbaum, J. (Hrsg.): Visionäres Personalmanagement. 2., erw. Aufl., Stuttgart, S. 285-310.

Schanz, G. (2000): Personalwirtschaftslehre. 3., neu bearb. u. erw. Aufl., München.

Schanz, G. (2004): Das individualisierte Unternehmen. München und Mering.

Schaub, H./Zenke, K.G. (2000): Kompetenz. In: Schaub, H/Zenke, K.G. (2000): Wörterbuch der Pädagogik. München, S. 326.

Schein, E. H. (1974): Das Bild des Menschen aus Sicht des Management. In: Grochla, E. (Hrsg.): Management. Aufgaben und Instrumente. Düsseldorf u. Wien, S. 69-91.

Schein, E. H. (1975): How „Career Anchers" Hold executives to their Career Path. In: Personell. 52. Jg., S. 11-24.

Schein, E. H. (1977): Career Anchors and Careers Paths. A Panel study of Management School Graduates. In: van Maanen, J. (Hrsg.): Organizational Careers. Some New Perspectives. London u. w., S. 49-64.

Schein, E. H. (1980): Organisationspsychologie. Wiesbaden.

Schein, E. H. (1984): Coming to a new Awareness of Organizational Culture. In: Sloan Management Review. 25. Jg., Nr 2, S. 3-16.

Scheiwiller, P. (2007): Schlüssel zur Retention sind individuelle Partnerschaften. In: HR Today. 6. Jg., Nr. 10, S. 23-24.

Schenk, A./Spiewak, M. (2008): Verprellte Talente. In: Die Zeit. Nr. 50, S. 79.

Scherm, E. (1997): Individualisierung im internationalen Personalmanagement: Notwendigkeit, Möglichkeiten, Grenzen. In: Scholz, C. (Hrsg.): Individualisierung als Paradigma. Festschrift für Hans Jürgen Drumm. Stuttgart u. w., S. 55-80.

Scherm, E./Süß, S. (2010): Personalmanagement. 2., überarb. u. erg. Aufl., München.

Schiedt, A. (2000): Mitarbeiterbindung steckt in den Kinderschuhen. In: Personalwirtschaft. 27. Jg., Nr. 12, S. 53-57.

Schikora, S. (2011): Buhlen um die Ehemaligen. In: Human Resources Manager: Magazin für Human Resource Management. Nr. 2, S. 66-69.

Schilling, G. (2007): Alternsgerechte Arbeitszeitgestaltung: Arbeitszeitmodelle für eine lebensphasenspezifische Arbeitszeitgestaltung. In: Länge, T. W./Menke, B. (Hrsg.): Generation 40plus. Demografischer Wandel und Anforderungen an die Arbeitswelt. Bielefeld, S. 135-165.

Schirmer, U. (2007): Commitment fördern, Mitarbeiter halten. Retention-Management zur Bindung von Leistungsträgern. In: Personalführung. Nr. 3, S. 48-58.

Schlick, C. M./Bruder, R./Luczak, H. (2010): Arbeitswissenschaft. 3. vollst. überarb. u. erw. Aufl., Berlin.

Schmal, A. (1993): Problemgruppen oder Reserven für den Arbeitsmarkt? Ältere Arbeitnehmer, ausländische Jugendliche, Berufsrückkehrerinnen und arbeitslose Akademiker. Frankfurt a. M. u. New York.

Schmidt, K.-H./Kleinbeck, U. (1999): Funktionsgrundlagen der Leistungswirkungen von Zielen bei der Arbeit. In: Jerusalem, M./Pekrun, R. (Hrsg.): Emotion, Motivation und Leistung. Göttingen u. w., S. 291-304.

Schmidtchen, G. (1984): Neue Technik – neue Arbeitsmoral. Köln.

Schmidtchen, G. (1986): Menschen im Wandel der Technik. Wie bewältigen die Mitarbeiter in der Metallindustrie die Veränderungen der Arbeitwelt? Köln.

Schmitz, M. (2008): Erhaltung und Bindung. Wege zur zukunftsfähigen Organisation. In: Althauser, U./Schmitz, M./Venema, C. (Hrsg.): Demografie – Engpass Personal. Köln, S. 91-176.

Schmuck, P. (1996): Die Flexibilität menschlichen Verhaltens. Differentialdiagnose mit objektiven Tests. Frankfurt a. M.

Schneider, B. (2007): Weibliche Führungskräfte – die Ausnahme im Management. Eine empirische Untersuchung zur Unterrepräsentanz von Frauen im Management in Großunternehmen in Deutschland. Frankfurt a. M. u. w.

Schnell, M. (2009): Einführung in die Akzeptanzforschung am Beispiel von Web-TV. In: WissenHeute. 62. Jg., Nr. 1, S. 4-12.

Scholz, C. (1997, Hrsg.): Individualisierung als Paradigma. Festschrift für Hans Jürgen Drumm. Stuttgart u. w.

Scholz, C. (2000): Personalmanagement. Informationsorientierte und verhaltenstheoretische Grundlagen. München.

Scholz, C. (2003): Spieler ohne Stammplatzgarantie. Weinheim 2003.

Scholz, C. (2003a): Darwiportunismus. In: Magazin Forschung. Nr. 1, S. 28-34.

Scholz, C. (2003b): Die neue Arbeitswelt. Zwischen Darwinismus und Opportunismus. In: Personalführung. 36. Jg., Nr. 5, S. 114-117.

Scholz, C. (2008): Standpunkt: War for Talents – Wer ihn führt, ihn stets verliert! In: Zeitschrift für Führung und Organisation. 77. Jg., Nr. 2, S. 92-93.

Schönecker, H. (1985): Kommunikationstechnik und Bedienerakzeptanz. München.

Schreyögg, G. (2008): Organisation. Grundlagen moderner Organisationsgestaltung. 5., vollst., überarb. u. erw. Aufl., Wiesbaden.

Schreyögg, G./ Sydow, J./ Koch, J. (2003): Organisatorische Pfade. Von der Pfadabhängigkeit zur Pfadkreation? In: Schreyögg, G./ Sydow, J. (Hrsg.): Strategische Prozesse und Pfade. Wiesbaden, S. 257-294.

Schroer, M. (2000): Das Individuum der Gesellschaft. Synchrone und diachrone Theorieperspektiven. Frankfurt a. M.

Schuhmacher, F./Geschwill, R. (2009): Employer Branding. Human Resources Management für die Unternehmensführung. Wiesbaden.

Schuler, H./Prochaska, M. (2001): Leistungsmotivationsinventar. Dimensionen berufsbezogener Leistungsorientierung. Göttingen u. w.

Schulte, C. (1989): Personal-Controlling mit Kennzahlen. München.

Schulte, J. (2002): Dual-Career-Couples. Strukturuntersuchung einer Partnerschaftsform im Spiegelbild beruflicher Anforderungen. Opladen.

Schwartz, S. H. (1992): Universals in the Content and Structure of Values: Theoretical Advances and Empirical Tests in 20 Countries. In: Zanna, M. (Hrsg.): Advances in Experimental Social Psychology. New York, S. 1-65.

Schweiger, G./Schrattenecker, G. (2009): Werbung. Eine Einführung. 7., neu bearb. Aufl., Stuttgart.

Schweitzer, M. (2010): In: Bea, F. X./Friedl, B./Schweitzer, M. (2010): Allgemeine Betriebswirtschaftslehre. Band 1: Grundfragen. 10., überarb. u. erw. Aufl., Stuttgart, S. 23-80.

Schwierz, C. (2001): „Neue Spielregeln bei Entlassungen" In: Personalwirtschaft. 28. Jg., Nr. 4, S. 36-41.

Selznick, P. (1957): Leadership in Adminstration. A Sociological Integration. New York.

Sepehri, P. (2002): Diversity und Managing Diversity in internationalen Organisationen. Wahrnehmungen zum Verständnis und ökonomischer Relevanz. München und Mering.

Siegel, P. A./Brockner, J./Fishman, A. Y. (2005): The moderating Influence of Procedural Fairness in the Relationship between Work-Life-Conflict and Organizational Commitment. In Journal of Applied Psychology. 90. Jg., Nr. 1, S. 13-24.

Simon, H. A. (1945): Aminstrative Behaviour. New York.

Simons, T./Roberson, Q. (2003): Why Managers should care about Fairness: the Effects of Aggregate Justice Perceptions on Organizational Outcomes. In Journal of Applied Psychology, 88. Jg., Nr. 3, S. 432-443.

Smith, C. A./Organ, D. W./Near, J. P. (1983): Organizational Citizenship Behaviour. Its Nature and Antecedents In: Journal of Applied Psychology. 68. Jg., Nr. 4, S. 653–663.

Smith, W. R. (1956): Product Differentation and Market Segmentation as Alternative Market Marketing Staretgies. In: Journal of Marketing. 21. Jg., Nr. 1, S. 3-8.

Sneikus, A. (2006): Differentielles Personalmanagement und Dienstleistungsproduktion. Ein Beitrag zum Personalmanagement als Produktion. Hamburg.

Sporket, M. (2011): Organisationen im demographischen Wandel. Alternsmanagement in der betrieblichen Praxis. Wiesbaden.

Sprenger, R. K. (2007): Mythos Motivation – Wege aus einer Sackgasse. 18., durchges. Aufl. 2007, Frankfurt/ Main.

Staehle, W. H. (1999): Management. Eine verhaltenswissenschaftliche Einführung. 8., v. Conrad, P./Sydow. J. überarb. Aufl., München.

Statistisches Bundesamt (2011): Bevölkerung und Erwerbstätigkeit. Ausländische Bevölkerung – Ergebnisse des Zentralregisters. Wiesbaden.

Staudt, E./Kriegesmann, B. (2000): Trotz Weiterbildung inkompetent. In: Schwuchow, K./Gutmann, J. (Hrsg.): Jahrbuch Personalentwicklung und Weiterbildung 2000/2001. Neuwied u. Kriftel, S. 39-44.

Stauss, B. (2000): Rückgewinnungsmanagement. In: Wirtschaftswissenschaftliches Studium. 29. Jg., Nr. 10, S. 579-582.

Stauss, B./Seidel, W. (2009): Preiskündiger und Qualitätskündiger. Zur Segmentierung verlorener Kunden. In: Link, J./Seidel, F. (2009): Kundenabwanderung. Früherkennung, Prävention, Kundenrückgewinnung. Wiesbaden, S. 143-162

Stehr, C. (2008): HR-Konzepte für den demografischen Wandel: Von der Insellösung zum integrierten Konzept. In: Personalführung. 2008, 41 Jg., Nr. 5, S. 56-62.

Stein, V. (2011): Mehr als nur ein Traum? In: Human Resources Manager. Oktober/November, S. 78-79.

Steinkühler, B. (2007): Allgemeines Gleichbehandlungsgesetz (AGG). Die Umsetzung des AGG im Betrieb mit Handlungsempfehlungen für die Praxis. Berlin.

Steinle, M./Thies, A. (2008): Employer Branding in der Praxis – Nachhaltige Investitionen in die Arbeitgebermarke. In: Personalführung. 41. Jg., Nr. 5, S. 24-32.

Steinmann, H./Schreyögg, G. (2005): Grundlagen der Unternehmensführung. Konzepte, Funktionen, Fallstudien. 6., vollst. überarb. Aufl., Wiesbaden.

Stern, W. (1911): Die Differentielle Psychologie in ihren methodischen Grundlagen. Leipzig.

Steyrer, J./Schiffinger, M./Lang, R. (2008): Organizational Commitment – a Missing Link between Leadership Behavior and organizational Performance? In: Journal: Scandinavian Journal of Management. 24. Jg., Nr. 4, S. 364-374.

Stitzel, M. (1985): Vorüberlegungen zur Konzeption einer utopischen Betriebswirtschaftslehre. In: Bühler, W. (Hrsg.): Die ganzheitlich-verstehende Betrachtung der sozialen Leistungsordnung. Ein Beitrag zur Ganzheitsforschung und -lehre. Wien, S. 141-152.

Stitzel, M. (1987): Der gleitende Übergang in den Ruhestand. Interdisziplinäre Analyse einer alternativen Pensionierungsform. Frankfurt u. New York.

Stock-Homburg, R. (2010): Personalmanagement. Theorien – Konzepte – Instrumente. 2. Aufl., Wiesbaden.

Stotz, W. (2007): Employee Relationship Management. Der Weg zu engagierten und effizienten Mitarbeiter. München u. Wien.

Stredwick, J. (2000): An Introduction to Human Ressource Management. Oxford.

Streim, H. (1982): Fluktuationskosten und ihre Ermittlung. In: Zeitschrift für Betriebswirtschaftliche Forschung. 34. Jg., Nr. 2, S. 128-146.

Stritzke, C. (2010): Marktorientiertes Personalmanagement durch Employer Branding. Theoretisch-konzeptioneller Zugang und empirische Evidenz. Wiesbaden.

Strong, E. K. (1943): Vocational Interests of Men and Women. Stanford.

Strube, A. (1982): Mitarbeiterorientierte Personalentwicklungsplanung. Berlin.

Struck, O. (1998): Individuenzentrierte Personalentwicklung. Konzepte und empirische Befunde. Frankfurt a. M. u. New York.

Strutz, H. (2004): Personalmarketing. In: Gaugler, E./Oechsler, W. A./Weber, W. (2004): Handwörterbuch des Personalwesens. 3., überarb. u. erg. Aufl., Sp. 1594-1595.

Stuber, M. (2002): Diversity Mainstreaming. In: Personal. Nr. 3, S. 48-53.

Stührenberg, L. (2004): Ökonomische Bedeutung des Personalbindungsmanagements für Unternehmen. In: Bröckermann, R./Pepels, W. (Hrsg.): Personalbindung. Wettbewerbsvorteile durch strategisches Human Resource Management. Berlin, S. 33-50.

Süß, S. (2007): Eine Einführung von Diversity Management in deutschen Organisationen. Diskussionsbeiträge zu drei offenen Fragen. In: Zeitschrift für Personalforschung. 21. Jg., Nr. 2, S. 170-175.

Süß, S./Sayah, S. (2011): Work-Life-Balance von Freelancern zwischen Realität und Idealvorstellung. In: Zeitschrift für Personalforschung. 25. Jg., Nr. 3, S. 247-268.

Szebel-Habig, A. (2004): Mitarbeiterbindung: Auslaufmodell Loyalität? Mitarbeiter als strategischer Erfolgsfaktor. Weinheim u. Basel.

T

Teriet, B. (1978): Zeitökonomie, Zeitsouveränität und Zeitmanagement. In: Zeitschrift für Arbeitswissenschaft. 32. Jg., Nr. 4, S. 112-118.

Tesch-Römerm C./von Kondratowitz, H.-J. (2007): Entwicklungen über die Lebensspanne im kulturellen und gesellschaftlichen Kontext. In: Brandtstätter, J./Lindenberger, U. (Hrsg.): Entwicklungspsychologie der Lebensspanne. Ein Lehrbuch. Stuttgart.

Tett, R. P./Jackson, D. N./Rothstein, M. (1991): Personality Measures as Predictors of Jovb Performance. A Meta-Analytic Review. In: Personnell Psychology. 44. Jg., S. 703-742.

Thom, N. (1976): Zur Effizienz betrieblicher Innovationsprozesse. Vorstudie zu einer empitrisch begründeten Theorie des betrieblichen Innovationsmanagements. Köln.

Thom, N./Friedli, V. (2003): High Potentials: Was die Guten bindet. In Personalmagazin. Nr. 2, S. 64-66.

Thom, N./Friedli, V. (2008): Hochschulabsolventen. Gewinnen, fördern, erhalten. 4., überarb. Aufl., Bern u. w.

Thomas, D. A./Ely, R. J. (1996): Making Differences Matter: A new Paradigm for Managing Diversity. In Harvard Business Review, 74 Jg., Nr. 5, S. 79-90.

Thompson, C. A./Jahn, E. W./Kopelmann R. E. (2004): Perceived Organizational Family Support – A longitudinal and multilevel Analysis. In: Journal of Mangerial Issues. 17. Jg., S. 545-565.

Thüsing, G. (2007): Arbeitsrechtlicher Diskriminierungsschutz. Das neue Allgemeine Gleichbehandlungsgesetz und andere arbeitsrechtliche Benachteiligungsverbote. München.

Töpfer, K. (2007): Betriebswirtschaftslehre. 2., überarb. Aufl., Berlin u. Heidelberg.

TowersPerrin (2007): Global Workforce Study 2007-2008. Was Mitarbeiter bewegt, zum Unternehmenserfolg beizutragen. Mythos und Realität. Frankfurt a. M.

TowersWatson (2010): Nachhaltiges Mitarbeiterengagement braucht neue Erfolgsforme. Towers Watson Global Workforce Study 2010. Executive Summary. Online im Internet: http://www.towerswatson.com/assets/pdf/1705/GlobalWorkforceStudy2010.pdf. Zugriff am 03.12.2011.

Trumpf (2011): TRUMPF auf einen Blick. Online im Internet: http://www.de.trumpf.com/uebertrumpf/trumpf-gruppe/zahlen-und-fakten.html. Und: Unternehmensstruktur und Geschäftsbereichen. Online im Internet: http://www.de.trumpf.com/uebertrumpf/trumpf-gruppe/zahlen-und-fakten/geschaeftsbereiche.html. Zugriff jeweils am 03.12.2011.

Trux, W. (1980): Unternehmensidentität, Unternehmenspolitik und öffentliche Meinung. In: Birkigt, K./Stadler, M. M. (Hrsg.): Corporate Identity. München, S. 61-72.

Tulgan, B. (2001): Willkommen beim Krieg um Talente. Wettlauf um die Besten. Talente finden, fördern und ans Unternehmen binden. München.

Türk, K. (1995): Loyalität. In: Sarges, W. (Hrsg.): Management-Diagnostik. Göttingen, S. 324-329.

Turner, A. N./Lawrence, P. R. (1965): Industrial Jobs and the Worker. Boston.

U

Ulich, E. (1978): Über das Prinzip der differentiellen Arbeitsgestaltung. In: Management-Zeitschrift Industrielle Organisation (io), 47. Jg., Nr. 12, S. 566-568.

Ulich, E. (2005): Arbeitspsychologie. 6., überarb. u. erw. Aufl., Stuttgart.

Ulrich, H. (1981): Die Betriebswirtschaftslehre als anwendungsorientierte Sozialwissenschaft. In: Geist, M./Köhler, R. (Hrsg.): Die Führung des Betriebs. Stuttgart, S. 1-26.

V

van Dick, R. (2004): Commitment und Identifikation mit Organisationen. Göttingen u. w.

van Winsen, C. (1999): High Potentials. Wie komme ich in die Führungsauswahl? Mentoring und Coaching. Regensburg u. Düsseldorf.

Vedder, G. (2005, Hrsg.): Diversity Management und Interkulturalität. 2. Aufl., München u. Mering.

Vedder, G. (2005a): Menschen mit Familienpflichten als Zielgruppe des Diversity Management. In: Krell, G. (Hrsg.): Betriebswirtschaftslehre und Gender Studies. Analysen aus Organisation, Personal, Marketing und Controlling. Wiesbaden, S. 229-246.

Vedder, G. (2006, Hrsg.): Diversity-orientiertes Personalmanagement. München und Mering.

Veen, S. (2008): Demographischer Wandel, alternde Belegschaften und Betriebsproduktivität. Mering.

Venema, C. (2008): Demografie & Co. Weshalb wir über menschliche Ressourcen neu nachdenken müssen. In: Althauser, U./Schmitz, M./Venema, C. (Hrsg.): Demografie – Engpass Personal. Köln, S. 13-48.

vom Hofe, A. (2005): Strategien und Maßnahmen für ein erfolgreiches Management der Mitarbeiterbindung. Hamburg.

von Bertalanffy, L. (1972): Grundlagen der Systemtheorie. In: Bleicher, K. (Hrsg.): Organisation als System. Wiesbaden.

von Eckardstein, D. (2001): Variable Vergütung für Führungskräfte als Instrument der Unternehmensführung. In: von Eckardstein, D. (Hrsg.): Handbuch Variable Vergütung für Führungskräfte. München 2001, S. 1-25.

von Eckardstein, D. (2004): Demographische Verschiebungen und ihre Bedeutungen für das Personalmanagement. In: Zeitschrift für Führung und Organisation. 73. Jg., Nr. 3, S. 128-135.

von der Oelsnitz, D./Stein, V./Hahmann, M. (2007): Der Talente-Krieg. Personalstrategie und Bildung im globalen Kampf um Hochqualifizierte. Bern u. w.

von Rosenstiel, L. (1972): Motivation im Betrieb. München.

von Rosenstiel, L. (1987): Wandel in der Karrieremotivation – Verfall oder Neuorientierung? In: von Rosenstiel, L./Einsiedler, H. E./Streich, R. K. (Hrsg.): Wertewandel als Herausforderung für die Unternehmenspolitik. Stuttgart, S. 35-52.

von Rosenstiel, L. (1992): Wertkonflikte beim Berufseinstieg. Eine Längsschnittstudie an Hochschulabsolventen. In: Klages, H./Hippler, H.-J./Herbert, W. (Hrsg.): Werte und Wandel. Ergebnisse und Methoden einer Forschungstradition. Frankfurt/New York, S.333-351.

von Rosenstiel, L. (1995): Wertorientierungen im strategischen Personalmanagement. In: Scholz, C./Djaarahzadeh, M. (Hrsg.): Strategisches Personalmanagement. Konzeptionen und Realisationen. Stuttgart, S. 201-216.

von Rosenstiel, L. (2003): Bindung der Besten. Ein Beitrag zur mitarbeiterbezogenen strategischen Planung. In: Ringlstetter, M. J./Henzler, H./Mirow, M. (Hrsg.): Perspektiven der strategischen Unternehmensführung. Theorien, Konzepte, Anwendungen. Wiesbaden.

von Rosenstiel, L. (2007): Grundlagen der Organisationspsychologie. 6., überarb. Aufl., Stuttgart.

von Rosenstiel, L./Nerdinger, F. W./Spieß, E. (1998, Hrsg.): Von der Hochschule in den Beruf. Wechsel der Welten in Ost und West. Göttingen.

von Rosenstiel, L./Nerdinger, F. W. (2000): Die Münchener Wertestudien – Bestandsaufnahme und (vorläufiges) Resümee. In: Psychologische Rundschau, 51. Jg., Nr. 3, S. 146-157.

Voss, J./Warsewa, G. (2005): Reflexive Arbeitsgestaltung zwischen privaten und betrieblichen Ansprüchen. Arbeitspapier des Instituts für Arbeit und Wirtschaft Nr. 14. Bremen.

Vroom, V. H. (1964): Work and Motivation. New York u. w.

W

Wächter, H. (1990): Forschungsaufgaben der Personalwirtschaftslehre. In Zeitschrift für Personalforschung. 4. Jg., Nr. 1, S. 55-60.

Wächter, H. (1992): Vom Personalwesen zur Strategic Human Resource Management. Ein Zustandsbericht anhand der neueren Literatur. In: Staehle, W. H./Conrad, P. (Hrsg.): Managementforschung 2. Berlin u. New York, S. 313-340.

Wälchli, A. (1995): Strategische Anreizgestaltung, Modell eines Anreizsystems für strategisches Denken und Handeln des Managements. Bern.

Wagner, D. (1995, Hrsg.): Arbeitszeitmodelle. Flexibilisierung und Individualisierung. Göttingen.

Wagner, D. (1995a): Flexibilisierung und Individualisierung der Arbeitszeit als personalpolitische Herausforderung. Implikationen für die Arbeitsgestaltung. In: Wagner, D. (Hrsg.): Arbeitszeitmodelle. Flexibilisierung und Individualisierung. Göttingen, S. 3-12.

Wagner, D./Grawert, A./Langemeyer, H. (1993): Cafeteria-Modelle. Möglichkeiten der Individualisierung und Flexibilisierung von Entgeltsystemen für Führungskräfte. Stuttgart.

Wagner, D./Sepehri, P. (2000): Managing Diversity – Wahrnehmung und Verständnis im internationalen Management. In: Personal. Nr. 9, S. 456-462.

Wagner, D./Sepehri, P. (2000a): „Managing Diversity" – eine empirische Bestandsaufnahme. In: Personalführung, Nr. 7, S. 50-59.

Wagner, D. (2004): Cafeteria-Systeme. In: Gaugler, E./Oechsler, W. A./Weber, W. (Hrsg.): Handwörterbuch des Personalwesens. 3., überarb. u. erg. Aufl., Stuttgart, Sp. 631-639.

Wagner, H./Wehling, M. (1991): Gestaltungsräume für die Zukunft schaffen. In: Personalwirtschaft, 18. Jg., Nr. 12, S. 31-36.

Waszak, A. (2007): Bindung von Führungsnachwuchskräften an Organisationen durch Fairness in der Personalentwicklung. Hamburg.

Weber, W. (1995): Personalcontrolling im strategischen Kontext (Überblick). In: Scholz, C./Djaarahzadeh, M. (Hrsg.): Strategisches Personalmanagement. Konzeptionen und Realisationen. Stuttgart, S. 93-103.

Weber, W. (1995a): Ausländische Mitarbeiter, Führung von. In: Kieser, A./ Reber, G./Wunderer, R. (Hrsg.): Handwörterbuch der Führung. 2., neu gestalt. u. erg. Aufl., Stuttgart, Sp. 103-112.

Weber, H./Rammsayer, T. (2005, Hrsg.): Handbuch der Persönlichkeitspsychologie und Differentiellen Psychologie. Göttingen u. w.

Weiber, R./Kollmann, T./Pohl, A. (2006): Das Management technologischer Innovationen. In: Kleinaltenkamp, M./Plinke, W./Jacob,F./Sö, A. (Hrsg.): Markt- und Produktmanagement. Die Instrumente des Business-to-Business-Marketing. 2., überarb. u. erw. Aufl., Wiesbaden, S. 83-207.

Weibler, J. (1995): Personalwirtschaftliche Theorie – Anforderungen, Systematisierungsansätze und konzeptionelle Überlegungen. In: Zeitschrift für Personalforschung. 9. Jg., Nr. 2, S. 113-134.

Weibler, J. (2001): Personalführung. München.

Weinand, F. (2000): Kulturbewusstes Personalmanagement. Frankfurt a. M. u. w.

Weiner, B. (1973): Die subjektiven Ursachen von Erfolg und Misserfolg. Anwendung der Attributionstheorie auf das Leistungsverhalten in der Schule. In: Delstein, W./Hopf, D. (Hrsg.): Bedingungen des Bildungsprozesses. Stuttgart, S. 79-93.

Weiner, B. (1975): Die Wirkung von Erfolg und Misserfolg auf die Leistung. Bern.

Weinert, A. B. (2004): Organisations- und Personalpsychologie. 5., vollst. überarb. Aufl., Weinheim u. Basel.

Weinert, S. (2008): Erfolgsfaktor Mitarbeiterbindung. Bedeutung und Struktur von Mitarbeiterbindungsprogrammen für M&A. In: Mergers and Acquisitions Review. Nr. 6, S. 293-296.

Weinmann, B. (2006): Alters-Diversity als Unterschiedlichkeit in Wissen und Erfahrung. Kann man von Erfahrenen lernen? In: Becker, M./Seidel, A. (Hrsg): Diversity Management. Unternehmens- und Personalpolitik der Vielfalt. Stuttgart, S. 310-333.

Weitbrecht, H. (2005): Mitarbeiter emotional binden. In: Personal. 57. Jg., Nr. 11, S. 10-12.

Welge, M. K.//Holtbrügge, D. (1997): Individualisierung der Organisation. In: Scholz, C. (1997, Hrsg.): Individualisierung als Paradigma. Festschrift für Hans Jürgen Drumm. Stuttgart/Berlin/Köln, S. 161-178.

Weller, I. (2003): Commitment. In: Martin, A. (Hrsg.): Organizational Behaviour – Verhalten in Organisationen. Stuttgart, S. 77-94.

Westphal, A./Gmür, M. (2009): Organisationales Commitment und seine Einflussfaktoren: Eine qualitative Metaanalyse. In: Journal für Betriebswirtschaft. 59. Jg., S. 201-229.

Weuster, A. (2008): Personalauswahl. Anforderungsprofil, Bewerbersuche, Vorauswahl und Vorstellungsgespräch. 2., akt. u. überarb. Aufl., Wiesbaden.

Wiegran, G. (1996): Entwicklungsansatz einer differentiellen Personalwirtschaft. München.

Wiegran, G. (2002): Individuelle Mitarbeiterführung. Marburg.

Wieland, J./Conradi, W. (2005, Hrsg.): Corporate Citizenship. Gesellschaftliches Engagement – unternehmerischer Nutzen. Marburg.

Wiese, D. (2005): Employer Branding. Arbeitgebermarken erfolgreich aufbauen. Saarbrücken.

Wilkens, U. (2004): Management von Arbeitskraftunternehmen. Psychologische Vertragsbeziehungen und Perspektiven für die Arbeitskräftepolitik in wissensintensiven Organisationen. Wiesbaden.

Williamson, O. E. (1975): Market und Hierarchies. Analysis and Antitrust Implications. New York.

Wimmer, P./Neuberger, O. (1998): Personalwesen 2. Personalplanung, Beschäftigungssysteme, Personalkosten, Personalcontrolling. Stuttgart.

Windelband, W. (1911): Präludien. Aufsätze und Reden zur Einführung in die Philosophie. 1. Band. Tübingen.

Wingen, M. (2003): Betriebliche Familienpolitik als gesellschaftspolitische Aufgabe. Familienbewusste Personalpolitik als Weg zum Unternehmenserfolg. In: Sozialer Fortschritt. 52. Jg. Nr. 3, S. 60-64.

Witte, E. (1973): Organisation für Innovationsentscheidungen – Das Promotoren-Modell. Göttingen.

Wolf, G. (2008): Erfolgreiche Mitarbeiterbindung. In: Sommerlatte, T./Mirow, M./Niedereichholz, C./v. Windau, P. G. (Hrsg.): Handbuch der Mittelstandsberatung. Auswahl und Nutzen von Beratungsleistungen. Berlin, S. 230-256.

Wolf, J. (2011): Organisation, Management, Unternehmensführung. Theorien, Praxisbeispiele und Kritik. 4., vollst. überarb. u. erw. Aufl., Wiesbaden.

Wollert, A. (2000): Führen – Verantworten – Werte schaffen. Personalmanagement für eine neue Zeit. Frankfurt a. M.

Wollsching-Strobel, P. (1999): Managementnachwuchs erfolgsreich machen. Personalentwicklung für High-Potentials. Wiesbaden.

Worrach, C. (2001): Der Mensch – das Maß der Dinge. In: Personalwirtschaft. 28. Jg., Nr. 1, S. 66-69.

Wottawa, H. (1995): Umsetzung von situationsdiagnostischen Erkenntnissen in personendiagnostische Überlegungen. In: Sarges, H. (Hrsg.): Management-Diagnostik. Göttingen, S. 175-194.

Wucknitz, U. D. (2000): Mitarbeiter-Marketing. Göttingen.

Wucknitz, U. D. (2003): Der Traum vom Fliegen – wie Mitarbeiter-Marketing Wirklichkeit wird. In: Fröhlich, W. (Hrsg.): Nachhaltiges Personalmarketing. Strategische Ansätze und Erfolgskonzepte aus der Praxis. Frechen, S. 101-138.

Wucknitz, U. D./Heyse, V. (2008): Retention-Management. Schlüsselkräfte entwickeln und binden. Münster u. w.

Wunderer, R. (1991): Personal-Controlling. In: Personal. 43. Jg., Nr. 9, S. 272-275.

Wunderer, R. (2009): Führung und Zusammenarbeit. Eine unternehmerische Führungslehre. 8., akt. u. erw. Aufl., Köln.

Wunderer, R./Dick, P. (1997): Frauen im Management. Neuwied u. w.

Wunderer, R./Küpers, W. (2003): Demotivation – Remotivation. Wie Leistungspotenziale blockiert und reaktiviert werden. München u. w.

Wunderer, R./Sailer, M. (1987): Instrumente und Verfahren des Personal-Controlling (II). In: Personalführung. 21. Jg., Nr. 8, S. 600-606.

Wunderer, R./Sailer, M. (1987a): Personal-Controlling. Eine vernachlässigte Aufgabe des Unternehmenscontrolling. In: Personalwirtschaft. 14. Jg., Nr. 8, S. 321-327.

Wunderer, R./Sailer, M. (1987b): Instrumente und Verfahren des Personal-Controlling. In: Controller-Magazin. 12. Jg., S. 287-292.

Wunderer, R./Sailer, M. (1988): Personal-Controlling in der Praxis. Entwicklungsstand, Erwartungen, Aufgaben. In: Personalwirtschaft. 15. Jg., S. 177-182.

XYZ

Zelewski, S. (2006): Relativer Fortschritt von Theorien. Ein strukturalistisches Rahmenkonzept zur Beurteilung der Fortschrittlichkeit wirtschaftswissenschaftlicher Theorien. In: Zelewski, S., Akca, N. (Hrsg.), Fortschritt in den Wirtschaftswissenschaften. Wissenschaftstheoretische Grundlagen und exemplarische Anwendungen. Wiesbaden, S. 217-336.

Zentes, J. (2001): Grundbegriffe des Marketing – Marktorientiertes globales Management-Wissen. 5. Aufl., Stuttgart.

Zink, K. J. (1975): Differenzierung der Theorie der Arbeitsmotivation von F. Herzberg zur Gestaltung sozio-technologischer Systeme. Frankfurt a. M. u. Zürich.

Zink, K. J. (1977): Notwendigkeit und Möglichkeiten einer „individualisierten" Organisation. In: REFA-Nachrichten. 30. Jg., Nr. 4, S. 207-211.

Zulley, J. (2011): „Zu wenig Schlaf macht krank, dumm und dick". In: Human Resources Manager: Magazin für Human Resource Management. Nr. 2, S. 50-52.

PERSONAL, ORGANISATION UND ARBEITSBEZIEHUNGEN

Herausgegeben von Prof. Dr. Fred G. Becker, Bielefeld, und Prof. Dr. Walter A. Oechsler, Mannheim

Band 47
Marion Mertesacker
Die Interkulturelle Kompetenz im Internationalen Human Resource Management – Eine konfirmatorische Evaluation
Lohmar – Köln 2010 • 400 S. • € 66,- (D) • ISBN 978-3-89936-938-0

Band 48
Nicolas Rohde
Disliked Practices – An Empirical Study on the Reverse Side of Organizational Practices
Lohmar – Köln 2010 • 268 S. • € 57,- (D) • ISBN 978-3-8441-0003-7

Band 49
Ekkehard Hermsdorf
Integrationsconsulting bei Unternehmenszusammenschlüssen unter Berücksichtigung des psychologischen Vertrages
Lohmar – Köln 2011 • 312 S. • € 62,- (D) • ISBN 978-3-8441-0026-6

Band 50
Christopher Paul
Personalrisikomanagement aus ressourcentheoretischer Perspektive
Lohmar – Köln 2011 • 316 S. • € 62,- (D) • ISBN 978-3-8441-0032-7

Band 51
Heidrun Kleefeld
Demografischer Wandel und Innovationsfähigkeit in der IT-Branche – Anforderungen an ein strategisches Human Resource Management
Lohmar – Köln 2011 • 344 S. • € 63,- (D) • ISBN 978-3-8441-0045-7

Band 52
Yves Ostrowski
Differentielles Mitarbeiterbindungsmanagement – Entwicklung eines Entscheidungsrahmens
Lohmar – Köln 2012 • 328 S. • € 62,- (D) • ISBN 978-3-8441-0166-9

JOSEF EUL VERLAG